国家出版基金项目
NATIONAL PUBLICATION FOUNDATION

地球物理测井学

第三卷 测井装备【上册】

金明权　胡启月　陈　宝　等编著

石油工业出版社

内 容 提 要

本书详细介绍了我国近年来最新的电缆测井装备的工作原理、数据处理、刻度方法,以及在国内外推广应用的成功案例,主要内容包括测井系统与仪器组合、电法测井仪器、声波测井仪器、核测井仪器、核磁共振测井仪器、地层测试器与井壁取心仪等。

本书可供从事测井装备研究的科研人员及高等院校相关专业师生参考使用。

图书在版编目(CIP)数据

地球物理测井学 . 第三卷 . 测井装备 . 上册 / 金明权等编著 . -- 北京:石油工业出版社,2025.1

ISBN 978-7-5183-7288-1

Ⅰ . P631.8;TE151

中国国家版本馆 CIP 数据核字第 20244168X3 号

责任编辑:刘俊妍　张　瑞
责任校对:张　磊
装帧设计:李　欣　周　彦

出版发行:石油工业出版社
　　　　(北京安定门外安华里 2 区 1 号　100011)
　　网　　址:www.petropub.com
　　编辑部:(010)64523707　图书营销中心:(010)64523633
经　　销:全国新华书店
印　　刷:北京中石油彩色印刷有限责任公司

2025 年 1 月第 1 版　2025 年 1 月第 1 次印刷
787×1092 毫米　开本:1/16　印张:21.25
字数:504 千字

定价:170.00 元

(如出现印装质量问题,我社图书营销中心负责调换)

版权所有,翻印必究

《地球物理测井学》

编 委 会

主　编：李　宁

副主编：焦方正　何江川　江同文　卢　涛　李国欣　窦立荣
　　　　雷　平　金明权　吴柏志

委　员：（按姓氏笔画排序）

王　兵　王才志　王克文　王泽丹　王贵文　王雪松
石玉江　田中元　刘向君　江如意　汤　彬　苏学斌
李　军　李安宗　李俊军　杨立强　肖立志　肖承文
宋　永　张　锋　陈　宝　陈　锋　武宏亮　范宜仁
尚　捷　周　军　庞奇伟　胡启月　胡英杰　袁　超
高　杰　郭海敏　赫志兵　谭茂金

《测井装备（上册）》

编 写 组

组　长：金明权　胡启月　陈　宝
副组长：李安宗　张炳军　陈文辉
成　员：（按姓氏笔画排序）

马修刚	马雪青	王　虎	王　炜	王　俊	王水航
王树声	左有祥	卢春利	史　超	白　冶	白　彦
白晓煜	冯永仁	冯琳伟	朱万里	朱瑞明	伍　莹
刘　枭	刘长伟	刘付火	刘先平	刘建辰	刘建建
刘家雄	阮亦军	孙七零	孙钦涛	李　楠	李永刚
李亚敏	李志恒	李雨麒	杨居朋	肖　宏	吴　丹
何绪新	余卫东	宋　宇	宋青山	张　凯	张森峰
张群华	陈玮琦	陈章龙	侯学理	施俊成	姜黎明
姚春明	贺　飞	贺秋利	秦小飞	贾明宾	郭英才
曹先军	曹景致	葛云龙	程　刚	童茂松	游占华
樊　琦	樊方方				

序

  经过中国测井界学人的共同努力，总计 14 卷 26 个分册的《地球物理测井学》终于问世了！这不仅是对推动测井学科进步做出的重大贡献，更是对测井先哲未竟事业和治学精神的赓续与弘扬。

  地球物理测井是石油工业十大学科之一，被誉为洞察地下油气藏的"眼睛"。地球物理测井诞生于 1927 年。1939 年，翁文波院士在中国大陆首次成功测井，开创了我国的测井事业，成为中国测井第一人。但长期以来，由于地球物理测井一直被称为"测井技术"，应有的学术地位没有得到充分体现，因而大大影响了测井学科的高质量发展。令人尊敬的测井前辈谭廷栋先生是喊出"测井学"的第一人。谭先生一生投身测井，60 岁后更是为测井学正名而大声疾呼。这里之所以用"正名"而不用"倡导"或其他，是因为谭先生从来就认为测井是一门"学"，而不只是一门"技术"。他多次提到，"Reservoir Geophysics"（矿场地球物理学）一词中有"学"，在 20 世纪 50 年代翻译时出了问题，才变成了现在这个"技术"的叫法。谭先生还多次由衷感激地提到中国石油勘探开发研究院秦同洛教授，说他在国家科委确定石油工业十大学科的会议上能仗义执言："如果集声电核于一身的测井都不是学，石油上还有哪个敢说自己是学？"测井入选石油工业十大学科后，谭先生更是逢人便说、遇会便讲此中原委，且声情并茂、手舞足蹈，令与会者为之动容。于是，在他的亲自带领下，经过测井界同仁一起努力，1998 年第一部《测井学》终于问世了，这是测井发展史上的一个重要里程碑。从 1939 年到 1998 年，历经 60 年姗姗来迟的这部《测井学》了却了谭先生最大的一桩心愿。两年后，他安详地阖上了双眼……当时参加先生追悼会的超过了 300 人，除了在京院所和有关司局的领导外，各大油田测井公司的主要负责同志差不多都到了。大家共同追思这位杰出的地球物理测井学家。我代表谭先生培养的所有硕士、博士毕业生题挽联一副："测井学先哲英灵永存，悼我师晚辈再写春秋。"

  作为翁文波院士和谭廷栋先生的学生，我不仅忠实地继承了导师的遗志，尽全力推动测井学的发展，而且还努力从中国测井行业战略发展的高度出发，大力倡导"学科大发展，方有大作为"的理念。我认为，只有从国家、人民群众和专业人士这三个层面的需求出发撰写出版三类图书，即大百科全书、科普图书和专业著作，才能全方位确立、展现并提升测井学科的学术地位。于是，我从 2015 年起，用 6 年时间牵头遴选编撰测井条目，使地球物理测井第一次以一个完整学科定位写入《中国大百科全书》；从 2020 年起，我用 3 年时间组织编写出版了大型科普丛书《走进石油（第二版）》之测井分册《洞察地下油气藏：石油地球物理测井》，同时走进中国科技馆大讲堂，以《万米特深地球物理测井：一项极具挑战的"反向探月"工程》为题，向全国观众普及测井知识；从 2021 年起，我领衔担任主编，带领全国测井界知名专家学者精心编著这部《地球物理测井学》，旨在进一步提升测井学科的影响力。

令人骄傲和兴奋的是，在中国石油、中国石化、中国海油、延长石油、相关高校和科研院所各路专家学者的通力合作下，《地球物理测井学》如期面世了！这套书系统阐述了 90 多年来测井学科发展的理论技术成果，系统总结了各类测井方法在油气勘探开发实践中的应用效果。正如中国石油勘探开发研究院窦立荣院长所说："此次李宁院士领衔主编的《地球物理测井学》不仅保留和传承了 1998 年版《测井学》专著的经典内容，更重要的是立足当前非常规油气和深地深海等复杂油气藏测井理论技术挑战，融入了 30 年来我国测井领域取得的最新理论技术成果和海外推广应用的成功案例，必将为推动我国测井学科发展、技术进步和行业壮大产生重大而深远的影响。"

这套书的第一大特点是论述系统全面、内容丰富详实，涵盖了从测井解释、测井软件、测井装备、电法测井、声波测井、核测井、核磁共振测井、工程测井、油气井射孔、生产测井、测井岩石物理、测井地质应用、测井人工智能到测井简史等测井学科的各个分支。正因如此，我国测井界百余位知名教授、长江学者和现场技术专家都参与其中。著作内容的系统、全面还体现在首次将测井简史作为测井学不可或缺的一部分，分两册单独成卷。我国自主研制的渗透率测井仪原型机于 2024 年 3 月 3 日在华北油田任 91 井测试成功，即将在深地塔科 1 井实施世界首次万米特深井渗透率测井作业，一举实现从 0 到 1 的重大技术突破，为百年地球物理测井史再添辉煌一笔。

这套书的第二大特点是突出学术性，尤其强调对学科基础理论的阐述，特别是首次引入了中国学者导出的理论公式和提出的方法原理，不但丰富发展了测井基本理论，而且有助于推动建立中国在国际地球物理学界的地位和声望。例如，一直以来石油院校教材中测井饱和度计算的经典内容是美国学者阿奇提出的经验公式，以及翻译照搬苏联教材中的分层各向均匀体积模型，而在这套书中介绍的饱和度一般形式（通解方程），则是由中国学者针对复杂岩性给出的非均质各向异性模型导出，并详细证明了以往教材中的那些公式都是一般形式在给定条件下的特例（均为通解方程的特解）；又如，过去测井数据处理的主要方法和工业软件都是国外引进的，而现在《测井软件》一卷的核心内容则是中国学者提出的广义测井曲线理论和中国科研团队研发的目前装机量最大、年处理井数最多的大型国产测井工业处理软件 CIFLog。

这套书的第三大特点是首次把每一测井分支领域的理论方法、技术系列和现场应用以卷为单位有机统一起来。根据统一的顶层设计，每卷的第一分册论述该卷所涉及的测井细分领域的理论基础，用作高校教材，其读者主要是在校大学生和研究生等；第二分册论述该细分领域的技术方法，其读者主要是工程师和做毕业论文的研究生及博士后研究人员等；第三或第四分册提供该细分领域理论技术的典型应用实例，其读者主要是现场工程技术人员和现场实习的高校毕业生等。以第一卷《测井解释》为例，它的第一至第四分册分别为《测井解释：理论方法》《测井解释：储层评价》《测井解释：国内实例》《测井解释：国外实例》。作为一个分支领域的理论基础，每卷的第一分册相对独立和完备，应在较长时间内保持稳定；而它之后的各分册则应经常再版更新，及时补充最新的技术进展和最新的现场应用成果。

这套书的第四大特点是首创用微信扫描书中测井图件的二维码，就能在 CIFLog 测井软件中立即打开这幅测井图件并对其进行修改和二次处理。通过这一功能，学生可以看到处理相应井的方法、公式和参数，观摩学习并掌握要领；老师可以更方便地备课；现场工程技术人员可以参考所用方法，方便改写添加自己的处理公式和参数，从而大大缩短调整处理方案的时间，节省精力。同时，利用 CIFLog 智能助手，可以通过输入一段描述文字，快速推荐书中的相关案例图件。

总之，《地球物理测井学》定位明确，编写起点高，是目前国内地球物理测井领域最具理论性、系统性、创新性和权威性的一部著作。即便从国际测井发展史上来看，能集中如此多的行业专家学者精心编著这样大体量的学科专著也是绝无仅有的。2024 年，这套书入选国家出版基金资助项目，这在中国测井界也是第一次。衷心希望广大读者能够从中获益。

最后，特别感谢中国石油天然气集团有限公司原副总经理焦方正教授、中国石油科技管理部两任总经理匡立春教授和江同文教授在这套书出版立项过程中给予的鼎力支持。特别感谢中国石油勘探开发研究院各位领导、专家给予的全力协助与配合。

中国工程院院士

2024 年 12 月　于北京海淀

《地球物理测井学》分卷册目录

卷次	分册名	卷次	分册名
第一卷	测井解释：理论方法	第六卷	核测井（上册）
	测井解释：储层评价		核测井（下册）
	测井解释：国内实例	第七卷	核磁共振测井
	测井解释：国外实例	第八卷	工程测井
第二卷	测井软件（上册）	第九卷	油气井射孔（上册）
	测井软件（中册）		油气井射孔（下册）
	测井软件（下册）	第十卷	生产测井（上册）
第三卷	测井装备（上册）		生产测井（下册）
	测井装备（下册）	第十一卷	测井岩石物理
第四卷	电法测井（上册）	第十二卷	测井地质应用
	电法测井（下册）	第十三卷	测井人工智能
第五卷	声波测井（上册）	第十四卷	测井简史：国内油气
	声波测井（下册）		测井简史：固体矿产

前　言

地球物理测井是利用物理学的基本原理，通过使用专门的仪器设备，沿钻井剖面测量岩石的物性参数，如电阻率、声波速度、岩石密度、射线俘获及发射能力等，以了解井下的地质学信息及资源赋存状态的一门技术学科，在石油、天然气、煤、金属、非金属、地热、地下水等资源的勘探开发中发挥着重要作用。测井使用的专门仪器统称为测井装备。为了满足测井教学与生产需要，国内先后出版了一系列相关著作。1980年，杨荣礼、陆介明编写了高等院校教学用书《测井仪器》；2008年，庞巨丰主编的《测井原理及仪器》详细介绍了国内外广泛使用的各种常规测井仪器和成像测井仪器及原理，在石油、地矿、矿业（煤炭）等专业高等院校和科研工作者中被广泛使用；1998年由谭廷栋主编的我国第一部《测井学》、2007年由楚泽涵等编著的《地球物理测井方法与原理》，也包含了测井仪器的相关内容。这些著作对测井技术、方法和装备的发展均发挥了重要作用。本书在总结前人优秀成果的前提下，结合当前测井装备的最新进展编撰而成，既系统阐述各种测井技术和测井方法，又立足当前非常规油气和深地深海等复杂地质工程条件下的测井挑战，详细介绍近年来最新的测井装备和在国内外推广应用的成功案例。

《测井装备》分为上、下两册。本书为上册，主要介绍电缆测井装备，共七章，由金明权、胡启月、陈宝负责全书架构设计，李安宗、张炳军、陈文辉、王炜、陈章龙等组织编写。第一章系统介绍电缆测井技术及装备的发展历程、现状及趋势，由张炳军、陈章龙、吴丹、贾明宾等编写；第二章介绍各个测井系统的组成、功能、仪器组合模式和典型案例，由陈章龙、王炜、程刚、杨居朋、王水航、朱万里、宋宇、李志恒、陈玮琦、樊方方、刘枭等编写；第三章介绍正在使用的和最新研制的双侧向、阵列侧向、微电阻率成像、电场成像、阵列感应、三维感应成像、宽频介电等电法测井仪，由肖宏、宋青山、姜黎明、曹景致、马雪青、贺秋利、贺飞、冯琳伟、张森峰等编写；第四章系统介绍数字声波、阵列声波、方位远探测声波、全景式声波成像等测井仪原理，由刘付火、陈文辉、张凯、李亚敏、刘先平、杨居朋、马修刚、余卫东、伍莹等编写；第五章系统介绍自然伽马、自然伽马能谱、补偿中子、岩性密度和孔隙度等测井仪原理，由何绪新、童茂松、王树声、王虎、葛云龙等编写；第六章介绍居中型和偏心型核磁共振测井仪探头设计制作、电路设计与实现、处理解释和应用,由侯学理、刘家雄、曹先军、朱万里、李楠、刘建辰、白冶等编写;第七章介绍地层测试器和钻进式井壁取心仪基本原理、功能、组成部分及应用案例等,由秦小飞、左有祥、冯永仁、白晓煜、姚春明、朱瑞明等编写。

在本书编写过程中,肖立志、汤天知、鞠晓东、苏远大、邓少贵等专家学者提出了宝贵修改意见与建议。在此一并向给予帮助与支持的所有人员致以衷心感谢!

由于测井装备研究的理论性、实践性很强,加之受笔者水平限制,书中难免存在不足,敬请读者批评指正。

目　录

第一章　绪论 ··· 1
　　第一节　测井装备简介 ··· 1
　　第二节　电缆测井装备发展历程 ··· 4
　　第三节　电缆测井装备现状 ··· 8
　　第四节　电缆测井装备发展趋势 ·· 15

第二章　测井系统与仪器组合 ·· 17
　　第一节　地面采集与传输系统 ·· 17
　　第二节　快速测井系列 ·· 36
　　第三节　高温高压测井系列 ··· 42
　　第四节　地层成像测井系列 ··· 48
　　第五节　过钻具测井系列 ·· 52
　　第六节　直推式测井系列 ·· 65

第三章　电法测井仪器 ·· 72
　　第一节　双侧向测井仪 ·· 72
　　第二节　阵列侧向测井仪 ·· 80
　　第三节　微电阻率成像测井仪 ·· 102
　　第四节　电场成像测井仪 ··· 114
　　第五节　阵列感应测井仪 ··· 133
　　第六节　三维感应成像测井仪 ·· 142
　　第七节　宽频介电测井仪 ··· 149

第四章　声波测井仪器 ··· 159
　　第一节　数字声波测井仪 ··· 159

第二节	阵列声波测井仪	168
第三节	方位远探测声波测井仪	187
第四节	全景式声波成像测井仪	198

第五章　核测井仪器　208

第一节	自然伽马测井仪与自然伽马能谱测井仪	208
第二节	补偿中子测井仪	223
第三节	岩性密度测井仪	231
第四节	地层元素测井仪	242
第五节	可控源地层元素与孔隙度测井仪	252

第六章　核磁共振测井仪器　261

| 第一节 | 居中型核磁共振测井仪 | 261 |
| 第二节 | 偏心型核磁共振测井仪 | 280 |

第七章　地层测试器与井壁取心仪　289

| 第一节 | 地层测试器 | 289 |
| 第二节 | 钻进式井壁取心仪 | 317 |

参考文献　322

二维码目录

二维码使用说明

图 5-1-9　222
图 6-2-8　288

第一章　绪　　论

测井是在勘探和开采石油、天然气、煤、金属矿等地下矿藏的过程中，利用物理学的基本原理，设计专用的测井设备，通过测量井壁周围的电、声、核、核磁共振等物理场特性，得到石油地质学和工程地质学所需的地层信息，如地层厚度、孔隙度、渗透率、油气含量、饱和度等。这些数据用于判断油气藏的性质、确定储量、预测油气藏的开发效果，帮助地质学家深入了解地下地质结构和油气储层情况，从而为油气勘探和开发提供科学依据。因此，测井被誉为洞察地下油气藏的"眼睛"。测井系统包含井下仪器、地面系统，以及采集处理与解释评价方法等内容，井下仪器的测量方法、测量精度、稳定性与可靠性直接影响地层信息采集质量和油气层评价效果。随着油气勘探不断深入和非常规油气资源的开发，测井技术逐渐由传统的常规测井技术发展到阵列成像、多维成像等技术，同时研发配套了相应的测井装备系列，取得的地层信息更加丰富，资料更加直观，能够较好地满足深层超深层、复杂及非常规储层的勘探开发需求。

本章从测井装备的基本原理和分类出发，介绍电缆测井装备的发展历程和现状，以及在"深、非、低、老"环境下电缆测井装备的发展趋势。

第一节　测井装备简介

"测井"这个术语对应的英文单词是"Logging"，原意是"航行日志"。早期的石油工业中，人们主要用日志来记录钻井过程中所获得的地质数据和井下情况，以便后续分析和评估。这个单词生动形象地比喻了"测井"的过程和特点：测井工程师使用测井系统，连续记录随深度变化、反映地层信息的各种参数。一次测井可以看作一次行程的记录，这个过程就类似于一条航船的航海日志，"航船"是某种类型的一支测井仪器，而"行程"是下入和取出井眼的过程。

一、测井装备的测量原理

测井也叫地球物理测井（Geophysical Well Logging，GWL），是将各种专门仪器放入井中、沿井身测量剖面上地层的导电性、声学特性、放射性和光学等地球物理参数随井深的变化曲线，并根据测量结果进行综合解释（人工或数字处理）来判断岩性，确定油气层及其他矿藏的一种方法。

测井施工时要采用专门的测井仪器和设备。根据不同的地质情况和不同的需要，科学家们研究出了各种测井方法和相应的仪器，以获取不同地层的岩石物理参数，如电阻率、声波时差等，以及工程技术参数，如井眼特性、固井质量等，从而形成了一系列的测井方法和测井装备。

二、测井装备分类

测井的分类因采用的维度不同而不同。如图 1-1-1 所示,在油气井生命周期中按照完井方式及测井井筒环境分为裸眼井测井和套管井测井,按照勘探和开发生产两大阶段分为完井测井和生产测井。这两种分类的区别是划分的节点不同,前者以套管固井为界,后者以套管射孔为界,固井质量测井在前者中独立分类,在后者中属于工程测井范畴。完井测井包括裸眼井测井和固井质量测井,生产测井包括工程测井、生产动态测井和剩余油测井等。

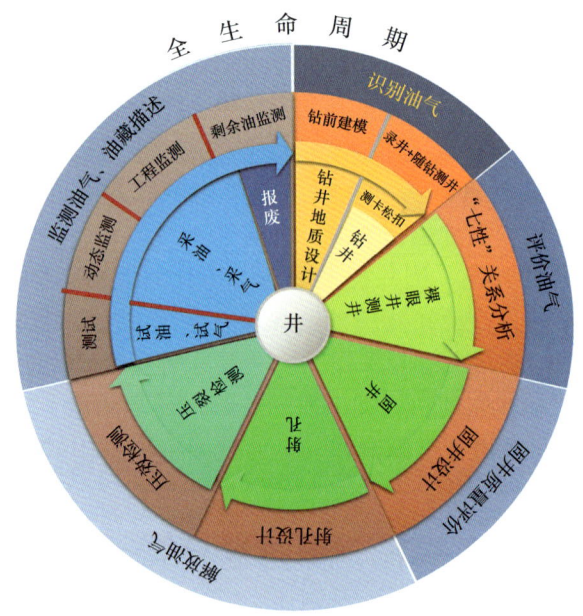

图 1-1-1 油气井生命周期

按照测井仪器测量原理分为电法测井、声波测井、核测井、核磁共振测井及其他测井等。

(1)电法测井是通过井下测井仪器向地层发射一定频率的电流测量地层电位,从而得到地层电阻率的测井方法,主要包括侧向测井、感应测井、地层倾角测井、微电阻率成像测井、电磁波测井、介电测井等,可以用来识别油气水流体性质、评价油气含量、刻画储层微构造特征等。

(2)声波测井是通过测量井眼地层的声学性质来判断地层的特性、井眼工程状况的测井方法,主要包括声速测井、声幅测井、声波全波列测井、偶极声波测井、方位远探测声波测井等多种方法,声波测量能揭示许多储层与井眼特性,可以用来确定地层的原始和次生孔隙度、渗透率、岩性、孔隙压力、各向异性、流体类型、应力与裂缝的方位等。

(3)核测井又称为放射性测井,是根据地层岩石及其孔隙流体的核物理性质,研究地层性质、探测油气等的一类测井方法。根据所使用的放射性源或测量的放射性类型,以及所研究的岩石物理性质,可将核测井方法分为伽马辐射测井和中子测井,包括自然伽马测井、自然伽马能谱测井、密度测井、中子孔隙度测井、地层元素测井等。

（4）核磁共振测井是一种利用核磁共振现象分析电磁信号来获取地下岩石中的孔隙结构和流体含量信息的地球物理测井技术，是测量地层中的氢核在地磁场中自由旋进的测量方法。

（5）其他测井包括井径测井、温度测井、压力测井、光纤测井等。

按照测井仪器入井方式及动力工具进行采集的测井工艺划分，测井可分为电缆测井、钻具输送湿接头电缆测井、过钻具测井、爬行器牵引测井、连续油管测井、随钻测井等，除随钻测井外其余测井本质上均属于电缆测井。

（1）电缆测井是一种通过电缆来完成测井采集作业，实现测井信息采集、传输、处理和质量控制等功能的测井方法。测井时，利用测井绞车等动力系统将与电缆连接的仪器下放到井下，通过电缆牵引仪器沿井身剖面运移来实现地面系统和井下仪器之间实时供电、双向的数据通信和井下数据的采集，具有分辨率高、速度快、数据直读、经济高效、剖面连续等特点。

（2）钻具输送湿接头测井是将仪器和辅助短节组合成仪器串，通过转换短节与钻具连接，利用钻具输送仪器到目的层段上方，测井电缆通过旁通短节连接湿接头内接头总成，在钻杆内部进行电缆湿接头对接，完成电缆与测井仪器的电连接，在钻杆上提、下放过程中完成测井作业的方法。

（3）过钻具测井是将钻杆保护套、过钻杆/钻头等测井工艺技术一体化融合，通过工器具的标准化、模块化设计配套，按照一井一工艺的施工原则优选相适应的工器具及工艺流程来满足不同条件系列化的测井作业方法。

（4）直推存储式测井采用转换短节直接连接钻杆与仪器，通过钻机将连接在钻杆底端的存储式仪器推送入井进行测量。

（5）随钻测井是将仪器安装在钻铤上，在钻井的同时测量地层岩石物理参数，并将测量结果实时传送到地面或部分存储在井下存储器中完成测井的方法（刘春艳等，2011；张炳军等，2022）。

其中，电缆测井是最常用的测井方式，一般适合直井和井斜角相对较小的井眼情况，主要优点是时效高。而电缆测井装备是石油勘探和开发中不可或缺的设备，可以提供关键的地质信息，为油田开发提供数据支持。

三、电缆测井装备组成

如图1-1-2所示，电缆测井装备至少包括以下设备。

（1）地面系统：主要是指地面上用于数据采集、控制、记录和处理的系统。它以计算机为核心，凭借着所加载的各种程序的控制，完成各种不同的测井作业。

（2）下井仪器：主要是指以传感器为核心，利用电、声、核、核磁共振等物理原理制造的可测量不同地层物理特性的仪器仪表，包括扶正器、偏心器、引向器等辅助装置。可根据测井作业的要求，选择不同组合系列的下井仪器组合串，获取所需的测井信息。

（3）测井动力输送系统：包括测井绞车、滚筒、测井电缆等。测井电缆在测井过程中起传输和信道作用。

（4）测井辅助设备：包括井口装置、深度系统、供电系统、水平井测井工具等特殊专用设备。

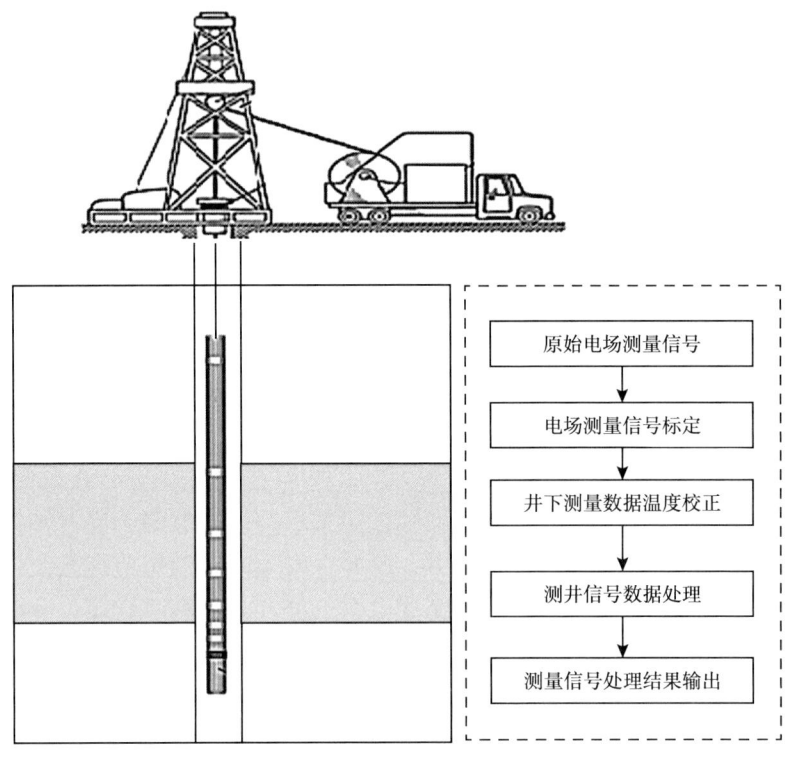

图 1-1-2 电缆测井示意图

第二节 电缆测井装备发展历程

测井技术起源于法国。1927年，斯伦贝谢兄弟发明了电测井，开始在欧洲探测煤和油气。同年9月5日，斯伦贝谢等在法国 Pechlbrom 油田 488m 深的井中，测出了世界上第一条测井曲线。曲线清楚地指示出盖层下面的厚层含油砂岩。测井技术由此诞生。

中国于1939年开始将电测井应用于油气勘探。1939年12月，翁文波和赵仁寿等在四川进行了中国的首次电法测井。1948年9月，刘永年和王曰才等在玉门老君庙油田利用半自动测井技术得到了视电阻率曲线（点测），并划分出油气储层（楚泽涵等，2007）。

从1927年开始，测井技术从简单的测量逐步演化成了集成化的测量系列，能完成一套高精度、相互匹配的测量；测量数据通过电缆、钻井液等传送到地面。测井技术依据电、声、核、核磁共振等各种物理原理，采用先进的电子技术和信息处理技术，采集丰富的地下信息，经过处理、解释，对油气层进行评价，为石油勘探开发提供极为重要的资料。

测井技术及装备的发展具有两个显著特点：一是测井技术及装备的发展与石油勘探开发紧密联系在一起，勘探开发的需求成为测井技术及装备发展的重要动力；二是测井科技工作者时刻关注着物理学、电子学、计算机学等各领域的最新进展，这些领域的最新成果往往很快就在测井技术及装备中得到体现。

测井技术及电缆测井装备的发展经历了模拟测井、数字测井、数控测井、成像测井、智能测井五个阶段，现正在经历智能测井阶段。

一、模拟测井阶段

自 1927 年测井问世以后，一项又一项测井技术相继诞生。1931 年，意外地发现了自然电位；1946 年，自然伽马测井诞生；1948 年，朗格里油田应用油基钻井液进行钻井，在油基钻井液内无法进行直流电测井，迫使人们进行探索，发明了感应测井；1950 年，人们将伽马源与相应的密度测量技术应用于测井，地层密度测井诞生；电磁场理论在测井中的进一步应用，使人们于 1952 年发明了能将电流聚焦的七侧向测井和三侧向测井；同年，人们将超声波技术成功地应用于测井，声波测井诞生；将中子源与相应的放射性测量技术用于测井，中子伽马测井诞生；1956 年，闪烁测量技术被应用于核测井。至 1964 年，用于地层评价的常规测井系列基本配齐。

国内引进的苏联半自动测井仪（1952 年）、全自动测井仪（1953 年）就是典型的模拟测井装备。与此同时，燃料工业部在北京和西安建立了石油地球物理实验室，开始研制测井仪器，相继在 1953 年和 1954 年研制出半自动和全自动电测仪。1958 年，刘永年研制的 JD-581 多线式井下自动测井仪正式在西安石油勘探仪器厂投入生产。该型仪器在 20 世纪 90 年代以前遍布我国各油田、煤田、冶金等领域，为我国的测井事业作出了巨大贡献。

二、数字测井阶段

20 世纪 60 年代，石油产量和测井工作量大增（汤天知等，2014），同时测井技术的发展使测量信息越来越丰富，模拟测井仪器已不能满足测井资料计算机处理的需要。60 年代初，人们开始研制数字化测井地面仪器，以及与之配套的下井仪器。1965 年，斯伦贝谢公司首次用"车载数字转换器"（包括模/数转换器、数字深度编码和磁带记录装置）记录数字化测井数据，数字测井时代开始。数字测井系统在 60 年代至 70 年代初得到广泛应用，数字信息的直接输入使测井信息处理走上了计算机批处理过程，测井资料计算机处理在这个时期得到了大发展。

1976 年我国引进的阿特拉斯公司 3600 系列数字测井系统就是一种典型的数字测井装备，这也标志着我国石油测井开始了数字测井技术发展新阶段。3600 系列数字测井系统与当时国内 JD-581 多线仪和为数不多、技术上也不够先进的下井仪相比，在技术上有很大的优势。首先下井仪器由于引进了补偿密度、补偿中子、双侧向、双感应等先进测井仪器后，真正实现了在复杂岩性下孔隙度、含油饱和度的定量解释，带动了我国解释方法和数字处理技术的发展。先进的光点记录设备使现场胶片记录质量得到很大提高，数字磁带机的应用使得在现场就可以完成与解释中心计算机的数字接口，这是 3600 系列数字测井系统技术水平的重要标志。3600 系列数字测井系统尤其是下井仪器的引进使我国在测井方法、系统分析、仪器设计、电子基础元件等方面开阔了视野，为后来的消化吸收、仿制和创新打下了基础（鞠晓东，2001）。

1982 年，西安石油勘探仪器总厂推出了 SJD801 数字测井系统，这是在消化吸收 3600 系列数字测井系统的基础上，加上部分自主创新后生产的具有划时代意义的国产测井系统，使我国测井装备短短的 5 年内在整体上与国外缩小了至少 10 年的差距。

三、数控测井阶段

计算机技术的高速发展推动测井仪器的更新换代。1973 年，第一次在现场用计算机记录和处理数据，代表着数控测井阶段开始。数控测井地面采集仪器是由车载计算机和外围设备组成的人机联作系统，能完成对井下仪器测量数据的采集和实时记录，并能在井场进行快速直观处理。数据传送方式由单向编码传输发展为双向可控数据传输，传送速度大大提高。在这一阶段，增加的测井方法包括：自然伽马能谱测井、岩性密度测井、碳氧比能谱测井、长源距声波测井、电磁波传播测井、地层倾角测井。这些新的测井方法能够提取更多的有用信息，扩大了测井的应用领域。斯伦贝谢公司 CSU、阿特拉斯公司 CLS3700、哈里伯顿公司 DDL 系列都是典型的数控测井装备。

我国于 20 世纪 80 年代初期引进了 CLS3700 数控测井系统，标志着我国石油测井装备水平的又一大进步。但数控系统造价极其昂贵，以当时情况不可能大面积推广应用。随着以 PC 机为代表的现代 IT 技术的巨大进步，"小数控"时代开始。"小数控"是采用按照工业化要求设计的微型计算机（IPC）作为车载计算机，配有专用的数据采集接口板和实时数据采集处理软件，使得系统具有 CLS3700 和 CSU 一样的控制和数据处理功能，而造价方面则呈数量级的下降，而且由于 PC 硬件和软件系统的完全开放性使得国人对自主研发的系统拥有完全的知识产权。在众多"小数控"产品中，胜利油田测井公司和解放军信息工程大学合作研制的 SL2000 型和 SL3000 型"小数控"，以及西安石油勘探仪器总厂研制生产的 SKC-92 型"小数控"，其性能已达到或超过了 CLS3700 和 CSU，是我国在这一时期较高水平"小数控"的代表作，将我国测井装备全面推向了数控化。随后，中国舰船研究院历时数年的 520 工程，在克服了很多困难之后，成功推出了国产化的 CSU 兼容系统，也标志着我国已完全掌握了数控测井装备的研发技术。

四、成像测井阶段

石油勘探中，越来越多地遇到裂缝性地层等各种复杂地层，迫使人们寻求实现复杂地层评价的测井方法。1986 年，第一种成像测井仪器（微电阻率成像测井仪）问世，对裂缝识别和评价提供了全新的手段，引起了人们的兴趣和充分重视。随后，阵列感应、井下声波电视、偶极声波、核磁共振等为代表的一系列高水平的成像测井仪相继问世。为了满足各种成像测井仪器在大信息量传输、记录、图像处理等方面的要求，研制成像测井地面仪器并将各种成像测井仪与之集成而形成完整的成像测井系统已成为必然趋势。1989 年，斯伦贝谢公司推出了 MAXIS500 测井系统，标志着成像测井时代的开始。该系统的井下和地面数据交换速率达到 500kbps，地面系统则用网络连接了多台高性能工作站，使测井装备的性能和信息化程度达到很高的水平。随后，阿特拉斯公司和哈里伯顿公司分别推出了各自的成像测井系统 ECLIPS-5700 和 EXCELL-2000。随着服务对象对测井的需求从勘探发现为重转向油气藏识别与时效成本并重，斯伦贝谢公司在 2000 年推出快测平台 PEX，实现了常规测井与成像测井功能的融合。

为了跟进国际先进水平，1994 年起，中国石油开始了成像测井系统的研发工作，成功研制出微电阻率（WDS）成像测井仪（侯亮，2020；侯亮等，2021；尹成芳等，

2022），这是我国第一款成像测井仪。2005 年，中国石油自主知识产权的成套测井装备取得重大技术突破，EILog-05 快速与成像测井系统研制成功，井下仪器包括了组合化的常规测井仪器，仪器长度大大缩短，一次下井能够完成常规测井作业，测井效率提高 2 倍。EILog-06 高性能测井系统可适应成像测井资料大数据传输特性需求，电缆数据传输率达到 430kbps，常规井下仪器全部数字化，集成度更高，实现了测井质量全面控制，测量结果全程动态监测，系统功能和配套能力增强。2010 年，阵列感应、阵列侧向、微电阻率成像、阵列声波、井下超声成像和核磁共振等"三电两声一核磁"阵列成像测井仪器完成研发配套，使中国石油测井主体技术发生了根本性的变化，快速与成像测井装备接近国际先进水平。2012 年，"15m 一串测"快速测井系统正式投产应用。该系统由组合性强、总长度短、可靠性高、测井速度快的常规测井组合仪器构成。由于微机功能的大大增强，现在的快测系统已经可以挂接各种成像测井下井仪器，并研发配套偏心核磁共振、地层元素等成像测井仪器。2019 年研发配套了 FITS 过钻具测井系统，适应水平井等复杂井况测井需要。2021 年，发布 CPLog 多维高精度成像测井装备。三维感应成像测井仪获 2020 年中国石油十大科技进展奖。中国石化于 2020 年在 SL6000 型高精度高时效测井地面系统的基础上，将 MVLog900 网络成像测井系统产业化，配套了声波远探测、阵列侧向等成像测井仪器。中国海油在 2010 年开展规模化 ELIS 电缆成像测井系统的研制，逐步研发配套了增强型的电成像、核磁共振、偶极阵列声波等成像测井仪器，并于 2020 年成功研制高温高压满贯系列 ESCOOL 电缆测井系统。

总体来看，中国的成像测井技术及装备达到了国际先进水平，在应用和技术方面有很大的优势。

五、智能测井阶段

进入 21 世纪后，随着人工智能技术的快速发展，越来越多的石油公司开始将其应用于测井领域。智能测井是一种利用计算机和人工智能技术进行的测井方法。它利用现代化的计算机技术、数学方法和物理模型，对测井数据进行高效的处理和分析，从而得出更加准确的地下岩层特征和储层参数，既能提高测井数据的分析精度、减少人为误差、缩短处理时间，又可根据实时数据进行反馈和调整，使得测井数据分析更加快速和准确。当前，各测井公司均布局开启智能化测井，部分石油企业和科研机构已经针对网络化地面、智能绞车、远程测井等相关核心技术进行攻关，并已开始批量应用，例如斯伦贝谢公司的远程测井中心、智能地层测试、具备智能处理解释能力的井筒软件 Techlog，中国石油自主研发的测井软件 CIFLog 等，都是人工智能技术在测井领域的典型应用。

2016 年，中国石油提出"互联网＋测井"技术发展方向，以网络化、模块化、标准化及智能化设计为核心，以高性能测井芯片、高精度传感器、高可靠机电工艺、远程测井、人工智能及工业设计创新应用为手段，经过多年的自主研发，陆续打造出了一套测得更精、探得更远、作业更高效的新一代远程智能化测井系统——CPLog 测井系统。CPLog 测井系统可应用于裸眼井测井、随钻测井、生产井测井、射孔，以及地热干热岩新能源等多种场景。其中，以三维感应、偏心型核磁共振、远探测声波等为代表的多维成像测井系列，实现了二维成像向三维成像的跨越；以智能旋转导向、地质导向和地层评价为主的随钻测导系列，有效提升储层钻遇率，助力水平井高效开发；以"超高温、超高压、超深穿透"射孔、桥射联作、自清洁射孔为代表的射孔系列达到国际领先水平，最大射孔穿深 2.6m，打破世界纪录，助力超深层油气高效开发，实现全工序、全井筒提速提效；提倡绿色测井，可控源取代化学源，实现了安全环保新途径；可远程测控，创新"无人驾驶"测井新模式。

第三节　电缆测井装备现状

21 世纪以来，测井技术整体取得飞跃，重点体现在测井装备在高精度、深探测、组合高效、高性能和测量方式的突破上。为了满足市场竞争需要，国内外测井公司通过对作业需求量大的常规测井系列进行系统集成、改进仪器传感器设计、优化电子线路和机械设计，并配套成像测井仪器系列，先后研发出高精度、高性能、高可靠的新一代快速组合测井系统。快速组合测井系统具有综合化、便携化、网络化的数据采集地面系统和高度集成化的井下组合测井仪，大大缩短了组合仪器串长度，一次下井可以完成所有常规测井资料的采集，提高了测井作业的时效，能提供高性能、高可靠、低成本的测井服务。

一、数据采集地面系统

国外数据采集地面系统的主导产品是斯伦贝谢公司 eWAFE 高级多功能采集系统、阿特拉斯公司 ECLIPS-5700 和哈里伯顿公司 LogIQ 测井地面采集系统。这三大测井公司的地面系统普遍采用大规模集成电路，大幅缩小了仪器体积；数据采集系统的可靠性和稳定性显著提高；采用统一的数据传输格式和通信接口标准、高数据传输率的电缆传输系统，使得数据采集和传输速度显著提高；可视化、组件化和实时采集加快了测井资料采集和向用户提交资料的速度。这些测井系统经过不断升级、增加新的测井项目，仍代表当今测井科技最高水平。

中国石油研发的 CPLog 测井系统的数据采集地面系统主要由 iWAS 智能测井采集系统、一体化测井车和 ACME 采集控制软件组成：iWAS 智能测井采集系统提供实时采集、测井质量监控、数据合成处理、资料成果快速出图等功能，可配接 CPLog 测井系统的裸眼测井和套管测井井下仪器，支持 CAN、TCP/IP 两种通信总线的井下仪器，满足测井、射孔、取心等多种作业任务需求；一体化测井车具备人员与设备运输、绞车系统控制、地面采集系统操作等功能，提供电缆测井服务需要的井口作业工具、铠装电缆、供电系统、深度系统和放射性源存放仓等配置，操作工程师能够在野外从事裸眼井测井、套管井测井、射孔和取心等多种作业服务；ACME 采集控制软件是基于 Windows 操作系统的实时数据采集与快速处理软件，与 CPLog 测井系统无缝集成，软件可进行实时测井过程控制、实时测井质量控制、测井数据管理控制、系统服务控制，能够完成测井数据采集、处理、显示、绘图、记录及快速直观解释，满足裸眼井/套管井测井、成像测井，以及射孔和取心等多种作业需求。

中国石化研发的 SL6000 型高精度高时效测井地面系统采用以工作站为核心基于以太网的分布式系统结构，两台主机与各测井模块中的嵌入式处理器通过交换机连接在一起，构成网络系统。地面系统硬件采用模块化、网络化结构，采用大规模可编程器件和 DSP（数字信号处理）技术使硬件设备软件化，增加了系统的可靠性、稳定性、灵活性和可扩展性。地面系统软件分为前端机软件、主机测井采集软件和现场快速解释软件三部分。测井采集软件运行在 Windows 操作系统上，具有软件示波器功能，便于进行测井质量控制。系统采用的数字遥测系统，为下井仪器提供与地面系统通信的通道，传输速率达到 230kbps。系统具有较强的兼容能力，除配套的 LDT 系列下井仪器外，还可挂接部分 ECLIPS-5700 系列下井仪器；支持 PCM3506 和 PCM3508 两种编码传输方式，以兼容 CLS3700 和 SL3000 型系列仪器。系统能完成裸眼成像测井和常规测井、生产测井、井壁取心、射孔、爆炸松扣等作业。2019 年又推出 MVLog900 网络成像测井系统，高温长电缆测井数据高速传输能力在 7000m 电缆情况下，系统传输速率 1100kbps，井下仪器通信总线最高传输速率 10Mbps 以上，具有网络化、开放式、高时效、高可靠性的特点，统一标准接口，可进行远程网络技术支持，可实现大数据量测井任务（《中国石油测井简史》编委会，2022）。

2020 年，中国海油研发的高温高压电缆测井系统 ESCOOL 投入生产应用。ESCOOL 的高速传输系统是 COSL 新一代网络化高速传输电缆测井系统，搭配涵盖 205℃/137.9MPa 及 235℃/172.4MPa 耐温耐压指标的井下电缆测井仪器，用于在超过 175℃/137.9MPa 的高温高压（HT/HP）环境中提供电缆测井采集。该系统基于高速电缆数据传输和高速总线数据通信两项核心技术，采用网络化设计方案，实现井下仪器与地面系统高速数据网络连接，传输速率 1Mbps，达到国际主流应用指标。地面硬件高度集成，采用实时采集数据计算与图形化显示分离技术。井下仪器自由组合能与现有 ELIS 测井系统井下仪器无缝兼容，该系统基于新的体系架构和统一设计平台开发完成，系统功能强大、操作简便、实时性强、稳定可靠，与先进井下仪器配合，可以提供高温高压井测井解决方案。

二、井下组合测井仪

快速组合测井系统的井下组合测井仪主要分为常规快速测井系列、高温高压小直径测井系列、成像测井系列和复杂水平井测井系列。

1. 常规快速测井系列

国外典型常规快速测井系列主要有斯伦贝谢公司 PEX 快速平台、哈里伯顿公司 LogIQ 测井系统和贝克休斯公司 FOCUS 组合测井系统，国内典型的有 CPLog 常规快速测井系列。

1）PEX 快速平台（Platform Express）

Platform Express 是一种集成化仪器，而不是各自独立仪器的串接。与传统仪器的明显差别在于，它将多种功能集成在一个组件上，多个传感器交错分布在一个探头上，以最少的组件提供传统的三组合（密度、中子、电阻率及辅助测量）仪器串的所有测量，使仪器串长度和重量都缩减了一半多，测速提高了 1 倍，抗震性能明显提高。由于接头减少，电源可以共用，成本也大大降低。Platform Express 由三部分构成：高度集成的自然伽马—中子探头（自然伽马＋补偿中子＋加速度＋遥测）、共用电子线路和高分辨率电阻率—伽马探头（密度/P_e+R_{xo}），以及高分辨率方位侧向测井探头或阵列感应成像仪。Platform Express 在短半径水平井、狗腿度高的井及不规则井眼中的测井成功率高，适合于开发井测井和老油田挖潜，是一种低成本、高效率的测井仪器系列。

2）LogIQ 测井系统

LogIQ 测井系统主要由遥测伽马短节 GTET-I、双源距中子测井仪 DSNT-I、能谱密度测井仪 SDLT-I、井眼补偿阵列声波测井仪 BCAS-I 和高分辨率阵列感应测井仪 HRAI-I 组成，主要特点是四组合仪器串的长度与重量缩短了三分之一，使井场作业更安全；采用快速的 FASTLINK 电缆传输系统，仪器总线采用 10Mbps 的以太网总线，上传速率达到 800kbps，仪器功率增强，可以进行任意组合。

3）CPLog 常规快速测井系列

CPLog 常规快速测井系列是中国石油着力打造的"精品"主力装备，主要优点是仪器短、组合能力强、测井时效高。该系列的井下仪主要为外径为 90mm 快速一串测系列，包括 15m 一串测和 175℃@20h 一串测两大系列。15m 一串测系列是通过结构优化、模块复用、电路集成等先进设计和制造技术，将常规测井仪器的组合长度减少到 15m 以内；175℃@20h 一串测系列是在 15m 一串测系列的基础上，通过高温器件筛选、电路系统优化、传感器结构升级后，使仪器可以在 175℃、140MPa 的条件下连续工作 20h，具备电缆与存储式测井两种模式，一次下井可以快速取全常规测井资料，形成感应串、侧向串和放声组合串三种系列，满足油开井、气开井和探评井测井需要，在提高钻井适应能力、减少占井时间、降低作业风险等方面具有十分明显的优势。175℃@20h 一串测系列在 2023 年在塔里木油田相继创下最深 8882m、最高温度 186.4℃、最高压力 157.35MPa 等测井纪录。

2. 高温高压小直径测井系列

在高温高压仪器领域，国外主要是依托雄厚的芯片和探测器制造技术来提高仪器的温压指标测量精度和测量范围，从而进行更加准确的岩性识别、储量计算、裂缝识别和固井质量评价等。国外的高温高压小直径测井系列主导产品有斯伦贝谢公司 SlimXtreme 高温高压仪、哈里伯顿公司 HEAT™ Suite 系列测井仪、贝克休斯公司超高温高压全套鹦鹉螺系列测井仪（《中国石油测井简史》编委会，2022）。

（1）SlimXtreme 高温高压仪包括遥测伽马短节（QTGC）、补偿中子测井仪（QCNT）、岩性密度测井仪（QLDT）、声波测井仪（QSLT）和阵列感应成像测井仪（QAIT）等，指标达到 260℃、207MPa，外径 76mm。井下仪器带保温瓶及承压外壳，连续工作时间 5h。

（2）HEAT™ Suite 系列测井仪外径为 70mm，温度和压力指标分别为 260℃、172MPa，适应最小井眼为 3.5in。该仪器由遥测短节（HETS）、电缆张力、扶正器、偏心器、柔性短节及 6 支井下仪［双感应（HDIL）、双侧向（HEDL）、全波声波（HFWS）、能谱密度（HSDL）、补偿中子（HDSN）和自然伽马（HNGR）］组成。

（3）整个系列包括超级交叉多极子阵列声波测井仪（XMACF1™）、高分辨率阵列感应测井仪（HDIL™）、伽马能谱测井仪（GR/SL™）、补偿密度测井仪（CDL™）、补偿中子测井仪（CN™）、张力井温钻井液电阻率测井仪（TTRm™）和三臂井径测井仪（3-Arm caliper）。该系列仪器压力指标为 206.84MPa，其中超级交叉多极子阵列声波测井仪能在 232℃ 温度条件下连续工作 6h，而其他测井仪能在 260℃ 温度条件下连续工作 6h。

目前国内超高温高压测井服务基本依靠国外进口仪器，价格十分昂贵，只能在一些探井和少量重点开发井中使用，无法满足国内众多开发井的生产需要，应用规模受限，成本效益难以显现。针对这种情况，中国石油、中国石化、中国海油等国内企业也开展了高温高压小直径仪器研制与开发。

（1）中国石油自主研发的超高温高压小直径测井系列是一种适合4~8in小井眼测井作业的测井装备，仪器耐温耐压指标达到230℃/170MPa，外径76mm，能够解决万米电缆通信、测量精度低、不同井眼环境适应性等难题，满足超高温高压复杂井况条件基本参数测量需求，主要技术指标达到国际同类仪器先进水平，曾在塔里木、大港、华北等油田相继创下213℃最高井温和146MPa最高压力测井纪录。2024年4月，在深地塔科10000m科探井四开工程测井中创下了9621.80m亚洲第一深井测井纪录。

（2）中国石化研发的MatriView Log900高温高压小直径仪器由四参数、遥测（含自然伽马、井斜方位）组合仪、双井径、双侧向、数字声波及中子密度组合仪等井下仪器组成，耐温230℃，耐压172MPa，外径73mm。该系列仪器采用一体化保温瓶技术提高了仪器的耐温性能和设计空间，小直径结构设计，能够满足小井眼测井需求，为深层油气、地热资源等领域勘探开发提供技术支撑。

（3）中国海油于2013年启动了高温测井系列仪器研制首期科研项目，旨在满足现场急需的高温高压测井作业需求。2016年，成功研发出具有自主知识产权且技术指标为耐温205℃、耐压140MPa的ESCOOL高温高压满贯测井装备，并于2018年9月在青海干热岩地质井（189℃）圆满完成首次作业，自此拉开了ESCOOL系统推广应用的帷幕。2021年2月19日，中国海油对外宣布自主研发的235℃/175MPa超高温满贯测井系统（简称"ESCOOL系统"）在渤海钻井作业中创造了5572m井深和193℃井温的作业纪录，其成像质量达到国际主流设备水平，标志着中国超高温满贯测井技术开始跻身国际先进行列。

3. 成像测井系列

国内外测井公司都发展了配套的成像测井仪器系列，包括电成像、声成像、核磁共振成像和井下光学照相。斯伦贝谢公司新一代成像测井仪器——Scanner家族，如MR Scanner、Rt-Scanner、Sonic Scanner、Flow Scanner、Isolation Scanner、Litho Scanner及高分辨率油基钻井液电成像等，配套了eWAFE高级多功能采集系统，电缆传输速度能达到1Mbps；哈里伯顿公司等也推出了新型高分辨率三分量阵列感应测井仪MCI、StrataXaminer多频电成像测井技术、StrataStar深侧向方位电阻率测井技术（刘春艳等，2011），推进成像测井由一维转向二维、三维，在油田投入使用并取得了很好的效果，为研究疑难储层提供了重要手段。

中国石油的EILog成像测井系统是以"三电两声一核磁"为基本系列，具备阵列感应或阵列侧向与阵列声波，微电阻率成像与超声成像三种成像与常规组合的一串测井能力的成像测井系统。其中，"三电两声一核磁"成像测井系列由MIT阵列感应测井仪、MCI微电阻率成像测井仪、HAL高分辨率阵列侧向测井仪、MPAL多极子阵列声波测井仪、UIT超声成像测井仪和MRT多频核磁共振成像测井仪组成。针对复杂及非常规油气藏勘探开发的需要，中国石油在集成EILog测井系统优势技术的基础上，又打造出了更为高效的CPLog测井系统，该系统下的CPLog成像测井系列也对"三电两声一核磁"等仪器进行了优化升级，并配套了宽频介电测井仪、方位远探测声波测井仪、FEM地层元素测井仪、iMRT偏心核磁共振测井仪和多维高精度成像测井仪器系列，实现测井技术向全空间多维方式的转变，以满足不同油区不同井型勘探开发需求。CPLog成像测井系列仪器和功能介绍见表 1-3-1。

表 1-3-1 CPLog 成像测井系列仪器功能介绍（2023 年）

仪器名称		功能及用途
MIT 阵列感应测井仪		提供 3 种纵向分辨率（30cm、60cm 和 120cm）、5 种径向探测深度（25cm、50cm、75cm、150cm 和 225cm）的 15 条地层电导率处理曲线，提供比常规电阻率测井仪更丰富、更准确、更直观的测量，具有较强的薄层划分能力
MCI 微电阻率成像测井仪		提供环井眼地层高分辨率电阻率图像，是解决复杂非均质储层测井评价、地质特征分析的重要手段
HAL 高分辨率阵列侧向测井仪		解决双侧向仪器受井眼和围岩影响不规律及存在格罗尼根现象和校正困难的问题，一次测井可测得 6 条曲线
MPAL 多极子阵列声波测井仪		能够实时获取准确的纵波时差，也可进行多种组合模式在各种地层中提取纵波、横波和斯通利波波速，获得地层各向异性特征
UIT 超声成像测井仪		利用超声波信号反射原理，探测井眼表面，对井壁进行圆周扫描，用图像来表现井下地层及井身的特性
MRT 多频核磁共振成像测井仪		在井筒内居中测量，主要探测距井筒一定距离、周向范围内某一厚度的地层流体信息，用于地层孔隙结构分析、储层有效性划分、流体识别
iMRT 偏心核磁共振测井仪		在井筒内贴井壁测量，可不受高矿化度钻井液电阻率的影响，在 6in 以上井眼中对储层进行地层孔隙评价、并根据需要进行二维核磁共振测井，用于高矿化度钻井液条件下的地层孔隙结构分析、储层有效性划分、流体识别
FEM 地层元素测井仪		主要用于复杂岩性储层和致密气、页岩气等非常规储层精细评价，具有更高的能量分辨率和数据准确性
宽频介电测井仪		通过宽频介电常数、电阻率及频散测量，为低阻、稠油、页岩油等非常规储层识别、饱和度评价提供新技术
方位远探测声波测井仪		能探测距离井筒 40m 以上某方位的反射体，有效弥补了测井探测深度太浅与地震勘探分辨率较低的缺陷，为深部复杂油气储层的精细描述提供新技术
多维高精度成像测井仪系列	多维感应成像测井仪	可实现最远探测 30m、兼具井周高精度成像和远探测油藏描述能力
	电场成像测井仪	将分辨率提高为 2.5mm，覆盖率提高到 88%，提供 12 方位 5 种探测深度信息，实现裂缝延展度定量计算，解决致密油气、页岩储层的微裂隙识别和裂缝有效性评价难题
	全景式声波成像测井仪	实现对地层近、中、远不同探测深度不同方位的地层全空间成像，可以提供各向异性、地质构造等方面的地质信息，也可以为目前急需解决的射孔设计、压裂设计及效果评价、水平井钻井轨迹设计等工程难题提供解决方案
	可控源地层元素与孔隙度测井仪	实现绿色测井，能够解决页岩油、页岩气储层岩性识别、矿物组分精细分析、脆性特征评价、总有机碳含量计算等问题

截至 2024 年，CPLog 成像测井系列已经在国内 10 多个油气田实现规模应用，为油气田增储上产和提质增效提供技术支撑，并出口俄罗斯、伊朗等国际市场。

4.复杂水平井测井系列

水平井作为非常规、致密油气的主要开发方式,钻具组合的多样化、钻杆水眼的小型化、井眼轨迹的复杂化,导致传统测井仪器和工具入井困难,测井时效低,工程复杂处置困难。传统测井仪器和工具工艺技术在水平井"测不好、测不快、测不成"成为常态,长时间的井下复杂处理偶有发生,安全、快速、高效的过钻具测井系列和直推存储式测井系列仪器和工艺技术成为满足复杂井筒环境下油气资料取全取准的最佳选择之一。

1)过钻具测井系列

过钻具测井是一种将测井仪器安放在钻杆内,利用钻具把仪器安全下放至测井段位置,然后将仪器释放出钻具水眼而进入测井地层,最后起钻测井的新装备和新工艺。它将钻杆保护套、过钻杆/过钻头等测井工艺技术一体化融合,通过工器具的标准化、模块化设计配套,按照一井一工艺的施工原则优选相适应的工器具及工艺流程来满足不同条件系列化的测井作业,具有实时性强、钻进效率高、数据准确全面等优点,能够最大限度地降低测井施工安全风险和生产成本,满足了石油勘探开发提速和提效的要求。有代表性的过钻具测井系列有威德福公司Compact系列、斯伦贝谢公司ThruBit系列(张炳军等,2022;李国欣等,2020)和中国石油的FITS过钻具测井系统(童茂松等,2020)。三种过钻具测井系列仪器的具体指标对比见表1-3-2。

表1-3-2 国内外主要过钻具测井系列技术对比分析(2023年)

	技术系列	ThruBit 系列	Compact 系列	FITS 过钻具测井系统
技术指标	耐温(℃)	150/175	160	175
	耐压(MPa)	104	104	140
	外径(mm)	54	57/60	55/57
	测速(m/h)	550	550	550
井下仪器	遥测系统	√	×	√
	自然伽马	√	√	√
	自然伽马能谱	√	√	√
	补偿中子	√	√	√
	阵列感应	√	√	√
	岩性密度	√(单臂井径)	√(单臂井径)	√(单臂井径)
	补偿声波	√	√	√
	四臂井径	×	×	√
	双侧向	×	×	√

技术系列		ThruBit 系列	Compact 系列	FITS 过钻具测井系统
井下仪器	连续测斜	√（无方位）	√	√
	三参数	×	×	√
	阵列声波	√	√	√
	阵列侧向	√	×	√
	电成像	√	√	√
测井工艺	过钻杆	√	×	√
	过钻头	√	×	√
	钻杆保护套	×	√	√

注：√代表有；×代表无。

由表 1-3-2 可知，FITS 过钻具测井系统在测井模式上兼具 ThruBit 系列和 Compact 系列两种工艺，在不同钻具条件下测井的适应性更强；采用工艺工具一体化设计实现通井测井一趟钻，单井测井时间仅为常规钻具传输测井的三分之一，可显著降低放射性源的使用风险，提高测井时效；无线通信捕捉技术优于 ThruBit 系列的盲捞技术，实现了仪器安全可靠打捞；可回收钻杆保护套技术突破了 Compact 系列保护套工艺"出得去、回不来"的瓶颈，实现了测后及应急状态下仪器可回收，为钻井处理井控、卡钻等复杂创造了有效条件，适用于页岩油、碳酸盐岩和复杂砂泥岩储层测井资料采集（张炳军等，2022）。从前景上看，以 FITS 过钻具测井系统为代表的国产过钻具测井系列，价格仅为 ThruBit 系列的一半，目前已替代进口和规模应用，打破了中国石油在复杂井况中没有自主知识产权装备的被动局面，与国际三大测井公司在国际高端市场同台竞争。

2）直推存储式测井系列

直推存储式测井的测量原理是在钻具底部连接组装测井仪器，依靠钻具的移动带动仪器串完成测井。与钻具输送湿接头、过钻具测井相比，作业流程大幅度简化，测井耗时短，作业风险低，测井成功率高，资料质量优，适用于进行各种大斜度井、水平井测井，仪器能满足深井、超深井对温度和压力的需求，是一种最经济、最可靠的测井系统（程建国等，2005）。直推存储式测井装备最大抗拉、抗压强度分别可达 20tf、30tf，抗压能力是电缆、过钻具测井仪器的 4 倍，测井用时少且测井中途可随时循环排污等优势受到市场越来越多的青睐（倪小威等，2022）。

国外测井公司占据着高温芯片、耐压材料、国际市场等优势地位，因此在直推存储式测井仪器的可靠性和先进性方面占有领先地位，典型的产品有贝克休斯公司以 ECLIPS-5700 成像测井系统为基础、开发的用于直推测井作业的成套高温高压测井系统。该系统包含多种特色仪器，如核磁共振测井仪、电成像测井仪、各种放射性仪器等。

国内直推测井技术发展起步早，多家公司对直推式测井系统进行了研究和测试，目前已形成了多种测井装备，并在现场发挥了复杂井"测得成"的关键作用。

（1）中国石化研发的 XN90-ZTCJY 直推式测井系统（张正玉等，2020），温度和压力指标达到 200℃、180MPa，具有存储式和电缆双模式测井，完全兼容 ECLIPS-5700

成像测井系统，具备声、电、核、交叉偶极声波、阵列侧向及阵列感应等测井组合能力，可在复杂的大斜度、长位移水平井、漏失井中进行可靠作业。

（2）中国石油研发的高温高压高强度直推存储式测井系统，仪器外径92mm、耐温压指标230℃/170MPa，抗拉抗压强度达到20tf，具有电缆和存储测试两种工作模式，仪器采用统一化标准接口，扩展性强，仪器之间可自由组合挂接。该系统主要由地面系统、井下仪器、配套工附具等三部分组成。井下仪器在提高仪器强度的基础上，通过电路模块化、集成化设计，减少器件使用数量、缩短了仪器线路长度，提高热扩散效率，实现降低总功耗，达到仪器可靠性应用。配套工附具用于保障井下仪器功能，具有丰富的功能和应用，能够提高仪器串作业的可靠性，满足特殊需求，并提升施工的安全性和操作性（樊方方等，2024）。

（3）其他民营企业研发的直推测井系统也各具优势，如SEMLS-1000直推式测井系统，耐温度200℃、压力206MPa，可连续工作时间大于100h，目前已经升级到第二代SEMLS-2000系统；PILS-X直推系统和SPILS-X直推系统，两套系统均具有缆测和存储双模式工作模式，抗拉抗压指标可达到20tf，可以与ECLIPS-5700成像测井系统完全兼容；电缆/存储直推双模式测井仪器，其中一个系列外径最大为80mm，温度压力指标可达260℃/20h与200℃/40h/160MPa。

第四节　电缆测井装备发展趋势

近年来，随着油气勘探开发不断深入，油气勘探开发对象不断向"深、低、非、老"等复杂领域延伸，关键技术的突破难度呈指数式增加，作业难度、成本压力持续增大。这些都需要不断提升研发能力水平，需要研制更高耐温耐压、高可靠高时效、高精度低成本、系列化智能化的电缆测井装备，优质高效支撑油田增储、上产、降本。此外，随着全球大数据、人工智能的迅猛发展，测井技术的发展将从以前地质学家的"眼睛"向地层的"探照灯"、钻井的"机器人"和产能的"评价师"拓展延伸，地层探测透明化、全过程智能化、作业高效环保化也对测井装备提出新需求。

一、满足超深特深井的高温高压测井装备

深层超深层是油气增储上产重要接替领域，正向9000m及以深特深层迈进。国内各盆地最高井底耐温耐压已经达到230℃和185MPa，未来万米超深井井底温度和压力可能达到240℃±5℃/200MPa±5MPa。针对万米超深层测井采集面临的高温高压、狭小空间、环境恶劣等挑战，以及超高温高压油气井井筒腐蚀严重、注产剖面复杂等难题，万米高温高压快速与成像测井装备的研发制造势必成为未来测井装备重点发展趋势。在高温高压领域中，斯伦贝谢公司SlimXtreme高温高压仪、贝克休斯公司NautilusUltra高温高压仪和哈里伯顿公司HEAT™ Suite系列测井仪耐温指标均已达到260℃，耐压也达到172MPa以上。中国石油、中国海油、中国石化等国内企业研发的高温高压仪温度压力指标也都突破了230℃/170MPa，正在通过攻关狭小空间中低功耗高集成电路系统、超高温高压机械结构、高性能传感器、超万米长电缆通信存储等"卡脖子"技术，陆续

开展研制具备万米深井作业能力的特高温高压快速与成像测井装备。同时，与高温高压测井装备相配套的超万米地面动力系统与配套工器具、超深层数据传输与智能采集系统、超深层数据处理与解释评价方法，以及特高温高压测试平台等也是亟须解决的关键技术难题和攻关内容。

二、适应非常规复杂井况的高性能测井装备

随着页岩气、致密油气等非常规油气资源的开发，井筒环境越来越复杂，大斜度及水平井越来越多，特别是超深水平井出现，对高精度、高可靠性测井装备的需求更为迫切，主要体现在提高装备的耐温耐压性能、适应复杂井况的能力，以及集成多种测井方法和数据采集工具的能力。随着超深井特深井测井需求的增加，过钻具测井装备需在小直径、多模式、成像化基础上，进一步提高仪器分辨率、测量精度、高可靠性及耐温耐压性能，以适应接近200℃的超高温和140MPa以上的超高压等极端井下条件。直推存储式测井装备的发展方向：（1）进一步提高耐高温高压的性能。例如，SHMLS-2000高温存储式测井系统的成功研发，标志着国内直推存储式测井超高温新纪录的诞生，达到了197.1℃的高温存储能力，这是直推存储式测井装备适应更深层次油气勘探的重要进步。（2）通过解决现有技术中存在的问题，如仪器扶正器机械结构的合理化、井径仪器设计的改进等，有效提高测井资料的质量和效率，通过改进仪器设计和优化操作流程，直推存储式测井装备在富满油田的应用中，测井资料采集率从2021年的63.3%提升到更高的水平。（3）国内直推存储式测井装备应大力开展核磁共振、电成像，以及可打捞的放射性仪器等高端成像类仪器的研发，弥补与国际水平的差距。此外，技术集成与智能化、高效能钻具的应用、环保和可持续发展，以及数字化管理水平的提升等趋势也推动非常规测井装备向更高效率、更安全、更环保的方向发展。

三、面向未来的智能化测井装备

随着人工智能技术的不断发展，国内外测井技术智能化水平明显提高，成为当今测井技术发展的一个主要分支方向。近几年，人工智能已在测井行业获得广泛应用，提升测井技术智能化程度已成为降低作业成本与风险、提高作业效果、扩大作业范围的重要途径。斯伦贝谢公司Ora智能地层测试器、哈里伯顿公司实时电缆数据可视化服务HalVue®、CPLog智能测井作业系统等，展示了人工智能技术与测井深度融合的巨大潜力。例如，测井曲线智能生成技术，利用钻井或邻井历史测井数据，可生成目标井的测井结果，在不增加作业成本的前提下，大幅提高作业人员对地层的认识，代表性产品包括TGS公司ARLAS、Quantico Energy Solutions公司QLog等，技术的通用性和准确度均可基本满足油田相关生产需求。未来，智能化测井技术的应用并不局限于简化测井地面作业流程、提升井下数据采集质量、优化测井数据处理效率和效果、跨学科协同作业等，还将在岩石物理实验、较为均质地层测井解释等领域发挥作用，解决高端人才不足等问题，进一步降低作业成本，提升作业效率和效果。

展望未来，数字技术、人工智能将在测井行业发挥更大作用，包括设备制造、现场作业、后期处理解释等领域，可有效降低对人员的需求、减少作业时间、提高作业质量、保证作业的安全性，达到大幅降低作业成本的目的。

第二章 测井系统与仪器组合

随着油气勘探开发逐渐向深层、深水、非常规等领域推进，油气藏类型更加多样化、复杂化。为了应对这些地质挑战，提高勘探的准确性和有效性，形成了一系列适用于复杂地质环境、不同井眼类型的测井系统与仪器组合。测井系统与仪器组合的不断发展与创新，现代高精度测井仪器的应用，使得研究人员能够更全面、更准确地获取地下信息，为勘探决策提供可靠依据。而测井系统的智能化、自动化技术的引入，提高了工作效率，减少了人为误差，为工程技术水平的提升注入新动力。同时通过优化测井系统与仪器系列，降低了作业成本及引进装备购置成本，也为复杂油气藏勘探开发和油田提质增效提供重要技术支撑。

针对这些挑战，本章总结了相关测井系列与仪器组合，主要内容包括地面采集和传输系统、快速测井系列、高温高压测井系列、地层成像测井系列、过钻具测井系列、直推式测井系列的工作原理、系统组成、典型案例等。

第一节 地面采集与传输系统

地面采集与传输系统是测井实现井下仪器数据采集传输的平台，用于将井下仪器采集到的数据通过遥传仪器上传至地面系统，同时也用于对井下仪器发送数据采集、挡位切换、模式控制等命令。根据井下仪器类型的不同可将地面系统分为 iWAS 智能测井采集系统和 FITS 地面系统。

iWAS 智能测井采集系统以网络化、模块化、标准化及智能化设计为核心，支持 CPLog 全系列井下仪器，支持电缆裸眼井测井、生产测井、射孔、取心等多种作业模式；系统采用全网络化开放式架构，具备数据透传、速度快、易扩展、高可靠、易维护等特点，实现了测井全网络化管理，打通了远程测井传输与控制通道，可实现远程智能测井作业。

ACME 测井采集控制管理平台是 iWAS 智能测井采集系统的软件子系统，负责井场测井作业的控制和数据采集，具备下井仪器的数据采集、命令控制、实时数据处理、仪器刻度、实时测井监控、现场数据快速处理等功能。

FITS 地面系统采用高度集成技术和以太网结构，主要由地面综合箱体、传感器数据采集盒及存储数据读取盒等组成，支持 FITS 过钻具测井系统及直推式测井仪器。

WellScope 软件平台是 FITS 地面系统的软件子系统，在实时测井模式下具备完整的实时测井数据采集、处理、出图等功能。在存储式测井模式下，具备完整的钻井深度实时采集、数据读取、数据后处理、数据回放、出图等功能，能够满足现场使用需求。

一、总体描述

1. 系统构成

iWAS 智能测井采集系统主要由交换机、射孔取心箱体、接线箱体、采集箱体、主机、灰度绘图仪、电源管理模块箱体、电源模块箱体、UPS 电源等组成,如图 2-1-1 所示。

如图 2-1-2 所示,iWAS 智能测井采集系统硬件平台信号图展示了信号在各个箱体之间的走向,并明确了箱体间的信号连接及电源供电情况。

2. 工作原理

iWAS 智能测井采集系统采用全网络化数据交互的结构,完成测井信号采集处理、井下仪器的命令控制、地面电源的供电控制、测井数据记录和成果输出,可配接 CPLog 成像测井系统集成化常规测井系列、成像测井

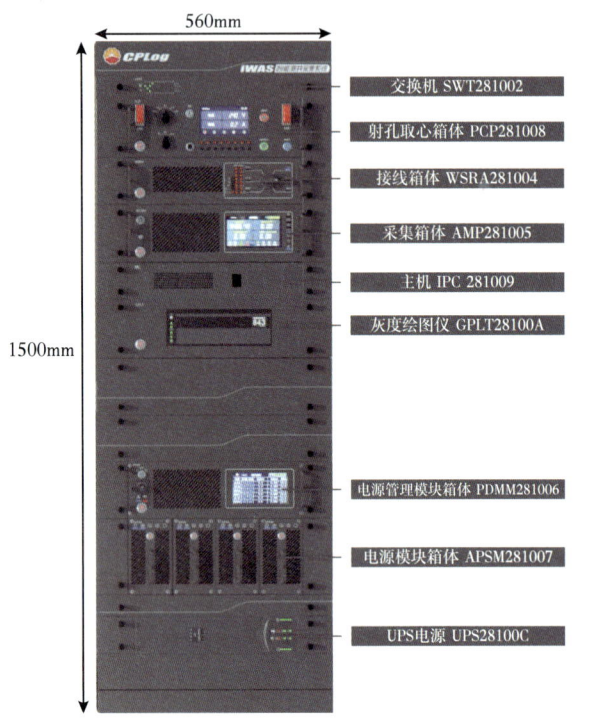

图 2-1-1 iWAS 智能测井采集系统硬件平台外观结构图

系列和生产测井系列等下井仪器,提供裸眼井测井、生产测井、工程测井、射孔和取心等全系列电缆测井服务。

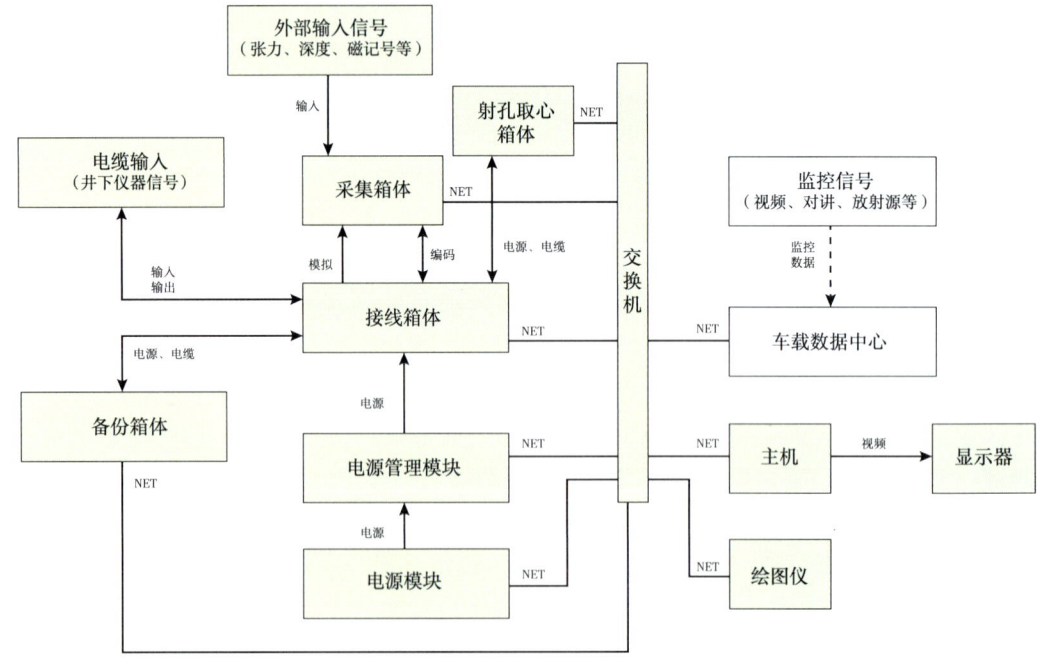

图 2-1-2 iWAS 智能测井采集系统硬件平台信号示意图

iWAS 智能测井采集系统硬件平台的核心部件是采集箱体、接线箱体、电源管理箱体、电源模块箱体和射孔取心箱体。其中采集箱体主要负责测井数据的采集与控制，采集的信号包括电缆信号（模拟信号、脉冲信号、编码信号）、电缆磁记号、深度信号、电缆张力信号等。接线箱体主要实现模式选择、信号隔离、缆芯分配、切换，具有测井、开路、临时接线、安全接地、射孔、校深、辅助等工作模式。电源管理箱体主要完成供电系统的管理及控制功能，电源模块箱体负责向电源管理箱体提供多路直流电源。射孔取心箱体主要实现射孔点火作业，支持常规电缆射孔和分级选发点火两种射孔方式，既可以应用于电缆射孔、油管传输射孔等常规射孔作业，也可以应用于桥塞射孔联作、定方位射孔等一系列完井射孔作业，还可以应用于撞击式取心等作业中。

通用外设是为测井服务的辅助设备，包括主机、交换机、显示器、绘图仪、键盘、鼠标和 UPS 电源。UPS 电源为地面系统提供所需的电源，绘图仪用于实时测井绘图输出及其他文档和图件的后台输出，通过网口与交换机相连接。主机主要完成数据的处理、绘图、显示输出。交换机完成各箱体之间的网络数据交换。

3. 主要技术指标

（1）工作温度：-20~55℃；

（2）存储温度：-40~75℃；

（3）相对湿度：20%~90%，非冷凝；

（4）振动指标：频率循环范围 5Hz—55Hz—5Hz，振动加速度 $19.6m/s^2$，扫频速率 1oct/min，试验时间不少于 30min；

（5）模拟信号采集：8 道，-10~10V，转换精度 18bit，转换时间不大于 15μs；

（6）深度信号采集：采用光电编码记录，深度采样间隔 10ms，深度测量误差不大于 0.02%；

（7）输入电压：220V±10%，频率：50Hz±2Hz；

（8）7 芯电缆遥传信号道：电缆接口方式为 T5 和 T7，信号传输方式为半双工，信号传输速率不大于 1Mbps，误码率不大于 10^{-7}；

（9）单芯电缆遥传信号道：电缆接口方式为单芯电缆，信号传输方式为半双工，信号传输速率不大于 200kbps，误码率不大于 10^{-7}。

二、系统介绍

1. 接线箱体

接线箱体实现系统的模式选择、信号隔离、缆芯分配、切换等功能，内部包含模式选择模块、缆芯切换模块、信号隔离板、低电压电源模块等部件，如图 2-1-3 所示。继电器切换板完成电源供电通道和信号传输通道切换分配功能，可根据命令进行继电器的

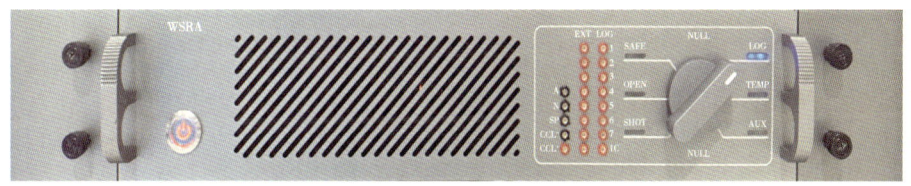

图 2-1-3　接线箱体外观结构图

切换，提供信号传输和仪器供电通路，并把切换状态返回给前端机，及时监测继电器是否处于正确的切换状态。隔离板提供生产测井作业的信号隔离功能，生产测井作业时仪器供电、信号上传、命令下发均通过单芯电缆来实现，隔离板提供信号隔离和仪器供电通道控制功能，将隔离后的信号送到采集箱体进行采集，将电源箱体的直流电通过继电器切换控制送到井下仪器。

接线箱体面板挡位定义说明见表 2-1-1。

表 2-1-1 接线箱体面板挡位定义说明

序号	挡位名称	定义
1	OPEN	电缆与地面系统内部断开
2	SAFE	缆芯均接地
3	LOG	缆芯对应接入地面系统进行测井作业
4	AUX	电缆及电源转接至后面板输出插座作为旁通模式扩展功能使用
5	SHOT	提供射孔、取心作业的点火功能，电缆及电源进入射孔取心点火箱体内
6	TEMP	电缆均与系统内部断开，可开展临时跳线连接测井作业
7	CORR	提供取心作业的电极校深功能

接线箱体根据作业需求，提供不同的信号传输及仪器供电缆芯分配，具体缆芯分配情况见表 2-1-2。

表 2-1-2 接线箱体缆芯分配定义说明

序号	模式	缆芯分配
1	主交流供电	1 芯、4 芯
2	紧急收腿	1 芯、4 芯中心抽头对缆皮
3	EMEX 直流供电	1 芯、4 芯中心抽头对缆皮
4	交流/直流辅电 1	2 芯、6 芯中心抽头对 3 芯、5 芯中心抽头
5	交流/直流辅电 2	2 芯、6 芯、3 芯、5 芯中心抽头对缆皮
6	CAN 总线仪器通信	2 芯、6 芯下传遥测命令，3 芯、5 芯上传遥测信号
7	网络总线仪器通信	2 芯、6 芯下传遥测命令，3 芯、5 芯上传遥测信号，7 芯、10 芯上传遥测信号
8	侧向 DLL 电极回路	N 电极回路通过由 L9 进入，并通过 2 芯、3 芯、5 芯、6 芯中心抽头送到井下
9	SP 采集	7 芯进行 SP 自然电位传输，地面回路通过 L8 送入采集箱体 SP-GND
10	单芯电缆测井	1C 芯进行单芯供电和信号采集
11	7 芯作为单芯电缆测井	7 芯与 1C 芯相连，进行单芯供电和信号采集
12	BPSK 模式	2 芯、6 芯下传遥测命令，3 芯、5 芯上传遥测信号
13	BPSK 模式供 35Hz 电源	通过 2 芯、3 芯、5 芯、6 芯中心抽头送到井下

2. 采集箱体

采集箱体主要负责测井数据的采集与控制，采集的信号包括电缆信号（模拟信号、脉冲信号、编码信号）、电缆磁记号、深度信号、电缆张力信号等，如图 2-1-4 所示。主体设计采用功能板卡和母板组合固定的方式，箱体里的板卡包括母板、前端网络板、深度及模拟信号采集板、430kbps 信号调制解调板、BPSK 信号调制解调板、1Mbps 信号调制解调板、生产测井信号调制解调板等板卡。

图 2-1-4　采集箱体外观结构图

1）深度及模拟信号采集板

深度及模拟信号采集板主要实现地面及井下模拟信号、深度信号及脉冲信号的采集处理，采集的数据通过网络端口送至前端机，数据传输间隔为 10ms；提供时间服务器功能，为各采集板卡提供基准时间，确保各板卡解码数据时间与深度数据时间同步。

多路模拟信号经过预处理电路整形处理后，由模数转换（ADC）后送入单片机进行采集，FPGA 采集脉冲数据并将单片机采集的模拟数据一起组包由网络送至前端机，如图 2-1-5 所示。

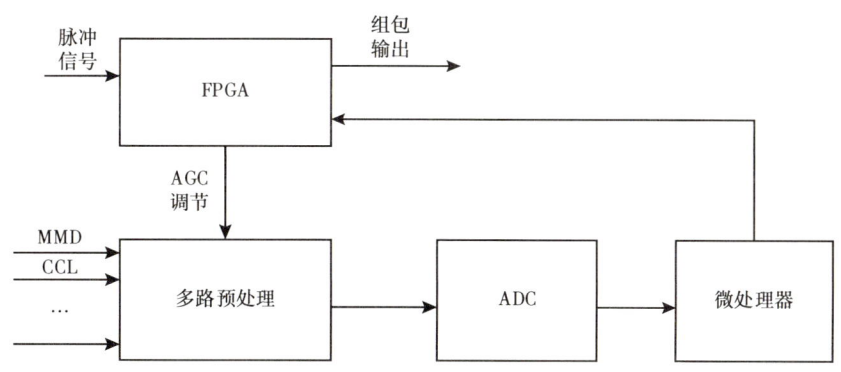

图 2-1-5　深度及模拟信号采集板示意图

2）前端网络板

前端网络板主要通过前端机实现对仪器深度、张力等数据的采集和处理，支持 10 路网络信号交互，支持 VxWorks 和 Linux 系统，如图 2-1-6 所示，主要完成以下功能：

（1）通过以太网完成与测井主机的数据传输工作；

（2）完成各测井仪器的信号采集和处理工作；

（3）接收深度数据，实时进行处理；

（4）接收张力、磁记号、自然电位等模拟信号的测量数据。

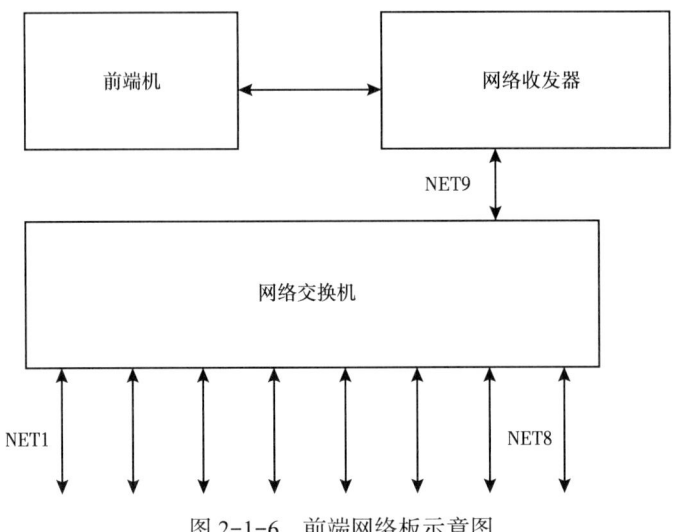

图 2-1-6 前端网络板示意图

3）430kbps 信号调制解调板

430kbps 信号调制解调板主要完成 430kbps 电缆遥传井下仪器的信号采集与井下仪器控制。主要由网络接口、模数转换（ADC）、数模转换（DAC）、放大驱动、DSP 采集和 FPGA 控制等电路部分组成。调制解调采用 COFDM 方式，软件增加速率可调功能，以适应不同长度电缆和不同仪器对通信速率的要求；通信模式采用井下连续主动模式，具有随电缆长度信号幅度自动调节功能，从而解决长电缆传输问题，提高系统通信的稳定性。

接收电路由接收模拟开关、程控增益放大、滤波和 ADC 等部分组成，如图 2-1-7 所示。

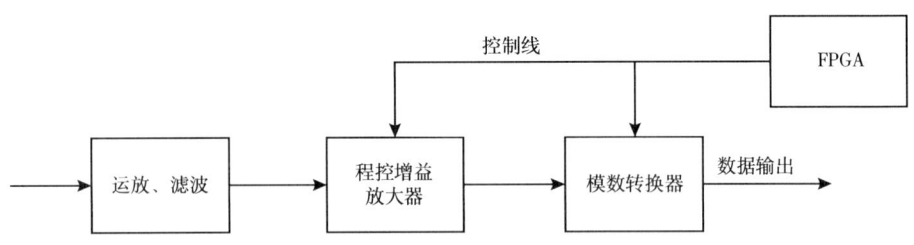

图 2-1-7 430kbps 信号调制解调板接收过程示意图

发送电路是 DSP 收到井下信号后发送的应答波形，完成同下井仪器的握手和对下井仪器的控制。DSP 产生的下发井下的命令先送到高速 DAC 电路进行数模转换，高速 DAC 电路由高速数模转换器、程控增益放大器和驱动组成，如图 2-1-8 所示。

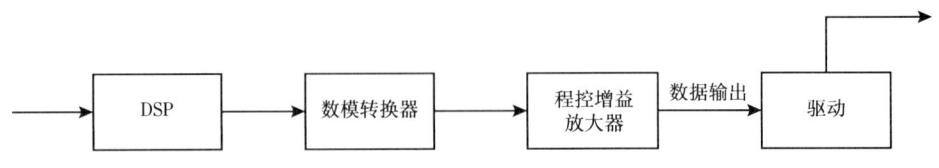

图 2-1-8 430kbps 信号调制解调板发送部分原理示意图

4）生产测井调制解调板

如图 2-1-9 所示，生产测井调制解调板主要实现生产测井仪器信号的采集和处理，提供曼码和 200kbps 单芯高速遥传解码功能，系统根据配接仪器的不同选择不同的解码功能，5.7292kbps 的曼码遥传仪器和 QAM 编码方式的 200kbps 单芯高速遥传仪器，实现单芯遥传仪器的通信挂接。这两种信号接收模拟电路的差异主要是滤波器带宽和接收电平不同，这部分差异设计了两种电路分别处理，原理如图 2-1-10 和图 2-1-11 所示。

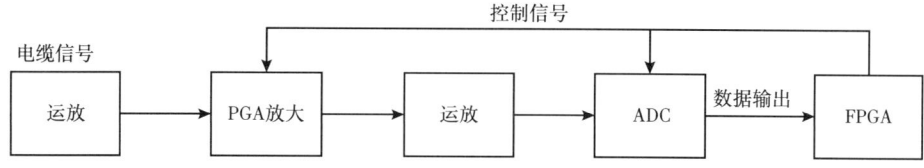

图 2-1-9　生产测井调制解调板高速遥传波形处理原理示意图

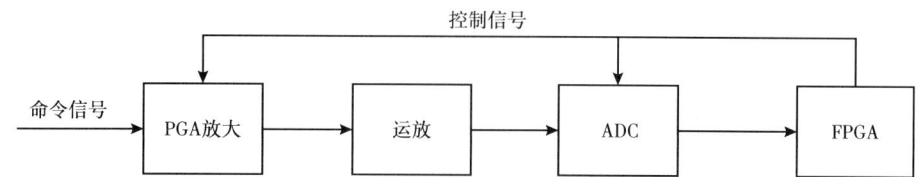

图 2-1-10　生产测井调制解调板曼码波形处理原理示意图

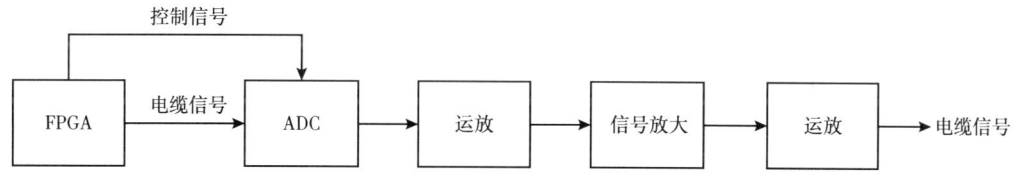

图 2-1-11　生产测井调制解调板发送部分原理示意图

5）BPSK 调制解调板

BPSK 调制解调板主要实现 BPSK 编码遥传仪器的信号采集和处理，以及声波信号采集功能，其基本硬件电路与 430kbps 信号调制解调板一致，用于配接 DTB 总线类型的 CPLog 成像测井系列仪器。

6）1Mbps 调制解调板

1Mbps 调制解调板主要实现 1Mbps 电缆遥传井下仪器的信号采集与井下仪器控制，基本硬件电路模块构成与 430kbps 信号调制解调板一致，区别是上传信号通道采用 2 路，下发命令通道采用 1 路，从而实现 1Mbps 以上传输速率。编码方式采用 QAM 编码方式，通信模式同样采用井下连续主动模式，即地面发送初始化命令后，井下仪器自动工作，可随电缆长度自适应调节信号幅度，实现可靠稳定通信。

3. 电源管理模块及电源模块箱体

iWAS 智能测井采集系统的井下仪器供电采用电源管理模块箱体和电源模块箱体组合实现，如图 2-1-12 所示。电源管理模块箱体主要完成供电系统的管理及控制功能，电源模块箱体负责向电源管理模块箱体提供多路直流电源。电源管理模块箱体接收 4 个功率模块的 8 路输入，通过上位机网络端口接收的电源输出配置要求，通过内部控制管理，升压隔离、串联、并联组合切换，输出多路交流或直流电源，具有如下特点。

（1）网络控制：上位机控制输出，上传工作状态；
（2）监控一体：监测/闭环控制电压电流输出；
（3）保护功能：过流/过压/过热保护；
（4）自检功能：上电/命令检测，结果显示并上传；
（5）紧急供电：支持手动供电关闭井下仪器推靠器；
（6）故障报警：提供报警并上传故障状态至主机。

a. 电源管理模块箱体外观结构图

b. 电源模块箱体外观结构图

图 2-1-12　电源管理箱体及电源模块箱体外观结构图

电源管理模块箱体和电源模块箱体技术指标见表 2-1-3。

表 2-1-3　电源管理模块箱体和电源模块箱体关键技术指标

指标名称		指标
工作及维修时间	平均无故障时间	大于 500h
	平均维修时间	小于 30min
	连续工作时间	96h
输入		交流 220V±10%，50Hz±2Hz；电源管理模块箱体有 1 个输入接口，电源模块箱体有 4 个输入接口
		网络接口：通过网络接口输入控制信号，上传电源工作状态；电源管理机箱有 1 个网络接口，电源模块箱体有 4 个网络接口
		直流电源接口：电源管理模块箱体的直流输入与电源模块箱体的直流输出通过电缆连接
输出		主交流电源：1 路输出 0~600VAC/50Hz/1.5A，备份 1 路，带隔离变压器
		辅交流电源：1 路输出 0~800VAC/50Hz/2.0A，备份 1 路，带隔离变压器
		辅直流电源：1 路输出 0~600VDC/2.0A，备份 1 路
		EMEX 电源：1 路输出 0~600VDC/2.0A，纹波峰—峰值小于 60mV，备份 1 路
		核磁共振电源：输出电压 0~1200VDC，峰值电流 3A；带 BOOST 功能
		35Hz 电源：正弦波恒流源，0~150mA 可调，调节阶梯为 35μA，响应时间小于 200ms，频率 35Hz
		方波电源：正弦波恒流源，电流 0~100mA 可调，频率 10~50Hz 可调，缺省 50Hz

4. 射孔取心箱体

射孔取心箱体主要负责完成射孔校深采集及点火，既可以应用于电缆射孔、油管传输射孔等常规射孔作业，也可以应用于桥塞射孔联作、定方位射孔等一系列完井射孔作业及撞击式取心等作业中。

射孔取心箱体可配置安装前端网络板、深度及模拟信号采集板、生产测井信号调制解调板，从而实现单箱体独立射孔作业。配置完以上板卡可完成速度、深度、地面张力、磁记号等辅助参数和 CCL 磁定位、自然伽马等模拟与脉冲信号、曼码等信号采集，可配接单芯常规 CCL 磁定位下井仪、自然伽马短节（脉冲信号）、标准曼码传输的井下数字短节（射孔张力短节、温压短节等），实现校深功能，从而实现射孔作业。

射孔取心箱体配置常规磁电、高阻点火功能模块，可配接磁电激发型、高阻大电流激发型雷管或点火器，支持常规完井射孔作业。常规电缆射孔分为常规磁电雷管射孔点火和常规高阻雷管射孔点火两种类型。常规点火模式的控制单元由系统内部常规点火控制单元控制，并驱动内部程控高压电源，内部常规点火控制模块接收上层点火软件指令和上传点火控制的状态和数据。

射孔取心箱体配置电子选发控制模块，可配接电子选发开关，支持桥塞射孔联作施工作业和高能激发装置、电子数码雷管作业。

射孔取心箱体配置电子取心选发控制模块，可配接电子取心选发器，支持电子式取心选发控制完成撞击式取心作业。射孔取心箱体外观结构如图 2-1-13 所示。

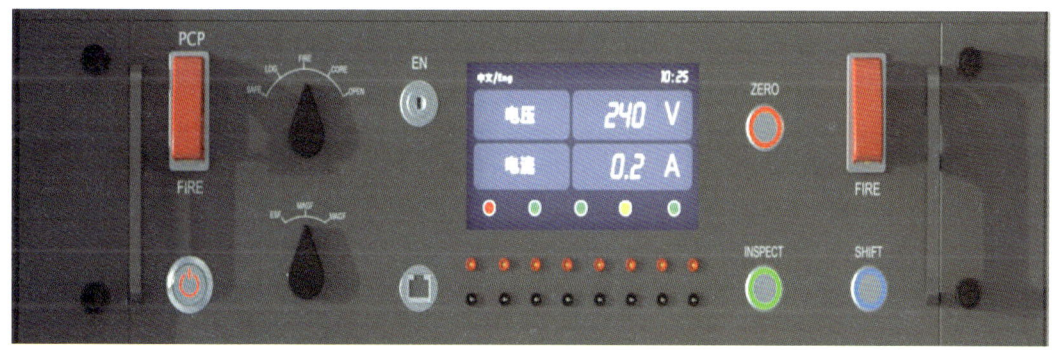

图 2-1-13　射孔取心箱体外观结构图

射孔取心箱体技术指标见表 2-1-4。

表 2-1-4　射孔取心箱体关键技术指标

名称	指标
运输振动	振动频率：5Hz、10Hz、20Hz、30Hz 可选；振动加速度：9.8m/s^2；持续时间：30min
振动	频率循环范围：5Hz—55Hz—5Hz；振动加速度：19.6m/s^2； 扫频速率：1oct/min；试验时间：不小于 30min
套管接箍跟踪精度	±2cm
分级射孔级联数量	不小于 50 级
最大取心控制级联数量	100 级

射孔取心箱体的构成如图 2-1-14 所示。

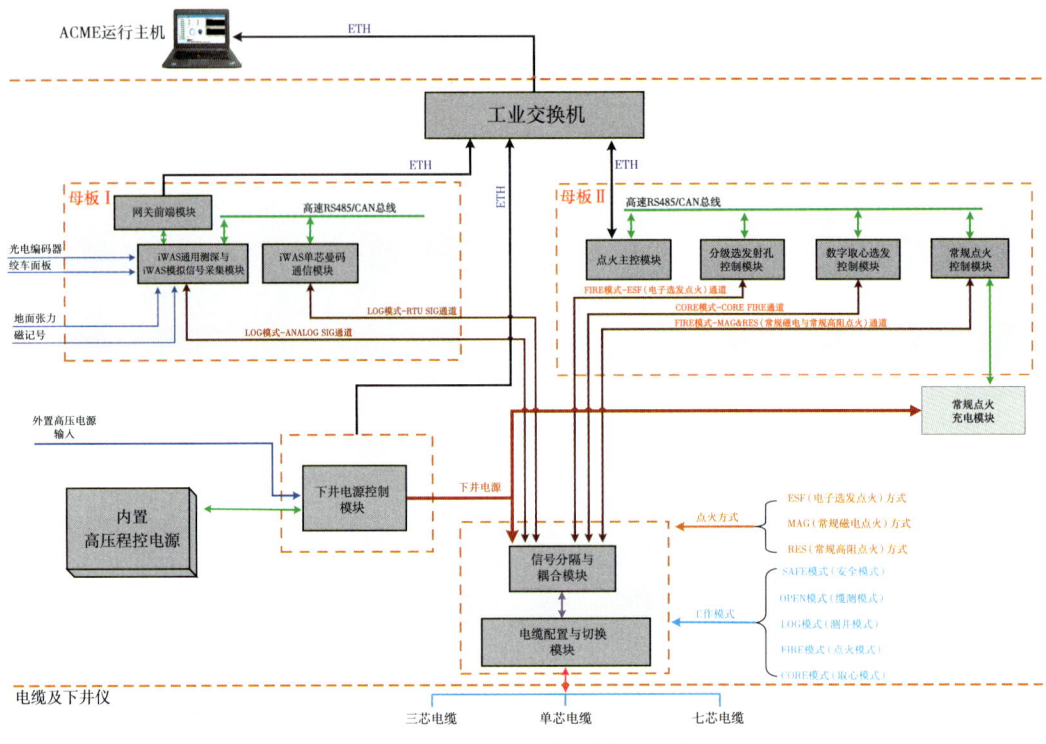

图 2-1-14 射孔取心箱体构成示意图

1）功能模块

（1）校深定位功能模块：母板Ⅰ为测井功能母板，遵从 iWAS 智能测井采集系统接口标准与接口协议，插装 iWAS 通用测深模块、iWAS 通用模拟信号采集模块、iWAS 单芯曼码通信模块、扩展功能模块，包括取心校深用的电极测量采集模块。根据作业表配置，以及井下仪的信号类型，启动相对应的功能模块。在测井（LOG）模式下，该模块处于激活状态，连接测井信号通道及对应的电缆缆芯。通过工业以太网与主机进行交互。

（2）射孔取心点火功能模块：母板Ⅱ为点火控制功能母板，遵从集成射孔系统接口标准与接口协议，可以插装分级选发点火控制模块、数字取心选发控制模块、常规点火控制模块。根据作业表配置，以及射孔施工工艺类型，启动相对应的射孔点火功能模块。在点火（FIRE）模式下，该模块处于激活状态，根据前面板的射孔方式选择结果，连接相应的射孔点火通道及对应的电缆缆芯。在取心（CORE）模式下，该模块处于激活状态，连接取心点火通道及对应的电缆缆芯。通过工业以太网与主机进行交互。

（3）下井电源控制功能模块：下井电源的来源分为内置高压程控电源及外部高压电源，可以根据实际应用需求，进行灵活选择。内置高压电源的输出能力为 500V/1.5A，采用 RS232 或者 RS485 接口控制。下井电源具备过压、过载、输出短路等保护措施。通过工业以太网与主机进行交互。

（4）信号隔离与缆芯配置功能模块：信号分隔与耦合模块将电源线载波信号进行分离，将高低压信号进行隔离等处理。电缆配置与切换模块可以进行基础的电路工作模式配置，对于复杂的多芯应用，可以在前面板跳线实现。根据前面板工作模式旋钮的选择结果，对电缆及信号通道进行配置和切换。根据前面板射孔方式旋钮的选择结果，对点火通道进行配置和切换。

2）主要电路模块

（1）点火主控模块：射孔取心点火类功能模块组的通信中枢，完成各射孔取心分立功能模块的数据收集、命令转发、数据合包等，是地面操控软件与下井仪器工具实现互通互联的桥梁。该模块采用32位ARM处理器STM32系列作为控制核心，与地面工控主机连接采用以太网接口，与各分立功能模块连接采用高速RS485接口。点火主控模块原理如图2-1-15所示。

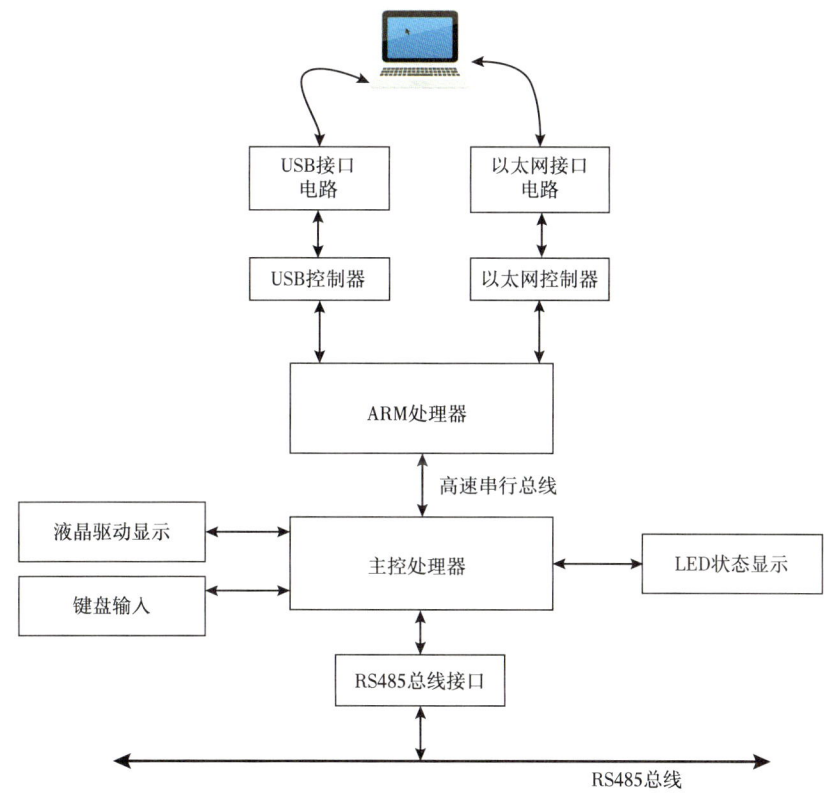

图 2-1-15　点火主控模块原理示意图

该模块的具体性能指标如下。

①支持 TCP 服务端、TCP 客户端及 UDP 模式连接；

②最多支持 10 个以上的 TCP 或 UDP 连接；

③串口接口：UART，波特率支持 9600bps、57600bps、115200bps，数据位支持 5~9 位；

④以太网接口：10Mbps/100Mbps 标准接口；

⑤RS485 总线通信速率：1Mbps；

⑥工作温度范围：-30~55℃。

（2）电子选发控制模块：电子选发控制模块是射孔取心点火类分立功能模块之一。它主要应用于分簇射孔点火作业中，与井下选发开关或者选发控制短节互通互联，收集井下选发开关的数据,并将地面操作命令转发给井下选发开关。电子选发控制模块原理如图 2-1-16 所示。

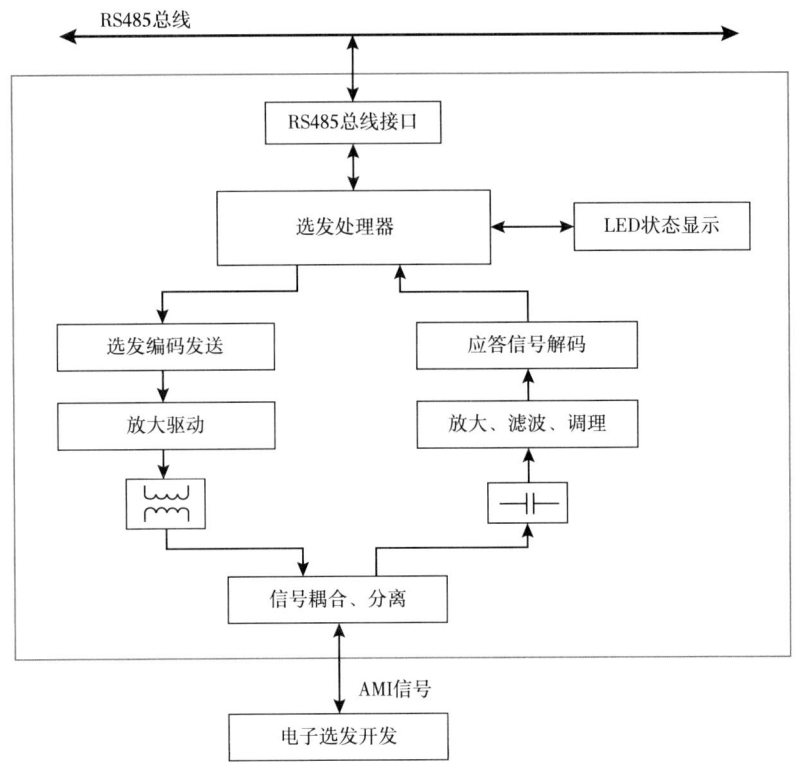

图 2-1-16　电子选发控制模块原理示意图

该电路模块采用高性能 AVR 单片机作为控制核心,通过 AMI 编解码电路实现与井下选发开关的联通。通过高速 RS485 现场总线接口实现与点火主控模块的通信连接。

该模块的具体性能指标如下。

①总线通信速率:1Mbps;

②电缆通信接口类型:单芯连接,包含下井直流供电信号和电缆遥测信号;

③编码调制方式:脉冲调制,占空比 50%;

④编码信号格式:将数据位"1"调制为负脉冲,数据位"0"不调制;

⑤编码发送速率:1~10kbps;

⑥解码接收速率:>20kbps;

⑦工作温度范围:−30~55℃。

(3)数字取心综合控制模块:射孔取心点火类分立功能模块之一,主要应用于数字取心作业中,与井下数字取心选发短节互通互联,采集井下数据选发短节的数据,将数据发送给主控模块,并由主控模块转发给地面主机,同时它将地面主机的控制命令转发给井下选发短节。数字取心综合控制模块原理如图 2-1-17 所示。

该电路模块采用高性能 AVR 单片机作为控制核心,通过 4FSK 频移键控调制解调电路实现与井下取心选发短节的联通。通过高速 RS485 现场总线接口实现与点火主控模块的通信连接。

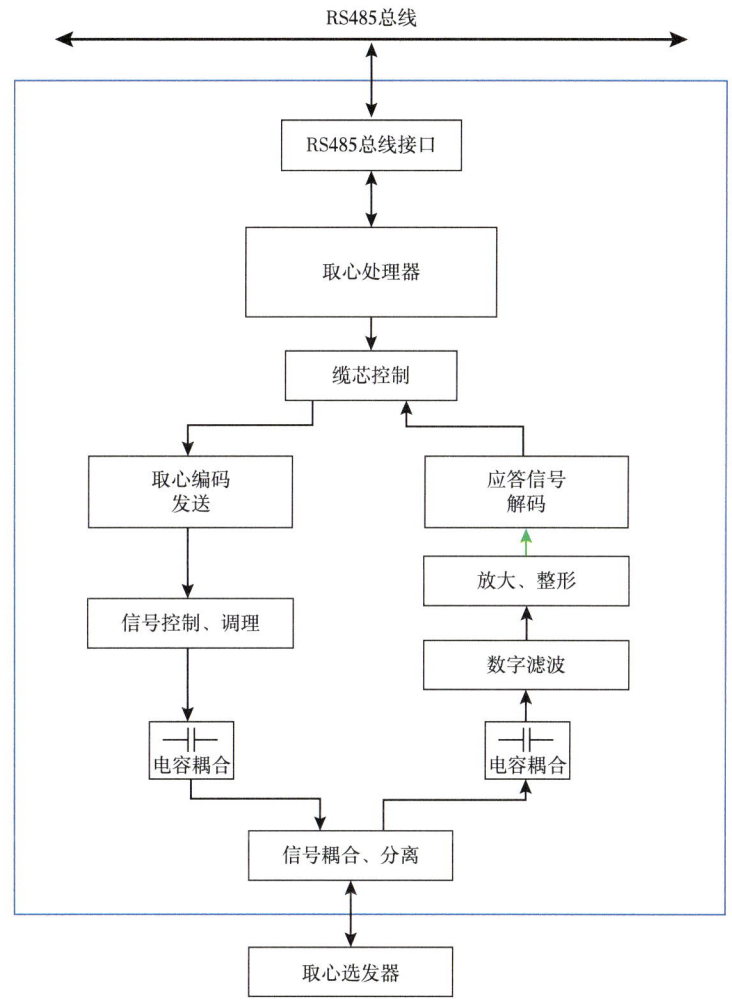

图 2-1-17 数字取心综合控制模块原理示意图

该模块的具体性能指标如下。
① RS485 总线通信速率：1Mbps；
②输出最大起爆电压：200VDC；
③输出最大起爆电流：＜1A；
④数字编码方式：4FSK 编码；
⑤最大通信速率：20kbps；
⑥取心最大控制级数：100 级；
⑦工作温度范围：-30~55℃。

（4）常规射孔复合控制模块：射孔取心点火类分立功能模块之一，主要应用于常规射孔作业中。该模块支持磁电雷管与高阻雷管两种作业形式。通过充放电控制、点火流程控制实现磁电雷管激发点火功能；通过电源切换控制、点火保护控制、点火流程控制实现高阻雷管及点火器的激发点火功能。常规射孔复合控制模块原理如图 2-1-18 所示。

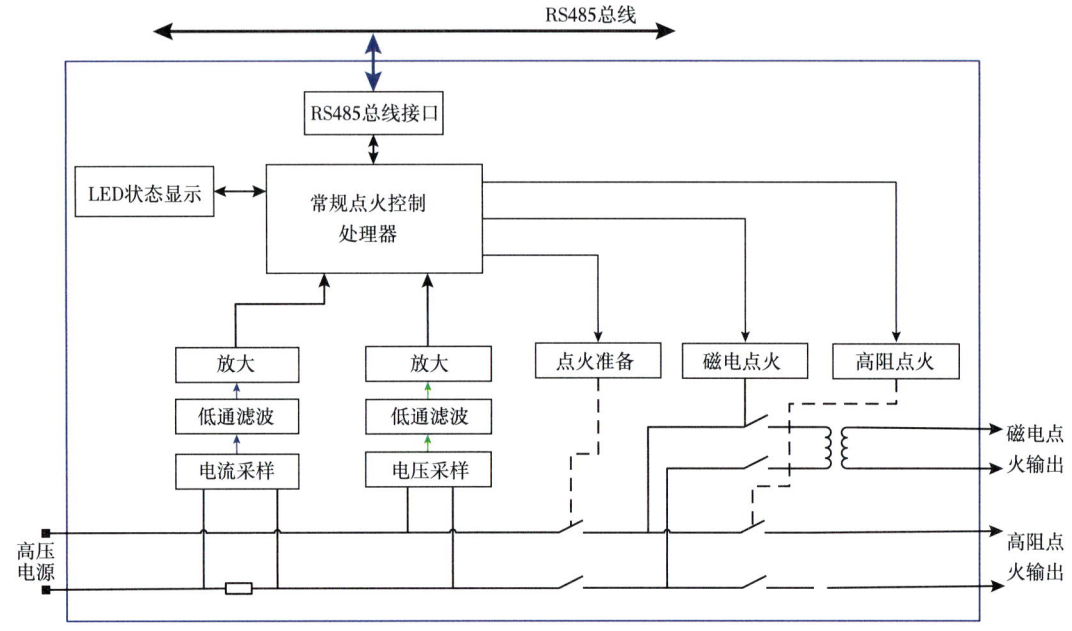

图 2-1-18 常规射孔复合控制模块原理示意图

该电路模块采用高性能 AVR 单片机作为控制核心,通过继电器驱动电路完成继电器组合的切换实现点火流程控制,通过高速 RS485 现场总线接口实现与点火主控模块的通信连接。

该模块的具体性能指标如下。

① 支持雷管类型:高阻雷管、磁电雷管;
② RS485 总线通信速率:1Mbps;
③ 充电保护电压:250VDC;
④ 点火电压采集范围:0~450VDC;
⑤ 点火电流采集范围:0~1500mA;
⑥ 工作温度范围:−30~55℃。

三、地面系统软件

1. 系统组成

ACME 测井采集控制管理平台是地面系统的软件子系统,负责井场测井作业的控制和数据采集,具备下井仪器的数据采集、命令控制、实时数据处理、仪器刻度、实时测井监控、现场数据快速处理等功能。系统采用三层系统架构和插件式软件框架设计,具有高可靠多通道数据采集、可视化测井服务配置、丰富数据显示、快捷仪器挂接等特点,可提供常规裸眼井测井、生产井测井、工程测井、成像测井等多种服务。ACME 测井采集控制管理平台具备以下技术特点。

1) 分布式远程网络监控和数据传输

提供分布式的网络数据传输功能,多台计算机不同地点能够远程监控测井过程,方便现场快速处理和远端测井精处理。

2）符合行业标准的数据采集格式

采集软件采用石油行业标准数据格式，有广泛的应用基础，可以存储不同采集模式的仪器数据。

3）统一便捷的软件操作界面

采集软件界面友好，对于不同的作业项目，操作方式相似，对于不同的地面硬件平台，用户的操作界面也是同样的，增加了与用户的亲和度，同时也降低了用户的学习难度。

4）开放的平台结构

ACME 作为通用测井采集软件系统，拥有统一的硬件抽象接口，可以快速配接不同地面硬件系统和不同通信接口井下仪器。提供方便的 SDK 开发向导，可以快速挂接各种井下仪器。

系统采用分层分布式网络结构，自底向上分为数据采集层、测井控制和数据处理层、服务应用层三层，主要包括前端机软件（或 USB 接口软件）、测井主控、仪器组件库、显示/后处理四个功能模块，如图 2-1-19 所示。

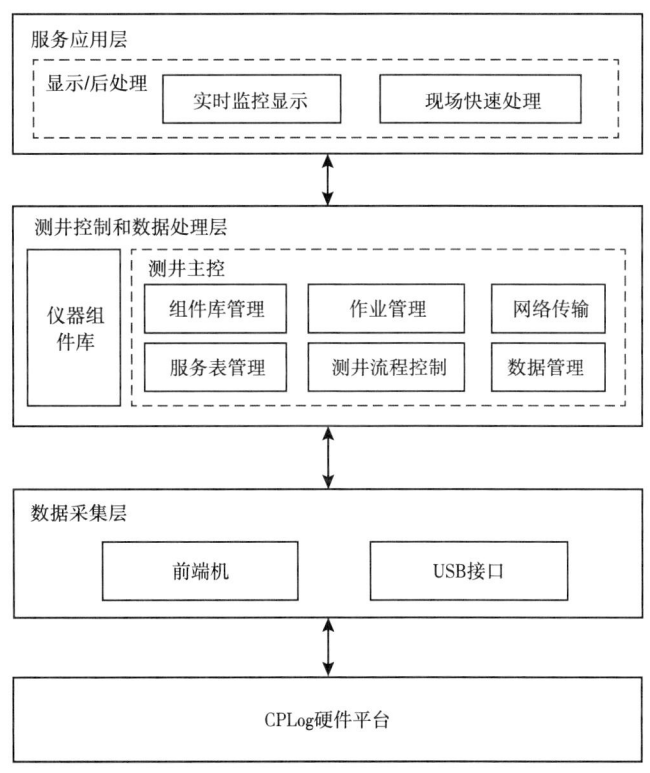

图 2-1-19　系统架构示意图

2. 功能模块

1）测井服务模块

测井前端软件：前端程序是运行在采集箱体中的嵌入式计算机（前端机）上的控制程序。前端加电后，前端机自动运行前端采集软件。

测井主控模块：测井主控是测井系统主要控制部分。相对于前端程序和显示软件部分而言，主控程序是整个软件系统的调度中心，不但能高效灵活地进行内核调度，还负责整个测井过程的管理，包含主要的人机交互界面。其主要功能如下。

（1）测井工程管理：测井工程文件的建立、保存、添加和维护；
（2）服务表管理：仪器串配置信息、建立和保存；
（3）内核调度：仪器组件的建立、注册、调度、销毁，测井数据的转发，命令的下发、参数预警；
（4）前端通信：与前端采集软件进行通信、接收数据、下发命令；
（5）原始数据显示：提供原始数据的监视和实时命令的手工下发；
（6）后端显示接口：为测井数据浏览程序提供数据接口；
（7）日志记录：在测井过程中记录和查看测井日志文件。

2）数据处理模块

ACME 软件的显示软件分为现场快速处理软件和实时监控显示两个部分。现场快速处理用于测井后对采集数据做校深、拼接、校正等处理。实时监控显示主要是在实时测井过程中对实时数据进行显示和监控。

软件具备统一数据管理、现场成像资料处理、实时质量监控等特色模块，具有高效、UI 界面友好、功能完善、支持国际化和跨平台等特点，具体内容如下。

（1）设计并开发统一的数据底层支持环境，使不同的数据类型的数据访问接口一致，并实现了曲线数据和索引的对应关系灵活管理，保证了数据访问的快速、便捷、稳定；
（2）设计并实现了大数据量的实时绘制技术优化，提升了软件绘制界面响应的效率，大大提升了用户体验和系统稳定性；
（3）设计并开发完成统一处理流程的模型设计，实现各个处理模块的统一设计架构和实现基本模式方法，增加了处理模块的可扩展性、稳定性、易维护性；
（4）实现质量曲线的数据预报警功能，实现了多种方式的可视化显示功能。

3）仪器组件库模块

系统采用插件式系统架构，仪器组件库是仪器数据采集处理具体算法、控制流实现代码库。

每一个仪器除了对应的组件库外，还有 xml 参数描述文件、bmp 仪器位图文件、ini 测井参数文件、dat 校正文件等。若是英文版软件，还有英文组件库和英文 xml 文件。

常用系列仪器组件库内容如下。

100kbps 测井仪器组件包括自然伽马、补偿中子、补偿密度、自然伽马能谱、中子伽马、双侧向、双感应、微球形聚焦、井径微电极、连斜、电极系（软、硬电极两种）、三参数、自然电位（双侧向软、硬电极两种）、声波时差、声幅变密度、六臂地层倾角、深度、地层微电阻率扫描、超声井周成像等测井仪器组件。

430kbps 测井仪器组件包括自然伽马、补偿中子、补偿密度、岩性密度、自然伽马能谱、双侧向、双感应、微球形聚焦、井径微电极、连斜、电极系（软、硬电极两种）、三参数、自然电位（双侧向软、硬电极两种）、声波时差、声幅变密度、深度、地层微电阻率扫描、超声井周成像、阵列感应等测井仪器组件。

生产测井仪器组件包括遥传伽马、持水率、流体密度、流量、压力等组件。

4）测井服务表

测井服务表描述了测井仪器串的配置信息，包括仪器的长度、重量、仪器曲线信息、仪器数据帧长度、仪器输出数据帧长度、仪器曲线深度延迟值、仪器组件库标示等。测井服务表由组成测井串的每支仪器的参数文件组合形成，每支仪器的参数文件用xml文件保存。

服务表工作流程：

用户根据测井任务选择对应的测井服务表。主控程序读取服务表配置信息，加载对应的仪器组件和组件信息。同时主控程序根据服务表信息生成数据描述块，之后系统进入测井准备状态。

3. 操作介绍

ACME 测井软件工程流程如图 2-1-20 所示。

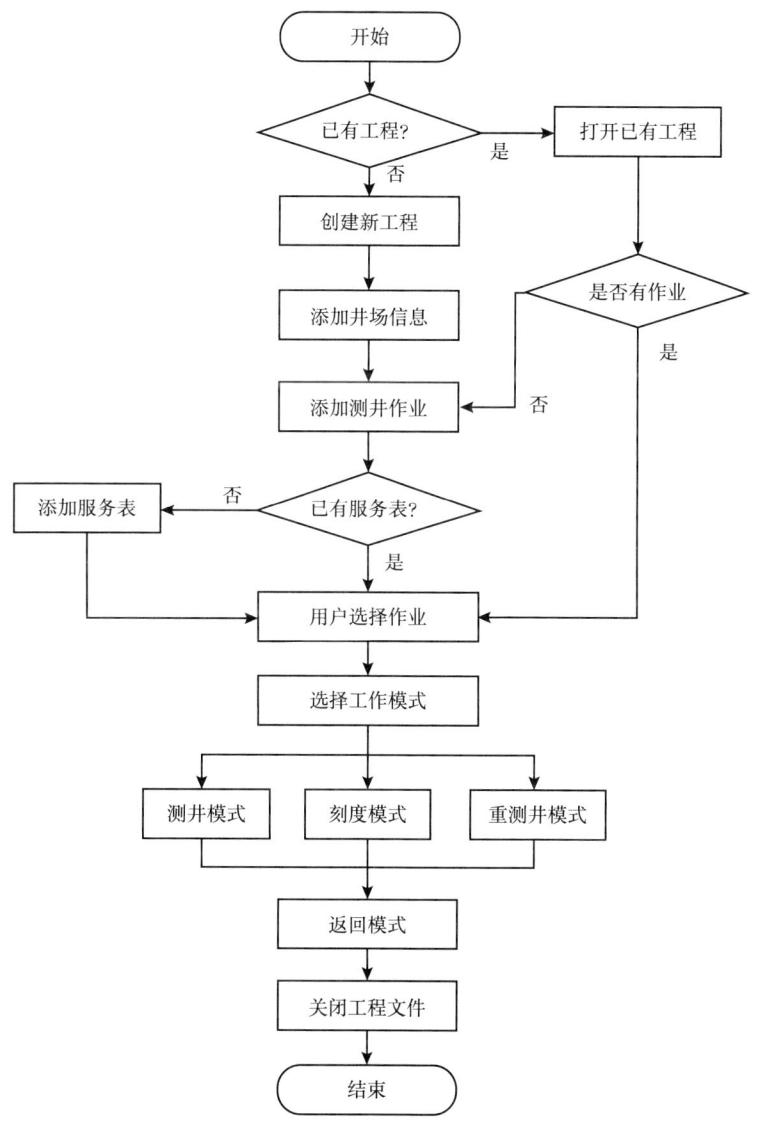

图 2-1-20　ACME 测井软件工程流程图

1）创建工程

运行 ACME 测井采集控制管理平台中的测井主控软件并创建新测井工程。

2）添加井场信息

创建新测井工程后，可以根据实际现场情况输入井场信息，并添加测井作业。

3）测井作业选择

测井服务表描述了测井仪器串的配置信息，包括仪器的长度、重量、仪器曲线信息、仪器数据帧长度、仪器输出数据帧长度、仪器曲线深度延迟值、仪器组件库标示等。测井服务表由组成测井串的每支仪器的参数文件组合形成，每支仪器的参数文件用 xml 文件保存。根据测井任务选择对应的测井服务表，主控程序读取服务表配置信息，加载对应的仪器组件和组件信息。同时主控程序根据服务表信息生成数据描述块，之后系统进入测井准备状态。

4）工作模式选择

测井主控平台按照功能可以划分为三种工作模式：测井、刻度、重测井。

（1）测井是指程序运行后，数据源来自仪器供电后传输的信息流，程序将采集的原始数据利用刻度文件中因子转换为工程值的过程。

（2）刻度是指用标准刻度器对仪器供电一段时间采集的数据进行标定或校验的过程。

（3）重测井是指数据源来自测井文件，对文件中数据进行回放的过程。

根据所需工作内容进行工作模式选择，并确定后续工作。

5）曲线监视

测井过程中，虽然曲线以数据方式在数据列表实时更新，但为了更好监测曲线形态和实时变化，需要在测井视图中以曲线方式显示数据变化。

6）仪器控制

测井期间，有些仪器需要实时控制仪器状态，比如自然伽马能谱仪器和岩性密度仪器，有些仪器需要控制推靠臂的开关等。故在主控程序中，测井期间会弹出仪器的辅助窗口，用于实时显示仪器信号状态和控制命令等。

7）记录与打印

选择作业表，进行测井曲线实时记录，可以实时保存曲线并完成后续图纸打印，便于现场进行曲线检验以判断测井资料合格性。记录模式不同，表示记录的内容、时间段、测井类型不同：

"深度"表示用深度中断驱动记录；

"时间"表示用时间中断驱动记录，用于定点测井；

"上提"表示仪器在上提过程中记录；

"下放"表示仪器在下放过程中记录。

8）结束测井

待测井作业完成、保存曲线并打印图纸后，结束测井，程序停止记录文件，但测井数据依然可以显示。

四、FITS 地面系统

1. 系统构成

过钻具测井地面系统采用高度集成技术和以太网结构，可实现电缆、地面系统输入电源的安全通断控制，完成与井下遥传的通信连接，采集深度信号、张力信号、磁记号。FITS 地面系统主要由 DCS600（直流电源面板）、FITS 地面采集面板、深度张力采集箱、数据读取箱等组成，交换机集成到 FITS 地面采集面板中，如图 2-1-21 所示。

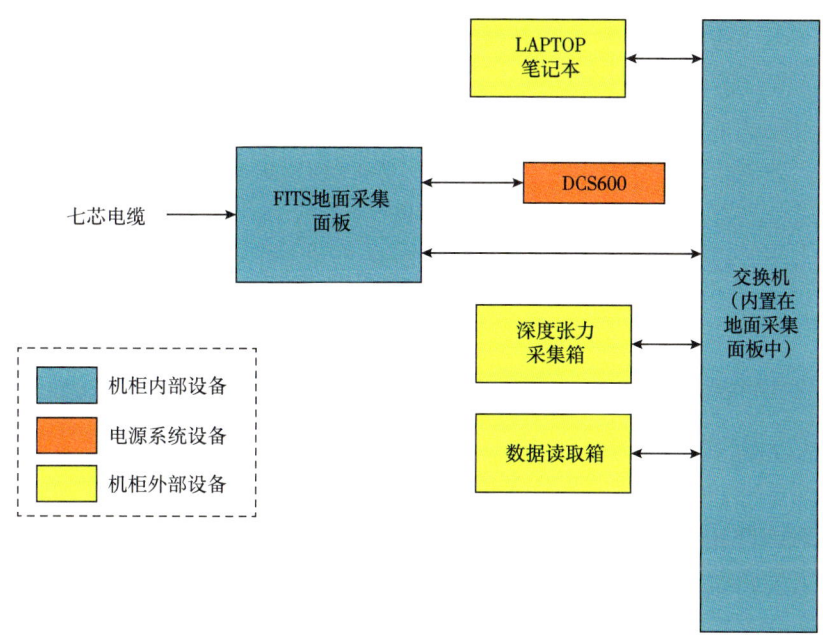

图 2-1-21　FITS 地面系统组成示意图

2. 系统介绍

（1）FITS 地面采集面板：FITS 地面采集面板负责 7C&1C 电缆、地面系统输入电源的安全通断控制，并采集深度信号、张力信号、泵压信号，具备遥传地面调制解调功能、电缆分配及切换功能、井下供电电源滤波、自然电位信号采集、网络数据路由、电缆测井深度张力采集等功能。FITS 地面采集面板中的交换机将整个系统构成一个星形以太网结构，计算机可以通过以太网对所有设备进行通信。上传速率大于 1000kbps；下行速率大于 50kbps；误码率小于 10^{-7}；上层支持以太网接口和 TCP/IP 协议。

（2）深度张力采集箱：深度张力采集箱用于接收和处理钻台深度编码器信号、钩载张力信号，将传感器信号通过专用电缆连接到采集箱，数字化处理后通过网络连接到地面采集面板。根据配接主机不同，深度张力采集箱有两种工作方式：一是可显示深度、速度、张力、磁记号，以及主机通过 IEEE488 下传的缆头张力；二是可显示采集到的深度速度值，以及主机通过网口下传的深度、速度、缆头张力。

（3）数据读取箱：数据读取箱具备读取井下仪器总存储器和单支仪器存储器的功能，主要用于测井作业完成后在地面进行井下存储数据的读取，以及在地面进行井下仪器的供电、数据采集、地面调试维修，支持 USB2.0 及 485 总线读取模式，可实现

72VDC 仪器供电。

（4）直流电源：直流电源是一个将交流电源转换为可变电压电流的直流电源的装置，在过钻具存储式测井系统中作为主电源为井下仪器供电。目前采用的是 0~600VDC 直流可调电源。

第二节　快速测井系列

以（深、中、浅）三电阻率测井和（声波、中子、密度）三孔隙度测井为主体的常规测井占了裸眼井测井工作量的 80% 左右，是油气井测井的必测内容。为了满足大量常规测井作业对降低成本、提高作业速度的要求，国外各大公司纷纷对常规测井系列进行了系统集成，改进仪器传感器设计，优化电子线路和机械设计，大大缩短了组合仪器串长度，增强了仪器稳定性，提高了测量精度和可靠性，一次下井可以完成所有常规测井资料的采集，测井速度是常规测井的两倍，提高了测井作业的时效。这种高度集成化的井下组合测井仪能提供高性能、高可靠、低成本的测井服务。

中国石油先后实现了快测系列的"从无到有""从长到短"和"从低到高"的三次重大跨越，成功研制出了 CPLog 快速测井系列 175℃@20h 一串测系列。

一、组成与功能简介

1. 系统组成

175℃@20h 一串测系列主要包含阵列感应、阵列侧向、双侧向、岩性密度、补偿中子、阵列声波、数字声波、自然伽马能谱、遥传伽马、三参数、四臂井径、井斜方位共 12 种仪器，如图 2-2-1 所示。

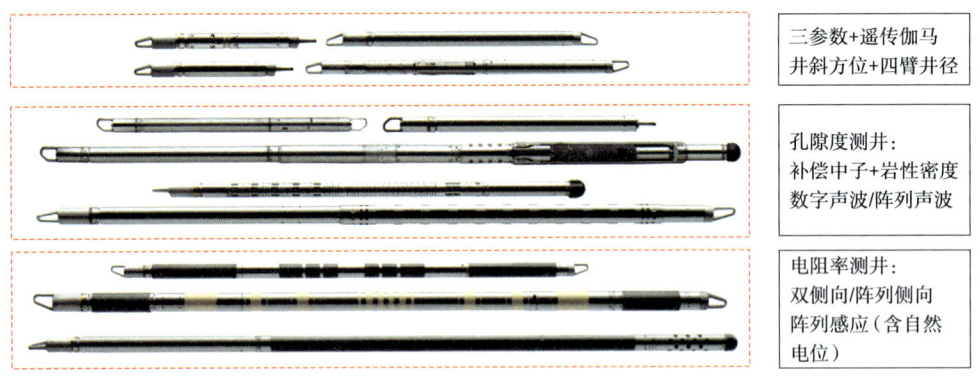

图 2-2-1　175℃@20h 一串测系列仪器组成示意图

2. 功能简介

175℃@20h 一串测系列具有仪器长度更短、组合能力更强、适用环境更广、测量精度更高等特点，满足 175℃、140MPa 环境下连续 20h 可靠工作。该系列通过声电核测量方法，求取地层电阻率、孔隙度、地层体积密度、地层中泥质含量和地层含油饱和度等关键参数，实现划分层位、识别岩性和储层计算。175℃@20h 一串测系列按测井功能可将仪器分为电阻率测井仪、孔隙度测井仪、岩性测井仪和工程测井仪四类。仪器指标见表 2-2-1。

电阻率测井：双侧向测井、阵列感应测井。
孔隙度测井：补偿中子测井、岩性密度测井、数字声波测井、阵列声波测井。
岩性测井：自然电位测井、自然伽马测井、自然伽马能谱测井。
工程测井：井斜方位测井、井径测井、三参数测井。

表 2-2-1　175℃ @20h 一串测系列仪器技术指标

仪器名称	参数指标（通用耐温耐压：175℃/140MPa@20h；井眼范围：152~550mm）	
连斜	测量范围：井斜角：0°~180°；方位角：0°~360°；测量精度：井斜角：±0.2°；方位角：井斜角不小于 3° 时，±2°；井斜角小于 3° 时，允许方位不定	
四臂井径（含大直径测量）	测量范围（上下测）：152~550mm；测量精度：±5%	测量范围（上测）：152~1200mm；测量精度：±5%
数字声波（含固井质量）	测量范围：130~650μs/m；测量精度：±3μs/m（130~200μs/m 时），±1.5%（200~650μs/m 时）	声幅：测量范围：0~100%；测量精度：±5%；纵向分辨率：609mm；变密度：测量范围：0~4000μs；测量精度：±5%；纵向分辨率：914mm
阵列声波	测量范围：125~650μs/m（纵波）、≤2000μs/m（横波）；测量精度：±3μs/m（纵波）、±5μs/m（横波和斯通利波）；井眼范围：114.3~533.4mm（横波和斯通利波）	
阵列感应（含 SP/6 个探测深度）	测量范围：0.1~2000Ω·m，测量精度：±0.75μs/m 或 ±2%（取大者）；纵向分辨率：0.3m、0.6m、1.2m；探测深度（6 个）：0.25m、0.50m、0.75m、1.50m、2.25m、3.00m	
双侧向/阵列侧向	测量范围：0.2~100000Ω·m；测量精度：±5%（1~1000Ω·m 时），±10%（1000~5000Ω·m 时），±20%（0.2~1Ω·m 和 5000~40000Ω·m 时）；纵向分辨率：0.737m（双侧向）、0.3m（阵列侧向）；测量半径（双侧向）：浅侧向 0.386m，深侧向 1.27m；测量半径（阵列侧向）：0.25m、0.32m、0.39m、0.48m、0.64m	
岩性密度	测量范围：体积密度：1.3~3.0g/cm³；光电指数：1.3~6.0b/e；测量精度：体积密度：±0.025g/cm³；光电指数：±0.2b/e	
补偿中子	测量范围：0~85pu；测量精度：±1pu（当地层孔隙度在 0~10pu 时），±2pu（当地层孔隙度在 10~30pu 时），≤±5pu（当地层孔隙度在 30~45pu 时），±10pu（当地层孔隙度不小于 45pu 时）	
自然伽马能谱	测量范围：总伽马强度（GR）：0~1500API；铀（U）含量：0~300μg/g；钍（Th）含量：0~300μg/g；钾（K）含量：0.1%~20%	测量精度：总伽马强度（GR）：±5%；铀（U）含量：±2.0μg/g；钍（Th）含量：±2.0μg/g；钾（K）含量：±0.5%

二、系统介绍

175℃@20h一串测系列创新设计测井仪器机电一体化结构、模块化高温高压机械结构、集成专用测井芯片。通过感应线圈系空间共用、数字声波电路与换能器交错布置、双侧向测井仪电路内嵌于电极系等技术，显著缩短了仪器长度。创新自适应井眼环境校正方法，实现高精度多参数测井数据实时校正处理，有效拓展了仪器在水平井、大斜度井条件下的适应性。优化井下幻象供电滤波方式和变压器电性参数，增加自适应预均衡技术，确保了测井大数据万米长电缆稳定可靠通信。175℃@20h一串测系列整体上达到国际先进技术水平，适用于快速常规测井，一次下井可获得常规测井资料，测井作业成功率高，大大提高了测井时效。

1. 主要技术特点

1）高温高压测井仪器机电一体化设计

以数字声波测井和阵列感应测井为例。

将模块化后的数字声波采集电路，放置在声系内的承压壳体内，与晶体模块直接相连。声波采集电路与声系构成一个整体，结构性能好，采集电路就近放置在换能器附近，实现了接收换能器与接收电路的就近连接，消除了由于距离远而出现的信号干扰和缺失情况，提高仪器的抗干扰能力（汤天知等，2018）。

阵列感应测井仪通过双线并绕组合线圈结构设计，将发射线圈两侧的8对子阵列接收线圈优化设计在发射线圈的单侧，并通过双线并绕结构将17个线圈组合设计成11个，线圈系整体长度由3.63m缩短至2.86m，缩短长度0.77m，缩短占比21%（陈章龙等，2014）。

同时，175℃@20h一串测系列对阵列感应测井仪电路系统进行了优化。在测量信息不变条件下，将线圈系两侧共三部分电路集成设计在单侧，电路系统由原来的5.21m缩短至1.50m，长度缩短71%。通过集成化电路系统设计，将微弱信号预处理电路板安装"工字型"空间由136cm缩短至15cm；通过两块集成化电路板实现了两倍的采样数据量，提高了测速（陈章龙等，2017）。

在阵列感应测井仪功能指标不降低条件下，通过对阵列感应成像测井仪采用电路系统集成化设计、线圈系空间共用等技术，实现了仪器长度由9.86m缩短至4.92m，缩短50%。

2）高精度多参数测井数据实时校正处理

创新性地提出了多尺度数字聚焦合成处理技术，应用多频趋肤效应校正、离散化、软约束等处理方法，实现了径向深探测与纵向高分辨率信息的统一，可直观识别储层，获取地层真电阻率。

创新了自适应井眼环境校正方法，综合剔除复杂井眼无用信号达96%以上，有效拓展了仪器在水平井、大斜度井、盐水钻井液条件下的适应性。自适应井眼环境校正流程和校正效果如图2-2-2和图2-2-3所示。

3）测井大数据万米长电缆稳定可靠通信

（1）硬件升级：优化了井下幻象供电滤波方式和变压器电性参数，使用200℃高温器件替代，提高核心器件耐温与驱动能力，解决了发射接收信号增益及传输速率的双自适应控制难题，攻克了测井数据万米长电缆传输技术。

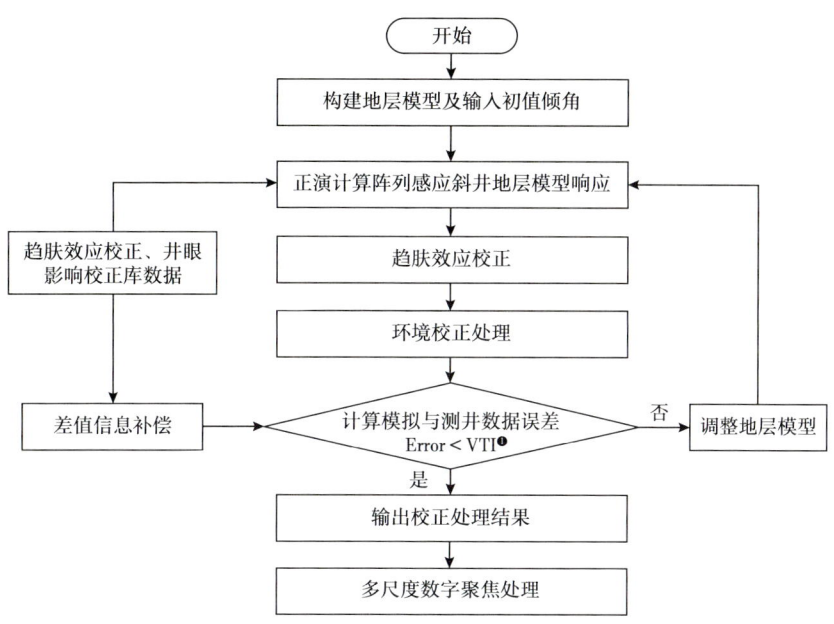

图 2-2-2　自适应井眼环境校正流程图

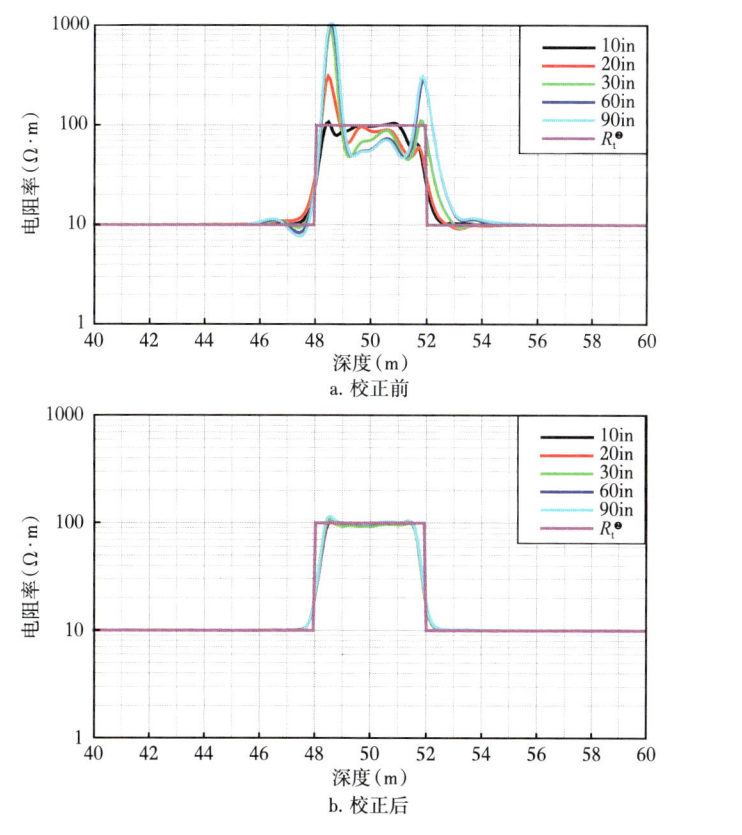

a. 校正前

b. 校正后

图 2-2-3　自适应井眼环境校正前后对比

---

❶ VTI 为纵横向地层模型收敛精度控制参数。

❷ R_t 为地层真电阻率。

（2）软件匹配：优化了遥传井下时钟跟踪算法，增加了自适应预均衡技术，提升了通信对不同规格电缆的自适应能力，从而解决了万米长电缆通信稳定性与低误码率的难题。其中，自适应预均衡技术在适当减小低频段信号幅值的同时，增加高频段信号幅值，有效拓展了可用带宽并提升了高频信号信噪比。

4）作业体系

形成了超深井电缆测井工艺，建立了安全作业体系（表2-2-2），解决了10400m电缆、8882m超深直井测井作业资料采集。

表2-2-2 安全作业体系

技术难点	硬件升级	安全作业体系
超深井：平均井深接近7000m	全面升级测井车，增大底盘动力	钻杆传输测井作业规程
	万米绞车：最大负载100kN，容绳量10500m	超深井、长裸眼段电缆测井安全规程
高张力：井口总张力大于9000lbf	高强度测井电缆：12.45mm，拉断力25000lbf	裸眼井测井作业环境要求
	高强度井口承重设备	超深复杂井测井电缆穿心打捞规程
	双张力马笼头、高精度张力检测校验系统	裸眼井电缆测井作业安全规程

2. 组合模式

就仪器系统的总线结构而言，仪器短节之间均能实现自由组合。可根据油气勘探和开发中不同的阶段、不同的测量类型、不同的测井仪器系列需求灵活组合。下面列出几种主要的组合方式：

（1）张力井温钻井液电阻率短节+遥传伽马短节+连斜测井仪+四臂井径测井仪+补偿中子测井仪+岩性密度测井仪+双侧向测井仪+数字声波测井仪+自然伽马能谱测井仪。

根据井况与测井需求，选择相关仪器进行组合测井。其中，双侧向测井仪可由阵列侧向测井仪代替，数字声波测井仪可由阵列声波测井仪代替，实现阵列成像系列组合测井。

（2）张力井温钻井液电阻率短节+遥传伽马短节+连斜测井仪+四臂井径测井仪+补偿中子测井仪+岩性密度测井仪+数字声波测井仪+阵列感应测井仪+自然伽马能谱测井仪。

根据井况与测井需求，适当选择相关仪器进行组合。其中数字声波测井仪可由阵列声波测井仪代替，阵列感应测井仪可由三维感应测井仪替代。

组合方式（1）和（2）主要用于一般的开发井，可以划分地层，评价油气含量，识别流体性质。

三、典型案例

案例1：在塔里木油田×2井完成8699m超深井测量，创186.4℃高温纪录；在塔里木油田×3井完成8791m超深井测量，创157.35MPa最大压力纪录，如图2-2-4所示。

案例2：在青海油田切探×井进行应用，首次发现了大段优质碎屑岩储层，纵向上拓展了勘探目的层系，日产油54.88t、气6900m^3，如图2-2-5所示。

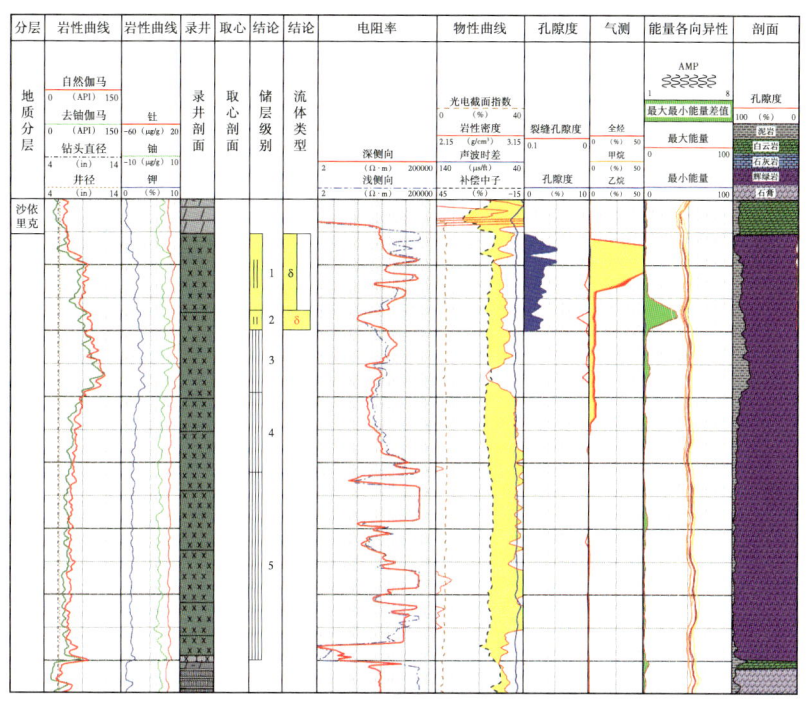

图 2-2-4 塔里木油田 ×3 井测井解释成果图

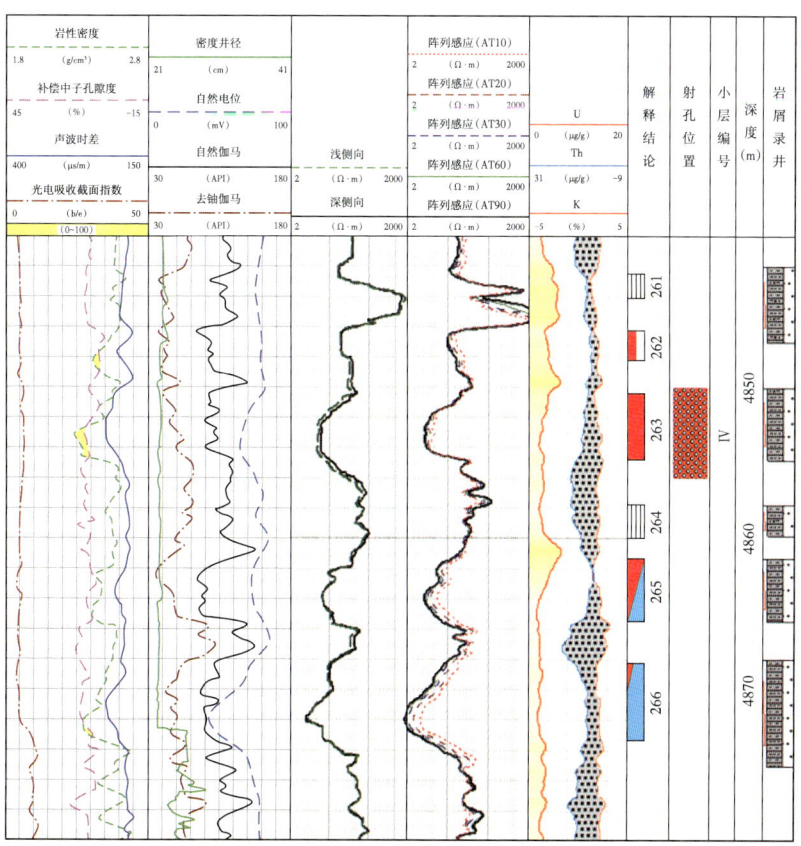

图 2-2-5 青海油田切探×井测井解释成果图

第三节　高温高压测井系列

"十二五"以来，中国的石油深井、超深井数量逐步增加，4500m以深深井数量从2011年的338口增加到2020年的1038口，增长2倍多，其中2020年6000m以深超深井数量达到204口。轮探1井、轮探3井等重点探井井深均超过8500m。随着钻井深度增加，地层温度与压力越来越大，这对仪器温度压力指标提出更高要求。为了适应深井、超深井测井环境的需要，中国石油研制了耐温达到230℃、耐压达到170MPa、外径76mm的超高温高压小直径测井仪器系列，涵盖了声波、感应、侧向、放射性等常规测井与成像测井仪器，可以在万米深井中完成测井作业。

一、组成与功能简介

1. 系统组成

超高温高压小直径测井系列仪器是一种适合4~8in小井眼测井作业的测井装备，包括遥传伽马、三参数、井径、连斜、数字声波、补偿中子、岩性密度、自然伽马能谱8种常规测井仪器，以及阵列感应与阵列侧向两种成像测井仪器，马笼头、灯笼体扶正器、绝缘短节、柔性短节、旋转短节等配套辅助短节。

2. 功能简介

超高温高压小直径测井系列仪器可提供自然伽马、井径、倾角、方位、中子、密度、声波时差、铀、钍、钾共10条常规测井曲线，阵列感应与阵列侧向11条地层电阻率成像测井曲线，能够识别地层岩性，划分有效储层，计算储层孔隙度、渗透率、饱和度等参数，满足超高温高压复杂井况条件基本参数测量需求，促进了复杂油气勘探开发技术提升。

高温高压小直径测井系列仪器指标见表2-3-1。

表2-3-1　高温高压小直径测井系列仪器指标

序号	仪器名称	型号	测速（m/h）	测量范围	测量精度
1	三参数	TTMR7320	800	张力：-40~40kN； 井温：-55~230℃； 钻井液电阻率：0.01~10Ω·m	张力：0.015kN； 井温：0.12℃； 钻井液电阻率：0.01Ω·m
2	遥传伽马	CTGC7302	600	万米电缆传输速率：430kbps； 伽马：0~1500API	误码率：$E \leq 1\times10^{-7}$，$\leq 5\%$（API为180情况下）
3	连斜井径	CCIT7342	800	井径：100~400mm； 井斜测量：0°~180°； 方位角测量：0°~360°	井径：±5%； 井斜角：±0.2°； 方位角：±2°（井斜角不小于3°时）； ±3°（井斜角2°~3°时）； ±5°（井斜角1°~2°时）

续表

序号	仪器名称	型号	测速（m/h）	测量范围	测量精度
4	数字声波	BCA7602	600	测量范围：130~650μs/m	±3μs/m（在130~200μs/m时）；±1.5%（在200~650μs/m时）
5	阵列感应	MIT7530	1000	测量范围：0.2~1000Ω·m；井眼范围：120~440mm；纵向分辨率：1ft、2ft、4ft；径向探测深度：10in、20in、30in、60in、90in、120in	±0.5μs/m 或小于2%（取大者）
6	阵列侧向	HAL7505	600	电阻率范围：0.2~40000Ω·m；井眼范围：115~400mm	1~2000Ω.m，±5%；2000~5000Ω·m，±10%；其他，±20%
7	岩性密度	LDLT7450	540	体积密度：1.3~3.0g/cm³；光电指数：1.3~6.0b/e；井眼范围：152~215mm	体积密度：±0.025g/cm³（2.0~3.0g/cm³）；光电指数：±0.2b/e（1.3~6.0b/e）
8	补偿中子	CNLT7420	540	测量范围：0~85pu；井眼：140~550mm（依据偏心弓尺寸）	±1pu（当地层孔隙度在0~10pu时）；±2pu（当地层孔隙度在10~30pu时）；±5pu（当地层孔隙度在30~45pu时）；±10pu（当地层孔隙度在不小于45pu时）
9	伽马能谱	SNGR7410	360	总伽马强度（GR）：0~1000API；铀（U）含量：0~300μg/g；钍（Th）含量：0~300μg/g；钾（K）含量：0.1%~20%	点伽马强度（GR）：±5%；铀（U）含量：±2.0μg/g；钍（Th）含量：±2.0μg/g；钾（K）含量：±0.5%

二、系统介绍

1. 主要技术特点

1）耐高温设计

下井仪器在井下工作时，随着井深的增加，井温不断提高，对电子元器件的正常工作造成影响，很少有器件能在230℃高温下正常工作。

（1）超高温高压小直径系列仪器采用交流线性电源加保温瓶方式实现230℃耐温要求。交流线性电源部分只能放在保温瓶之外，因此仪器采用基于厚膜封装技术实现超温稳压芯片与整流芯片设计，满足240℃连续工作7h需求，保温瓶外主要产生±5V、±12V、5V、3.3V与400V的电压，其他低压直流电在保温瓶内各自电路板上产生，储能电容采用超高温系列钽电容，降额使用。

（2）为保证电路在230℃高温下正常工作，需要金属绝热装置进行隔热，阻断井眼温度对仪器电子仪部分的热量传递。为解决器件工作时自身发热导致温度不断升高问题，在绝热装置内部设置吸热体吸收电路自身产生的热量，保证电子元器件在许可的温度范围内工作。超高温高压小直径系列仪器采用承压保温瓶结构，绝热装置与外壳一体化设计，该保温结构允许较大的内电路骨架尺寸，缩短仪器长度。高温测井仪器结构如图 2-3-1 所示。

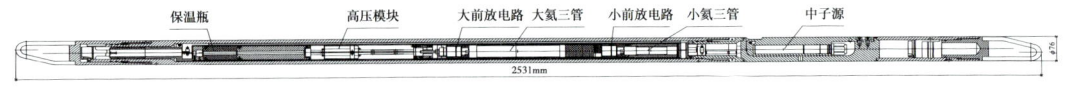

图 2-3-1 高温测井仪器结构示意图

（3）基于多芯片组件（MCM）设计与实现技术，打造耐温 200℃ 高集成低功耗的高速、中速、低速三个采集控制平台，大幅度提高系统集成度，提升耐温性能，增强系统可靠性及稳定性，如图 2-3-2 所示。高速采集控制电路应用于岩性密度与自然伽马能谱仪器，中速采集控制平台应用于井径连斜、数字声波测井仪器、阵列感应测井仪器，低速采集控制平台应用于阵列侧向测井仪器。通过筛选低功耗器件，降低测井仪器调理与发射测井电路供电电压，减小电路自身功耗产生的热量。

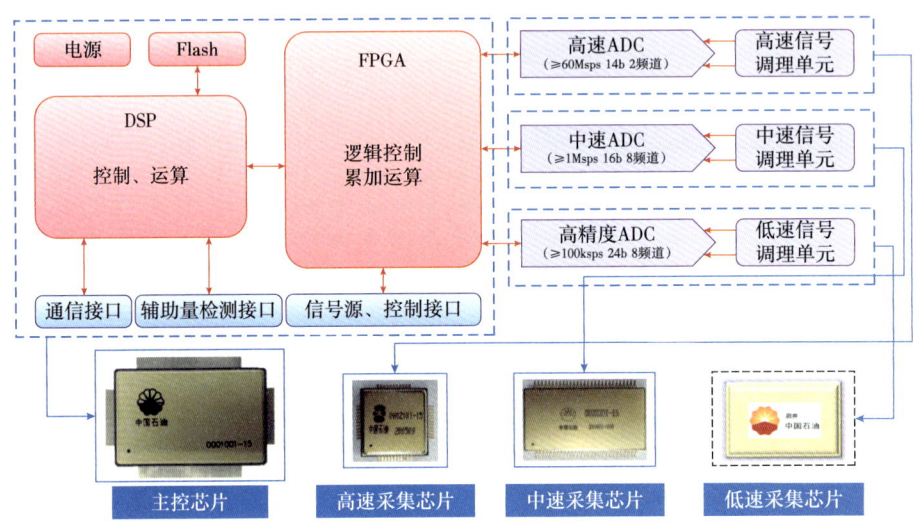

图 2-3-2 采集控制平台

2）耐高压设计

由于小直径仪器承受的温度压力指标非常高，所以除了采用全氟橡胶"O"形圈外，同时在密封圈的支承面设置一个挡圈，以防止密封圈被挤入间隙，引起密封圈的早期破损。连接螺套采用铝青铜材料，牙数为 10，满足 25tf 的打捞拉力。仪器外径 76mm，壁厚大于 8mm，选用 230℃ 时许用应力不小于 651.79MPa 的材料，为满足仪器组串信号传输要求，采用 31 芯接插件。

3）高温高压小直径遥传技术

高温高压小直径遥传测井仪主要完成井下仪器数据采集，并与地面系统正确地进行命令和数据的交换。采用承压保温瓶，完成调制解调板、电缆驱动板、方式变压器和伽马信号采集处理模块等低功耗耐高温电路设计，满足仪器对温度的要求。调制解调采用 COFDM 方式，井下仪器之间采用 CAN 总线通信，软件增加速率可调功能，以适应不同长度电缆和不同仪器对通信速率的要求。受尺寸的限制，采用集成伽马采集模块，CsI 晶体和光电倍增管从机械上采用一体化封装保证两者耦合良好。遥传井下采用单一

FPGA 芯片，通过 NIOS 技术完成井下调制解调功能，大幅提高了系统集成度。其中新型同步捕获和跟踪处理算法，实现快速捕获和跟踪井下时钟，大大缩短了系统训练握手时间，同时通信模式采用井下连续主动模式，增加随电缆长度信号幅度自动调节功能，解决长电缆传输问题，提高了系统通信的连续性和稳定性。

4）高温高压小直径井径连斜一体化设计

高温高压小直径井径连斜测井仪采用井径连斜一体化设计，其中连斜测井仪采用高性能一体化传感器的连斜模块，可测量井斜、方位、工具面（重力工具面、磁性工具面）等信息，缩短了连斜测井仪和四臂井径测井仪整体连接长度，可有效测量井眼轨迹。井径测井仪四臂采用灯笼体式结构，四个井径腿为差动结构，内部采用独立高精密电位器和平衡活塞结构使得仪器测量精度高、安全可靠，可以使仪器既能上测又能下测。使用高温高可靠电机，通过指令实现自动收放，四臂独立运动，可以使仪器在高温条件下稳定可靠工作。通过机械结构创新设计，井下仪器数据处理、驱动板等耐高温低功耗电路设计，电子线路短节采用整体保温瓶结构，实现小直径井径连斜仪 230℃耐温指标，提高了适用性。

5）高温高压小直径补偿中子测井技术

高温高压小直径补偿中子测井仪通过采用超高温隔热吸热技术、耐高温低功耗电路设计、小直径仪器耐高压设计等技术，通过在刻度中心的补偿中子专用计量基准井群进行标定和刻度，开发孔隙度与计数率比值校正图版，通过对不同井径、不同滤饼厚度、不同间隙测井响应数字模拟，建立了小直径补偿中子测井岩性、井径、滤饼厚度与钻井液密度校正图版，提升仪器测量精度，满足了地层岩性、孔隙度等基本参数测量需要，实现高温高压补偿中子测井技术的突破。

6）高温高压小直径机电一体化岩性密度探头设计

高温高压小直径岩性密度测井仪通过模拟计算屏蔽体厚度对密度响应关系、晶体尺寸大小对地层密度响应关系，实现了基于机电一体化岩密探头的研发。探测器输出信号接近数字化，提高抗干扰能力，源仓整体采用钨镍铁合金，增强屏蔽效果。通过低功耗耐高温模拟处理电路、电源电路、峰值采样电路与整体保温瓶结构设计，实现小直径井径岩性密度仪 230℃耐温指标要求。通过在西安刻度中心的补偿密度专用计量基准井群进行标定和刻度，建立仪器长源距、短源距与岩石体积密度之间的校正图版，确定长源距岩性窗计数率与长源距计数率的比值与光电吸收指数之间的关系。通过对纵向分辨率、光子通量与源距数字模拟，实现岩密探头最优长源距与短源距值，建立小直径岩性密度测井岩性与钻井液侵入校正图版。自主创新实现高温高压小直径岩性密度自动稳谱功能，解决光电倍增管输出的脉冲幅度随温度的升高导致能谱漂移问题，提升仪器的测量精度。

7）高温高压小直径数字声波设计

高温高压小直径数字声波测井仪采用超高温隔热吸热技术与耐高温低功耗电路设计，完成 230℃高温承压插头、保温瓶结构及耐高温高压橡胶皮囊等核心机械部件设计，耐高温低功耗多通道声波微弱信号采集、发射控制与驱动等核心电路设计，实现耐温 230℃、耐压 172MPa 的超高温、超高压补偿声波测井仪研制。仪器采用软硬件变频和模式优化设计实现数字时差与变密度两种功能，创新设计一种基于长短源距能谱比值方法，实现井下 DSP 快速提取纵波，完成针对纵波自动增益控制，解决全波列增益自动控制所造成的纵波幅度低的问题，提升仪器测量精度。

8）高温高压小直径阵列感应测井技术

高温高压小直径阵列感应测井仪通过井下数据采集控制、数字相敏检波与地面软件聚焦合成处理、温度图版精细校正、井眼校正、趋肤效应校正等先进技术，检测 42 个原始线圈信号（实部和虚部，三种频率），提供 3 种纵向分辨率、5 种径向探测深度的地层电阻率曲线及 1 条自然电位曲线。仪器在传统感应原理的基础上，创新设计一种线圈系短节和压力平衡短节，采用发射线圈下置的单边排布的 7 阵列线圈系结构，线圈采用陶瓷材料、刻槽工艺提升线圈阵列一致性与稳定性。发射接收一体化设计有利于直耦信号精确调整，提高集成度。通过线圈系内部布线与接地优化，采用小直径承压盘创新设计，实现高温承压干湿分离、强弱信号分离，解决多频 EMI 难题。碟簧式压力平衡结构设计确保线圈系玻璃钢内外平衡，提高仪器承压能力。创新设计一种应用斜井几何因子实现体积影响校正与电荷影响校正的阵列感应斜井校正新方法，实现测井数据 0°~80° 的斜井校正，解决了小直径仪器在大斜度复杂井的应用难题，而国外仪器应用斜井校正数据库方法，斜井校正角度只有 70°。原创一种基于数据库的多维线性插值快速正演的阵列感应测井水平井校正方法，突破小直径阵列感应在水平井应用的瓶颈。

9）高温高压小直径阵列侧向测井技术

高温高压小直径阵列侧向测井仪基于并行差分进化算法，以探测深度、井眼影响、围岩影响为目标函数完成小直径电极系结构参数计算，实现阵列侧向 6 种探测深度的电极系结构设计。应用数值模拟方法建立小直径阵列侧向电极系结构模型和地层模型，确定小直径阵列侧向测井仪 K 值（电极系常数），形成一套小直径阵列侧向井眼矫正与三参数反演数据处理方法，消除井眼内钻井液对测井响应的影响。由于电极的尺寸影响，该仪器自主创新采用应力弹簧结构与压力平衡活塞结构相结合方式解决仪器内外承压问题。实现耐高温低功耗主控采集电路、信号源产生电路、电流/电位测量电路、前置放大电路及辅助聚焦控制电路等核心电路设计，自主设计一种井下阵列侧向自适应功率控制算法，扩大仪器测量范围，提升仪器测量精度。

10）高温高压小直径自然伽马能谱测井技术

高温高压小直径自然伽马能谱测井仪采用双探测器结构，提高信号探测效率，提升仪器测量精度。实现耐高温低功耗上下高压电路、上下模拟处理电路、上下数字处理电路、电源电路等核心电路设计，自主设计一种基于 ^{241}Am 井下自动稳谱方法，解决环境温度变化时，光电倍增管输出的脉冲幅度会随温度的升高而衰减，导致能谱漂移而影响仪器的测量精度问题。开展模拟不同井眼间隙下的能谱与总计数率数值模拟，实现卡尔曼滤波与最小二乘组合解谱方法，消除统计涨落，克服只用卡尔曼滤波解谱时无法识别突变地层问题。

2. 组合模式

1）声波侧向组合测井方式

声波侧向组合测井自上而下仪器连接顺序为：

（1）电缆马笼头；

（2）旋转短节；

（3）侧向硬电极（配合侧向使用）；

（4）侧向含 SP 电极（配合侧向使用）；
（5）三参数短节；
（6）遥传伽马短节；
（7）绝缘短节（配合侧向使用）；
（8）连斜井径测井仪；
（9）阵列侧向测井仪；
（10）数字声波测井仪（扶正器）。

2）声波感应基本组合测井方式

声波感应组合测井自上而下仪器连接顺序为：

（1）电缆马笼头；
（2）旋转短节；
（3）三参数短节；
（4）遥传伽马短节；
（5）连斜井径测井仪；
（6）灯笼体扶正器；
（7）数字声波测井仪；
（8）磁定位仪；
（9）灯笼体扶正器；
（10）阵列感应测井仪。

3）放射性基本组合测井方式

放射性基本组合测井自上而下仪器连接顺序为：

（1）电缆马笼头；
（2）旋转短节；
（3）三参数短节；
（4）遥传伽马短节；
（5）柔性短节（配合密度使用）；
（6）补偿中子测井仪（带偏心器）；
（7）岩性密度测井仪；
（8）柔性短节（配合密度使用）；
（9）自然伽马能谱测井仪（含底鼻子）。

三、典型案例

大港油田 ×1 井目的层位横跨奥陶系、寒武系，测量井段长、物性变化大。测井使用超高温高压仪器克服高温、含硫等影响，高质量完成阵列侧向测井、数字声波测井项目等测井任务，创造了 213℃ 最高井温施工纪录，刷新了油田陆地最高井温测井纪录，助力奥陶系 BS1 井喜获日产油百吨以上高产。

在塔里木油田 ×2 井温度 180.5℃、井压 147.18MPa 环境下，实现 CPLog 超高温高压小直径仪器固井质量现场试验，变密度曲线强弱与声幅一致，明暗条纹无交叉，为小直径系列仪器在该油田"三超井"（超深、超高温、越高压）应用奠定坚实基础。

第四节 地层成像测井系列

深层复杂油气勘探开发及低油价下"提质增效"对国产成像测井持续提出了新挑战,通过多年研制及规模应用,国产成像测井装备在高温高压环境下仪器可靠性、组合能力均得到了提升。地层成像测井系列是中国石油通过开展不同类型油气藏、不同井眼环境的现场试验及优化完善,定型的一套175℃/140MPa成像测井仪器系列,包括微电阻率成像、阵列感应、阵列侧向、阵列声波、核磁共振等仪器,并形成了配套技术。地层成像测井系列提高了国产成像装备的性能指标、可靠性和可组合性,降低了作业成本及引进装备的购置成本,为复杂油气藏勘探开发和油田提质增效提供了重要技术支撑。同时,形成了高温高压关键部件可靠性实现技术、组合测井总线接口控制技术、高温小型化核磁共振探头设计与抗电磁干扰技术、阵列侧向深探测与真电阻率反演技术、阵列声波井下自动增益控制与数据编码压缩技术、成像测井资料综合处理技术等配套技术。在塔里木、长庆、西南、青海、华北等油气田完成推广应用,在不同油气藏类型、不同井眼环境下的成像测井仪器现场试验与资料处理,提高成像测井作业效率。更好解决高温高压复杂工况条件下测井高效、高可靠采集问题,提高碎屑岩、碳酸盐岩和非常规油气等复杂储层评价能力,满足低油价新常态下油田"高效益、低成本"发展和国产测井装备更新换代的需求,对于扩大国产成像装备应用规模、打破国外技术垄断、提升国内外测井服务的核心竞争力具有十分重要的意义。

一、组成与功能简介

1. 平台组成

地层成像测井系列由阵列感应测井仪、阵列侧向测井仪、微电阻率成像测井仪、多极子阵列声波测井仪、多频核磁共振测井仪、地层元素测井仪组成,如图2-4-1至图2-4-6所示。

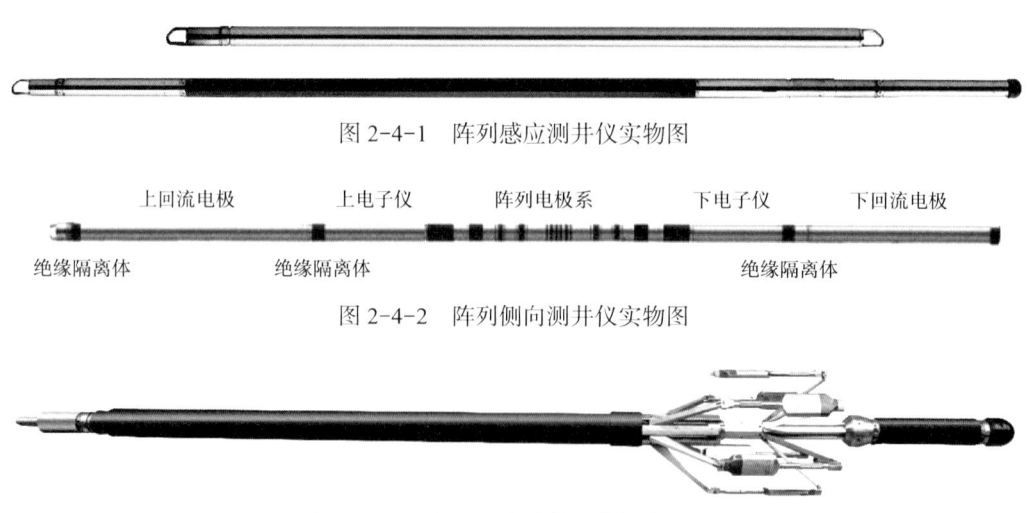

图 2-4-1 阵列感应测井仪实物图

图 2-4-2 阵列侧向测井仪实物图

图 2-4-3 微电阻率成像测井仪实物图

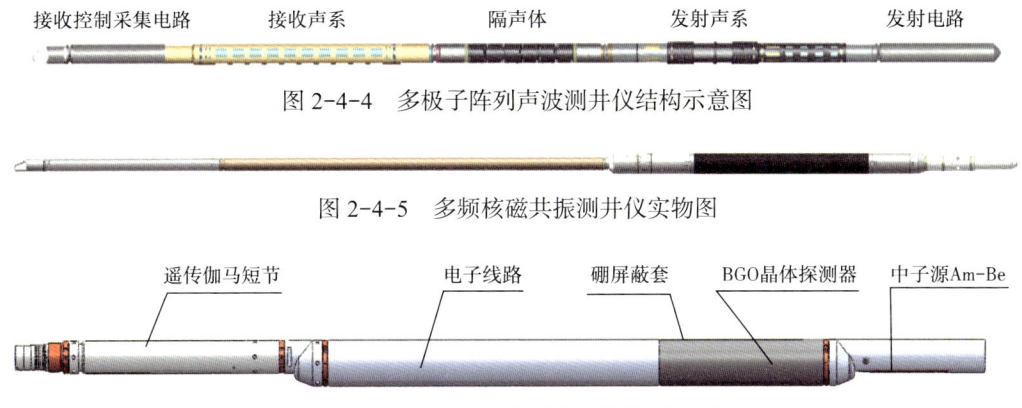

图 2-4-4 多极子阵列声波测井仪结构示意图

图 2-4-5 多频核磁共振测井仪实物图

图 2-4-6 地层元素测井仪结构示意图

2. 功能简介

地层成像测井系列根据 6 种成像测井仪器的技术优势，优化形成多种组合模式，具有适用环境更广、储层评价更准、作业效率更快等特点，满足 175℃、140MPa 环境下可靠工作，是精细化评价复杂油气储层的利器。仪器指标见表 2-4-1。

表 2-4-1 地层成像测井系列仪器技术指标

仪器名称	参数指标（通用耐温耐压：175℃/140MPa@20h；井眼范围：152~550mm）
阵列感应	测量范围：0.1~2000Ω·m；测量精度：±0.75μs/m 或 ±2%（取大者）； 纵向分辨率：0.3m、0.6m、1.2m； 探测深度（6个）：0.25m、0.50m、0.75m、1.50m、2.25m、3.00m
阵列侧向	测量范围：0.2~100000Ω·m； 测量精度：1~1000Ω·m 时，±5%；1000~5000Ω·m 时，±10%； 0.2~1Ω·m 和 5000~40000Ω·m 时，±20%； 纵向分辨率：0.3m； 测量半径：0.25m、0.32m、0.39m、0.48m、0.64m
微电阻率成像	测量地层范围：0.2~20000Ω·m；测量井斜范围：0°~90°，±0.2°； 测量方位范围：0°~360°，±2°；纵向分辨率：5mm； 测井图像覆盖率：60%（8in 井眼）
多极子阵列声波	测量范围：125~650μs/m（纵波），不大于 2000μs/m（横波）； 测量精度：±3μs/m（纵波），±5μs/m（横波和斯通利波）； 井眼范围：114.3~533.4mm（横波和斯通利波）
核磁共振	测量范围：0~100pu； 测量精度：地层孔隙度小于 15pu 时，不大于 1.5pu；地层孔隙度不小于 15pu 时，不大于 10%； 纵向分辨率：60cm，最小回波间隔：0.3ms
地层元素	能谱测量范围：0.6~10MeV；能量分辨率：14%；垂直分辨率：457mm； 探测深度：228mm；井眼范围：165~508mm

阵列感应测井仪：可定量描述不同径向深度地层电阻率变化情况，适用于低阻地层油气识别和含油气饱和度评价。阵列感应测井仪用途有：准确测量地层电阻率，定量确定地层侵入特性，确定地层含油饱和度参数。

阵列侧向测井仪：提供6条地层电阻率曲线、径向侵入二维剖面电阻率成像图，可清晰描述地层径向侵入特征、分析薄层和薄互层油气特性、判断油水层性质，准确识别油水界面，为精确评价储层及计算含油（气）饱和度提供准确的电阻率信息，是精细化评价复杂油气储层的利器。

微电阻率成像测井仪：进行裂缝、孔洞与岩性直观识别、薄层划分、地层各向异性评价、沉积相与构造分析，精细刻画井壁地层特征、裂缝孔洞参数计算、获得孔隙度谱等。

多极子阵列声波测井仪：提供近井眼的储层孔隙度、渗透率等参数，可以识别岩性、含气地层；提供井筒附近岩石机械特征、地应力和裂缝分布参数，可以预测井眼稳定性和压裂缝延伸，评价压裂效果。远探测功能的探测能力达到80m，为探测远井构造提供技术保障。

多频核磁共振测井仪：获得地层有效孔隙度、束缚水孔隙度、孔径尺寸分布、渗透率、饱和度等参数。可实现油、气、水识别与定量计算。

地层元素测井仪：得到地层中的Si、Ca、Fe、S、Ti、Gd、K、Mg、Al、Mn十种元素含量，并根据矿物模型得到地层中不同矿物成分及含量值，用于复杂岩性储层和致密气、页岩气等非常规储层精细评价。

二、系统介绍

1. 主要技术特点

1）成像测井仪器组合能力

一方面，基于统一采集处理平台的标准总线接口技术，突破井下多节点大数据高精度采集，总线有效传输效率提升57.1%，解决了成像组合测井数据采集传输瓶颈；另一方面，突破了组合测井抗干扰技术，采用电磁屏蔽、过线优化布局等改进，解决5类成像仪器之间组合大功率发射和高灵敏微弱信号前置放大电路之间的信号干扰问题，具备6种成像组合测井能力。

2）成像采集处理软件优化升级

优化声波远探测缝洞成像处理算法，有效压制井壁滑行波和背景噪声，同时基于动态时窗约束的初至拾取和交互校正等改进，提升径向速度剖面反演效果，满足阵列声波测井精细处理；阵列侧向测井开发质量检测模块、完善电阻率反演模块优化，满足复杂井况阵列侧向精细分析需求；阵列感应测井突破斜井/水平井校正处理方法，完善阵列感应测井斜井/水平井校正处理功能，满足复杂井况测井需求；核磁共振测井资料处理方面开发了孔渗储层采集观测模式，增加时域分析TDA❶校正方法和DMR❷校正方法等，满足应用精细分析。

2. 组合模式

优化形成6种成像测井仪器组合模式，提高作业效率，通过统一采集处理平台、接口优化等技术升级，实现6种成像仪器的组合能力。通过多种室内组合、现场测试验证，优选6种推荐组合模式，提高测井作业效率。组合模式见表2-4-2。

---

❶ TDA：用于油气识别的时域分析方法。
❷ DMR：密度与核磁共振联合校正方法，该方法综合密度测井孔隙度和核磁测井孔隙度预测气体校正后的地层总孔隙度和冲洗带含水饱和度。

表 2-4-2 地层成像测井系列组合模式

序号	测井组合模式	应用需求	组合测速（m/h）
1	阵列感应测井＋核磁共振测井	砂泥岩油气快速定量评价	90
2	阵列侧向测井＋微电阻率成像测井	中高阻复杂储层油气快速评价	>225
3	阵列声波测井＋微电阻率成像测井	复杂储层地质与力学评价	>225
4	阵列感应测井＋阵列声波测井	中高阻储层油气快速评价	>360
5	阵列侧向测井＋阵列声波测井	中高阻储层油气快速评价	>800
6	阵列侧向测井＋阵列感应测井	中低阻储层油气快速评价	>360

三、典型案例

国内首次实现阵列感应测井＋核磁共振组合测井，不降低测井资料品质情况下，有效减小这两类成像测井仪器的作业占用时间，测井效率提高近 20%，提高复杂碎屑岩现场油气快速识别和评价能力。如图 2-4-7 所示，为组合测井条件下，核磁共振测井、阵列感应测井成果曲线的重复性对比图。可以看出核磁共振测井横向弛豫时间（T_2）谱形态及各组分孔隙度重复性较好，阵列感应测井 2ft 匹配结果 20in、30in、60in 及 90in 探测深度重复性较好，10in 由于探测深度浅，易受仪器居中状态的影响，但未影响储层的侵入特征。

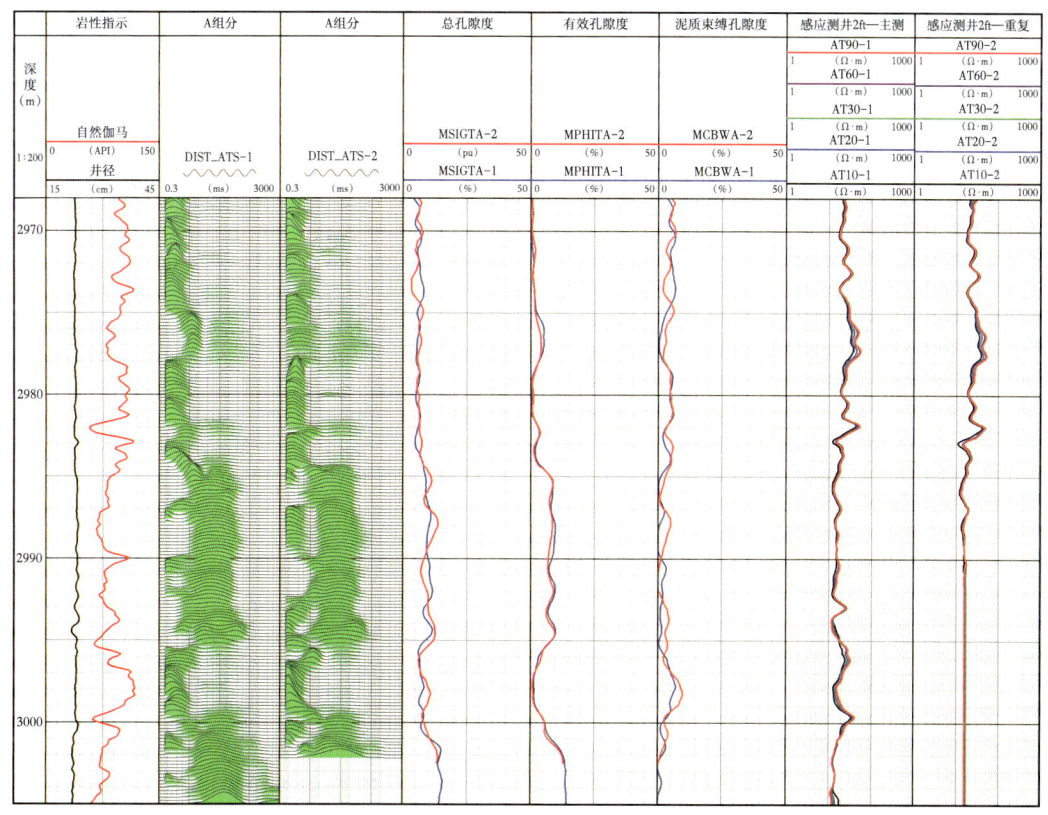

图 2-4-7 核磁共振—阵列感应组合测井重复性对比

采用基于电磁场论指导的 T_2 谱和阵列感应电阻率联合计算饱和度的方法，计算出的油气含量结果可合理解释油层和致密层。图 2-4-8 所示为计算实例，计算得到的饱和度参数和常规解释吻合良好。

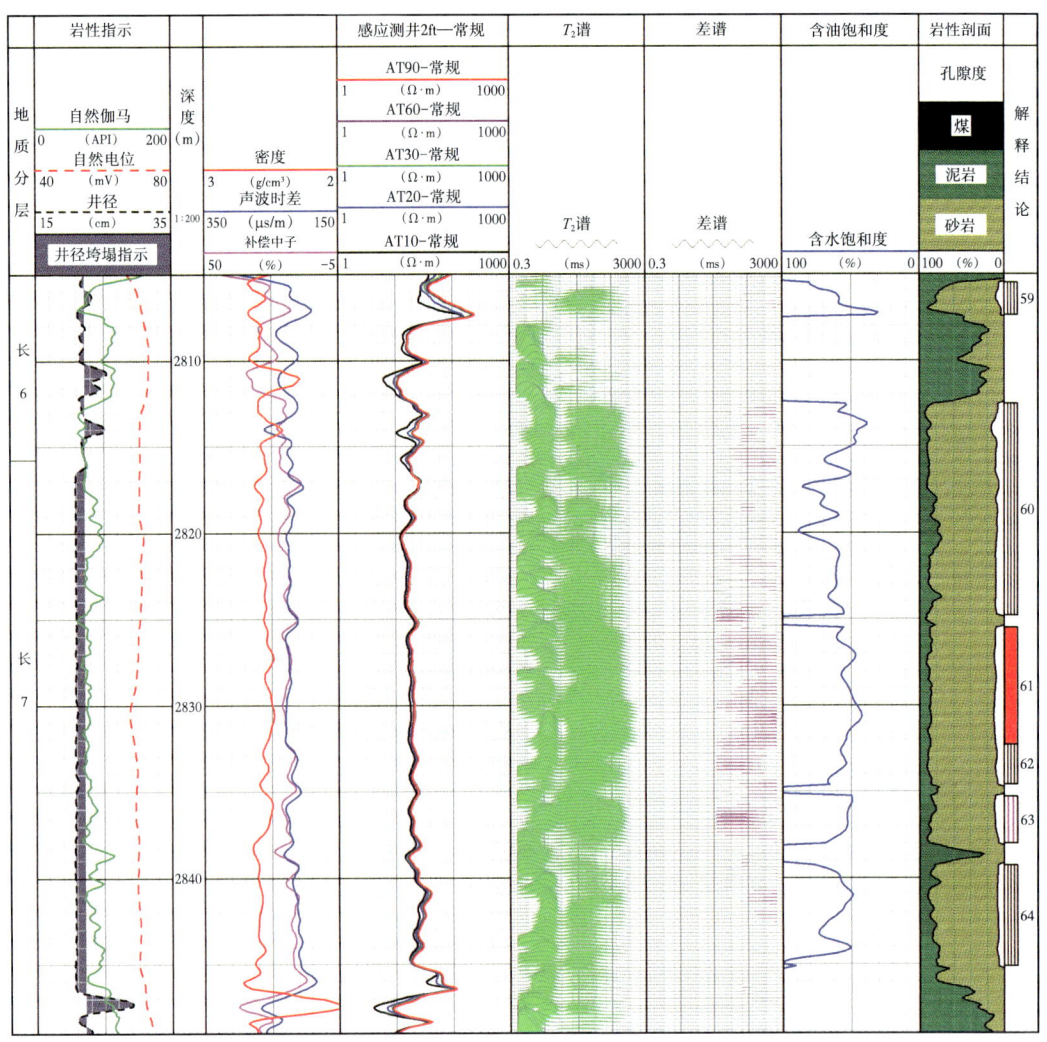

图 2-4-8　核磁共振测井和阵列感应电阻率融合饱和度计算成果图

第五节　过钻具测井系列

水平井作为非常规、致密油气的主要开发方式，因钻具组合多样化、钻杆水眼小型化、井眼轨迹复杂化等原因，导致传统测井仪器和工具入井困难，测井时效低，工程复杂处置困难。主要表现为：非常规页岩油气地层硬脆性泥页岩井壁易失稳，井壁稳定性差容易导致坍塌、井眼不规则，造成测井过程中仪器和电缆阻卡；页岩油气水平井轨迹变化幅度大，提高了测井难度；钻井过程中易发生钻井液漏失，造成井壁失稳，给测井施工带来障碍。因此，要求测井仪器具有可靠稳定、低故障率、组合能力强，以及较强的遇阻卡通过能力，同时资料质量可靠。

针对这些测井环境条件，中国石油研制了快速成像过钻具测井系统，既可最大限度地降低测井施工安全风险，降低生产成本，又能及时采集地层信息，满足石油勘探开发提速和提效的要求。

一、组成与功能简介

1. 系统组成

FITS 过钻具测井系统（Fast Imaging Through-drilling-tool Logging System），由地面系统、下井仪器和输送工具组成，如图 2-5-1 所示。

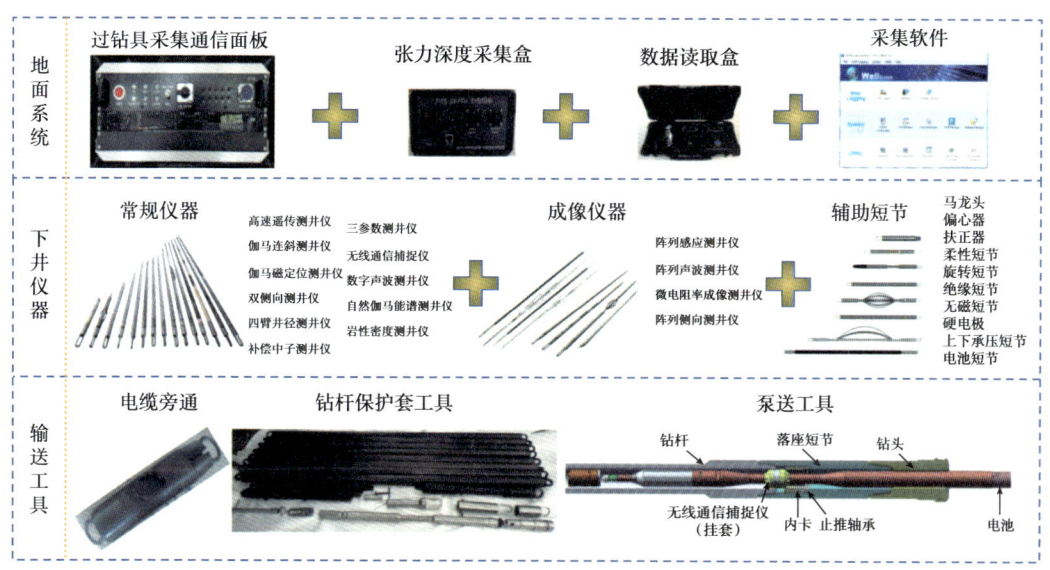

图 2-5-1　系统组成结构

下井仪器包括常规过钻具仪器和成像过钻具仪器。其中，常规过钻具仪器一次下井可以测量深、中、浅三电阻率，密度、中子和声波三孔隙度，以及自然伽马、自然电位、井径、井温、井斜等常规测井曲线。成像过钻具仪器包括微电阻率成像测井仪、阵列侧向测井仪和偶极子阵列声波测井仪，用于薄层、薄互层、裂缝储层、低孔隙低渗透层和复杂岩性储层评价。

输送工具包括无线通信捕捉仪、电缆旁通、钻具短节（落座短节和出舱悬挂头）。

2. 功能简介

过钻具测井系列仪器能够通过钻具水眼下入井底，仪器具有电缆测井和无缆存储测井两种工作模式，适用于页岩油、碳酸盐岩和复杂砂泥岩储层测井资料采集。配套电缆和泵送工具后，可实现电缆测井和泵送过钻杆（头）测井两种测井施工工艺，适应不同井眼尺寸的长水平井、大斜度井、复杂井和侧钻开窗井，实现通井测井一趟钻。

过钻具泵送测井工艺过程如图 2-5-2 所示。

（1）落座短节下放：安装钻具与专用钻头，在地面将专用钻头与最下一节钻杆连接，然后下井，下到预定测量井段深度位置（预留仪器下放深度）。

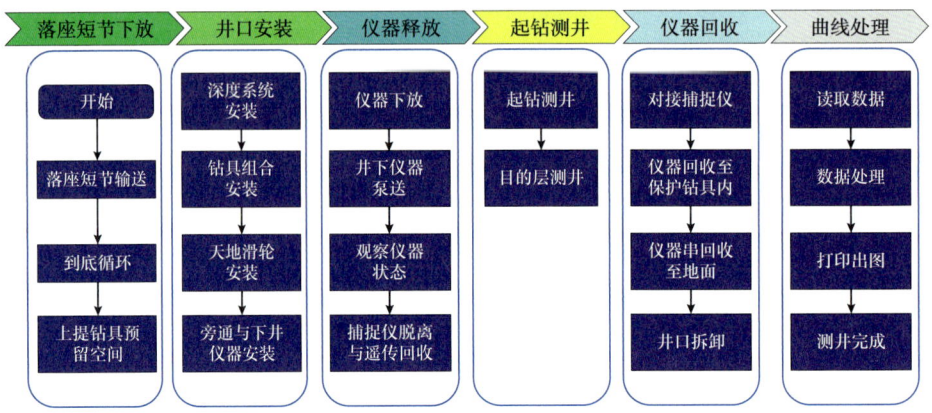

图 2-5-2 泵送测井工艺过程示意图

（2）井口安装：仪器串安装，在地面组装仪器串（电缆头+高速遥传测井仪+无线通信捕捉仪+测井仪器），并置于钻杆内部。电缆鱼雷从钻杆旁通进入钻杆，与仪器串连接。使用地面测试盒判断仪器工作状态正常后，进入仪器串输送阶段。

（3）仪器释放：仪器串在钻杆内部向井底输送时，初期靠重力下放，当重力不足以使仪器串下放时，采用钻井泵送的方式推动仪器串下放。仪器串下到相应深度后，无线通信捕捉仪在专用钻头上安全落座。通过地面测试盒向仪器串下发指令，判断仪器工作正常后，电机推动无线通信捕捉仪分离，仪器由储能短节供电，测井仪绞车通过电缆将电缆头、高速遥传测井仪、有缆捕捉短节收回至地面。

（4）起钻测井：测井仪器在预设开始测井时刻进入测井模式，上提钻具，进行存储测井，各支仪器的测井信息统一存储在钻具悬挂和伽马连斜测井仪的总存储单元中，同时每支仪器备用存储单元也对单支仪器数据进行备份。

（5）仪器回收：由钻井深度标识，目的层测井完成后，将电缆头、高速遥传测井仪、有缆捕捉短节下放，与钻具悬挂连接，检测仪器的工作状态及测井数据是否正常，如正常则取出仪器串，并收回地面，施工过程结束。

（6）曲线处理：仪器串返回地面后，通过地面系统读取装置读取存储在存储单元的测井信息，并进行时深转换等数据预处理，至此完成测井施工过程。

二、系统介绍

1. 技术特点

1）标准化机电设计

过钻具测井系统下井仪器与井下工具种类繁多，且后期需要增加新仪器与工具，开发新测井工艺。为了减少开发工作量（仪器控制和参数采集），缩短开发周期，降低开发成本与制造成本，方便测井仪器维修与升级，以及后续仪器的挂接，井下仪器采用统一的机械接口、电气接口、通信协议，适度冗余，方便用户，实现井下仪器的自由组合。

（1）统一机械设计规范。

如图 2-5-3 所示，仪器设计采用统一的机械设计规范，包括统一仪器间螺纹连接与密封结构等。

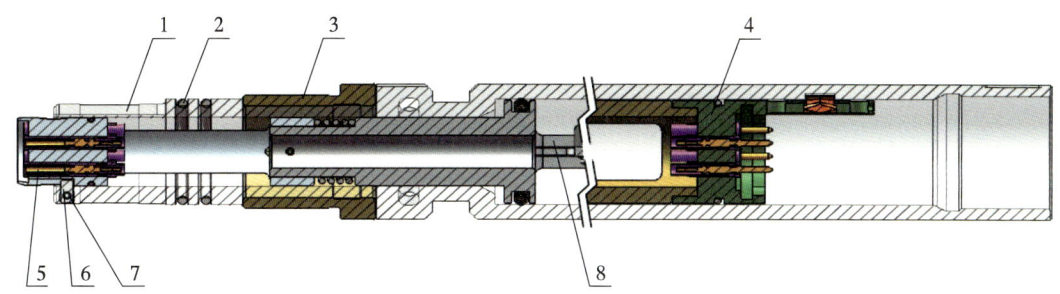

图 2-5-3 统一机械设计规范示意图
1—外壳；2—Parker 密封圈 AS568A-222；3—外螺环；4—12 芯插头；5—12 芯插座；
6—12 芯插座限位销；7—弹性圆柱销 $\phi 3mm \times 14mm$；8—骨架组件

机械接口标准主要针对的是井下仪器与工具，包括电法、声波、放射性等测井仪器，柔性、绝缘、扶正等常规短节，电池、无线通信捕捉等过钻具测井专用工具。根据测井的实际需要，这些测井仪器、短节与工具可自由组合与增减，因此必须采用自上向下的设计方法，统一进行机械标准的设计，这不但方便了各个单项仪器的设计工作，也为将来系统挂接新仪器提供了设计依据和技术保障。

机械接口标准设计包括以下内容。

①统一仪器与工具外径：在保证强度的前提下，设计了 57mm 或 53mm 两种仪器外径的系列装备。

②统一仪器间螺纹连接与密封结构：仪器间的连接均采用尺寸相同的螺纹连接，可以实现仪器间的快速安装拆卸，操作简单方便，连接牢固可靠。

③统一电路板宽度与连接件：方便电路板的维修与更换。

（2）统一电气设计规范。

如图 2-5-4 所示，仪器设计采用统一的电气设计规范，包括统一供电单元，72V 直流供电，四输出电源，统一的 12 芯电连接器定义。为了进一步减小仪器的设计工作量，开发了仪器通用电源模块（含 DC-DC 和相应的电源滤波处理板），实现 72V 直流输入，5V、12V 直流输出，以供仪器内部电路与传感器使用。

具体缆芯分配见表 2-5-1，1 芯和 4 芯分别为仪器输入电源的正极与地，该输入电源为 72V 直流电，在电缆测井模式下电源来自高速遥测，存储测井模式下电源来自电池短节。3 芯和 6 芯作为井下仪器 CAN 通信总线，内部双绞。8 芯为 CAN 通信地。2 芯和 5 芯为井下 485 总线，用于测井后单支井下仪器的数据读取。如果井下仪器与工具由线路和探头组成，则该仪器的线路与探头之间采用 24 芯，各自定义，但是需要确保整支仪器上端头和下端头满足表 2-5-1 的要求。

（3）仪器通信接口标准化。

仪器通信接口标准化包括两个方面内容：一是采用通用的仪器通信与管理模块（Tool Communication and Controlling, TCC）；二是采用统一的井下电子系统（含测井仪器与电池、无线通信捕捉等专用工具）通信协议。

①仪器通信与管理模块是每支仪器与外通信、接受和执行命令的核心单元，采用标准化设计，适度冗余，调整内部程序及端口配置，可以满足所有测井仪器的需要。

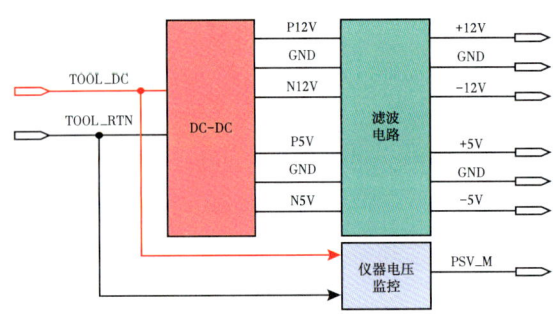

a. 系统四输出电源供电图

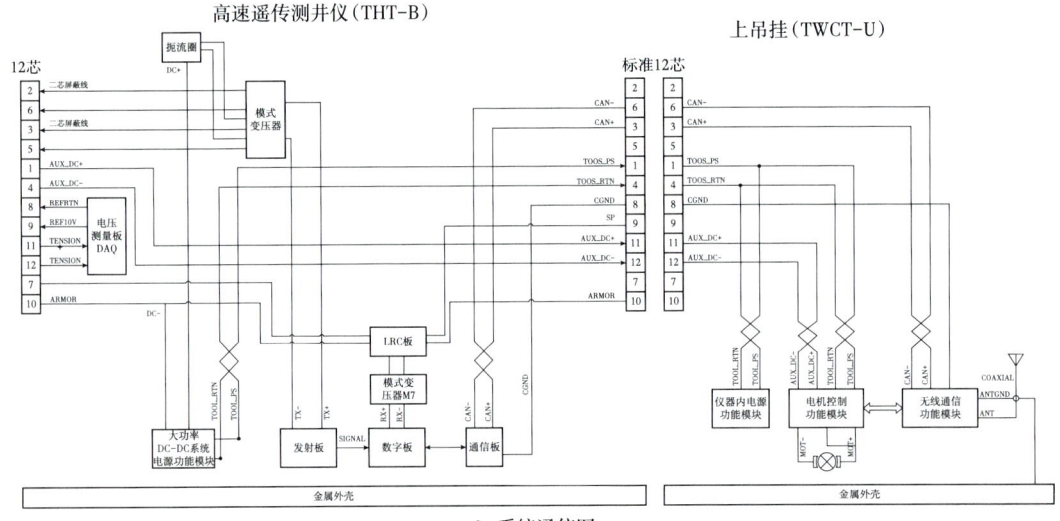

b. 系统通信图

图 2-5-4　统一电气设计规范示意图

表 2-5-1　井下缆芯分配及功能定义

上接头缆芯	上接头功能	贯通线	下接头功能	下接头缆芯
1	仪器输入正极	内部复用	仪器输入正极	1
4	仪器输入电源地	内部复用	仪器输入电源地	4
2	RS485+	内部复用	RS485+	2
5	RS484-	内部复用	RS484-	5
3	CAN-H	内部复用	CAN-H	3
6	CAN-L	内部复用	CAN-L	6
7	深侧向回流电极 B	贯通	深侧向回流电极 B	7
8	通信地	贯通	通信地	8
9	SP 自然电位环	贯通	SP 自然电位环	9
10	铠皮（双侧向测井仪参考环 N）	贯通	铠皮（双侧向测井仪参考环 N）	10
11	保留	贯通	保留	11
12	保留	贯通	保留	12

仪器通信与管理模块构成如图 2-5-5 所示，包括电源转换单元、主控单元（CPU）、存储单元、模数转换（ADC 单元）、数模转换（DAC 单元）、通信接口单元（外部通信

接口单元、内部通信接口单元）。内部连接器是仪器通信与管理模块与本仪器内部连接的接口，外部连接器是仪器通信与管理模块与本仪器外部连接的接口。

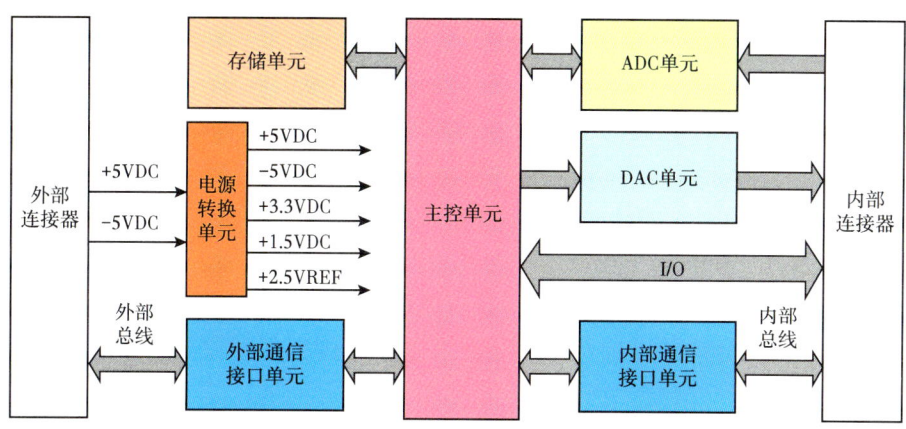

图 2-5-5　仪器通信与管理模块构成示意图

仪器通信与管理模块主要完成以下功能。

a. 仪器的控制与数据采集：参数监测、内部反馈与控制、测井数据和仪器诊断数据的采集与整理。

b. 仪器与外部的通信：接收、响应指令，并记录指令的内容与次数，上传测井数据。

c. 仪器的数据存储与下载。

通过仪器通信与管理模块的井下主控程序和相关硬件配置，可分别满足不同仪器的需求，全面应用于过钻具测井系统。

②统一的通信协议：井下仪器与工具采用 CAN 通信，独立 ID，统一相应的命令与数据协议，命令为 16B（字节），数据 16+NB。

2）仪器小型化和低功耗设计

过钻具仪器具有统一的外径，无台阶，通过性好。声波仪器小型化设计，包括隔声体优化，错深度的交叉偶极晶体排布提高了晶体的发射能量，换能器使用载波激励提高了发射效率。感应仪器通过减小线圈间距，增加匝数，实现了 90mm 仪器相同的信号量级。侧向仪器通过电路集成化、低功耗设计，并且采用恒功率模式，保证了信号质量。中子和密度仪器的小型化设计，包括中子一体化源仓外壳结构，密度一体化钨钢探头外壳，均使用 CPLog 系统通用放射源。

在存储测井模式下，整个系统由电池短节提供电源，系统的低功耗设计，实现了长时间可靠测井。发射功率与测量信号的匹配设计，在保证测量信号幅度、确保测井质量的前提下，尤其是对电法测井仪器和声波测井仪器，尽可能地降低了发射功率。仪器直径变小后，电路板的空间有限，电路的模块化设计，将电路进行了高度集成，采用低功耗元器件，既保证了仪器串长度，又降低功耗。存储测井模式下，整串功率为 50W。

由于井下仪器外径小，可能会产生井眼影响增大和信噪比低两个方面的问题，进而可能会直接影响到测井精度，为此从以下四个方面进行了设计。

（1）传感器方面：电路集成化与机械优化设计，尽可能增加传感器尺寸，增大信号发射功率，提高信号强度。

（2）电路方面：对于声波、双侧向、中子、自然伽马等测井仪器，将信号前置放大电路靠近信号源，提高了信号测量精度。

（3）井眼影响校正方面：通过理论计算得到校正图版，严格刻度校验、满足测量条件（扶正与居中）。

（4）深度测量方面：存储测井时井下仪器是没有深度信息的，只能测量钻具高度，通过时深转换得到井下仪器的位置信息。采用基于激光测距的刻度方法、测前后对时机制、基于Z轴加速度的深度校正技术、钻具整体校深技术，曲线的绝对深度测量精度可达到3‰，确保了存储测井绝对深度的可靠性与曲线深度的对应性。

3）数据采集处理技术

通过底层框架和数据结构标准化设计，实现了数据采集和处理集成一体化功能，提高了存储式测井数据处理的准确性和时效性。采集软件实现了仪器存储数据快速自动化处理，能够有效应对仪器数据时间未同步、时间错误等问题。基于加速度曲线的深度数据校正能够处理钻具丢失、深度数据异常等常见作业问题。数据后处理流程根据软件统一平台功能进行了整合优化，提高了数据后处理时效。

在现有 WellScope 软件平台基础上，在实时测井模式下具备完整的实时测井数据采集、处理、出图功能。在存储式测井模式下，具备完整的钻井深度实时采集、数据读取、数据后处理、数据回放、出图功能，能够满足现场使用的所有需求。开发完成了深度测量配套软件系统，目的在于通过深度系统相关设备获得仪器在某一时刻的位置信息，主要包含两部分功能：刻度及测量。测井阶段，自动记录大钩高度变化，并结合钩载（载荷）数据，自动判断井下仪器位置的变化并记录。深度系统通过录入的钻具表能自动识别当前记录深度误差，可手动调整，也可自动调整。仪器返回地面后，通过地面读取装置读取存在存储单元的测井信息，结合仪器数据归一化处理、深度数据处理，并进行时深转换等数据预处理，最后通过数据回放得到有效测井数据，完成测井过程。复杂情况处理包括：存储数据和深度数据时间基准不一致的情况；单根钻具丢失的情况；深度数据不可用的情况；井下仪器数据时间戳存在问题的情况；井下存储数据时间发生漂移的情况。

深度测量的正确性和准确度是存储式测井数据质量好坏的决定性因素之一。过钻具测井系统深度测量方法借用了通用的钻井深度测量方法。该方法利用绞车旋转与大钩运动的关系、大钩运动与钻具上提下放的关系，得到深度信息。通常用绞车编码器测量脉冲计数得到绞车运动信息，进而间接得到大钩运动与高度信息；利用大钩负荷传感器，通过设置门限判断大钩处于轻载或重载，进而判断大钩的运动对于深度测量是否为有效运动。由于该测量方法用到了绞车编码计数与大钩高度的关系，这不但与绞车滚筒每转一周编码器的脉冲个数有关，也与绞车滚筒的尺寸、大绳直径、滚筒上大绳的层数及每层的圈数有关，还受参数是否精确、大钩运动过程中滚筒上大绳层数突变等因素的影响，会给深度信息带来误差，因此在钻井过程中通常根据钻具的实际长度对深度信息进行修正。

深度系统刻度是对旋转编码器及钩载传感器进行刻度，建立起大钩高度与仪器位置的关系。首先需要确立编码器计数和大钩高度的关系：通过测量获得大钩在不同位置时的高度，与深度测试盒采集到的编码计数相对应，采用分段线性化的方式，建立大钩高度与编码器计数率的关系式。

过钻具测井作业数据采集处理过程如图 2-5-6 所示。

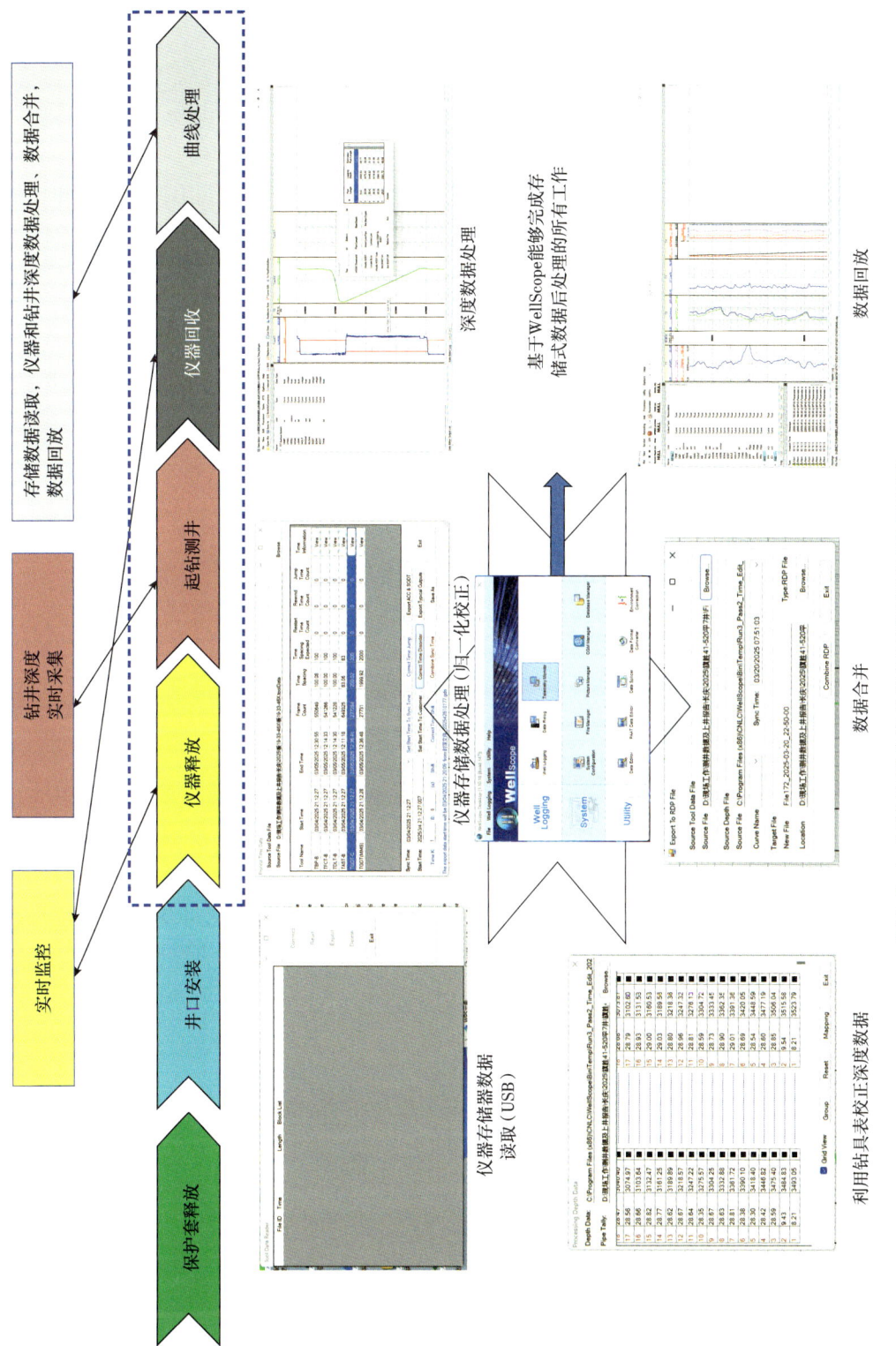

图2-5-6 过钻具测井作业数据采集处理过程示意图

仪器存储器数据读取：除了各仪器单独存储自己测井数据以外，仪器串数据还集中存储在过钻具无线通信捕捉仪的下吊挂器（TWCT-L）和过钻具伽马连斜测井仪（TGDT-B）里。可以通过 USB 端口，进行仪器存储器数据读取。

深度数据处理：深度文件反映的是地面大钩高度的循环变化，对应了钻具深度的变化。钻具状态曲线（SODT）反映了钻具的实时状态，通过自动校正结合手工处理，可以更准确地反映钻具状态与深度的对应关系。

钻具表校正深度：自动拾取的测井井段相对于钻具表长度进行相应的拉伸和压缩，进一步明确测井深度的准确性。

测井数据的归一化处理：由于地下高温高压、钻具之间的剧烈碰撞拉伸等影响，数据帧的时间索引会产生跳跃、乱序，甚至重置，仪器启动时间甚至有细微的差别。归一化处理可以将乱序的数据帧重新处理，形成有序的数据排列。

数据合并及回放：数据合并是将深度文件和测井数据按照时间对应关系合并，形成深度索引的原始地层数据文件。利用 WellScope 的回放功能，回放该原始地层数据文件，形成最终的测井曲线，再由测井工程师或解释人员进一步处理。

4）高速遥传及网络化仪器总线技术

高速遥传及网络化仪器总线技术作为过钻具数据传输的核心技术，具有传输速率高、抗干扰能力强、配置灵活方便、模块化组合的显著优势。

高速遥传采用正交频分复用技术，有效提高了频带的利用率及传输速率。同时，通过重新优化电缆传输模式和电缆自适应盲均衡优化算法，实现了有线传输带宽条件下的全双工兆级通信。高速遥传还具备电缆长度自适应、支持万米超长电缆、抗突发干扰和恶劣电磁环境的工作适应能力。

网络化仪器总线采用 TCP/IP 协议，可方便灵活地在仪器串任意位置配接不同的测井仪器，不受数据格式的影响，可以轻松实现计算机对故障的监测、诊断及远程通信，大大地提高了系统的稳定性和可靠性。

过钻具高速遥传测井仪在测井电缆的不同缆芯模式上建立全双工信道传输数据，实现了上行速率不小于 1000kbps，下行速率不小于 50kbps；井下数据总线可通过 CAN 总线与井下设备进行通讯，并通过地面软件工具栏实时监控（图 2-5-7）。

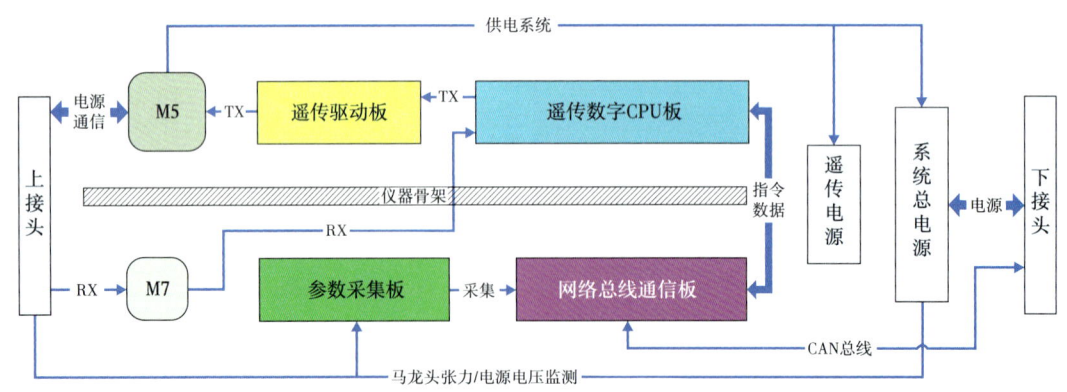

图 2-5-7　高速测井遥传测井仪原理示意图

5）无线通信捕捉仪

无线通信捕捉仪是实现过钻具测井的关键部分，由有缆捕捉（上吊挂）和钻具悬挂（下吊挂）两部分组成（图2-5-8）。有缆捕捉连接着电缆头及测井电缆，钻具悬挂连接着其余的下井仪器，在两者之间实现了无线通信，保证了在仪器泵送与抓取收回时井下仪器与地面之间的数据通信。开发的最优驻波比技术和高精度传动技术，实现了仪器的超短距离无线通信和高强度抓取释放功能。

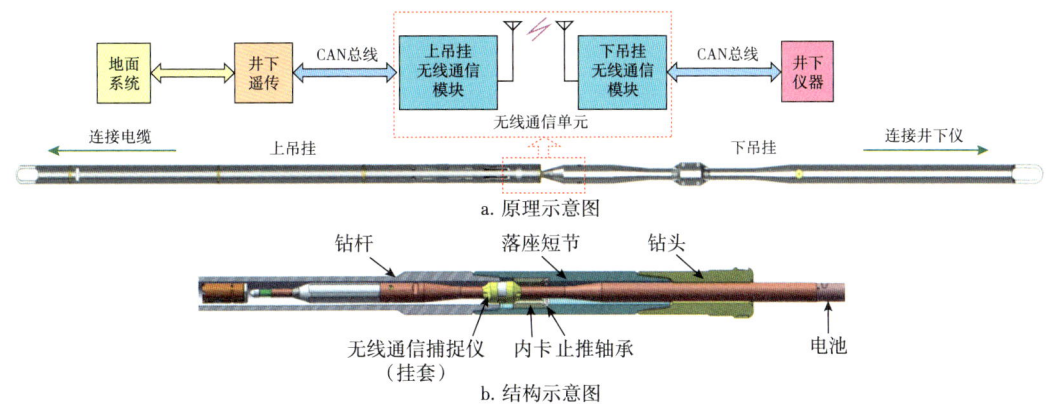

图2-5-8　无线通信捕捉仪原理和结构示意图

有缆连接组件器短节由低压电源电路、电机控制电路、无线通信控制电路、无线天线、抓取电机等部分组成。钻具悬挂组件短节主要由电源电路、无线通信电路、总存储电路及天线等组成。无电气连接的有缆连接组件短节和钻具悬挂组件短节之间通过无线通信方式进行数据交换与仪器控制，保证了在仪器输送与收回时，井下仪器与地面之间数据通信具有电缆测井和存储测井两种工作模式。无线通信捕捉仪钻具悬挂组件作为整个过钻具测井系统的数据存储中心，内部集成有大容量的存储芯片。数据存储中心自动采集系统内各仪器上传的测井数据。

在存储测井模式下，仪器串与工具依靠钻井液泵送，测井仪器带着电缆在钻具水眼通道运行，直到目标层位。着陆后有缆捕捉和钻具悬挂两个短节分离，收回电缆和有缆捕捉短节。测井仪器依靠钻具上提，采集并存储测井资料。仪器返回后，读取存在存储器的测井信息并处理、出图。在仪器输送与收回时，有缆捕捉和钻具悬挂两部分可靠连接，电缆带动仪器串。在水平井测井时，二者脱离，有缆捕捉被电缆带着提出井口，钻具悬挂保证仪器串可靠地悬挂在钻具下方，实现上提钻具测井。

6）高性能存储技术

如图2-5-9所示，过钻具测井系统采用多组分布式冗余备份井下数据存储技术，可确保测井数据安全。两套独立的总存储，全系统工作时，可存储不小于120h的测井数据。各井下仪器有独立存储，均具有不小于200h存储空间。在进行存储测井时，总存储模块可以保存仪器总线上的所有命令与响应信息。同时，定期上传存储模块的信息，包括存储容量使用情况、自身的诊断信息等。在存储测井模式下，测井数据不仅存储在本机内部存储单元中，而且可以通过外部总线将数据上传到2个总存储里，这样就对测井数据进行三备份，保障了测井数据的安全性。当仪器取出井口后，从内部存储单元或外部总存储短节中读出数据，进行时深转换后，利用测井地面采集与处理系统进行数据回放，得到测井曲线。

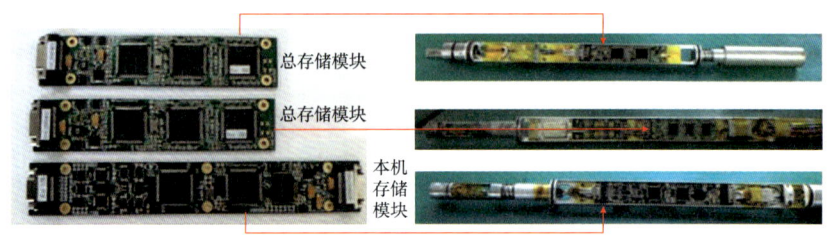

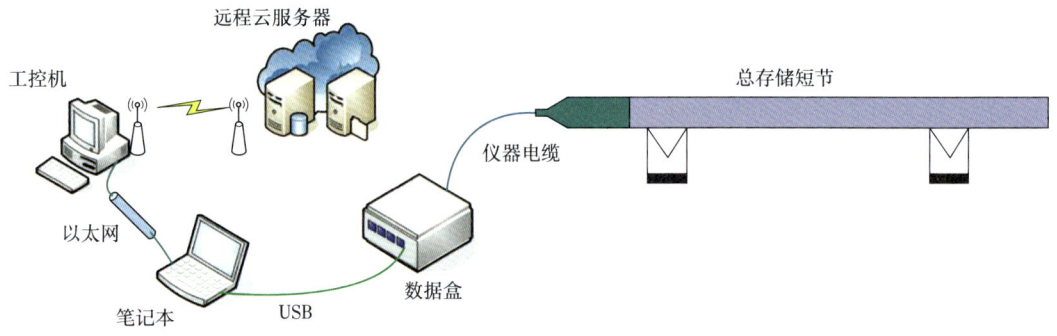

图 2-5-9　高性能存储技术原理示意图

2. 组合模式

过钻具测井系统具有电缆测井和无缆存储测井两种方式，通过配套电缆和泵送工艺工具可实现对应的两种测井模式。兆级高速遥传及网络化仪器总线技术作为过钻具数据传输的核心技术，具有传输速率高、抗干扰能力强、配置灵活方便、模块化组合的显著优势，可以实现大满贯组合测井。同时，根据油气勘探和开发中不同的阶段、不同的测量类型、不同的测井仪器系列需求，仪器短节之间均能实现自由组合。两种测井模式对比见表 2-5-2。

表 2-5-2　两种测井模式对比

测井模式	电缆测井	电缆泵送过钻头测井
输送方式	电缆投放、电缆测井	电缆、高压泵送
数据传输	实时上传	存储
应用范围	直定向井	水平井、大斜度井、下钻困难井况差的井、复杂井况的直定向井
状态监测	实时监测	泵送时可实时监测仪器
时效	与常规电缆相同	钻具到底仪器入井，入井时间短，周转效率高
安全	与常规电缆相同	可随时回收仪器
钻具水眼		受水眼限制

过钻具电缆／存储测井常用组合形式如下：
（1）过钻具电缆头；
（2）过钻具高速遥传测井仪；
（3）过钻具无线通信捕捉仪（存储模式下连接）；
（4）过钻具上承压短节（存储模式下连接）；
（5）过钻具电池短节（存储模式下连接）；
（6）过钻具下承压短节（存储模式下连接）；
（7）过钻具三参数测井仪；
（8）过钻具伽马连斜测井仪；
（9）过钻具无磁短节；
（10）过钻具柔性短节；
（11）过钻具旋转短节；
（12）过钻具偏心器；
（13）过钻具补偿中子测井仪；
（14）过钻具岩性密度测井仪；
（15）过钻具旋转短节；
（16）过钻具柔性短节；
（17）过钻具独立四臂井径测井仪；
（18）过钻具绝缘短节；
（19）过钻具扶正器；
（20）过钻具高分辨率阵列声波测井仪；
（21）过钻具扶正器；
（22）配重短节；
（23）过钻具阵列感应测井仪；
（24）过钻具扶正器；
（25）过钻具底鼻。

3．输送工具

过钻具测井系统的输送工具包括无线通信捕捉仪、电缆旁通和钻具短节。

1）无线通信捕捉仪

无线通信捕捉仪具有以下功能：在测井前仪器串下放到指定位置时仪器可以监测仪器串的工作状态；测井时通过控制有缆连接组件脱离钻具悬挂组件释放测井仪器串；测井结束后或者紧急情况下通过泵送有缆连接组件对接抓取钻具悬挂组件进而回收测井仪器串；钻具悬挂组件部分备份总存储数据。

仪器由上部的有缆连接组件和下部的钻具悬挂组件组成。有缆连接组件由电子线路组件和探头组件组成；钻具悬挂组件主要由吊挂头和电子线路组件组成。

2）电缆旁通

电缆旁通可为水平井下井仪器导入电缆，同时辅助钻井泵进行无线通信捕捉仪的对接，实现下井仪器与地面系统的导通。通过压帽、密封胶套及压垫等配件夹紧电缆，可实现拉压力、扭矩的传递，以及电流、电信号的传输。特殊情况下，可从旁通短节的旁通孔向上抽出测井电缆，关闭旁通孔，防止高压液气从旁通孔喷出，完成生产作业。电缆旁通主要由旁通体、旁通压盖（电缆卡扣）、压帽、橡胶圈、压垫组成。配套5in和4in钻杆两个系列。

3）钻具短节

钻具短节作为过钻具测井系统仪器串泵出的通路，悬挂仪器串并进行上提测井。由过钻具仪器落座短节和过钻具出仓悬挂头组成。

三、典型案例

过钻具测井系统施工工艺成熟、仪器性能稳定、工具机械结构完善。自2020年以来，该产品已在新疆、长庆、吐哈、辽河、吉林和大庆等油田应用1100余井次，一次下井成功率97.8%，资料优等率96.5%，合格率100%。测井资料与ECLIPS-5700、LogIQ和Compact等仪器对比一致性良好，能够满足复杂砂岩、碳酸盐岩和页岩油等储层评价要求。按外径区分，FITS-57测井仪器外径57.15mm，FITS-55仪器外径55mm，适应井眼范围76.2mm（3in）至406.4mm（16in）。输送工具配套5in和4in钻杆两种，对应8.5in左右和6.5in左右钻头。声波时差测量范围130~650μs/m；感应电阻率测量范围0.1~$2000\Omega\cdot m$，10~90in共5种探测深度；双侧向电阻率测量范围为0.2~$40000\Omega\cdot m$；岩性密度体积密度范围1.3~$3.0g/cm^3$，光电指数范围0.9~10b/e；补偿中子测量范围0~80pu。

案例1：长庆油田×1井是一口风险勘探井，井深：5715m；测量井段：2400~5715m；套管程序：25.27mm×2157.79m；钻井液密度：$1.28g/cm^3$；钻井液黏度：80s；井底温度：160℃，井眼9.5in，测井项目为双侧向测井、阵列感应测井、声波时差测井、岩性密度测井、自然伽马测井、补偿中子测井、井径测井，该井井底存在垮塌现象，ECLIPS-5700仪器和小井眼仪器测井3趟均未成功。选用FITS过钻具仪器水力泵送测井工艺一次下井成功，测井资料为落实石盒子组盒8段、山西组砂岩储层发育及含气情况，扩大含气范围起到了关键作用，如图2-5-10所示。

案例2：长庆油田×2井是一口水平段大于1500m的采油井，井深4107m，造斜段井斜80°，狗腿度达到了8°/30m，起下钻困难，具有放射性测井和井眼轨迹复杂下钻困难两个难点。本井选用过钻具仪器水力泵送测井工艺，起钻测井到2530m时钻具遇卡，钻井队多次尝试上提钻具至160tf均未能解卡，测井队下捕捞工具成功抓取回收井下仪器及放射源，确保了测井安全和井筒安全，为钻井队处理井况提供了有利空间，减少了施工风险。

案例3：固平×3井是位于高压注水井区的一口短水平段常规生产井，使用电缆湿接头工艺测井多次遇阻，随后改用钻杆保护套工艺下钻也不能到底，耗时近一个月无法完成测井。最后使用过钻具仪器充分发挥下钻不带仪器的优势，井队下保护仓过程，可转可划眼，到底处理好井况后，通过钻杆水眼将仪器水力泵送出裸眼井段后，起钻测井，"一趟钻"顺利完成，测井时效高，质量优。

案例4：过钻具仪器水力泵送测井工艺的下钻不带仪器、起钻可回收的特点，为钻井队处理复杂井况、减少单井建井周期提供了最优测井方案，国家页岩油示范区陇东页岩油华H100重点平台25口井全部采用过钻具测井，平均单井时长30.25h，下降33.9%。FITS过钻具"测通一体化"模式，平均每口井至少节约钻井时间34h。

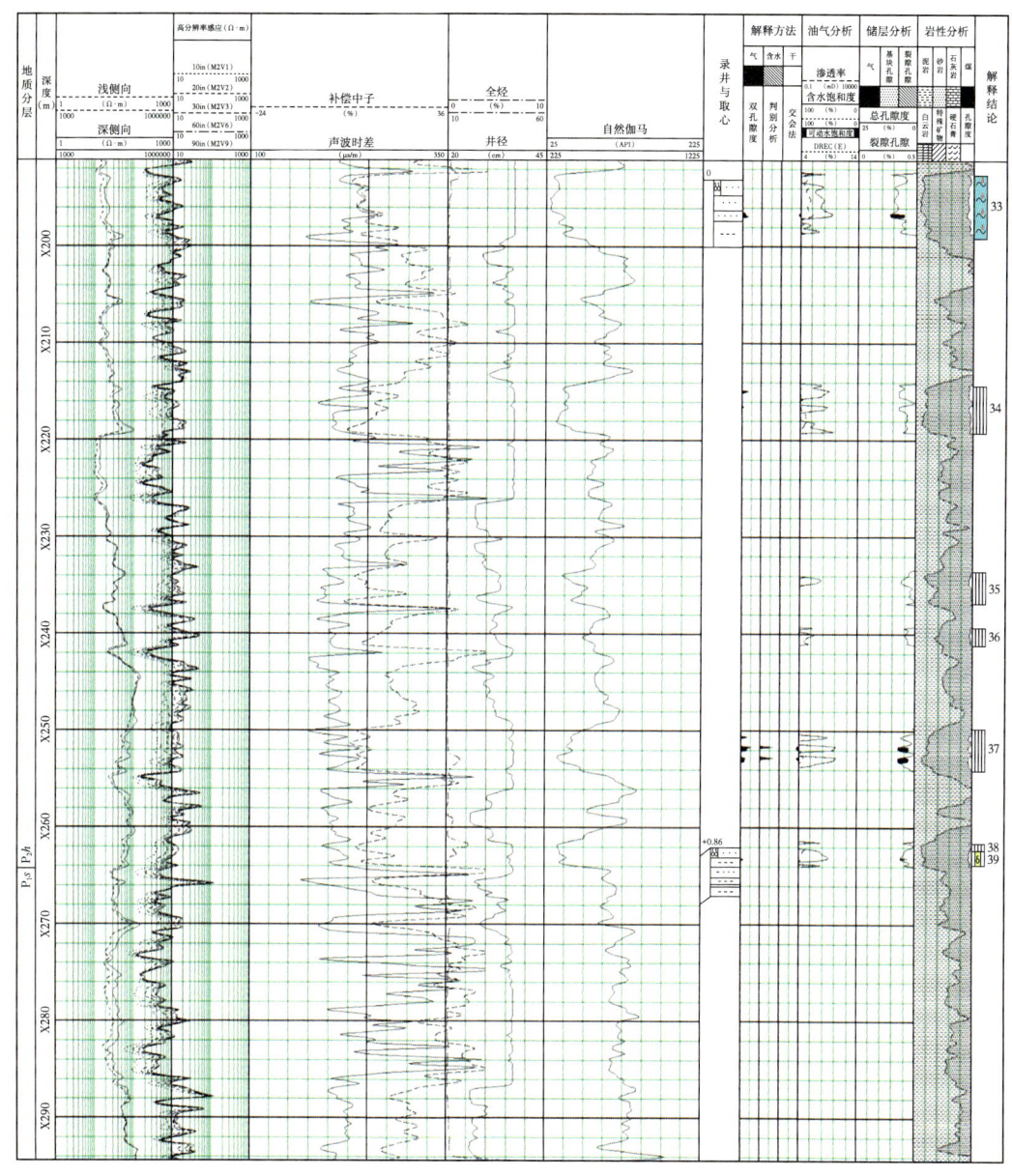

图 2-5-10　长庆油田 ×1 井综合解释成果图（局部）

第六节　直推式测井系列

近年来，随着经济快速发展，市场对能源的需求不断增长，传统油气资源仍然是能源的主要获取源之一，市场需求推动油气勘探技术持续快速发展，油气田开发逐渐向深层、超深储层迈进，水平井、大斜度井开发越来越多，使测井工艺的难度和施工风险不断加大，测井仪器的温度压力指标不断提升，使常规电缆测井系统和工艺已经很难满足市场需求，急需要开发一种新型测井系统进行快速、稳定、高效地测井作业。直推式测井系统就是为了满足上述需求而开发的新型测井平台,具有耐高温、耐高压、高强度及高可靠性等特点,适应不同油田区域的测井作业,特别在深井、超深井、长水平井及大斜度井中具有明显的施工优势,其应用范围和需求正在逐年扩大。

一、组成与功能简介

1. 系统组成

直推式测井系统主要由地面系统、井下仪器、配套工附具三部分组成。其中,地面系统主要由地面综合箱体、传感器数据采集盒及存储数据读取盒等组成,如图2-6-1所示。

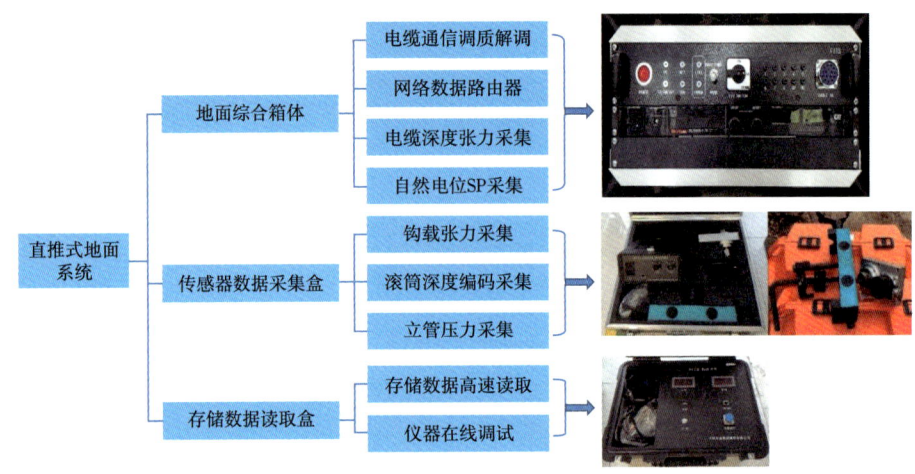

图 2-6-1　直推式地面系统组成

井下仪器主要分为基础短节系列、常规仪器测井系列和高精度成像测井仪器系列三部分。其中,基础短节系列包含遥传短节、主控短节、电控短节、电芯短节等基础短节;常规仪器系列包含四参数、连斜方位、四臂井径、双侧向、数字声波、岩性密度、补偿中子等常规测井仪器;高精度成像测井仪器系列包含阵列感应、阵列侧向、阵列声波、自然伽马能谱等测井仪器。随着直推式仪器的发展,更多高端成像测井仪器正在进行直推化设计和研发,如核磁共振测井仪器、电成像测井仪器、地层元素测井仪器等直推式井下仪器也将很快进入测井应用。

配套工附具主要由转换短节、绝缘短节、旋转短节、柔性短节、无磁短节、导向缓冲短节,以及姿态保持器、偏心器、各类扶正器等工具组成,如图2-6-2所示。

2. 功能简介

直推式井下仪器是将常规电缆测井与存储式测井融合在一起的新型测井系列,具有电缆、存储两种测井模式,用于满足不同测井作业需求。

直推式测井仪器作为融合电缆与存储模式的新型测井系统,通过全方位的创新设计,为复杂恶劣井况提供了高可靠、高安全、高效率的解决方案。系统核心围绕四大关键技术:第一,机械强度上,基于严苛的理论计算、数值仿真与物理模拟,优选高强度材料并优化承压结构,采用统的92mm外径通用化设计,确保仪器在高温高压(如200℃/170MPa)环境下及承受钻具高达100kN下推力与100kN上提拉力的极端工况下

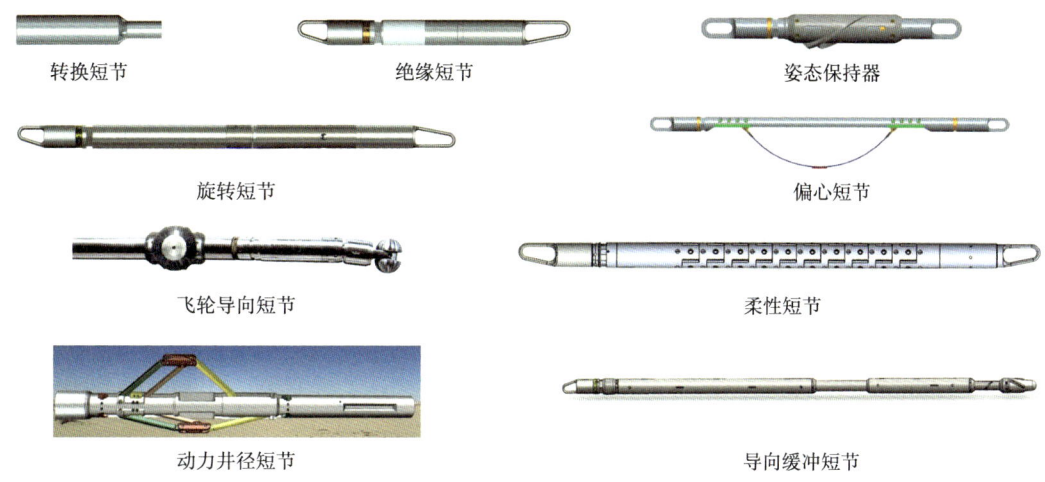

图 2-6-2 部分直推式井下仪器配套工附具示意图

保持结构完整性，甚至在遇阻卡钻时能直接充当通井工具，显著提升通过性与作业安全性。第二，针对恶劣井况安全，设计了专有的防护机制，如可打捞中子源仓确保放射源紧急回收、岩性密度无动力推靠机构避免液压失效风险及阵列感应居中扶正套和声波耐磨扶正套双重保障仪器居中与减少磨损。第三，在多模式采集方面，系统灵活支持电缆模式（地面综合箱体→电缆马笼头→遥传短节→井下仪器串，实时数据传输）与存储直推模式（钻具→转换短节→主控短节→电池短节→仪器串，钻具双向推拉测量），并可根据需求组合常规串、放射性串、成像串及双系统混合串，全面适应大斜度井、长水平井等复杂井况。第四，数据安全采用"总存储短节＋单仪器芯片"双备份机制，结合 USB2.0 高速传输技术（读取速度提升 64 倍）及地面传感器数据采集盒（精准匹配深度、泵压、钩载等参数），彻底保障测井数据完整性与井场处理高效性。得益于低功耗智能电路、统一接口协议及结构集成化优化，该仪器串在强磨蚀高温高压环境中展现卓越的稳定性和复用性，地面系统智能适配模式，最终为页岩气超长水平段、裂缝性储层等高危作业提供集"强机械、高安全、快响应"于一体的高效测井能力。

其中，地面系统中综合箱体用于在电缆测井模式时，通过电缆向井下仪器供电、发送测量指令，以及收集和实时处理测井数据；传感器数据采集盒用于在存储测量模式时，进行井台滚筒编码器、钩载传感器及司钻传感器等有关数据收集和处理，实时监测井场立管泵压、泵冲速度、钻井液密度等信息，同时按时间进行数据存储，经过数据处理，实现测井时间与深度数据高度匹配，实现存储式测量；数据读取盒则通过 USB 接口对井下仪器存储单元中的数据进行快速读取和各仪器在线调试。

井下仪器与传统电缆测井仪器在功能和应用原理上相似，但是仪器整体结构、材料选用、通信协议设置，以及数据采集处理上进行了提升优化和特殊处理，使仪器温度、压力指标更高，耐磨性能、抗拉、抗压强度更好，使仪器能够在高温、高压环境中长时间可靠工作，也可以使仪器在井壁上长时间摩擦不受损。仪器采用通用化、集成化设计，提高结构复用性和可靠性，缩短仪器整体长度；仪器承压外壳选用高强度金属材料或高可靠绝缘材料，并经过防磨工艺处理，提高仪器强度和耐磨性；仪器电路系统采用低功耗、智能化设计，降低信号干扰，减少功率输出，在不降低功能的基础上简化电路，提高稳定性。所有井下仪器采用统一机电接口、通信和存储协议，使仪器可以自由组合，满足不同测井需求。

井下工附具是井下仪器功能的有效保障和施工工艺适应性提升，用于提高仪器串作业可靠性，满足仪器特殊需求，提高施工安全性、可操作性。

二、系统介绍

1. 主要技术特点

1）主要技术指标

仪器外径：92mm。

耐压：170MPa。

耐温：175℃（30h）、185℃（10h）、200℃（4h）。

抗拉力：不小于300kN。

抗压力：不小于200kN。

供电方式：72VDC。

通信方式：CAN总线。

通信波特率：625kbps。

测量方式：电缆和存储双模式。

数据存储：双备份数据存储。

信息管理：具备仪器信息识别，状态检测记录等功能。

井下仪器：集成化、低功耗设计。

2）井下通信协议

直推式总线采用CAN总线通信协议。

3）井下仪器通用结构组成设计

井下仪器采用高温32芯接插件进行电路连接和数据通信；使用TC11/TC18/PH17-4等高性能材料为承压外壳，满足仪器承压、耐磨、抗弯等需求；使用保温瓶结构进行系统电路温度控制；使用32芯双向承压盘实现仪器独立承压。

井下仪器上下接口和电子仪基本布局如图2-6-3所示，各仪器根据自身功能和测量方法需要在材料选取和结构设计上进行个性化优化和提升。

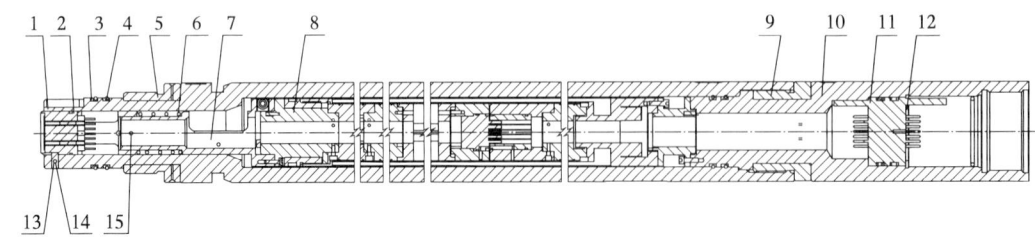

图2-6-3 井下仪器总体机械结构示意图

1—上外壳体；2—32芯高温插座；3—挡圈（PEEK）；4—全氟密封圈Parker2-229（FFKM）；5—螺套组件；6—压缩弹簧；7—骨架上接头；8—带保温瓶电路总成；9—内螺套组件；10—下承压外壳体；11—32芯双向承压插头；12—承压插头挡圈；13—插座限位销；14—弹性圆柱销3mm×24mm；15—弹性圆柱销3mm×8mm

例如：防磁短节仪器，外壳选用无磁合金，经过特殊热处理，屈服强度可保持在 1000MPa 左右，且随温度升高性能几乎不会下降，保障仪器温度、压力指标合格。

补偿中子仪器为了增加仪器安全性，对中子源仓进行了可打捞设计，降低了测井安全风险（图 2-6-4），在中子源仓内部安装一个可拉出的内套，内套尾部与仪器间设计一个连接弱点。装源后，打捞头与中子源头通过卡槽锁定，需要打捞时，打捞工具下抓打捞头，连同中子源一起提出；卸源时，用装源工具提拉源仓使之沿源仓转动销转出，同时源会从卡槽中移除。

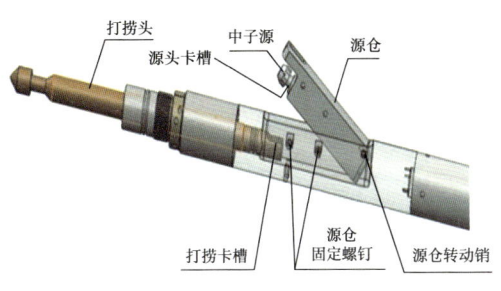

图 2-6-4 可打捞中子源结构示意图

井下仪器在提高仪器强度的基础上，通过电路模块化和集成化设计、减少器件使用数量的方式缩短仪器线路长度，提高热扩散效率，实现降低总功耗，达到仪器可靠性应用。

4）井下电路组成设计

（1）仪器电源技术指标如下。输入电压为 65~72VDC，输入输出隔离电压为 1000V，仪器最大功耗不大于 6W@200℃，仪器串总功耗不大于 60W@200℃。

（2）仪器通信设计。

如图 2-6-5 所示，仪器通信采用 CAN2.0B 规范协议，通信速率为 625kbps；总线传输导线应使用带屏蔽的双绞线。

CAN 接口供电为 3.3V（仪器内部产生），部分仪器内其他电源隔离。

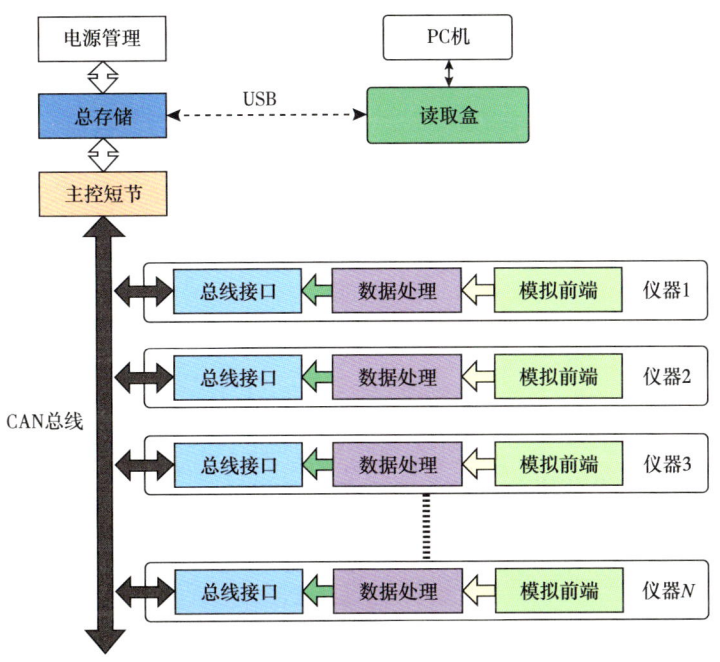

图 2-6-5 仪器通信架构示意图

CAN 仪器通信协议，无论上传数据还是下发命令均遵循 CAN2.0B 数据包格式。每一个数据包的前 14B 为信息头，最后 2B 为校验，中间部分为纯数据。

2. 组合模式

直推式井下仪器组合更强、更方便灵活，均具备数据传输和独立存储功能，可以在两种模式下进行自由切换。

电缆测井模式仪器组合为地面综合箱体（负责供电、指令发送、数据实时接收处理）+ 电缆马笼头（吊装、供电、数据传输）+ 遥传短节（数据实时上传）+ 井下仪器串组合（执行声、电、核、放射性等测量）。

存储测井模式仪器组合为钻具 + 变扣（连接钻具与仪器）+ 主控短节（井下控制中心，负责供电、定时、数据总存储、状态监控）+ 电池短节（电池管理、状态监控、保护）+ 井下仪器串组合（执行地层测量）。地面系统在存储模式下使用传感器数据采集盒收集处理泵压、钩载等井场信息并与测井时间深度匹配，数据读取盒测后通过 USB 接口快速读取主控短节中存储的海量测井数据，并可用于各仪器的在线调试。该系统支持包括常规串、成像串、放射性串和组合串等多种高温高压高强度仪器组合。常用井下仪器组合见表 2-6-1。

表 2-6-1　高温高压高强度直推存储式测井系统井下仪器组合

序号	仪器种类
组合一	自然电位 + 硬电极 + 四参数 + 旋转 + 绝缘 + 主控 + 方位 + 双侧向 + 数字声波 + 绝缘 + 旋转 + 四臂 + 能谱 + 底部缓冲
组合二	自然电位 + 硬电极 + 四参数 + 旋转 + 绝缘 + 主控 + 方位 + 阵列侧向 + 数字声波 + 绝缘 + 旋转 + 四臂 + 能谱 + 底部缓冲
组合三	四参数 + 主控 + 旋转 + 方位 + 井径 + 阵列声波 + 阵列感应 + 底部缓冲
组合四	四参数 + 主控 + 旋转 + 方位 + 井径 + 阵列声波 + 阵列侧向 + 底部缓冲
组合五	四参数 + 旋转 + 伽马能谱 + 柔性 + 中子 + 密度 + 底部缓冲
组合六	转换短节 + 主控 + 四参数 + 电池 + 旋转短节 + 补偿中子 + 姿态保持器 + 岩性密度 + 柔性 + 旋转短节 + 伽马能谱 + 隔离短节 + 旋转短节 + 主控 + 电池 + 井斜方位 + 阵列声波 + 姿态保持器 + 四臂井径 + 伽马能谱 + 阵列感应 + 底部缓冲

三、典型案例

直推式井下仪器已经在大庆、西南、新疆、青海、大港等油田得到规模化应用，完成多口井测试，建立了成熟的测井工艺体系和完备的风险管控机制，仪器的成熟度、井下作业成功率和稳定性不断提升，成为深井、水平井及大斜度井等非常规储层测试的一把利器。

案例 1：塔里木油田 ×1 井，井底温度最高可达 170℃ 左右，由于井况复杂、井控风险高，常规电缆仪器无法可靠实施测井作业。采用直推式测井系统进行测井，一次下井，成功获取地层资料，完成常规及深横波成像资料采集，成功解释 Ⅰ 类油层 13.5m/1 层，

Ⅱ类油层32m/8层,最终试采获油782m³/d、气214116m³/d高产,标志着直推式新工艺在高温地层、复杂井况、井控安全的测井资料采集方面得到突破性进展(图2-6-6)。

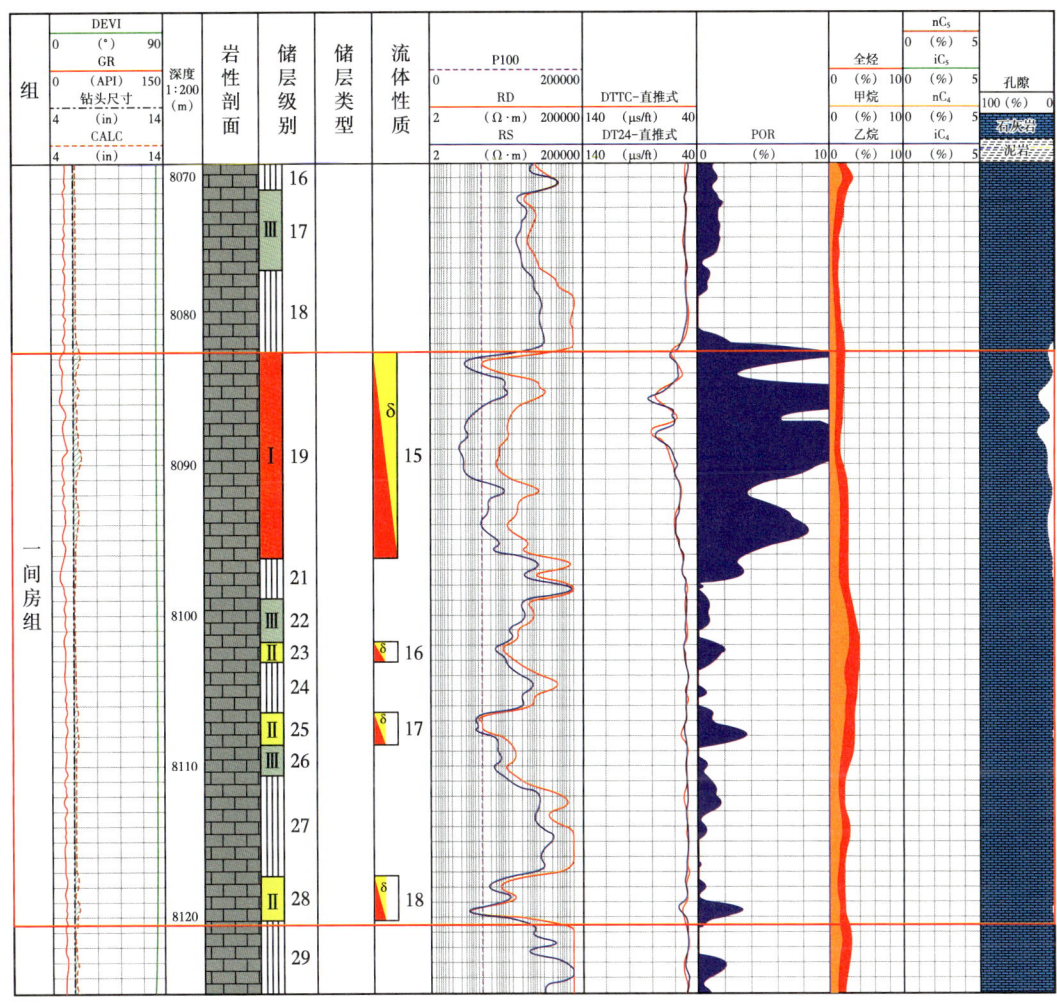

图2-6-6 塔里木油田×1井8078~8120m直推式测井平台测井解释成果图

第三章　电法测井仪器

电法测井仪器主要用来探测地层电阻率，根据电阻率来划分地层岩性、估算储层含烃饱和度，进而评价储集岩层的油气产能。电法测井无论是仪器制造技术还是理论计算方法，从 20 世纪 20 年代开始经过近一个世纪的发展，至今已取得重大进展，有传统的标准电测井仪器——电位/梯度、双侧向和双感应，也有新型电阻率测井仪器——阵列侧向、方位侧向、微电阻率成像、阵列感应、三维感应、电场成像、多维感应成像、介电等。

按照仪器所使用的物理原理，电法测井仪器大致可以分为两类，即传导电流型和感应型（冯启宁，2010）。传导电流型测井仪需要井眼中有导电钻浆液，而感应型测井仪可用于井眼内含有任何介质（空气、天然气或者其他种类）的钻井液。通常，电阻率测井时把传导电流型（双侧向、阵列侧向、横向或普通电阻率等）和感应型（双感应、阵列感应等）测井方法组合起来进行，在组合测井中各种仪器可以优势互补，以充分反映目的层性质。

本章主要介绍正在使用和最新的双侧向、阵列侧向、方位侧向、微电阻率成像、阵列感应、三维感应、电场成像、多维感应成像、介电等电法测井仪。

第一节　双侧向测井仪

双侧向测井是常规裸眼井测井项目之一，在油田测井勘探中已得到广泛应用。双侧向测井仪主要用于测量地层电阻率 R_t（原状地层的电阻率），以便结合其他参数（如孔隙度、地层水电阻率 R_w 等），确定地层油、气、水的含量。该仪器适用于盐水钻井液井测井。

一、总体描述

测井时，当双侧向测井仪与声波仪器组合时，将声系作为下 A2 电极，双侧向测井仪上面的仪器作为上 A2 电极并在其上加绝缘短节。测井时要配接井下遥传短节，加长电极马笼头。

不同厂家的双侧向测井仪原理基本相同，具体到机电结构略有不同，本节以 DLL1505 双侧向测井仪为例进行阐述。

1. 仪器构成

双侧向仪器主要由电子仪、电极系两部分组成。双侧向测井仪电极系外部由电极环和绝缘套组合而成，电极系内置部分电子线路，与电极系通过数个密封插头连接。如图 3-1-1 所示，电极系由位于中心的主电极 A0、上下对称的两对监督电极 M1、M1′和

M2、M2′、两对屏蔽电极 A1、A1′和 A2、A2′、取样电极 A1*、A1*′共 11 个电极组成。11 个电极以 A0 为中心对称分布在绝缘芯棒上，电极与绝缘体之间采用端面密封，内部充油，为活塞式压力平衡结构，保证了电极系在高温高压环境下的绝缘性能。

图 3-1-1　双侧向测井仪电极系结构示意图

电子仪主要包括电源、数据采集控制、线性电路。电源提供电子线路工作的稳压电源。数据采集控制提供侧向深、浅屏流控制信号，继电器控制信号，提供 ADC 控制、采集、转换，数据格式编排，上传数据和下传命令的 CAN 总线通信接口。线性电路为电极系形成聚焦电流场提供功率和控制，并检测放大、测量信号。

2. 工作原理

深、浅侧向测井电流分布如图 3-1-2 所示。浅侧向测井模式下，A0 发射主电流，A1、A1′发射屏蔽电流，所有电流返回到上下 A2、A2′；深侧向测井模式下，A0 发射主流，A1、A1′、A2、A2′发射屏蔽流，所有电流返回无穷远。

深、浅双侧向测井的电阻率计算公式为：
深侧向测井

$$R_{LLD} = K_d \frac{V_{d(M2)}}{I_{d(A0)}} \quad (3-1-1)$$

浅侧向测井

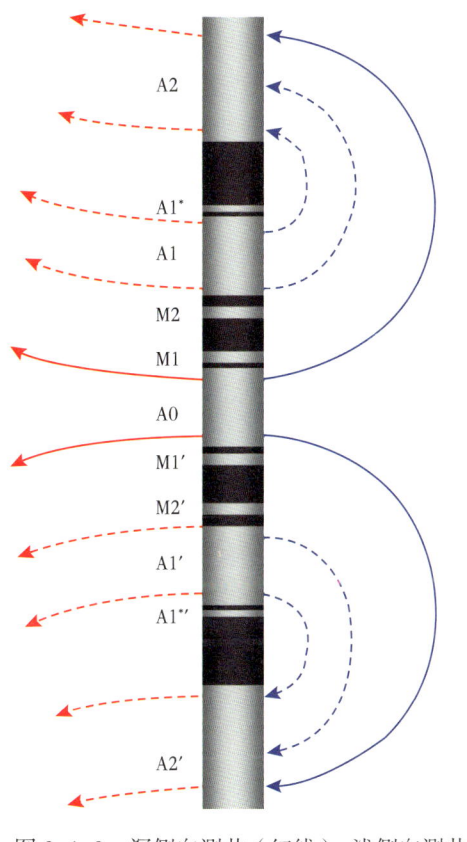

图 3-1-2　深侧向测井（红线）、浅侧向测井（蓝线）电流线分布示意图

$$R_{LLS} = K_s \frac{V_{s(M2)}}{I_{s(A0)}} \quad (3-1-2)$$

式中：K_d 为深侧向测井的电极系系数；K_s 为浅侧向测井的电极系系数；$V_{d(M2)}$ 为深侧向测井 M2 电极上相对于 N（马笼头外皮或大地）的电位；$V_{s(M2)}$ 为浅侧向测井 M2 电极上相对于 N 的电位；$I_{d(A0)}$ 为深侧向测井主电极从 A0 流出的电流；$I_{s(A0)}$ 为浅侧向测井主电极从 A0 流出电流。

3. 主要技术指标

DLL1505 双侧向测井仪主要技术指标如下。

最高温度 / 压力：175℃/140MPa。

仪器长度：5630mm。

最大外径：90mm。

纵向分辨率：0.70m。

径向探测深度：浅侧向测井 0.4m、深侧向测井 1.1m。

测量范围：0.2~40000Ω·m。

测量精度：0.2~1Ω·m 时，±20%；1~1000Ω·m 时，±5%；1000~5000Ω·m 时，±10%；5000~40000Ω·m 时，±20%。

最大测速：1800m/h。

4. 电路组成及信号处理过程

双侧向测井仪电路主要由数据采集控制、辅助监控放大、主监督放大、前置放大、测量放大电路、深屏流发射、浅屏流发射和刻度电路等组成，如图 3-1-3 所示。

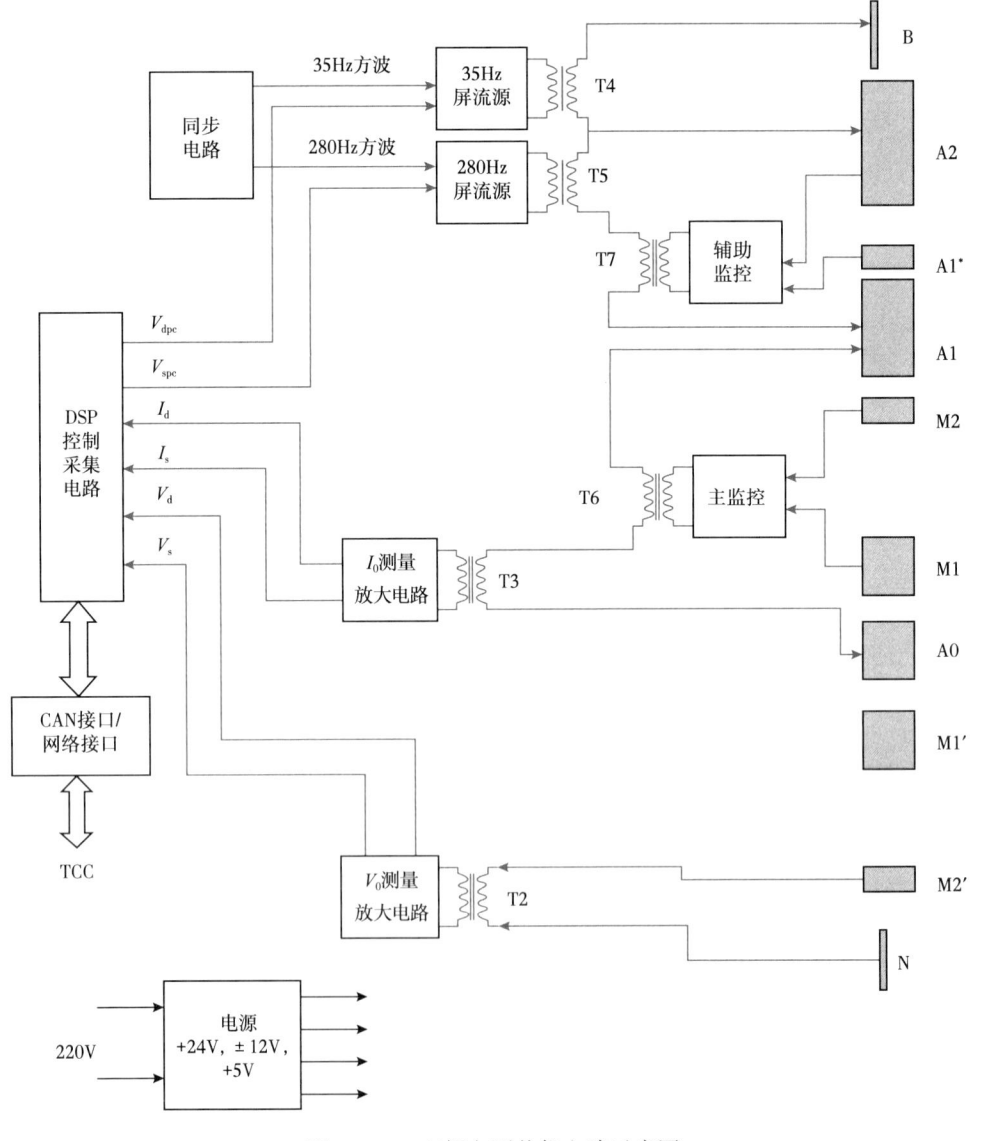

图 3-1-3　双侧向测井仪电路示意图

当井下仪加电后,首先由井下微机产生初始命令,控制仪器工作状态和深、浅屏流,由 DSP 输出经控制的可变直流供屏流源产生信号。浅屏流送往 A1 电极,由 A2 返回,同时分一路送到 A0 电极。深屏流送到 A2、A1 电极返回鱼雷电极(电缆外皮)。当深屏流在 A1、A2 电极电位不等时,就会在 A1*、A2 电极间产生电位差 ΔV_{A1^*A2},此电位差送入辅助监控放大器放大,调整 A1 电位使 ΔV_{A1^*A2} 趋于零,从而使 A1、A2 电极电位近似相等,深屏流另外分出一路送到 A0 电极。

当深、浅屏流在 M1 与 M2(M1′与 M2′)间的电位各不相等时,由主监控放大器分别放大各自产生的电位差 ΔV_{M1M2},调整 A0 极的电压,使 ΔV_{M1M2} 趋于零,形成聚焦电场,迫使主流呈圆盘状进入地层,要测量 A0 的电流,测量 M2 电极与 N 之间的电位差,送入 V_0 电压放大器放大,产生 V_0 直流信号;由串于电流回路的电流变压器取得 I_0 信号,送入电流放大器放大,产生电流直流信号。V_0、I_0 信号送入多路并行 ADC 进行模数转换,然后送入 DSP 进行功率控制,产生新的功控命令,控制 DSP 输出的直流信号,控制深、浅屏流的变化,形成井下闭环控制,完成测量深侧向电压 V_d、深侧向电流 I_d、浅侧向电压 V_s、浅侧向电流 I_s 等四个信号,从而可以计算出地层电阻率。

由地面发出控制命令字,经译码控制井下仪器刻度、测井三种工作状态及 N 电极选择,N 电极根据不同的地质情况可放井下也可以放在地面(测井时,一般选择地面 N 电极,井下 N 电极只是用来判断仪器的好坏和电场干扰)。

二、主要功能模块

1. 机械结构

双侧向测井仪电路系统除电源部分以外,其他电路内嵌在电极系内部。

2. 电路系统

HRDL5501 高分辨率双侧向测井仪电路主要由数据采集控制、监控放大、前置放大、测量放大电路、深屏蔽电流、浅屏蔽电流和刻度等组成。

1)数据采集控制电路

数据采集控制电路连接电缆遥传总线。完成地面系统下发指令的接收、译码和上传数据电平转换输出,下发指令包括高刻、低刻和测井。完成信号采集、处理、控制,发送控制命令,控制 DSP 输出的直流信号,调节深、浅屏蔽电流。

该部分电路包括 DSP 控制器及外围电路、总线接口电路、CPLD 逻辑译码电路、模拟信号采集电路、PWM 电路等。电路原理框图如图 3-1-4 所示。

井下仪器测量 5 路模拟信号即深侧向电压 V_d、深侧向电流 I_d、浅侧向电压 V_s、浅侧向电流 I_s、信号地 GND,在 DSP 的控制下,输入的 5 路模拟信号经过 RC 滤波、经跟随器送至 12 位 ADC 进行模数转换。转换后的信号送采集控制电路进行数据处理和格式编排,按时序要求把串行数据送到接口电路,在控制信号作用下,上传到电缆遥传短节,数字接口电路用于接收下发命令及译码。

DSP 控制器主要完成以下功能:

(1) ADC 输出数据采集。

(2) 采集 V_d、I_d,计算出深侧向电阻率 R_d,调整深屏流输出电压。

(3) 采集实际 V_s、I_s,计算出浅侧向电阻率 R_s,调整浅屏流输出电压。

（4）用两个脉宽调制器输出两组可调脉宽的方波 PWM1、PWM2，经滤波放大后成为可变直流电平 V_{dpc}、V_{spc}，分别作为深电流和浅电流的调节控制电压。

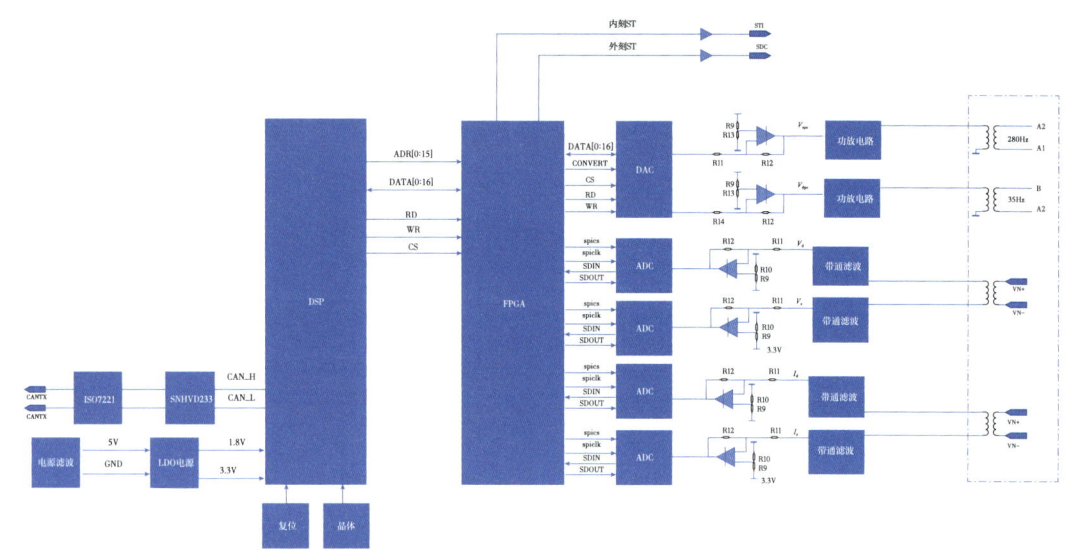

图 3-1-4　数据采集控制电路示意图

在下发命令通信期间，DSP 控制器负责译码通信接口收到的地面命令，在上传通信期间，按照电缆遥传短节所要求的数据格式进行格式编排，送至电缆遥传短节接口电路。

2）监控放大电路

监控放大电路包括主监控放大电路和辅监控放大电路，如图 3-1-5 所示。

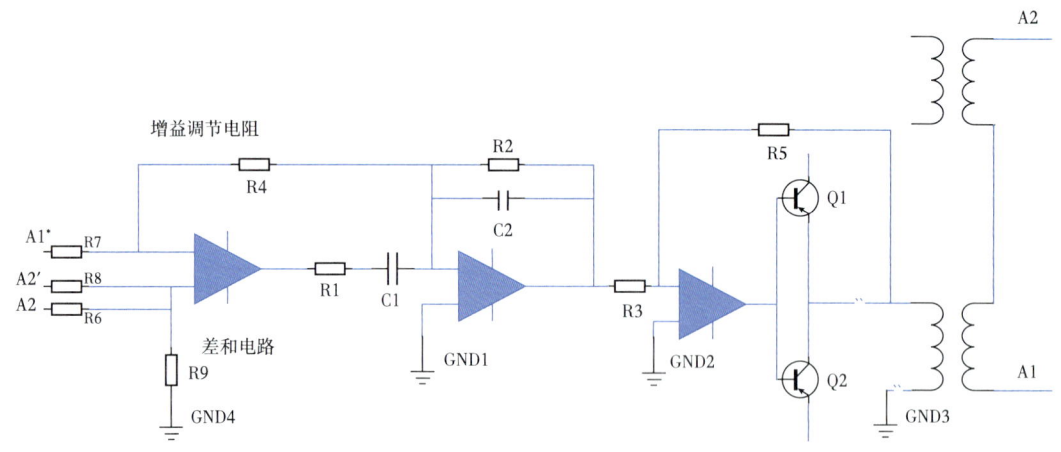

图 3-1-5　监控放大电路板电路示意图

当深、浅屏蔽电流在 M1 与 M2（M1 与 M2′）间的电位不相等时，主监控放大器分别放大各自产生的电位差 ΔV_{M1M2}，通过调整 A0、A0′ 的电极电压，使 ΔV_{M1M2} 趋于零。

当深屏蔽电流在 A1、A2 电极上电位不等时，就会在 A1*、A2 电极间产生电位差 ΔV_{A1^*A2}，此电位差将送入辅助监控放大器放大，通过调整 A1、A2 的电位差，使 ΔV_{A1^*A2} 趋于零。

3）前置放大电路

为了减小干扰，把主监控电路的前置放大电路放在电极系上端。输入变压器 T1 采用特殊绕法，减少分布电容。N1 构成宽频带放大器，通过 T1 变压器耦合，采样放大 M1、M2 电极间的不平衡电压，用于主监控调整 A0、A1 电极电流。

4）测量电路

如图 3-1-6 所示，测量 M2 电极与 N 之间的电位差，信号送入 V_0 电压放大器放大，经过相敏检波，产生深、浅电压直流信号；测量 A0 的电流，由串于电流回路的电流变压器取得 I_0 信号，送入电流放大器放大，经过相敏检波，产生深、浅电流直流信号，这些信号都送入数据采集控制电路。

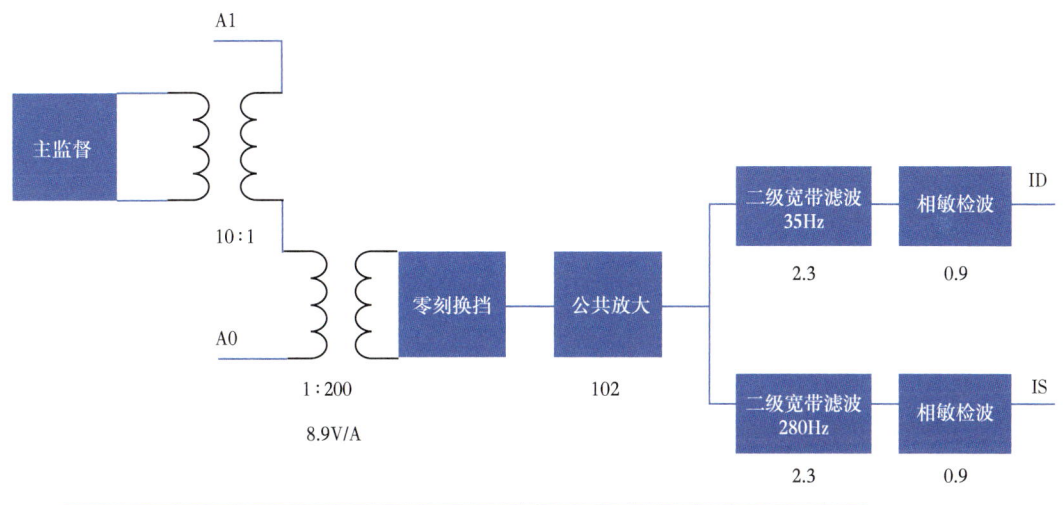

图 3-1-6　测量电路板电路示意图

5）深电流源电路

如图 3-1-7 所示，深电流源电路由晶体振荡信号源输出分频后产生 35Hz 的标准方波信号，DSP 输出直流信号 LLD 后进入斩波电路，斩波调制后滤波输出 35Hz 正弦波。

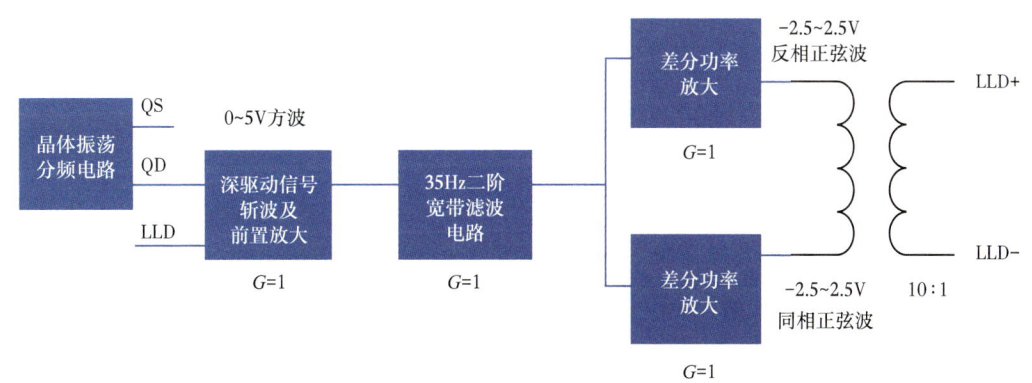

图 3-1-7　深电流源板电路示意图

6）浅电流源电路

浅电流源板电路如图 3-1-8 所示。只是带通滤波器中心频率为 280Hz。

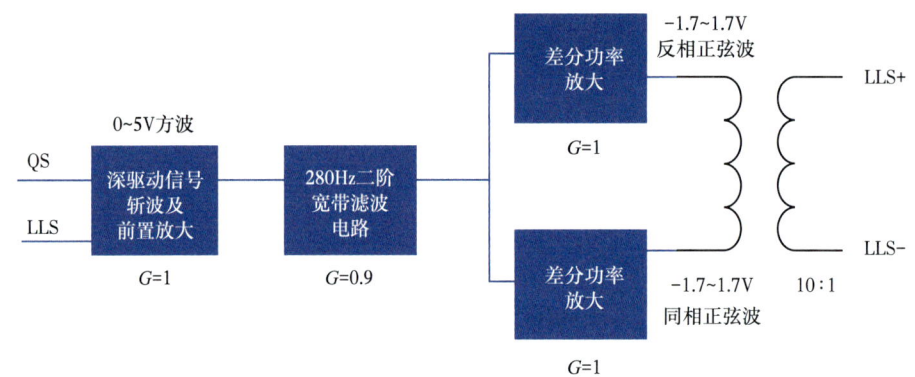

图 3-1-8　浅电流源板电路示意图

7）仪器刻度电路

仪器内刻电路由 4 个继电器 K1—K4 和标准电阻组成刻度电路，提供仪器内部低刻 50Ω、高刻 500Ω、测井功能挡的选择。如图 3-1-9 所示的位置为测井（常闭）状态，另一个位置为刻度状态。继电器的工作状态、挡位切换由数据采集控制板上的通信接口芯片输出的操作命令 B4、B5 电平信号控制。深、浅侧向测井仪电压测量的参考点 N 电极可根据不同的地质情况，由用户选择地面或井下两种模式，通常地面干扰较小时，选择地面模式工作。可通过地面软件发送井下模式控制命令来实现对地面 N/ 井下 N 电极的选择控制。

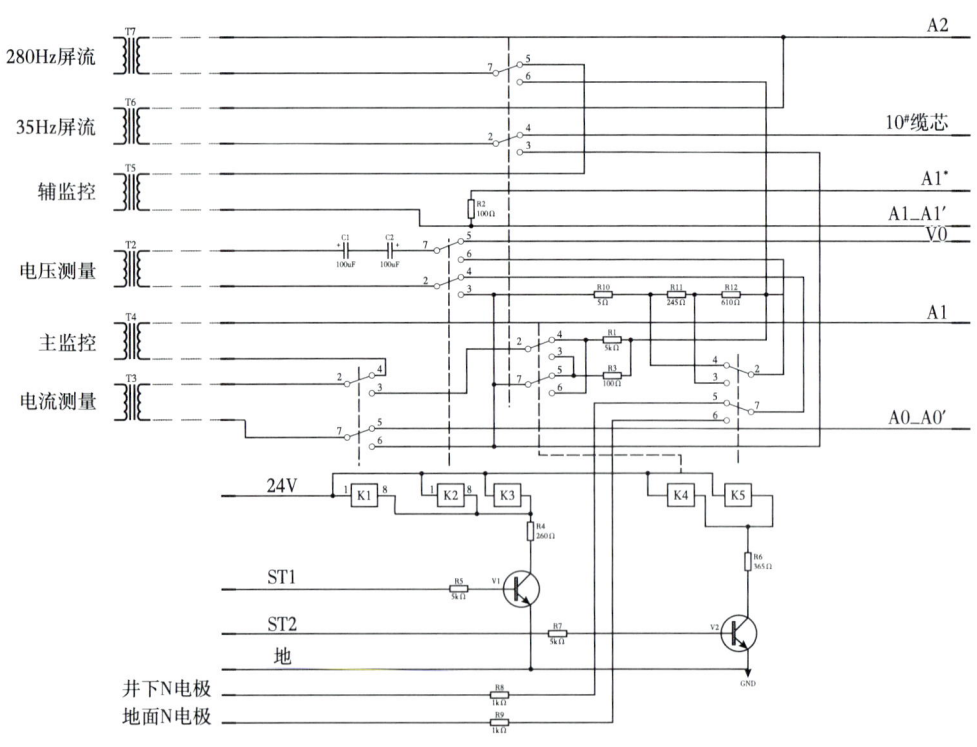

图 3-1-9　刻度电路示意图

三、仪器刻度

双侧向测井仪器刻度的目的是：(1)将测量的深、浅侧向测井电压 V_M、电流 I_{A0} 转换为实际地层视电阻率；(2)对仪器测量范围进行测试，检测仪器的线性和测量误差。

由于双侧向测井探测范围很大，难以用实际的地层来验证和标定双侧向电阻率测量值及其准确性。实际刻度时用电阻网络来模拟地层。

内刻为两点线性刻度，用于计算仪器乘加因子及初次验证和测前、测后验证。外刻主要用来对仪器测量范围进行测试，检测仪器的线性和测量精度。

1. 内刻

双侧向测井的内刻由电子线路中的内刻度电路（电阻网络）完成，分高刻和低刻两档，按两点线性刻度法刻度。

高刻、低刻做完后，计算刻度因子：

$$R_a = K_c \frac{V_{M2}}{I_{A0}} + B \quad (3-1-3)$$

式中：R_a 为刻度后的视电阻率；K_c 为乘因子，即斜率；B 为加因子，即截距。

2. 外刻

外刻是将仪器电极系外接电阻网络来模拟地层电阻率，此时电阻网络及相关电路位于测试盒中。外刻主要用来检查仪器的线性相关性、电阻率测量范围及其精度。

用多挡电阻网络分别模拟不同的地层电阻率。高分辨率双侧向测井的测试盒分 $0.2\Omega \cdot m$、$1\Omega \cdot m$、$5\Omega \cdot m$、$10\Omega \cdot m$、$20\Omega \cdot m$、$50\Omega \cdot m$、$100\Omega \cdot m$、$200\Omega \cdot m$、$1000\Omega \cdot m$、$5000\Omega \cdot m$、$20000\Omega \cdot m$ 和 $40000\Omega \cdot m$ 共12挡，校验时分别监测各挡电压、电流，根据刻度公式计算各挡代表的电阻率。

上述各电阻率挡应满足以下精度要求：

$0.2~1\Omega \cdot m$ 时，$\pm 20\%$；

$1~1000\Omega \cdot m$ 时，$\pm 5\%$；

$1000~5000\Omega \cdot m$ 时，$\pm 10\%$；

$5000~40000\Omega \cdot m$ 时，$\pm 20\%$。

刻度计算出来的电阻率应基本上在一条直线上。

3. 外刻检查

在进行高分辨率双侧向测井仪器外刻检查时，所需设备有：地面系统、31芯接线盒、侧向刻度测试盒、软连线等。

双侧向测井测试盒连线如图3-1-10所示，以监控电极 M1 为中心，用专用软连线和线卡将双侧向测井电极系的 A2、A1*、A1、M2、A0、A0′、M1 等电极分别与测试盒上的各插孔对应连接。将测试盒上的 B 插孔与接线盒上的10芯相连，N 插孔与接线盒上的2芯相连（选地面 N 电极测井指令）。如果选井下 N 电极指令测井时则测试盒上 N 插孔与接线盒上的9芯相连。先将测试盒上的标准电阻率刻度挡置在 $20\Omega \cdot m$ 上。

连接好仪器后，按照测井程序指令和技术要求操作地面系统进行选项，使系统和测井仪器处于正常运行工作状态。

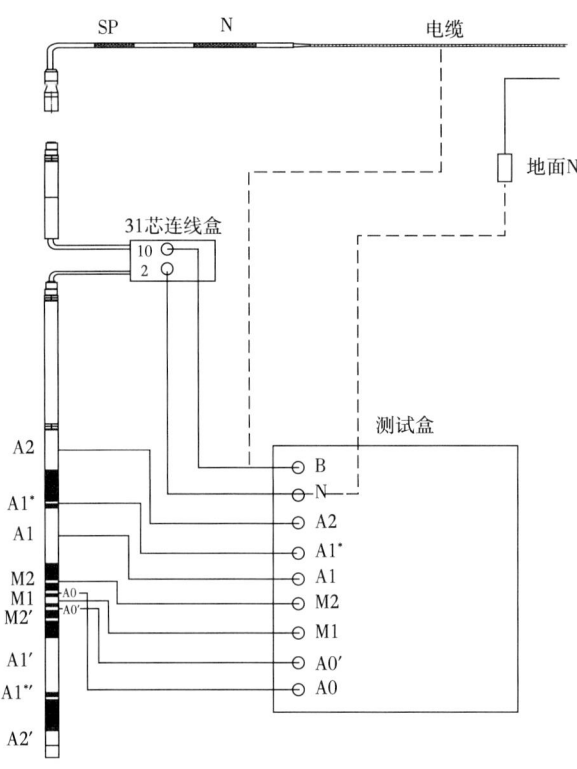

图 3-1-10 双侧向电极连接示意图

选择发送不同的内刻命令,观察测井程序数值显示窗口的测量数据、曲线变化情况,低刻状态下,标准精密电阻 50Ω 的实际测量值是否满足 $47.5Ω \leqslant R_t \leqslant 52.5Ω$。高刻状态下,标准精密电阻 500Ω 的实际测量值是否满足 $475Ω \leqslant R_t \leqslant 525Ω$。若满足,仪器测量刻度符合要求。

地面系统的计算机将利用测量值分别计算深、浅侧向刻度因子,数据存入刻度文件。

选择运行车间刻度程序,变换侧向测试盒上的各标准电阻率刻度挡,观察显示的测量数据、曲线,曲线位置应与刻度盒挡相符,精度要求同技术指标。

第二节 阵列侧向测井仪

双侧向测井作为重要的常规电阻率测井仪器,随着勘探开发进一步深入,该仪器测量的深、浅两条电阻率曲线已不能满足复杂油气评价需求,同时因为双侧向纵向分辨率约为 0.6m,故不能满足薄互层识别与划分。为提高侧向测井信息量,满足精细化评价需求,1998 年斯伦贝谢公司首次推出商业化应用的 HRLA 阵列侧向测井仪(Schlumberger,2007)。中国石油在 2002 年开展阵列侧向测井技术研究,经过 7 年持续深入探索,于 2009 年成功研制了国内首支高分辨率阵列侧向测井仪 HAL(High Resolution Array Laterolog Logging Tool)(贺飞等,2013)。

阵列侧向测井仪采用 6 个频率同时测量,且不同频率之间相互独立,能够提供从井眼到不同探测深度均匀分布的 6 条地层电阻率曲线,并且具有统一的 0.3m 纵向分辨率。

清晰描述从井眼到原状地层电阻率的变化情况，通过反演可得到地层真电阻率，用于划分薄层，描述地层侵入特性，求取地层含油饱和度，确定油水界面，尤其适合盐水钻井液条件下致密砂岩、碳酸盐岩等高阻地层的电阻率测量，为准确识别油气层提供更可靠的资料。

一、总体描述

根据现场应用的需求，形成的系列阵列侧向测井仪器有 90mm 常规版、76mm 超高温小直径版、55mm 过钻具版。

1. 构成

阵列侧向测井仪由阵列电极系、绝缘隔离体、电子仪等组成，如图 3-2-1 所示。与该仪器配套的附件包括电阻率测试盒、测试连线、线卡等。测井时，该仪器与三参数短节、电缆遥传短节组合使用，可与声波、放射性、感应等测井仪器一起组合测井，如图 3-2-2 所示。

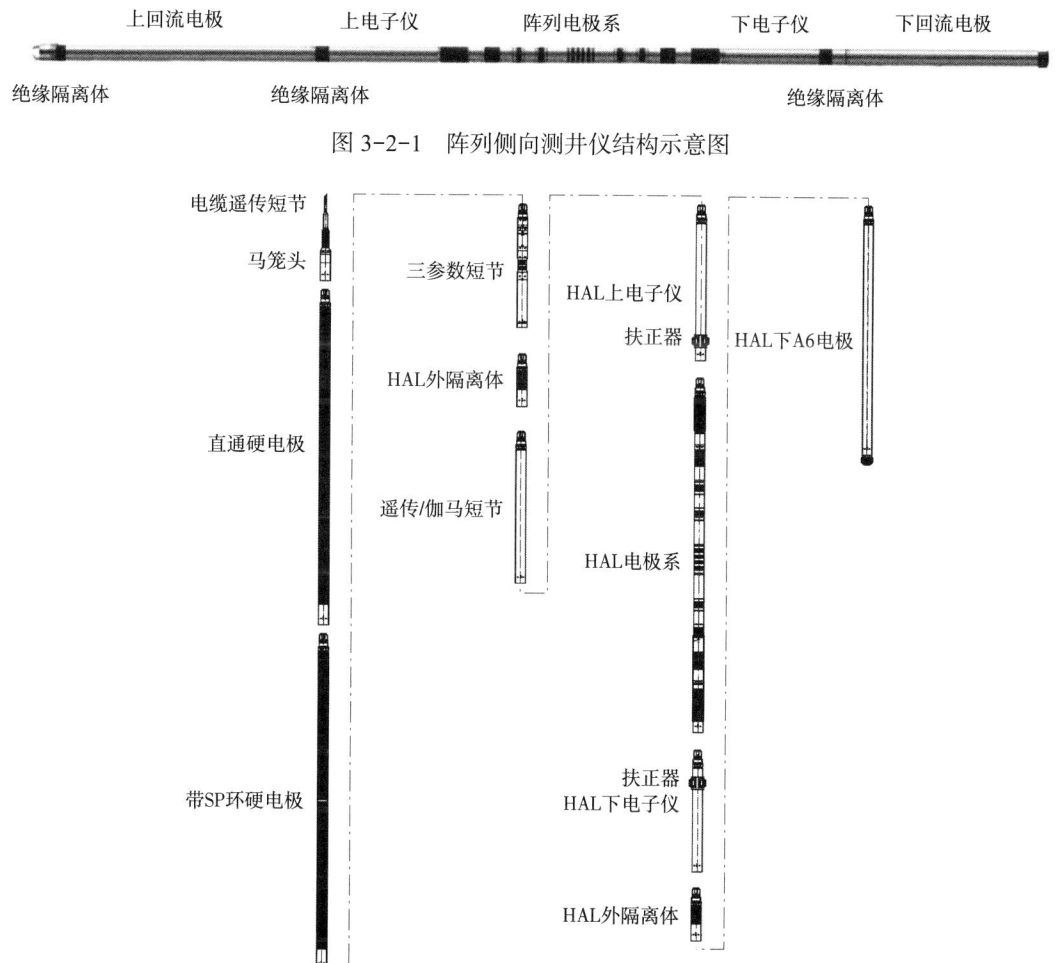

图 3-2-1 阵列侧向测井仪结构示意图

图 3-2-2 阵列侧向测井配套仪器结构示意图

2. 工作原理

如图 3-2-3 所示，阵列侧向测井仪电极系结构电极数量共有 25 个，其中 13 个供电电极，分别是主电流电极 A0，屏流电极 A1、A2、A3、A4、A5、A6，上下对称；6 对监控电极，分别是主监控电极对 M0-M1，辅助监控电极 M2-M3、M4-M5，围绕 A0 上下对称分布。

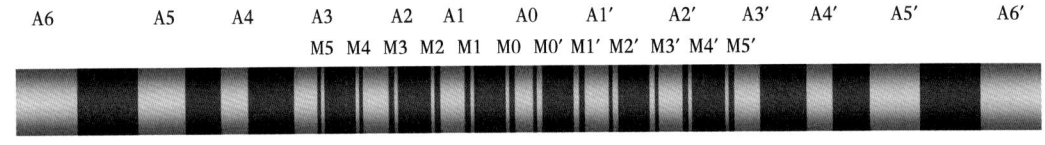

图 3-2-3　HAL 阵列侧向电极系结构示意图

阵列侧向测井有 6 种工作模式，测量 6 条曲线，其中第 1 种模式 AL0 主要测量钻井液电阻率，其余 5 种工作模式 AL1~AL5 测量不同探测深度的地层电阻率曲线，AL1~AL5 采用三侧向工作方式，采取改变屏流返回电极位置、屏流电极长度或使用监控电极及调节其位置的方法来获得不同探测深度。电极系各模式工作原理如图 3-2-4 所示。

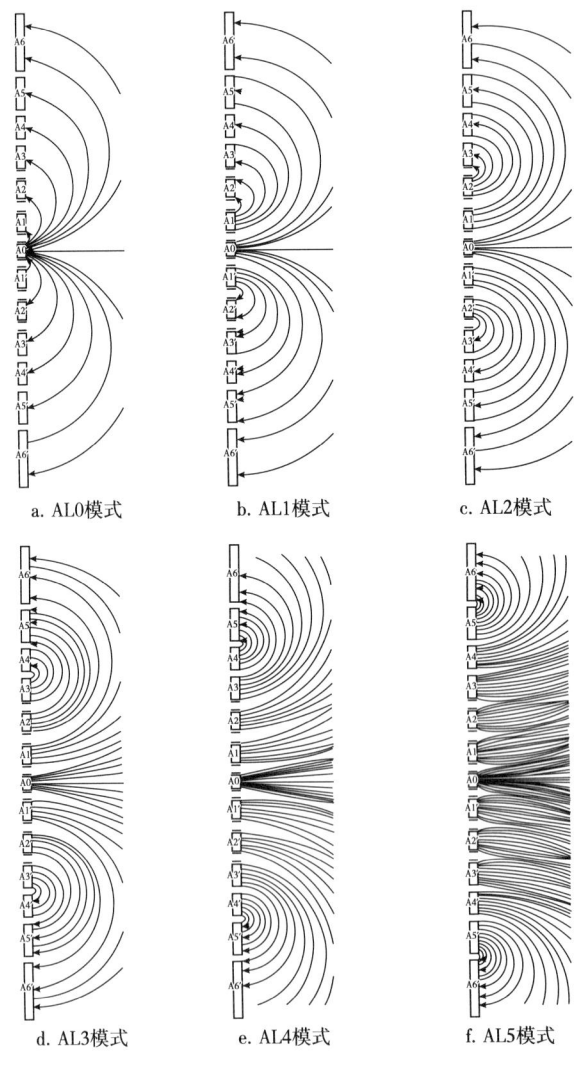

图 3-2-4　阵列侧向电极系工作原理示意图

下面简单介绍 6 种工作模式的原理：

1）钻井液及井眼影响探测 AL0

电流从主电极 A0 流出，返回到电极 A1—A6（A1′—A6′）。测量 M0（M0′）与 M1（M1′）之间的电位差。由于主电流没有聚焦，返回电极又很近，所以主要探测钻井液和井眼影响。

该工作方式的视电阻率计算公式为：

$$R_{AL0} = K_{AL0} \frac{\Delta V_{M0M1(AL0)}}{I_{0(AL0)}} \quad (3\text{-}2\text{-}1)$$

式中：R_{AL0} 为 AL0 模式视电阻率；K_{AL0} 为 AL0 模式仪器常数；$\Delta V_{M0M1(AL0)}$ 为 AL0 模式监督电极 M0、M1 之间的电位差；$I_{0(AL0)}$ 为 AL0 模式主电极 A0 上的电流。

2）浅探测 AL1

主电流电极为 A0，屏蔽电流电极为 A1（A1′），电流回路电极为 A2（A2′）、A3（A3′）、A4（A4′）、A5（A5′）和 A6（A6′）。A0 和 A1（A1′）分别供同相位电流，测井时使 M0（M0′）、M1（M1′）电位相等，即 $V_{M0(M0')} = V_{M1(M1')}$，M0、M0′、M1、M1′ 相当于取样电极功能，A0 电极电流 I_0 在 A1（A1′）电极电流 I_1 屏蔽下，以垂直井壁的方向进入地层。电流返回电极 A2（A2′）、A3（A3′）、A4（A4′）、A5（A5′），由于返回电极离 A0 很近，I_0 在进入地层后不远即散开，探测深度浅。

3）中浅探测 AL2

主电流 I_0 由 A0 流出，屏流由 A1（A1′）、A2（A2′）流出，保持 $V_{M0(M0')} = V_{M1(M1')}$，$V_{M2(M2')} = V_{M3(M3')}$，电流返回到 A3（A3′）、A4（A4′）、A5（A5′）、A6（A6′）。由于主电流 I_0 进入地层较深才发散，故探测深度比上一方式深。

4）中探测 AL3

A0 供主电流，由 A1（A1′）、A2（A2′）、A3（A3′）供屏流，使 $V_{M0(M0')} = V_{M1(M1')}$，$V_{M2(M2')} = V_{M3(M3')}$，$V_{M4(M4')} = V_{M5(M5')}$，电流返回到 A4（A4′）、A5（A5′）、A6（A6′），探测深度比上一方式又增加。

5）中深探测 AL4

A0 供主电流，由 A1（A1′）、A2（A2′）、A3（A3′）、A4（A4′）供屏流，使 $V_{M0(M0')} = V_{M1(M1')}$，$V_{M2(M2')} = V_{M3(M3')}$，$V_{M4(M4')} = V_{M5(M5')}$，$V_{A3(A3')} = V_{A4(A4')}$，电流返回到 A5（A5′）、A6（A6′），探测深度比上一方式又增加。

6）深探测 AL5

A0 供主电流，由 A1（A1′）、A2（A2′）、A3（A3′）、A4（A4′）、A5（A5′）供屏流，屏流返回到 A6（A6′）。使 $V_{M0(M0')} = V_{M1(M1')}$，$V_{M2(M2')} = V_{M3(M3')}$，$V_{M4(M4')} = V_{M5(M5')}$，$V_{A3(A3')} = V_{A4(A4')}$，$V_{A4(A4')} = V_{A5(A5')}$，探测深度比上一方式又增加。

AL1~AL5 等 5 种工作模式都是测量监督电极 M1 的电位和主电极电流，用式（3-2-2）求得某一模式的视电阻率：

$$R_{ALi} = \frac{K_{ALi}}{I_0(f_0)}[V_{M1N}(f_0) + C_i V_{M1N}(f_i)], \quad i = 1,2,3,4,5 \quad (3\text{-}2\text{-}2)$$

式中：R_{ALi}为第i种模式视电阻率；K_{ALi}为第i种模式仪器常数；$I_0(f_0)$为主电极A0上f_0频率的电流；C_i为第i种探测模式计算聚焦系数；$V_{M1N}(f_i)$为第i种模式监督电极M1上电位。

利用式（3-2-1）和式（3-2-2）可获得1条钻井液电阻率曲线和5条电阻率曲线，可以清晰描述井眼附近不同径向深度地层电阻率的变化。

3. 主要技术指标

国内外主要公司阵列侧向测井技术指标对比见表3-2-1。

表3-2-1 国内外主要公司阵列侧向测井技术指标对比

生产单位	中国石油	斯伦贝谢公司	贝克休斯公司	中国海油
最高温度/压力	230℃/170MPa	150℃/105MPa	175℃/137.9 MPa	205℃/137.9MPa
电极系长度（m）	4.32	4.35	4.28	4.28
最大外径（mm）	90	94	102	102
纵向分辨率（cm）	30	30	30	30
探测深度（cm）	25、32、39、48、64	25、32、39、48、64	23、33、46、98	23、33、46、98
曲线条数	5	5	4	4
电阻率范围（Ω·m）	0.2~200000（R_m=1）；0.2~40000（R_m=0.02）	0.2~100000（R_m=1）；0.2~20000（R_m=0.02）	0.2~50000（R_m=1）；0.2~5000（R_m≤0.1）	0.2~100000（R_m=1）；0.2~20000（R_m=0.02）
测量精度	0.2~2000Ω·m时，±5%；2000~5000Ω·m时，±10%；5000~40000Ω·m时，±20%；40000~200000Ω·m时，±25%	0.2~2000Ω·m时，±5%；2000~5000Ω·m时，±10%；其他，±25%	0.2~2000Ω·m时，±5%；大于2000Ω·m时，±20%	0.2~1Ω·m时，±20%；1~2000Ω·m时，±5%；2000~10000Ω·m时，±10%；10000~40000Ω·m时，±20%
井眼范围	127~406mm（5~16in）	127~406mm（5~16in）	152~406mm（6~16in）	152~406mm（6~16in）

注：R_m为钻井液电阻率，Ω·m。

4. 仪器应用特点

阵列侧向测井具有丰富的径向探测信息和薄层分辨能力，测井曲线受围岩影响小，纵向分辨率明显优于ECLIPS-5700双侧向测井和感应测井，分层能力优于高分辨率双侧向测井。测井曲线能反映井眼影响、侵入带影响及较深地层电阻率的情况。围岩影响较简单且很接近，在井眼尺寸不大时，受井眼影响也有规律且接近。阵列侧向测井具有以下特点。

1）受井眼影响比较简单、规律

如图 3-2-5 所示，R_m 为钻井液电阻率，R_t 为地层电阻率，R_{AL1}~R_{AL5} 为仪器响应的视电阻率，6~16in 为井眼直径，阵列侧向测井仪器整体受井眼影响较小，曲线规律性很

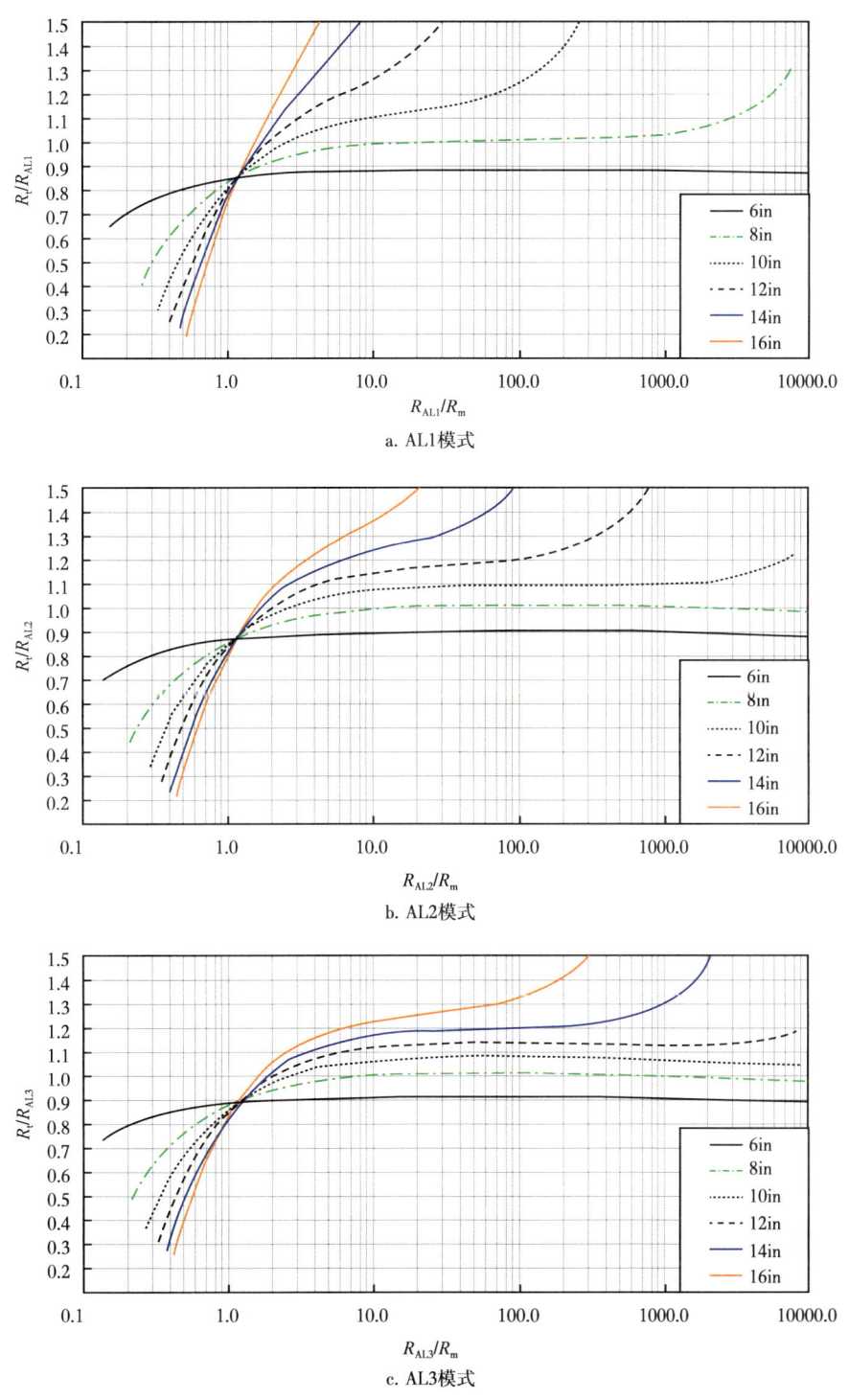

图 3-2-5　HAL 井眼校正图版

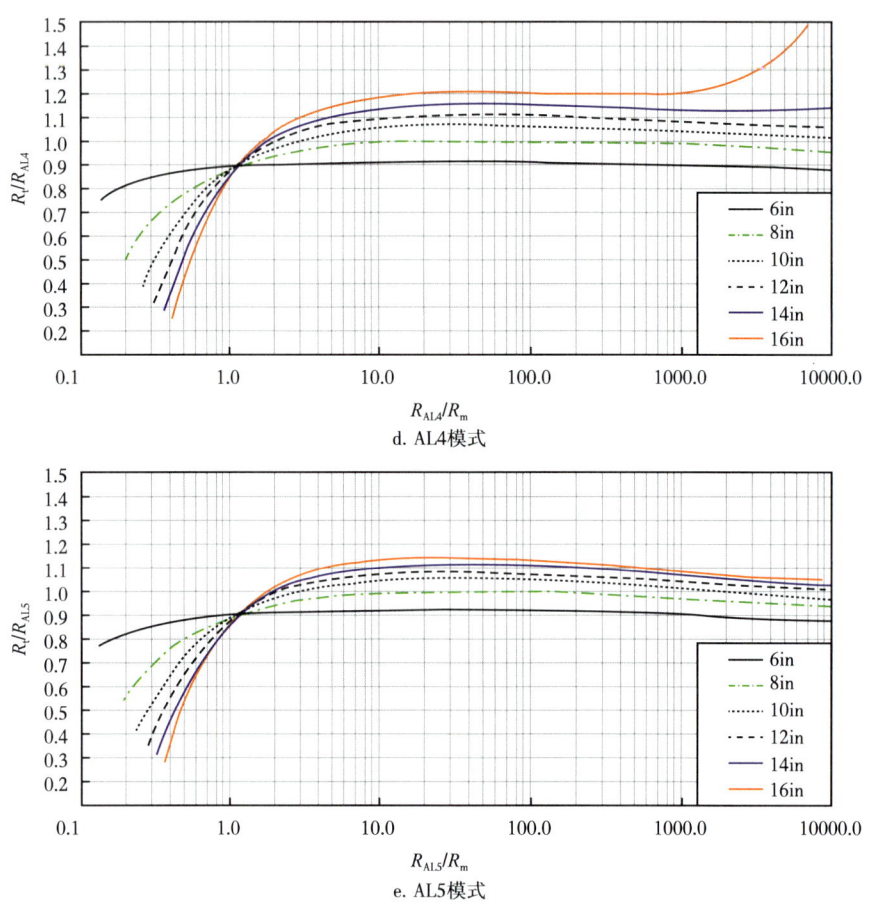

图 3-2-5　HAL 井眼校正图版（续）

好。其中 AL1 模式由于探测较浅，受井径变化影响较大，对于 8in 井径，$R_a/R_m < 3000$ 可不做井眼校正，曲线影响较小，对于 6in 井径，校正曲线均比较平滑，且在 $R_t/R_{AL1}=1$ 附近，测量曲线不用做井眼校正，如图 3-2-5a 所示；AL2 模式受井眼影响较小，在小于 10in 井眼中，曲线均不做校正，对于 10in 以上的井径，在 R_a/R_m 一定范围外，需做井眼校正，如图 3-2-5b 所示；AL3 模式受井眼影响更小，在小于 12in 井眼中，曲线可不做校正，对于 12in 以上的井径，在 R_a/R_m 一定范围外，需做井眼校正，如图 3-2-5c 所示；AL4 模式受井眼影响比 AL3 更小，在小于 14in 井眼中，曲线均不做校正，对于 14in 以上的井径，在 R_a/R_m 一定范围外，需做井眼校正，如图 3-2-5d 所示；AL5 模式受井眼影响最小，在 6~16in 井眼中，曲线均不用做校正，如图 3-2-5e 所示。

阵列侧向测井仪各探测模式的井眼校正曲线均随井眼尺寸增大或 R_a/R_m 增大，校正系数也在增大，浅探测的电极系比深探测电极系校正系数增大得更多，规律性十分明显，易于识别校正，并且探测越深，井眼影响越小。

2）分层能力强、围岩影响小且规律性好

阵列侧向测井仪器分层能力强，受围岩影响小。与双侧向测井比较，阵列侧向测井的分层能力明显优于双侧向测井，若以围岩校正系数 $R_c/R_a=2$ 作为分层能力的标准，在 $R_t/R_s \leq 10$、$R_s/R_m=10$ 的条件下，HAL 的 AL5 模式分层能力为 0.3~0.34m，而双侧向测井的纵向分辨率为 0.6m。

阵列侧向测井在低阻围岩条件下，随着层厚减小，目的层视电阻率有规律地下降、很小起伏，在厚度 $H \geqslant 0.8$m 时，围岩影响小于 30%，不同探测深度的电极系受影响的大小接近。

双侧向测井受围岩影响较大，规律性较差，随着层厚减小，目的层视电阻率读数下降，到 $H=0.8$m 左右，读数又增高，校正系数在 0.7~1.45 范围变化，校正系数变化大，且不规律，深、浅侧向测井受层厚影响差别也较大。

高分辨率双侧向测井受层厚的影响也较大，也存在层厚减小，开始读数下降，但到 0.4m 左右读数又增高，校正系数变化范围是 0.7~1.43，变化也大，并且深、浅侧向测井围岩校正系数差别也大。

由此可见，阵列侧向测井的分层能力明显优于双侧向测井，如图 3-2-6 所示，LLD 为普通双侧向测井 DLL 的深侧向测井，AL5 为阵列侧向的第 5 种探测模式。图 3-2-6 计算条件为 $R_s=10\Omega\cdot$m，$R_m=1\Omega\cdot$m，井眼直径 8in。

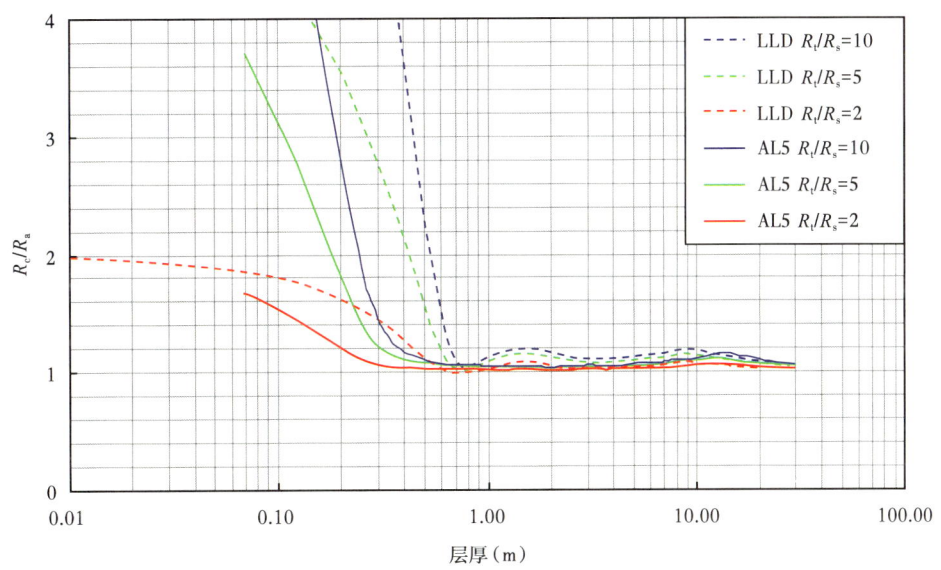

图 3-2-6　阵列侧向测井与 LLD 围岩校正曲线对比

除分层能力比较强外，阵列侧向测井 5 条不同探测深度曲线的围岩影响变化十分接近，且很有规律，随着层厚增加（低阻围岩），校正系数从大于 1 平缓地趋于 1。相反，DLL 的围岩影响就相当复杂。

图 3-2-7 为阵列侧向测井仪器围岩校正图版，计算条件与图 3-2-6 相同。

3）丰富的径向地层信息

电法测井的目的是用丰富的测量信息分析油气侵入特征，用最深探测深度测量的真电阻率确定地层的含油气饱和度。随着我国油气勘探开发的逐步深入，致密砂岩、碳酸盐岩、火山岩等复杂非均质油气藏成为重要接替领域，这些复杂油气藏存在电阻率高、非均质性强、侵入特征不明显等特点，常规电法测井难以有效识别和定量评价此类储层，阵列侧向测井技术能够有效解决此类复杂问题。

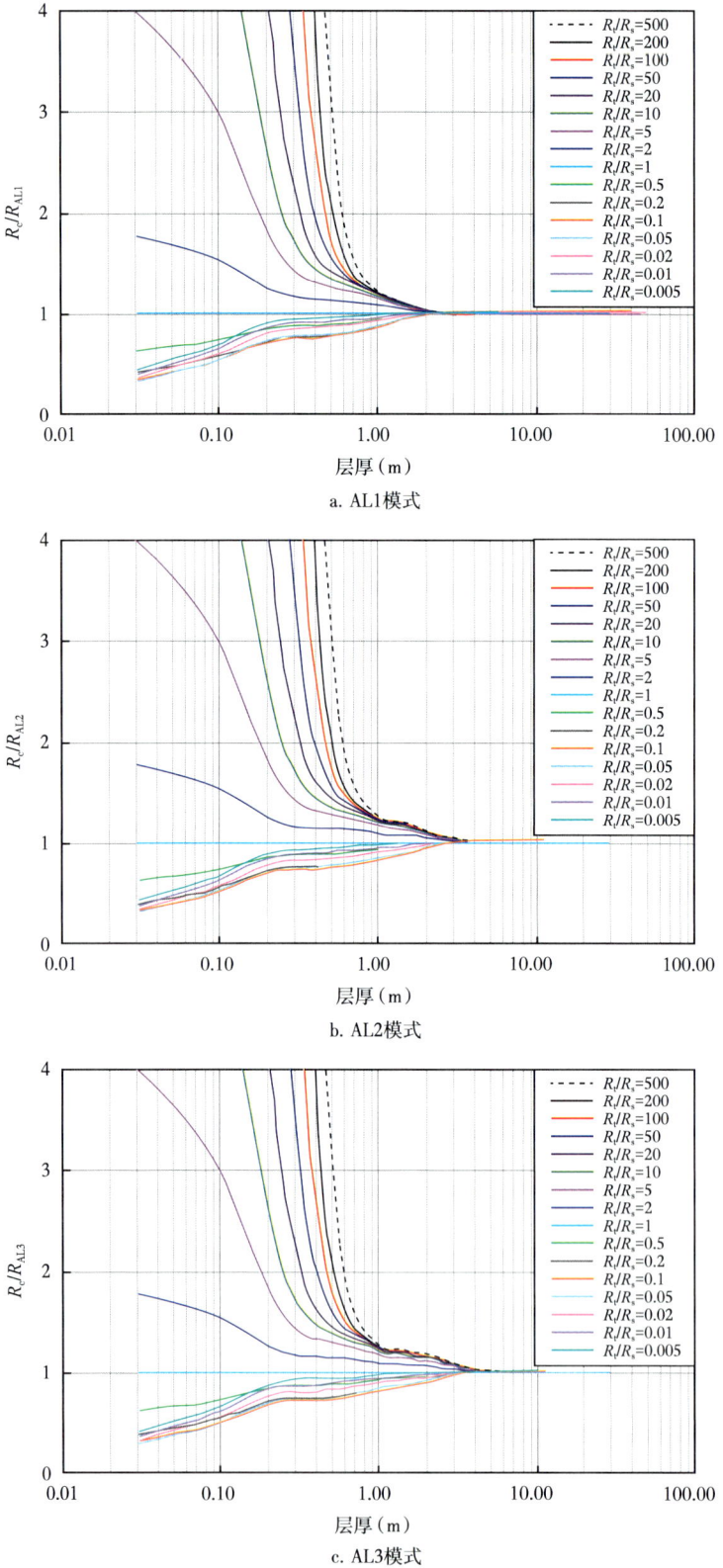

图 3-2-7 HAL 围岩校正图版

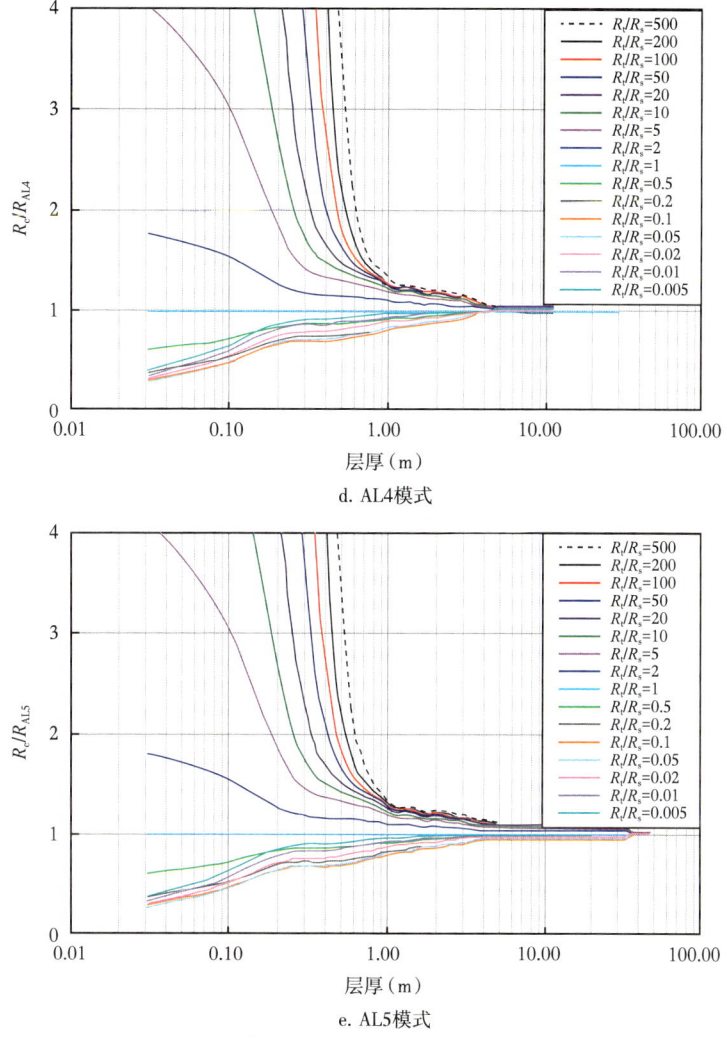

d. AL4模式

e. AL5模式

图 3-2-7　HAL 围岩校正图版（续）

阵列侧向测井有 6 条曲线，能反映井眼影响、侵入带影响及较深地层电阻率的情况。AL0 主要反映井眼的影响，其他 5 条曲线反映地层径向电阻率的变化，它们的分层能力基本一致，围岩影响较简单且很接近，在井眼尺寸不大时，受井眼影响也有规律且接近。因此这 5 条曲线能较好反映地层侵入变化的情况，通过有效地反演，可以求解 R_t、R_{xo}、D_I 等地层参数。

4）没有参考电极 N 的影响

双侧向测井如果电流返回到地面，N 电极在井下鱼雷处，就容易产生格罗宁根效应，即在高阻厚层或套管下面，测量的视电阻率会偏高。

不管深侧向测井电流返回电极在地面或井下，都难以避免各种影响。双侧向测井返回电流是地面，测量参考电极 N 放在鱼雷，这都使仪器复杂（增加地面电流面板），也难以避免各种影响（格罗宁根/TLC 效应），即在高阻厚层或套管下面，测量的视电阻率会偏高。

高分辨率双侧向测井电流返回电极是鱼雷，N电极放在加长电极中，这样使德雷伏影响将更严重，若放地面，容易引入大的干扰（特别是对低阻层），并且N置地面与井下，不同影响、不同地层时差别也不是固定的，难以很好地进行校正。

HAL阵列侧向测井的供电电流返回到位于电极系上下端的A6（A6'）电极作为电流回路B电极，测量参考电极N放在马笼头或加长电极上，远离供电电极，不受供电电流的影响，没有格罗宁根效应。5条曲线重合，测量数值合理，测井曲线形态稳定（图3-2-8）。

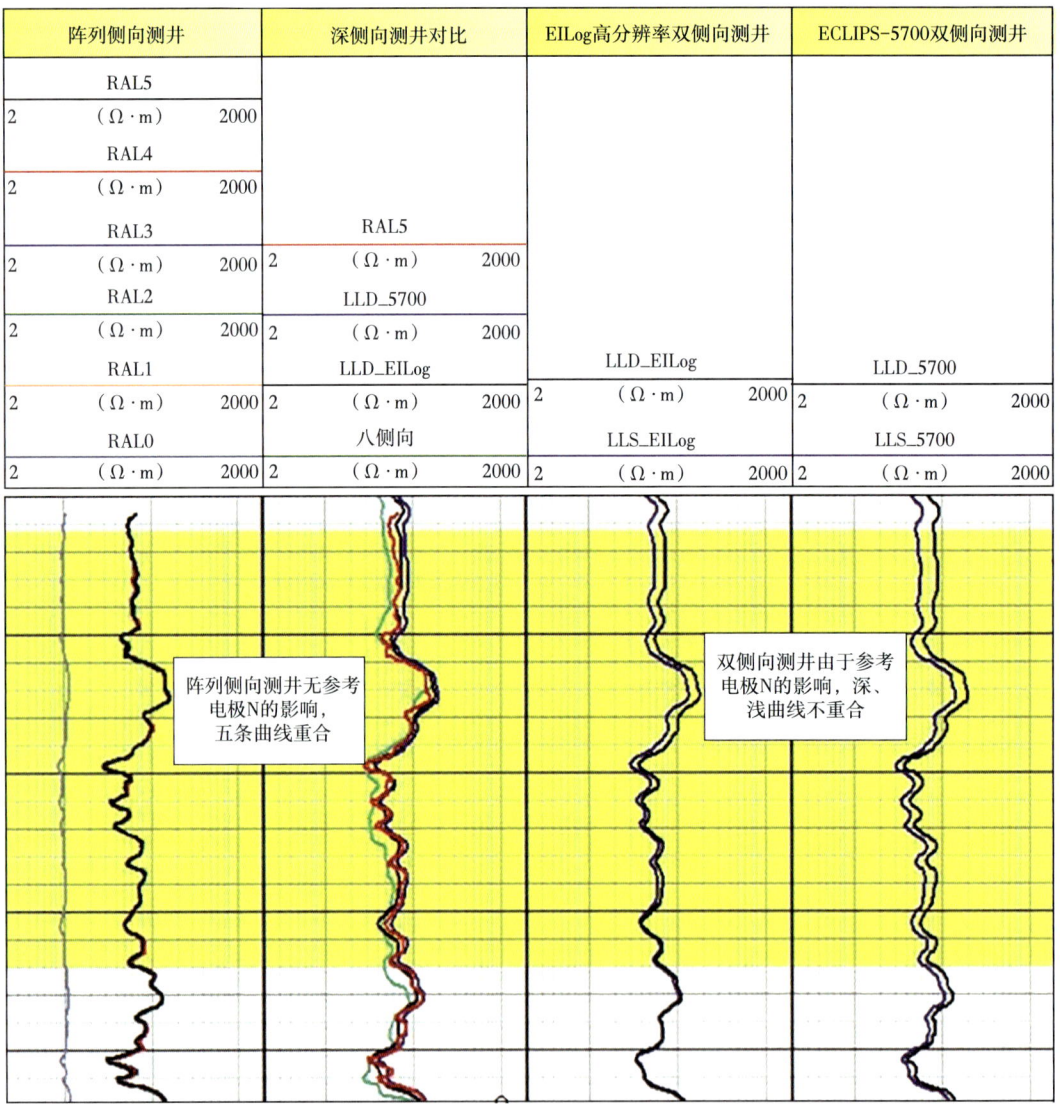

图3-2-8　HAL阵列侧向测井与双侧向测井对比（N电极的影响）

5）套管测量值对比

图3-2-9为阵列侧向测井在套管中与双侧向测井的对比测量曲线。阵列侧向测井5条曲线套管测量值稳定，数值及曲线关系合理，套管附近地层测量曲线仍然可以正常使用，体现了阵列侧向测井整体系统的稳定性较高。

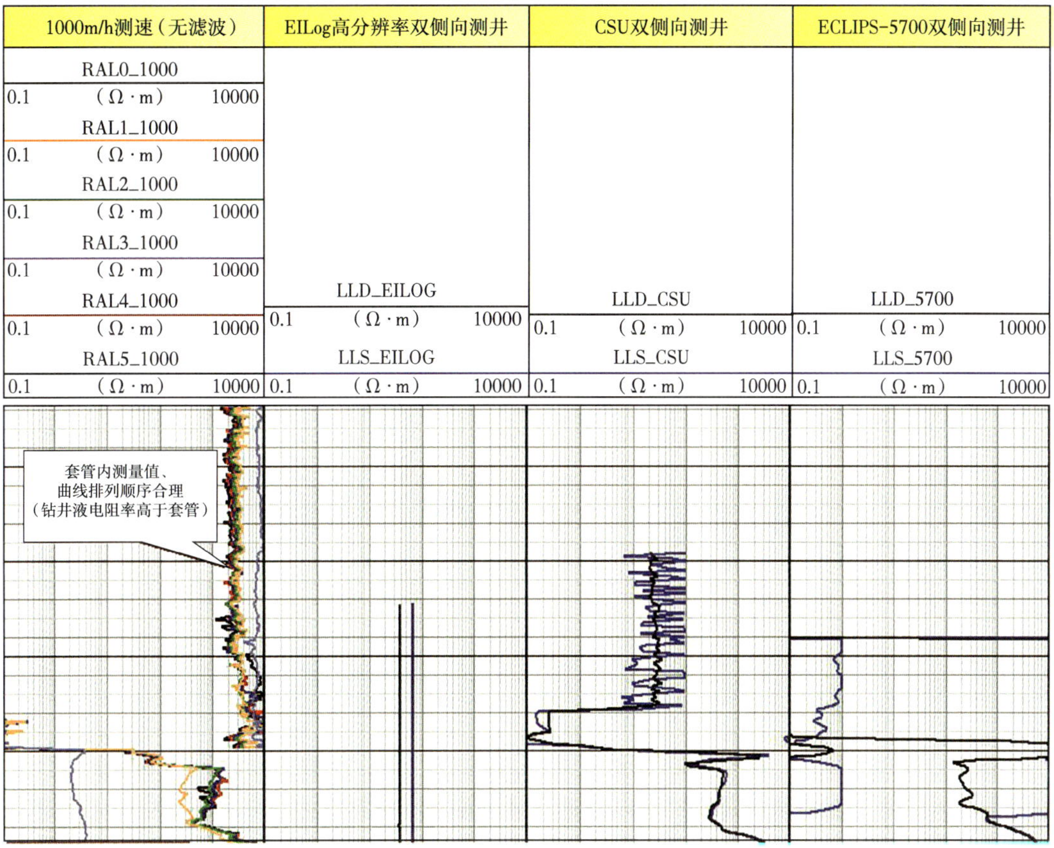

1000m/h测速（无滤波）
EILog高分辨率双侧向测井
CSU双侧向测井
ECLIPS-5700双侧向测井
RAL0_1000
0.1 （Ω·m） 10000
RAL1_1000
0.1 （Ω·m） 10000
RAL2_1000
0.1 （Ω·m） 10000
RAL3_1000
0.1 （Ω·m） 10000
RAL4_1000
0.1 （Ω·m） 10000
RAL5_1000
0.1 （Ω·m） 10000
LLD_EILOG
0.1 （Ω·m） 10000
LLS_EILOG
0.1 （Ω·m） 10000
LLD_CSU
0.1 （Ω·m） 10000
LLS_CSU
0.1 （Ω·m） 10000
LLD_5700
0.1 （Ω·m） 10000
LLS_5700
0.1 （Ω·m） 10000
套管内测量值、
曲线排列顺序合理
（钻井液电阻率高于套管）

图 3-2-9　HAL 阵列侧向测井与双侧向测井对比（套管中测量）

二、主要功能模块

1. 结构

阵列侧向测井仪电极系总长为 13.2m，测井时要使用 6 个不同的绝缘隔离体，分别将内含电子线路的中部电极系、内含有上、下电子仪线路的上下 A5（A5′）电极对、上下 A6（A6′）电极对分离开。组合测井时，上下 A6（A6′）电极借用其他仪器外壳，使用阵列侧向测井仪器主体部分，长度 7.2m，可分拆为 3 节。在电极系中部采用注油方式，上部有应力弹簧，下部有压力平衡部分，电极之间采用端面密封，如图 3-2-10 所示。

31芯
A6
A5
A4
A3
A2
A1
A0
A1′
A2′
A3′
A4′
52芯
A5′
A6′
φ90mm
隔离体
隔离体
隔离体
隔离体
上电子仪
52芯
转换接头
应力弹簧
中电子仪
压力平衡
承压接头
下电子仪
31芯
7200mm

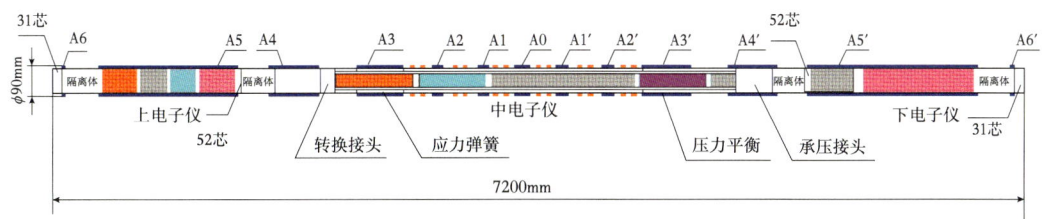

图 3-2-10　HAL 阵列侧向测井仪结构示意图

阵列侧向测井仪井下部分电路共有三部分，分别分布在上电子仪（上 A5 电极筒内）、中电子仪（阵列电极系芯棒内部）和下电子仪中（下 A5 电极筒内）。

2. 电路系统

阵列侧向测井仪电路共有四部分，分别分布在上电子仪（上 A5 电极筒内）、中电子仪（阵列电极系芯棒内部）、密封头短节（电极系下端）和下电子仪中（下 A5 电极筒内）。

电路构成主要包括直流电源电路、数据采集处理电路、信号源产生电路、电流测量电路、电位测量电路、刻度电路、主监控前置放大电路和辅助聚焦监控电路。主控采集处理电路实现电流/电位信号的混频检测分离、视电阻率计算和恒功率算法控制等；信号源产生电路能够提供 5 种频率的正弦波信号；电流/电位测量电路用于检测主电极 A0 的电流和主监督电极 M1 对参考电极 N 之间的电位信号；主监控前置放大电路用于主监督电极信号检测与平衡聚焦控制；继电器电路用于井下仪器测井/刻度状态切换。

1）数据采集处理电路

主控采集处理电路通过井下仪器总线以全双工模式和遥传短节、电缆实现与地面上位机的通信，即接收地面上位机下发的命令并控制井下仪器状态，同时向遥传短节和地面实时发送测井数据。

主控电路的核心部件是 DSP 和 FPGA。DSP 作为系统的核心器件，采用高精度的 32 位的浮点处理器，主要完成接口总线的管理功能、测井命令解释、测井状态的控制、发送频率信号的合成、控制，接收信号的控制处理，数字滤波、测量信号的数字检波计算（从 6 种频率的混合信号中分离出单一频率的信号幅度），求解主电流聚焦系数和计算出 5 个探测深度的电阻率值及钻井液电阻率值，向 CAN 总线传送电阻率计算值。EPROM 存储处理器的加载程序，在系统上电时自动将程序加载到处理器中之后，处理器按加载的程序进行工作。

FPGA 主要功能是配合 DSP 和信号发生器 DAC（数模转换）、ADC（模数转换）采集等其他一些电路模块共同完成信号的发送、接收信号的采集与分析，以及 CAN 总线部分的电路支持。进行发送数据接口的连接，控制及管理等操作。DAC 控制输出信号使用串行方式输出 6 路 DAC 转换器的数字信号，以及其他一些相关的继电器等的控制信号。ADC 控制信号连接 ADC 控制板与系统控制板的信号连接，以及输入信号的自动增益控制、相应的继电器控制等信号。

2）正弦信号产生电路

阵列侧向测井要实现获得 6 条电阻率曲线 RAL0—RAL5，须用 6 种工作模式，这些工作模式同时工作须 6 种工作频率，一种主电流信号发生频率 f1，5 种屏流的工作频率 f2~f6，分布在 30~400Hz 之间。正弦信号产生电路完成多路独立单频正弦信号的产生，并根据需要完成输出信号的幅度控制（图 3-2-11）。

正弦信号产生电路由总线收发驱动器、FPGA、模数转换器和厚膜电路等组成。频率、幅度和增益数据用串行方式由主控板发送到该板后，先经总线收发器驱动后送入 FPGA 中进行通道分配，将每一通道的相关数据发送到与之对应的 16 位的高精度 DAC 转换器，同时 FPGA 产生 DAC 通道片选、使能、清零等命令，控制 DAC 完成数模转换。内置的基准电压源提供高精度电压参考信号。模拟信号经厚膜电路进行模拟通道选择隔离、输出放大控制和抗混叠滤波等处理后形成要发送的 6 种正弦频率信号供功率放大级输出屏流用。

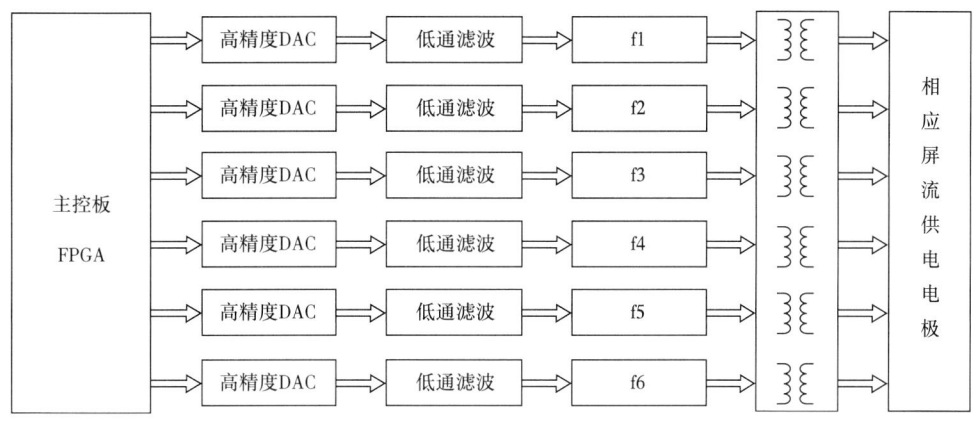

图 3-2-11　HAL 阵列侧向测井正弦波信号产生电路示意图

3）测量电路

测量电路分别对主电极电流（Vi0）信号、主监督电极电位（Vm1b）信号进行实时测量和预处理。在设计中的电流和电位通道测量信号分别使用单块测量板进行采集处理。

电流信号进入电流测量板，经带通滤波和 PGA 程控增益电路调理之后，进入 16bit 高精度 ADC 器件将模拟信号转换成数字信号，FPGA 器件将此信号进行并/串转换之后，通过 SPI 串行方式传送给主控板，同时接收从主控板以串行方式发送来的可编程增益控制字和继电器控制信息，实现对信号动态采集调整和继电器状态的控制。

测量信号软件处理流程如图 3-2-12 所示。其中前 3 级完成接收信号的相对值处理，信号能量校正是为了校正使用程控增益放大器时造成的接收信号绝对能量与相对能量之间的误差。

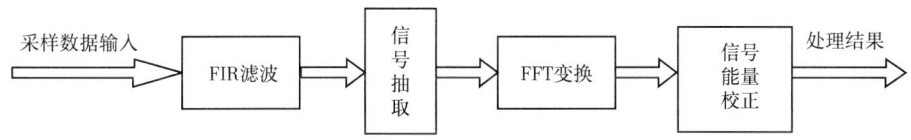

图 3-2-12　测量信号软件处理流程图

为了保证各频率信号的分离提取精度，要对信号进行较高频率的采样。通过对采样数据先进行一个 256 级的有限脉冲响应（FIR）低通滤波，将信号中最高频率以上信号先给予滤除，之后再进行数据抽取，对抽取的数据进行快速傅里叶变换（FFT），将多路正弦混合信号在频率域进行分离，得到不同频率的相对应子载波上的幅度与相位信息。变换公式如下：

$$X(k)=\sum_{n=0}^{N-1}x(n)W_N^{kn},\quad k=0,1,\cdots,N-1 \quad (3-2-3)$$

$$W_N^{kn}=\mathrm{e}^{-\mathrm{j}\frac{2\pi}{N}kn} \quad (3-2-4)$$

式中：$X(k)$ 为采集系统接收到的混合信号；$x(n)$ 为混合信号中单一频率的正交正弦

信号；N 为总采样点数；n 为子载波数；k 为采样序号；W_N^{kn} 为载波信号。

由于 FFT 是一种保真变换，其频率域得到的信息可完全反映其时域的信息，所以可以用来进行接收信号的检测。

4）聚焦控制电路

聚焦控制电路的主要功能为测量监控电极间的剩余电位差，根据所测量的剩余电位差来调整屏蔽电流的大小，使屏蔽电极间的剩余电位差为 0。阵列侧向测井仪屏蔽电极间或返回电极间等电位监控电路采用硬件聚焦方式实现。阵列侧向测井仪辅助聚焦控制电路共有 5 道，完成 5 个探测深度模式的聚焦和供电。辅助监控电路如图 3-2-13 所示。

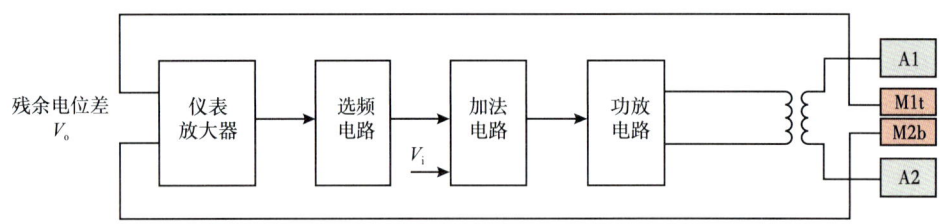

图 3-2-13　HAL 阵列侧向测井仪辅助监控电路示意图

对于辅助监控电路通道 1，输入端为 M2、M3 电极，输出端为 A1、A2 电极。其作用是为 A1、A2 之间提供 f1 频率的屏流，并使除该频率外的其他 5 种频率在 A1、A2 电极上电位相等。电路由取样放大电路、选频电路、加法电路、功放电路和变压器组成。监督电极上的信号经过放大电路放大后，选频电路完成本频率对应的信号通过而尽量压制工作频率以外的频率信号，再经加法电路对供电信号和监控信号合成，经功放电路和变压器驱动到 A1 和 A2 电极上。其余电极辅助监控原理与此相同。

5）刻度电路

刻度电路由 4 部分组成：单 / 多频信号选择开关、V/I 转换电路、内刻度电阻网络和测井 / 刻度模式选择继电器构成。

主控板产生测井、高刻和低刻功能选择控制信号，传送到电流采集板，进而控制刻度板完成电流、电位的刻度信号或原始测井信号的通道选择输入。模式选择开关可选择单频或多频率信号输入刻度电路；V/I 转换电路将输入电压信号转换成恒流输出到刻度电阻网络，用以产生刻度用的标准高低电流和电位信号。

6）前置放大电路

为减少引线电阻、降低干扰，前置放大电路板置于电极系密封头短节内。同时主监督电极 M0 和 M1（M0′和 M1′）及主电极 A0、屏蔽电极 A1 采用直接耦合方法，以提高小信号检测精度、提升各探测深度聚焦效果。

前置放大电路主要功能是两路原始信号进行预处理，即对主电流信号进行带通滤波、放大和负反馈控制，实现主电流自主聚焦，使主监督电极尽可能保持等电位（聚焦）状态；对电位信号只进行带通滤波放大处理。处理完的两路信号送至继电器板。

三、数据处理方法

阵列侧向测井的 6 条不同探测深度的曲线，其中 RAL0 主要反映井眼钻井液电阻率影响，其他 5 条曲线反映井眼周围不同径向电阻率变化，能够清晰描述地层侵入特征和性质，相对于传统双侧向测井的深、浅两条测量曲线，径向信息较为丰富，有利于进行地层电阻率的精确反演。因此，阵列侧向测井的反演将更接近地层真实电阻率，提高饱和度计算精度。

阵列侧向测井的数据处理包括钻井液电阻率计算、井眼校正处理、一维反演处理 3 部分。通过处理模块，能够实现仪器测井资料的快速处理。

1. 钻井液电阻率计算

RAL0 探测模式最浅，对井眼钻井液电阻率反应灵敏。虽然地层电阻率对测量结果贡献较小，但 RAL0 中仍有部分地层信息，测量值并不是真实的钻井液电阻率。因此，必须对 RAL0 进行反演计算，得到接近真实钻井液电阻率的结果，为其他探测模式进行井眼校正提供钻井液校正参数。

2. 井眼校正

阵列侧向测井为居中测量仪器，在实际测井施工中，在仪器上下两端加装橡胶扶正器或灯笼体扶正器，但也很难保证仪器完全处于居中状态。通常情况下，仪器偏心后井眼内钻井液对电流的分流作用将加大，增加了井眼影响。在大井径和偏心严重情况下，井眼影响才会严重。

通过井眼校正处理能够改善曲线质量。井眼校正所用到的参数有测量视电阻率、钻井液电阻率、井径、扶正器尺寸。井眼校正处理流程如图 3-2-14 所示。

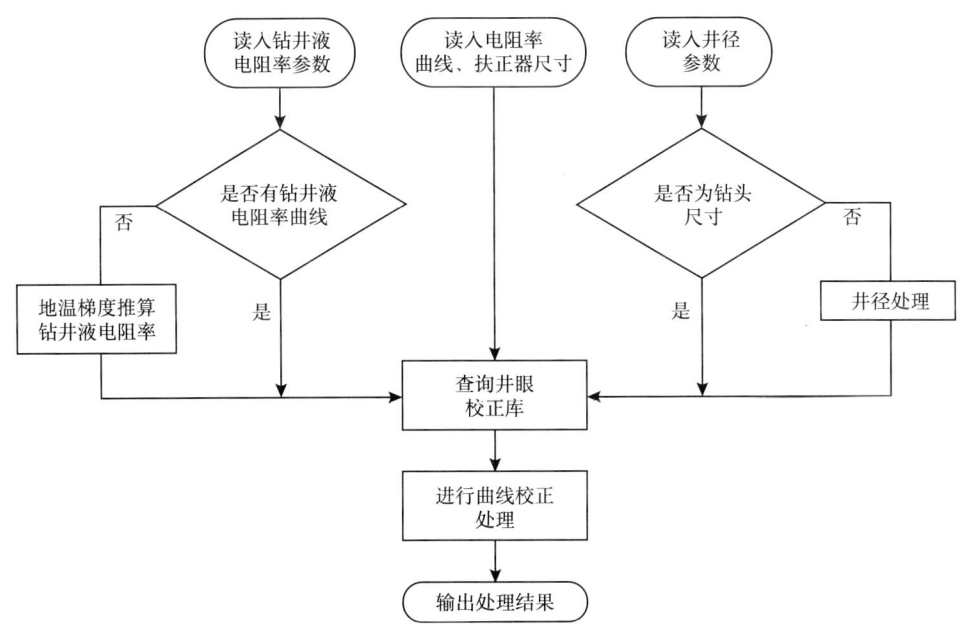

图 3-2-14 井眼校正处理流程图

如图 3-2-15 所示，由于受井眼影响，原始测量曲线中的 RAL1_UNCORR 曲线幅度明显低于其他测井曲线，居中校正处理后第 2 道中的 RAL1_BC 幅度有所改善，但还有一定差距。偏心校正处理后效果较好，校正后的第 3 道中的 RAL1_EC 曲线更合理。大井径中仪器在井内往往处于偏心状态，偏心校正结果更接近实际情况。

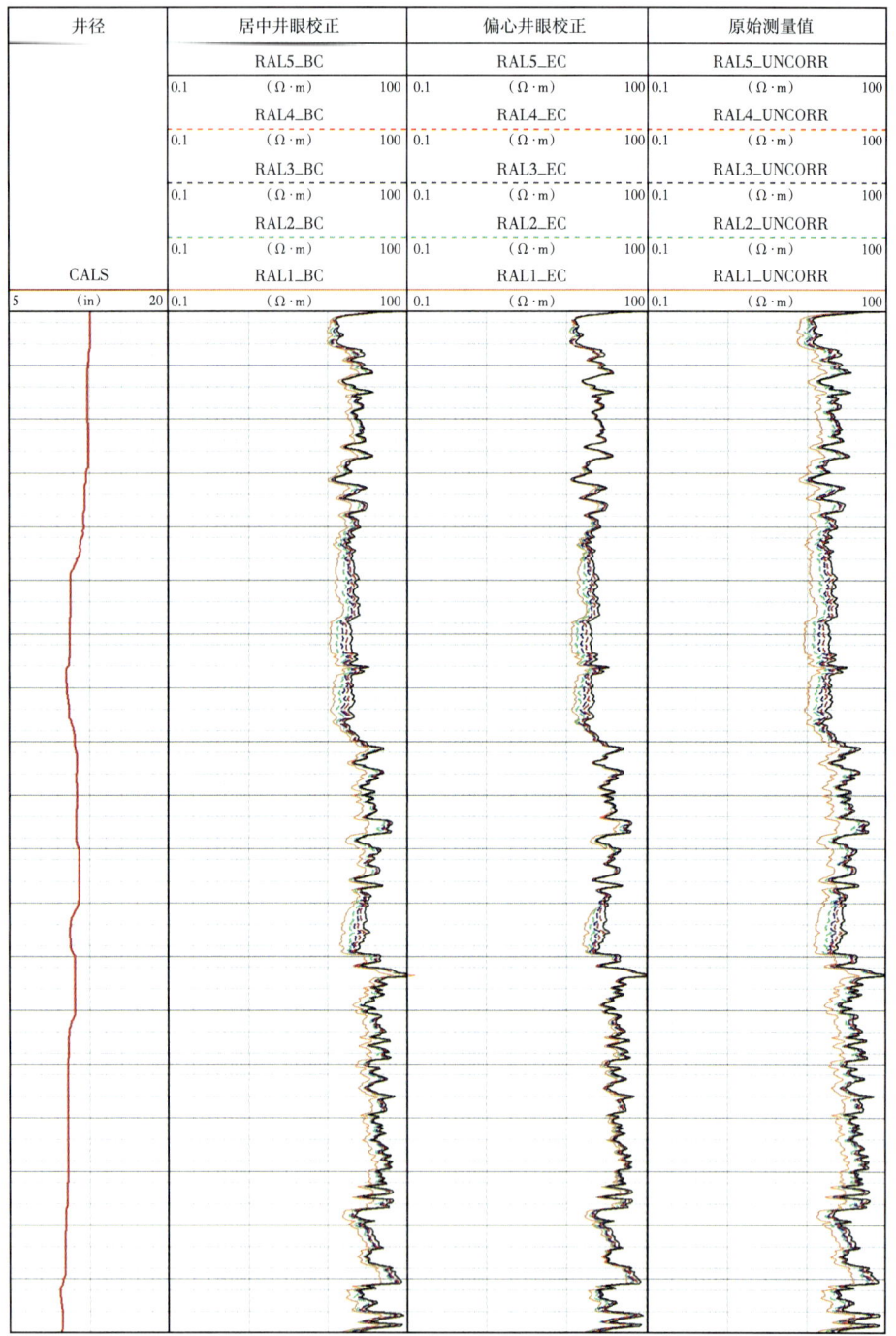

图 3-2-15 井眼校正成果图

3. 一维反演处理

阵列侧向测井丰富的径向探测信息有利于进行反演处理，井眼校正后的数据进行一维快速反演，可以快速提供侵入带和原状地层参数，进行现场快速解释，配合 Lead 解释软件能够对侵入剖面进行清晰成像。

一维反演模型如图 3-2-16 所示，反演流程如图 3-2-17 所示。一维反演首先读入校正后的 5 条曲线，根据曲线关系判断是否存在侵入，查询相应的一维正演响应库，找到与之匹配的地层参数，进行优化处理并去除异常值，最终输出侵入直径 D_i、侵入带电阻率 R_{xo}、原状地层电阻率 R_t 三个地层参数。

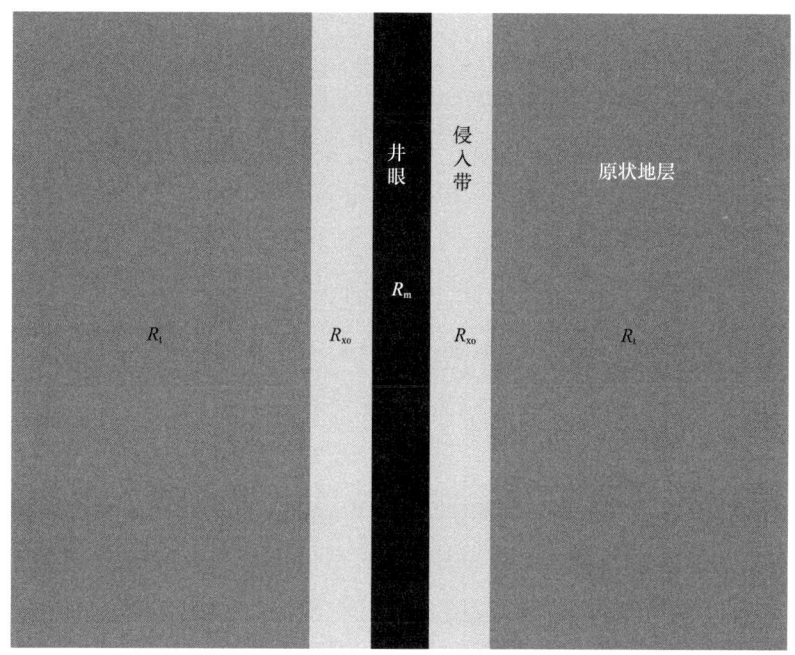

图 3-2-16　一维反演模型图

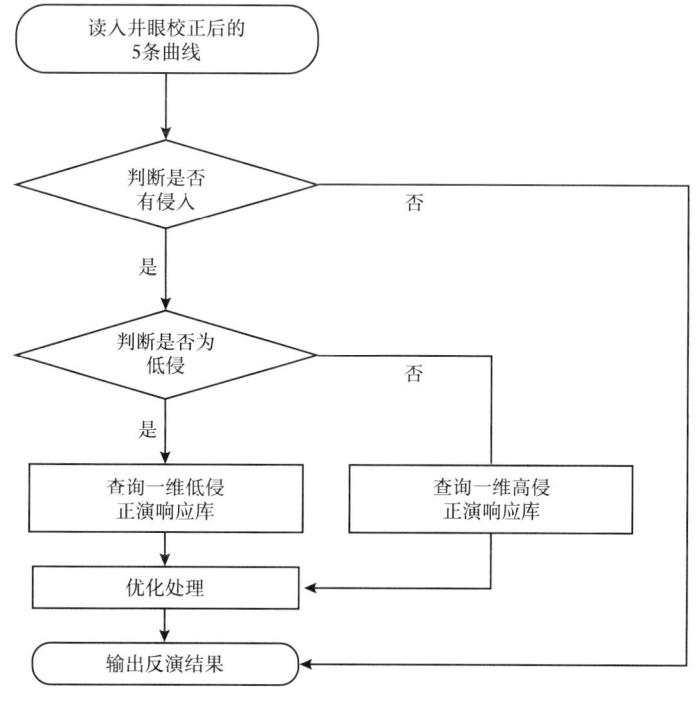

图 3-2-17　一维反演流程图

如图 3-2-18 所示，待反演曲线关系反映出地层均呈低侵特征，经过一维反演后，R_t 幅度比 RAL5 高，一维反演结果合理。

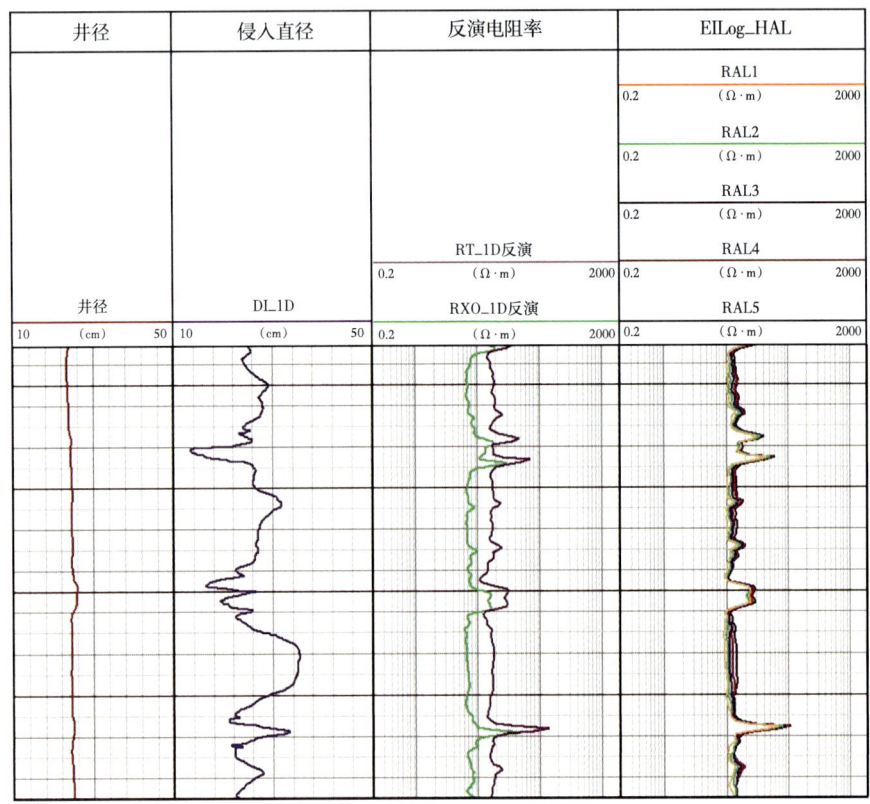

图 3-2-18　一维反演成果图

四、仪器刻度

1. 刻度目的

刻度就是用已知电阻率的地层对仪器进行标定，以便在仪器读数和地层参数（电阻率）之间建立起响应关系。已知电阻率的地层可以是井下实际地层或人工地层模型，也可以用电阻网络来模拟。

阵列侧向测井仪器测量地层的视电阻率，但测量的原始信息不能直接代表地层视电阻率，需要进行刻度。将测量信号转换成为地层视电阻率，称为刻度。

阵列侧向测井仪器刻度分内部刻度和外部刻度两种。内刻用于车间刻度，计算仪器乘加因子，以及测前、测后验证。车间刻度为两点线性刻度。外刻度用模拟地层电阻率的测试盒进行，主要用来检测仪器测量范围、测量精度和线性关系。

2. 刻度方法

（1）内刻：进行刻度时，给定屏流输出情况下的电压、电流理论测量值（工程值）。然后，测量低刻、高刻状态下的电压、电流值，计算乘加因子。各频率电压工程值设置为（输入信号）：$V_{M1b}^{Li} \approx 0.1\text{mA} \cdot 10\Omega = 1\text{mV}$，$V_{M1b}^{Hi} \approx 0.1\text{mA} \cdot 300\Omega = 30\text{mV}$ 得到实际刻度测量值（输出信号）：V_{M1b}^{Lo}、V_{M1b}^{Ho} 电压信号工程值和测量值应满足如图 3-2-19 所示关系，

其中乘因子 $a≈1$，加因子 $b≈0$。

各频率电流工程值设置为（输入信号）：V_{I0f0}^{Li}=34.5mV，V_{I0f0}^{Hi}=1035mV，得到实际刻度测量值（输出信号）：V_{I0f0}^{Lo}，V_{I0f0}^{Ho}。电流信号工程值和测量值应满足如图3-2-20所示关系，其中乘因子 $a≈1$，加因子 $b≈0$。

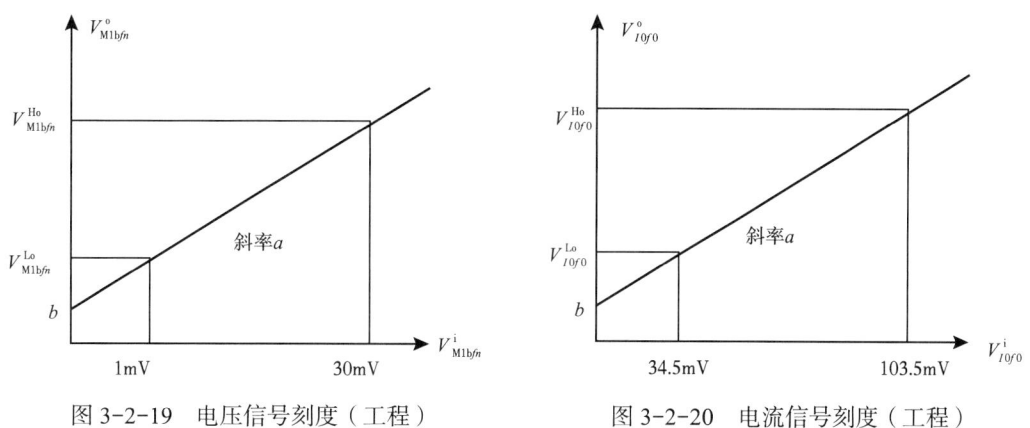

图 3-2-19 电压信号刻度（工程）　　　　图 3-2-20 电流信号刻度（工程）

（2）外刻：外刻度用模拟地层电阻率的地层测试盒进行，仪器电极系各电极上加线卡，连接方法如图3-2-21所示。模拟刻度盒上一共有9个挡位，分别模拟不同的钻井液和地层。运行测井程序如下：

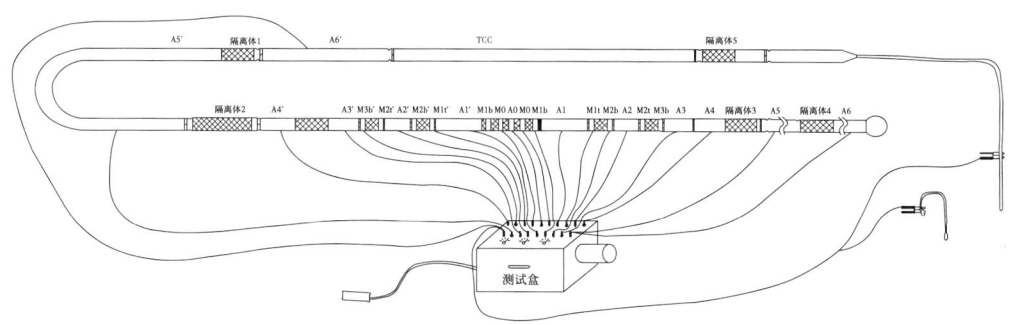

图 3-2-21 HAL阵列侧向测井仪外校验连接示意图

①仪器正确连接并通电，运行刻度程序；

②进入测井与记录状态，旋转测试盒上挡位旋钮，依次从1挡换到9挡，每一挡位停留时间30s，逐挡观测校验5条视电阻率值，检查仪器的线性，以特殊文件名记录测井文件，并与理论值比较看其是否在规定误差范围内。所测量的标准曲线如图3-2-22所示。

五、典型应用

阵列侧向测井仪自2012—2022年使用以来，在乍得、伊朗、孟加拉国、乌兹别克斯坦4个国家和长庆、延长、塔里木等16个油气田规模应用40套，累计在国内外测井1800余口，一次下井成功率大于96%。整套系统的稳定性、一致性、重复性良好，测井资料优质，主要指标达到国际先进水平。该技术形成高温、超高温小直径、过钻具存储式三大系列产品和配套采集处理解释软件，在科学采集高阻地层电阻率、描述地层径向侵入特征、识别复杂非常规储层岩性等方面发挥了主要作用，能满足国内外油田盐水钻

- 99 -

井液、高地层电阻率、高温高压等复杂井况测井作业需求。

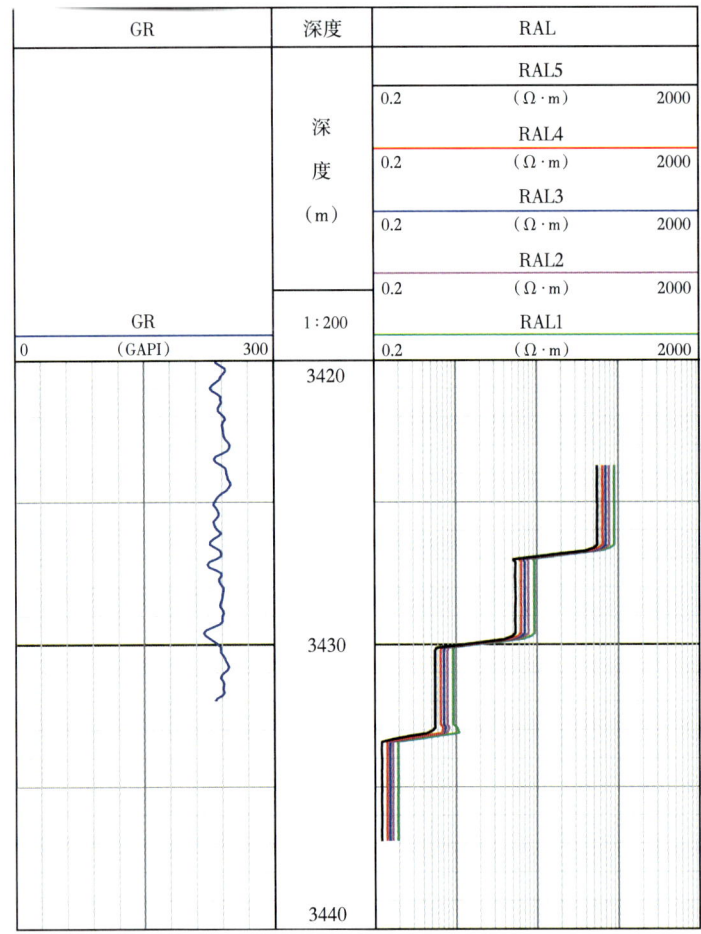

图 3-2-22 外校验模拟盒 1~9 挡位视电阻率曲线

1. 高对比度井况环境地层电阻率测量与岩性识别

图 3-2-23 为 ×2 井完井 CPLog HAL6506 阵列侧向测井仪（第 9 道）与 ECLIPS-5700 双侧向测井仪（第 5 道）、EILog 双侧向测井仪（第 6 道、第 7 道）、贝克阿特拉斯公司 RTeX1249 阵列侧向测井仪（第 8 道），以及哈里伯顿公司 EMI 电成像（第 11 道、第 12 道）等仪器测井效果综合对比图。

该井测量段钻井液电阻率为 $0.02~0.04\Omega\cdot m$，阵列侧向测井 5 条曲线 RAL1_M1b~RAL5_M1b，与其他侧向测井对比，曲线形态符合地层特征，在 6432~6434m、6446~6448m 测量段，硬件聚焦阵列侧向测井曲线划分薄层与电成像相关性好，薄层识别效果显著。

2. 薄互层和薄夹层识别

图 3-2-24 为 × 井在井况极差的情况下，排除井眼、围岩影响，有效获取地层径向电阻率信息。同时利用阵列侧向测井仪器纵向分辨率高、低电阻率测量准确的特点，能够有效识别薄互层和薄夹层。通过对地层电阻率特征的反演成像，结合常规资料，识别有效储层及含气性。

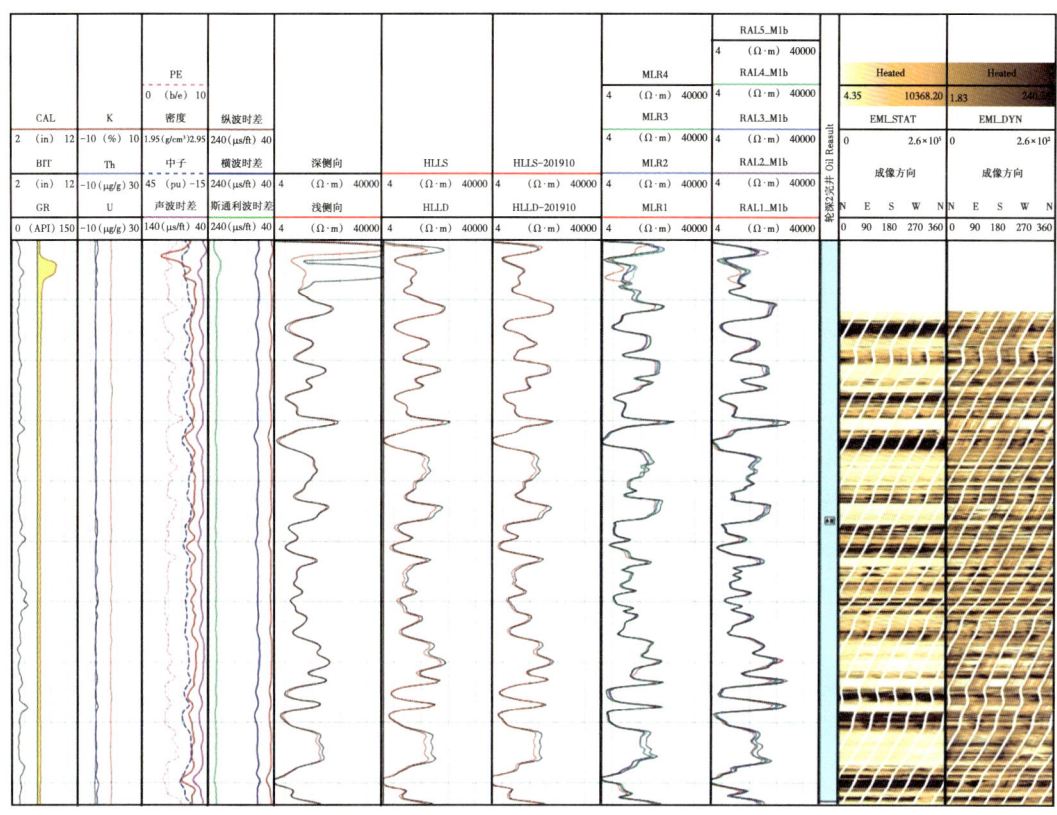

图 3-2-23 HAL 阵列侧向测井与其他测井仪器测井效果综合对比图

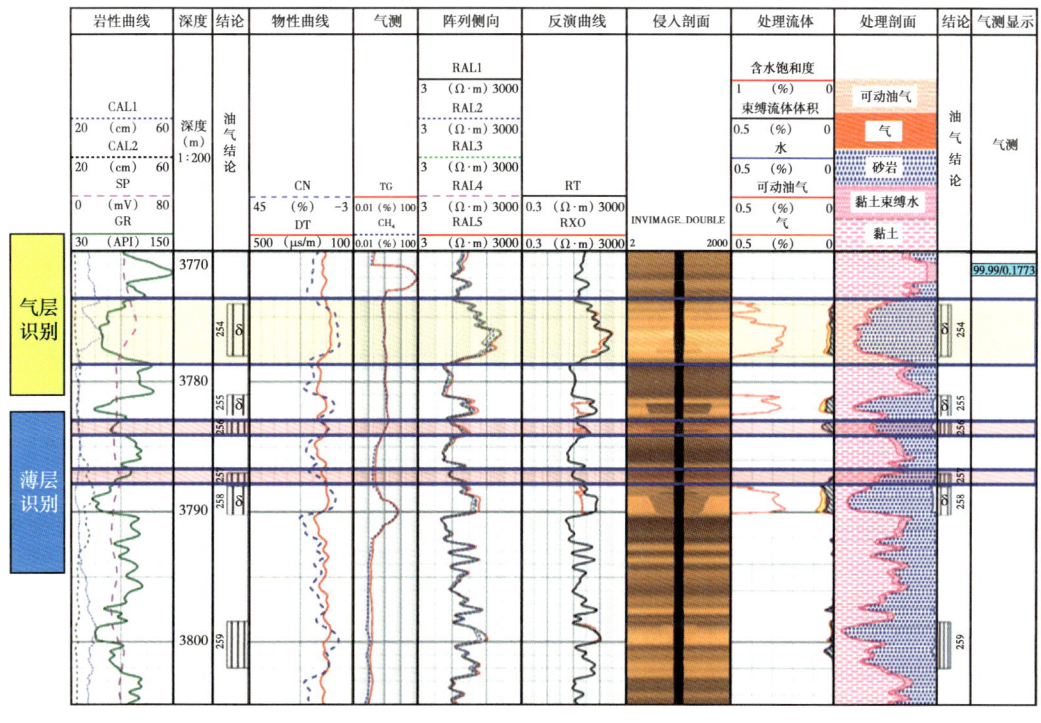

图 3-2-24 HAL 阵列侧向测井解释成果图

第三节 微电阻率成像测井仪

自20世纪90年代以来，油气勘探开发目标和对象发生显著变化，油气藏在储层物性及构造形态上趋于复杂化。这些复杂油气藏主要储层普遍具有储集空间复杂（缝孔洞并存）、非均质性强、岩性组分多样、岩相变化快等特点，储层中的裂缝孔洞有效识别与精细评价、储层精细地质描述对于油气发现、产能评价至关重要，传统测井方法难以有效识别和定量评价此类储层。微电阻率成像测井技术是目前解决上述问题的有效手段，能直观识别裂缝孔洞、可视化精细描述储层内部地质特征，用于复杂岩性识别、裂缝评价、区域沉积和构造分析、沉积环境判断、砂体走向预测、区域应力分析等，在复杂油气勘探开发中发挥着地质"显微镜"的作用，为复杂油气藏勘探开发中的油气发现、布井决策、精细油藏描述提供第一手地质资料，是提高石油探明储量的重要手段。

微电阻率成像测井技术服务市场长期被美国三大油田技术服务公司垄断，价格昂贵，核心技术对国内封锁，严重制约了该技术在我国的推广应用。从1994年起，在"863计划"和中国石油等科技项目的支持下，持续开展技术攻关，先后研制出适应不同井眼环境系列国产微电阻率成像测井装备及配套采集处理解释软件，建立了行业、企业标准和产业化生产线，技术指标达到国际先进水平。自2008年投产至2022年，推广应用国内16个油气田100余套，外销伊拉克、俄罗斯等国10余套，填补国内空白，引领我国测井技术跨入成像时代，提高了国际竞争力。

一、总体描述

1. 仪器构成

微电阻率成像测井仪由电子线路和推靠器两部分组成，其中电子线路包括采集短节、绝缘短节和预处理短节，推靠系统由推靠器和极板组成，如图3-3-1所示。该仪器配套的附件包括井径刻度环、电阻率测试盒、信号源负载（包括连线）和推靠器控制盒等。测井时，该仪器与旋转短节、三参数短节、电缆遥传短节组合使用。

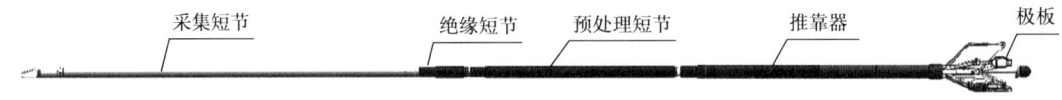

图3-3-1 微电阻率成像测井仪结构示意图

2. 工作原理

测井时，借助推靠器使极板处于张开状态，并且紧贴井壁，地面系统施加程控电源，仪器产生正弦波EMEX激励信号，激励信号源一端接至下部外壳和极板上，同时通过测量电阻接到纽扣电极，另一端接至仪器上部外壳（此处作回路电极用），下部外壳及纽扣电极就会发射交变电流，该电流经井内钻井液柱及周围地层回到仪器上部的回路电极。极板中部的阵列电极与极板体等电位，因此，在聚焦的作用下，从下部外壳和极板流出电流 I_f 迫使阵列电极发射的电流 I_n 垂直于井壁进入地层，如图3-3-2所示。从纽扣电极流出的电流 I_n 正比于流经地层的电导 σ_n。而 I_f 正比于其所流经介质电导 σ_f，测量过程中各参数间的关系可表示为：

$$\begin{cases} I_{\text{EMEX}} = I_f + \sum_{n=1}^{144} I_n \\ I_f = V_f \sigma_f \\ I_n = V_n \sigma_n \\ V_f \approx V_n = V_{\text{EMEX}} \end{cases}$$

（3-3-1）

式中：V_{EMEX} 为激励信号发射电压，V；I_{EMEX} 为激励信号发射电流，A；I_f 为下部外壳和极板流出电流，A；I_n 为从某一纽扣电极流出的电流，A；σ_f 为 I_f 流经的介质电导，S；σ_n 为纽扣电极接触的井壁岩层的电导，S。

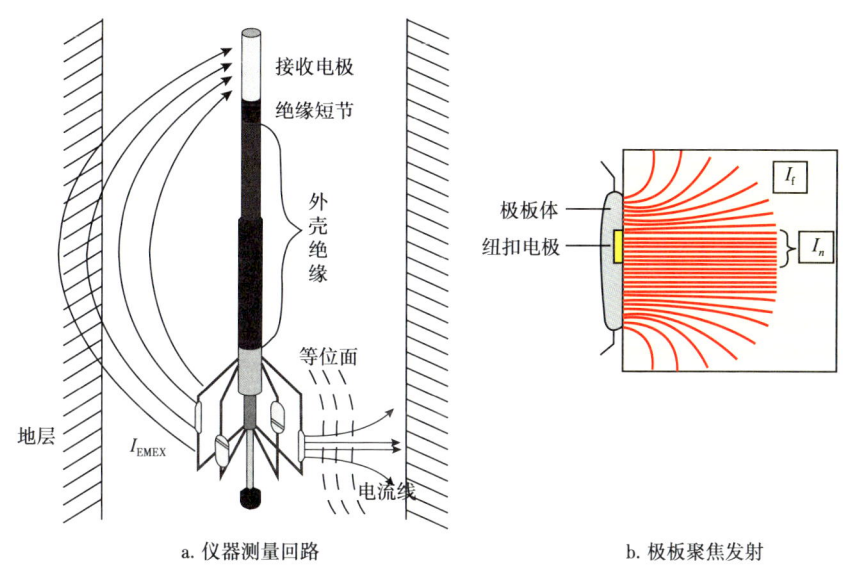

a. 仪器测量回路　　　　　　　　b. 极板聚焦发射

图 3-3-2　微电阻率成像测井测量原理示意图

解式（3-3-1）可得：

$$\sigma_n = I_n / V_n = I_n / V_{\text{EMEX}}$$

（3-3-2）

在测量时，依次采集每个纽扣电极流出电流 I_n 和测量发射电压 V_{EMEX}，根据式（3-3-2）就可得到 σ_n，再利用转换系数，求出纽扣电极所对井壁岩层的电导率 R_n：

$$R_n = k V_{\text{EMEX}} / I_n$$

（3-3-3）

式中：k 为转换系数。

在测井过程中，依次采集每个纽扣电极流出电流 I_n，然后利用不同颜色进行刻度，可以得到电阻率的彩色图像。

微电阻率成像测井图像在识别裂缝、分析薄层、进行储层评价及沉积相和沉积构造研究方面都具有重要的应用价值。任何地质特征只要与相邻地层电阻率有一定差异，图像上就会有所反映，并且电阻率差异越大，图像反映也越大，高电阻率地层对应浅色图像，低电阻率地层或充满钻井液的裂缝对应深色图像。

通过预处理短节中的测斜探头可得到井斜、井斜方位及1号极板方位等信息，根据1号极板方位进行方位校正，最终可得到确定方位的电阻率图像。

3. 仪器特点

高可靠：自适应密封阵列电极极板、一体硫化极板过线、六臂分动推靠器、专用阵列微弱信号测量极板电路、基于FPGA和DSP的数据采集电路等确保仪器高可靠性。

高分辨率：纵横向分辨率均为5mm。

宽动态范围：0.2~20000Ω·m（R_t/R_m < 10000）。

高图像覆盖率：60%（8in井眼）；70%（小井眼微扫仪器6in井眼）。

多种测量模式：快速成像测井，测速540m/h；精细成像测井，测速270m/h；倾角测井，测速1000m/h。

宽范围井眼：最小井眼125mm，最大500mm。

宽温度范围：最高耐温175℃。

宽耐压范围：最高耐压170MPa。

4. 主要技术指标

目前，商用的微电阻率成像测井仪有斯伦贝谢公司FMI、哈里伯顿公司XRMI和中国石油集团测井有限公司（简称中油测井）MCI等。为了适应不同井筒条件测量，MCI微电阻率成像测井仪于2008年向国内外推出的具有自主知识产权的高端成像测井装备。MCI仪器在耐压、井眼直径、测量动态范围等指标上更优。国内外同类仪器的技术指标见表3-3-1。

表3-3-1 国内外同类微电阻率成像测井仪主要技术指标对比

指标名称	MCI				FMI	XRMI
	高温高压型	小井眼型	超高温高压型	宽动态型		
最高耐温（℃）	175				175	175
最大耐压（MPa）	140	170	140		138	138
仪器外径（mm）	90（推靠器127）	90（推靠器104）	90（推靠器127）		90（推靠器127）	90（推靠器127）
仪器长度（cm）	830	820	830	830	802	734
仪器质量（kg）	239	180	260	236	211	225
电扣数	144	120	144		192	150
测井速度（m/h）	225			540（成像）1000（倾角）	540	540
纵向分辨率（mm）	5					
测井图像覆盖率	60%（8in井眼）	70%（6in井眼）	60%（8in井眼）		80%（8in井眼）	60%（8in井眼）
测量地层范围（Ω·m）	0.2~5000		0.2~20000		0.2~20000	0.2~10000
测量井斜范围	0°~90°，±0.2°					
测量方位范围	0°~360°，±2°					

二、主要功能模块

1. 探测器结构

1）推靠器结构

多臂分动推靠器是微电阻率成像测井仪的主要探测器，搭载多个极板。测井时，推靠器打开，由于采用统一液压动力驱动分组碟簧的多臂分动推靠设计技术、驱动臂旋转自锁链接结构工艺等，实现极板可沿井眼轴向旋转 ±15°，确保极板自适应贴靠不规则井壁。它由平衡组件、动力组件、推靠杆系等组成，如图 3-3-3 所示。

图 3-3-3　推靠器结构示意图

极板是微电阻率成像测井仪核心探测器，主要由极板体、纽扣电极和极板电路等组成，如图 3-3-4 所示。极板电路内置于极板空腔内。纽扣电极上下两排排布，每排 12 个，共 24 电扣。纽扣电极直径为 5mm，两排电极的中心间距为 7.6mm。极板曲率半径有 $8\frac{1}{2}$in 和适应于小井眼的 6in 两种。

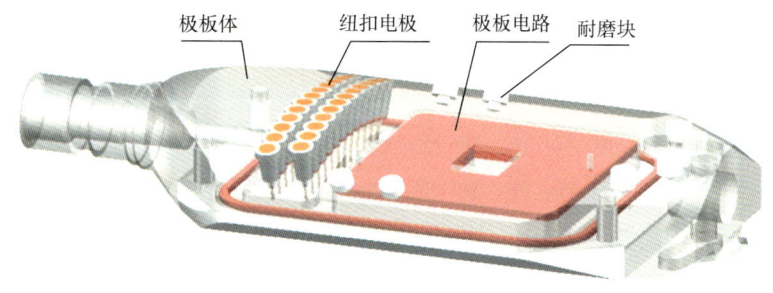

图 3-3-4　极板结构示意图

2）电路系统

微电阻率成像测井仪通过 7 芯铠装电缆完成地面与井下仪的通信，其中的 1#、4# 缆芯为井下仪提供主电源 220VAC。另外，通过幻象供电方式，在井下仪电源变压器中心抽头与电缆外皮之间施加一组高压直流电源，该电源为井下仪信号源电路供电，进而产生该仪器所需的正弦波大功率信号源。此外，同样采用幻象供电方式，在遥传短节模式变换器的输入端中心抽头与电缆外皮之间施加一组交流电源，用于为推靠器的打开和收拢提供动力。

微电阻率成像测井仪极板安装于推靠器底部杆系上。极板内部空腔用于放置极板电路。极板电路作用是放大 24 路纽扣电极电流信号，并通过模拟开关分时传送给预处理短节。预处理短节中，采用多级程控增益提高信号采样动态范围，数字相敏检波方式检测出每个纽扣电极电流信号的幅度，然后在采集短节中进行数据汇总。推靠器采用六臂分动设计结构，其主要功能是利用直流电机实现推靠臂的打开和收拢。另外，推靠器内部装有 7 个拉杆电位器，其中 6 个用于井径信号的测量，1 个用于极板压力信号的测量。

这些信号在预处理短节中经模拟开关和滤波缓冲电路分时进行采集。测斜探头安装于预处理短节中，测斜探头单独 CAN 节点输出的 3 个加速度信号 AX、AY、AZ 和 3 个磁通门信号 FX、FY、FZ 及井斜角 DEV、井斜方位角 HAZ、1 号极板方位角 P1AZ 和相对方位角 RB 到遥测短节。采集短节的作用就是将所有预处理短节采集的信号、EMEX 电压电流检测信号、电机电压检测信号等汇总后，通过 CAN 通信传输到遥测短节。

3）极板电路

极板电路内置于极板空腔内，24 电极电流信号采用 I/V 采样、低噪声高增益放大后，再进行高 Q 带通滤波放大，降低信号带宽，实现电路低噪声化，然后进入模拟开关实现电极信号分时传输，最后转换为差分信号驱动传输。

2. 采集短节

采集短节电路主要由电源、EMEX 振荡、EMEX 滤波、EMEX 驱动、EMEX 检测、主控及推靠器控制等部分组成。采集电路主要功能是为仪器提供电源及激励信号源，汇总所有信号上传至遥测，对仪器进行时序控制。采集电路如图 3-3-5 所示，各个模块的功能分述如下。

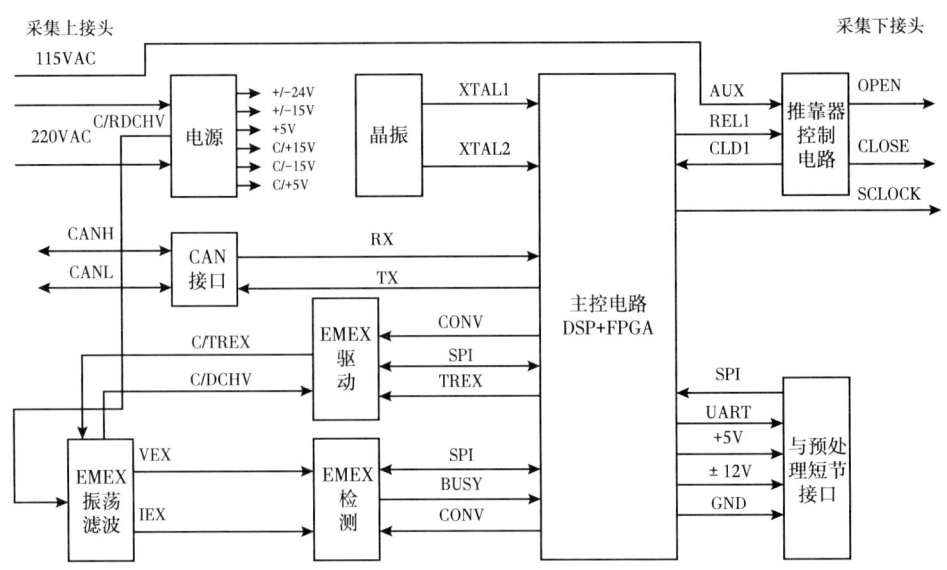

图 3-3-5　采集短节电路示意图

1）电源电路

仪器产生两种直流电源：稳压电源和未稳压电源。稳压电源主要为电子线路各个功能板供电。

2）推靠器控制电路

推靠器控制电路的功能是控制电机的正转与反转，从而控制推靠臂的打开和收拢。

3）EMEX 信号源

EMEX 信号源电路如图 3-3-6 所示，将地面幻象供电的程控直流经滤波、E 类功放，发射正弦波激励信号，激励信号经 EMEX 检测电路相敏检波、采集，用于图像归一化处理和信号源监测。

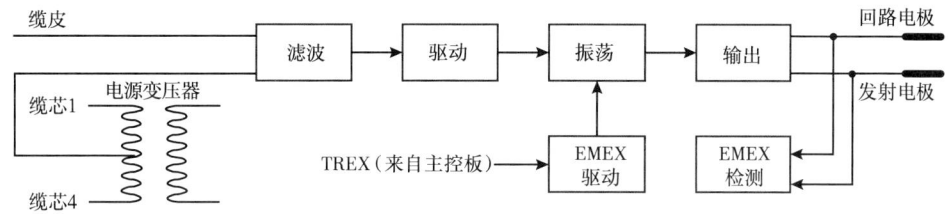

图 3-3-6　EMEX 信号源电路示意图

EMEX 驱动电路完成 EMEX 信号源触发信号的隔离传输，电机供电电压、EMEX 信号源高压直流电压的低通滤波采集功能。EMEX 驱动电路如图 3-3-7 所示。电路主要由比较器、光电耦合器、整形电路、驱动电路和多通道 ADC 采集电路等组成。

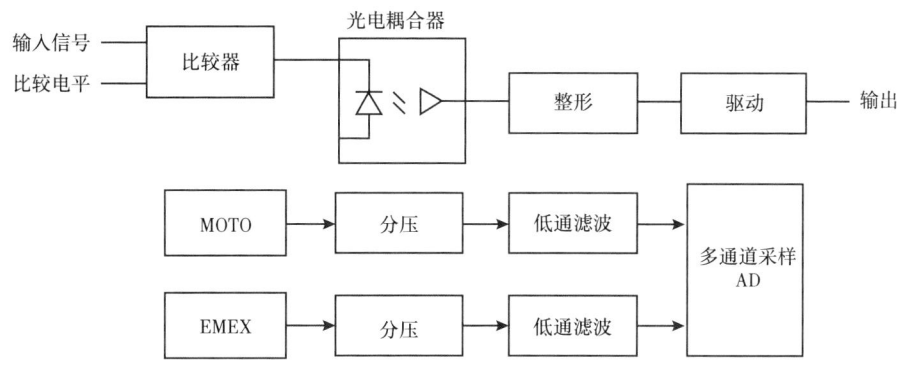

图 3-3-7　EMEX 驱动电路示意图

4）主控电路

主控电路是整个仪器时序、功能控制和通信的核心，主要由三部分组成：CAN 通信电路、DSP+FPGA 时序控制电路、数据传输电路。主控电路主要完成的功能包括仪器的时序控制、CAN 通信和测量数据汇总。

（1）DSP+FPGA 时序控制电路：由一片 DSP 和一片 FPGA 芯片和其他辅助电路组成。该电路功能包括：解码地面系统下发命令并执行；将所有采集数据按固定格式进行编排，然后通过 CAN 接口上传；对所有采集信号的数据汇总和总体时序控制。

（2）CAN 通信电路：由 CAN 收发器和 CAN 隔离器构成，连接仪器上接头的 CANH 和 CANL 线。

（3）数据传输电路：采集短节和预处理短节之间通过串行数据信号线 SDATA、时钟信号线 SCLOCK、数据选通信号线 TRANSFER 和串口 UART 4 根信号线进行通信。采集短节通过串口 UART 信号线将下发时序和命令至预处理短节。预处理短节通过剩下的 3 根线组成 SPI 通信上传数据，从而使整个系统有序工作。同时还进行 EMEX 检测板和 EMEX 驱动板的数据通信。所有的通信接口都包括隔离和驱动，保证信号高速传输的正确性。

3. 预处理短节

预处理短节主要由极板电源电路、纽扣电极信号采集处理电路、极板电源时序驱动电路及测斜探头组成。其主要完成极板纽扣电极信号、测斜信号、井径信号和辅助参量信号的采集和传输。

1）极板电源电路

极板电源电路主要由变压器、整流滤波电路和稳压器组成。极板电源电路产生两种直流稳压电源：±5V 和 ±9V，其中 ±5V 用于极板供电，±9V 为极板时序驱动电路供电。

2）极板时序驱动电路

该电路将采集处理板发来的复位（PADRST）和时钟信号（PADCLK）整合成一个驱动信号（PADSTEP），提供极板电路时序控制，驱动信号的时序波形如图 3-3-8 所示。

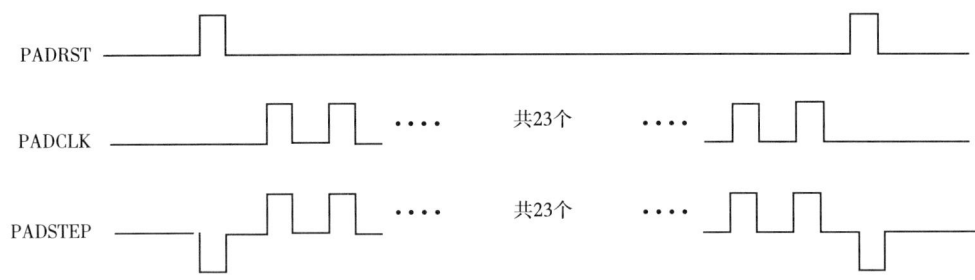

图 3-3-8　驱动信号的时序波形示意图

3）纽扣电极信号采集处理电路

该电路主要完成电扣、井径信号采集和数据上传到采集短节。接到主控板下发的命令后，每 80ms 完成五次全部数据的采集。

纽扣电极信号采集处理电路对 6 块极板的电扣信号并行采集，极板信号经过信号隔离、自动增益、偏移校正和滤波后进入 16 位高速 ADC 进行采集。采集完成的数据经过数字相敏检波得到每个电扣信号的幅值，用于图像显示。同时 6 道井径信号、极板压力信号和温度信号等辅助测量信号通过分时开关送入 ADC 进行采集。采集完成的信号由 FPGA 进行汇总打包，再通过 DSP 发送至采集短节主控电路。

4）测斜探头

测斜量部分由传感器（三个加速度计和三个磁通门）和调整低通放大电路组成。

测斜仪使用三维加速度计测量重力场，以确定仪器轴线斜度和相对方位角。配合磁通门检测地磁场以确定仪器轴线指向的地磁方位。在井下，仪器轴线与井轴重合，所以检测的参数即为该井段参数。

井斜和方位参数的测量建立在两个坐标系上。一个是仪器坐标系 $ox_b y_b z_b$，纵轴 $\overline{oz_b}$ 为仪器轴向，向下。径向 1 号极板方向 $\overline{ox_b}$ 与 $\overline{oy_b}$ 轴正交。另一个坐标系为地理坐标系 $ox_i y_i z_i$，$\overline{ox_i}$ 指地磁北，$\overline{oy_i}$ 指地磁东，$\overline{oz_i}$ 为地垂线指向下，两坐标系应符合右手规则。测斜仪在 $\overline{ox_b}$、$\overline{oy_b}$ 和 $\overline{oz_b}$ 轴向设置三个加速度计，分别检测重力加速度 g 在三个轴上的分量 g_x、g_y、g_z。在仪器坐标系的三个轴上，分别设置三个磁通门，用于检测地磁场在三个坐标轴上的分量 h_x、h_y 和 h_z。根据倾斜角、相对方位角和地磁方位角的定义，可得它们的计算式为：

倾斜角

$$\mathrm{DEV} = \arctan\frac{\sqrt{g_x^2+g_y^2}}{g_z} \tag{3-3-4}$$

相对方位角

$$\mathrm{RB} = \arctan\left(\frac{g_y}{g_x}\right) \quad (3\text{-}3\text{-}5)$$

地磁方位角

$$\mathrm{AZIM} = \arctan\frac{g(g_y h_x - g_x h_y)}{h_z(g_x^2 + g_y^2) - g_z(h_x g_x + h_y g_y)} \quad (3\text{-}3\text{-}6)$$

式中：g_x，g_y，g_z 分别为检测重力加速度 g 在三个轴上的分量；g 为重力加速度，$g = \sqrt{g_x^2 + g_y^2 + g_z^2}$，g/s²；$h_x$、$h_y$ 和 h_z 为磁场在三个坐标轴上的分量。

测斜仪为单独 CAN 节点传输数据。

三、数据处理方法

如图 3-3-9 所示，一套由 22 个功能模块组成的成像数据处理及地质应用评价软件系统，可完成成像精细处理、裂缝孔洞识别评价、沉积构造分析及孔隙组分分析等。处理软件主要由数据预处理、图像生成、沉积分析等组成。

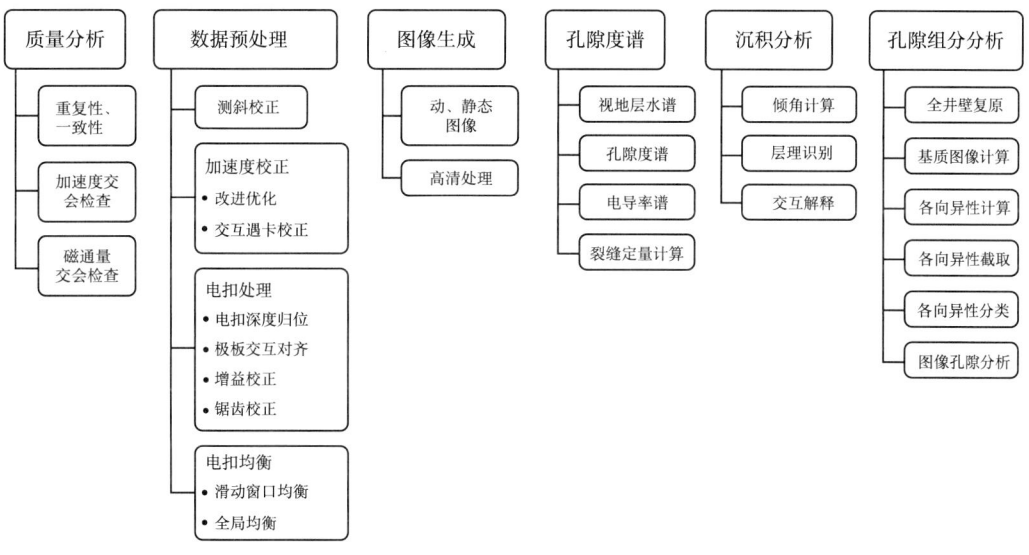

图 3-3-9 微电阻率成像精细处理技术组成示意图

1. 成像数据预处理技术

成像数据预处理恢复原始采集数据的真实深度并改善原始采集资料质量，确保用户能获取高质量图像。数据预处理主要包括：加速度校正用于消除因仪器非匀速运动产生的图像错位，电扣深度归位对齐用于消除因仪器设计导致的电扣间深度差；锯齿校正用于解决相邻电扣由于仪器不规则运动产生的锯齿现象，井眼校正采用椭圆拟合重映射的方法，计算并还原电扣数据在井周分布的真实位置；坏电扣校正消除测井中个别电扣失效引起的测量值不正常现象；EMEX 校正、去增益处理，对动态电压及增益进行恢复处理，确保全井段电扣测量状态的一致性；电扣均衡，通过基于滑动窗口的窗长统计技术进行数据均衡处理，确保各电扣测量值在一定窗长内具有一致的数学统计期望值。

1）加速度校正方法

如何准确地恢复原始采样数据的真实深度位置、消除仪器非匀速运动对采集数据产生的畸变影响，成为微电阻率成像测井数据预处理的关键之一。在实际处理中，LEAD4.0软件采用分段积分的方式克服加速度校正时累计误差大的缺点，如图3-3-10所示，加速度校正后的数据信息得到恢复，图像质量有明显改善。图3-3-11为加速度校正流程图。

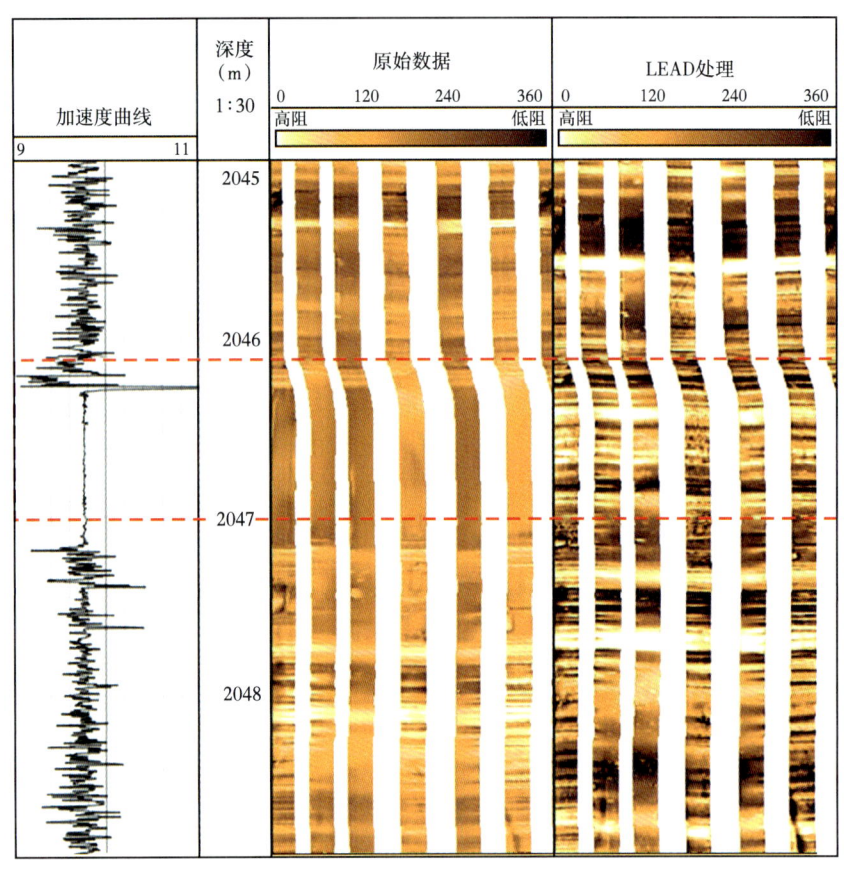

图 3-3-10　加速度校正效果示意图

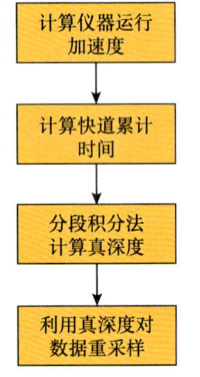

图 3-3-11　加速度校正流程图

2）电扣均衡处理

此处理技术实现极板内均衡和全局均衡的二次均衡处理，同时提高极板内及全局均衡的一致性；采用基于滑动窗口的技术进行均衡处理，保证图像整体平衡无跳变。图3-3-12为基于滑窗处理的电扣均衡流程图，图3-3-13为电扣均衡效果图，目的是消除背景差异，增强极板图像一致性。

2. 图像生成技术

图像生成技术将预处理后的数据经过图像归一化、直方图增强等处理，生成高质量图像，用于地质解释。图像增强采用有限色标表征图像并提高对比度，高清处理，根据仪器极板相关参数，设计锐化系数，进行滤波处理，提高清晰度。

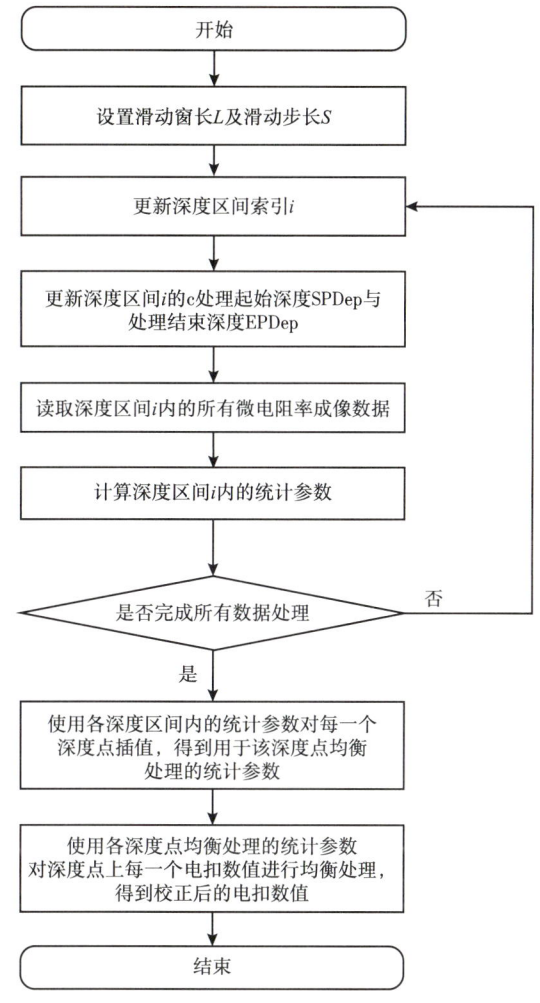

图 3-3-12 电扣均衡处理流程图

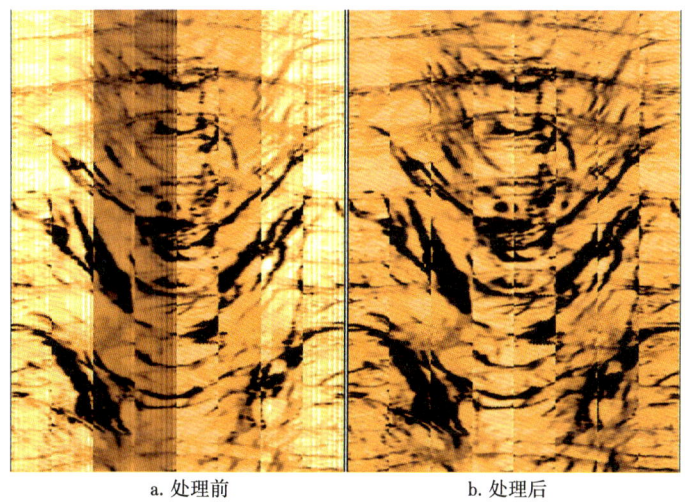

a. 处理前　　　　　　　b. 处理后

图 3-3-13 电扣均衡处理前后效果对比

3. 复杂储层缝孔洞识别及参数定量表征技术

基于缝洞型储层在微电阻率成像测井资料中具有"高电阻率基岩背景、低电阻率缝洞目标"特点，结合人机交互解释提取出的裂缝迹线，得到裂缝子图像；统计裂缝子图像中每单条裂缝，采用基于正演模拟的裂缝开度计算模型，自动计算每条裂缝开度，通过全井段自动统计导出各种裂缝参数（裂缝密度、裂缝视孔隙度等）。随着人工智能技术的发展，基于深度学习的裂缝识别方法能够一定程度上克服传统算法中噪声较多导致识别不准确的问题。裂缝识别效果如图 3-3-14 所示。

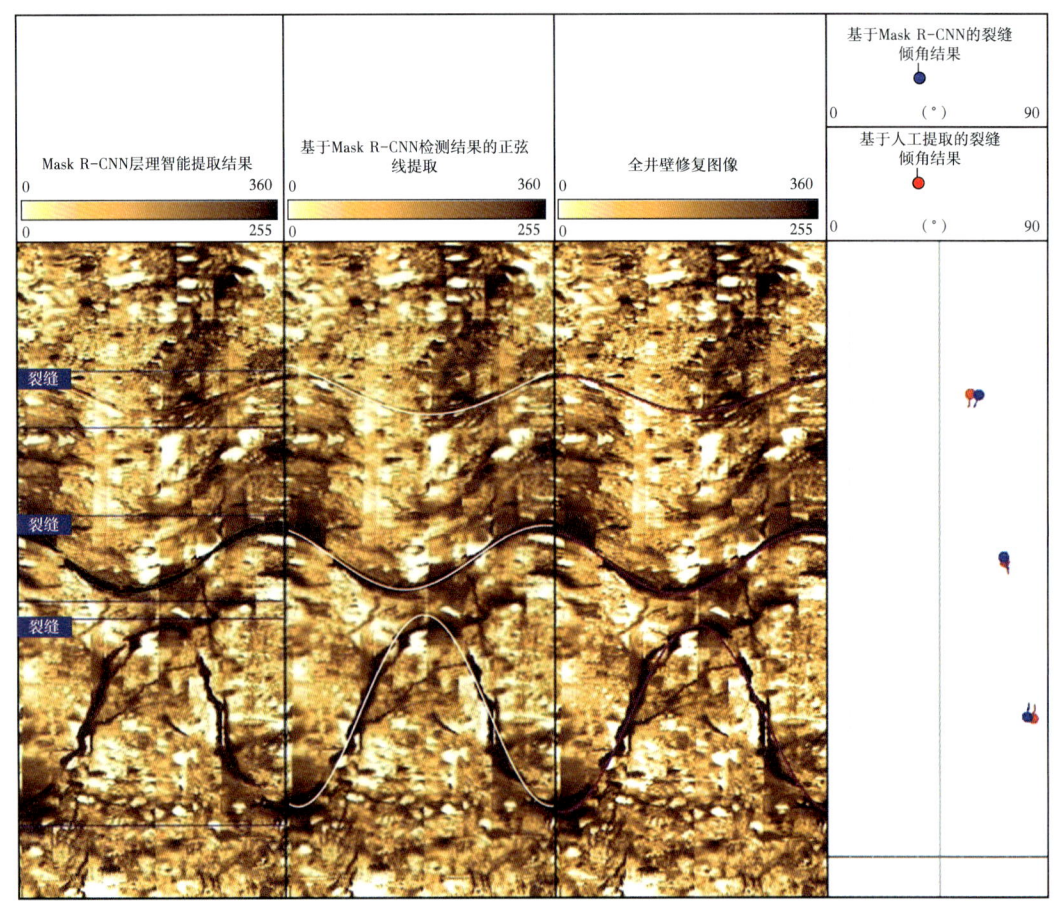

图 3-3-14 微电阻率成像测井裂缝智能识别技术示意图

4. 沉积和构造分析技术

三种微电阻率成像沉积或构造分析技术，包括人机交互解释方法、基于多臂多电扣倾角分析方法、基于图像纹理智能分析的产状参数自动提取方法。其中基于成像纹理特征自动提取地层产状的方法克服了传统相关对比算法在大斜度井处理中误差偏大的缺点，明显提升了层理和纹理自动提取的精度、精细度和倾角模式组合关系，有利于更好地进行砂体走向预测和精细沉积分析，为井眼成像参与地层成像综合地质表征提供了基础成果。

5. 孔隙度谱及储层非均质分析技术

将电阻率刻度后的微电阻率图像利用阿尔奇公式转换为孔隙度图像，连续统计局部窗长内的孔隙度直方图分布，搜索合适的阈值实现原生孔隙和次生孔隙划分，确定原生孔隙度和次生孔隙度大小，辅助进行碳酸盐储层的孔隙类型划分。

6. 孔隙组分分析技术

将电阻率曲线刻度后的微电阻率图像，利用分水岭算法进行分割，计算各向异性图，并根据给定的裂缝特征，对连通性各向异性、裂缝性各向异性、电阻性各向异性、孤立性各向异性等进行处理分析，计算出面积比、电导率、面积等参数，结合常规电阻率、孔隙度，对图像的孔隙分布进行分析，为后期的解释评价提供支持。

利用峰值线将导电不均匀点分为连通型和孤立型。并通过倾角数据（倾角、方位、深度、高度等属性），在图像上与各倾角类型相连的区域划为一类。

四、仪器刻度

1. 刻度原理

微电阻率成像测井仪采用两点刻度法，根据推靠器结构与运动模型推导出采集电压和井径之间的关系。首先是根据推靠器的结构特点，建立起结构模型，推导出当推靠臂主动杆运动一定的位移时，推靠臂主臂张开的角度，再根据结构尺寸计算出此时的井径大小。运用机械动力学方法，能够得到这一运动过程的数学表达式。其次就是利用标准的井径值代入上面的表达式中，反算出在6in和15in时，井径传感器所移动的距离，再根据此时的采集电压值得出井径传感器的输入输出关系，即传感器位移和采集电压的关系。通过式（3-3-7）和式（3-3-8），就可以得到在任一井径时，井径传感器的电压值所对应的推靠臂主动杆位移，再间接计算出相应的井径大小。因为井径传感器是线性拉杆传感器，其输入位移和输出电压是标准的线性关系，可以直接用两点刻度就表达出其曲线关系：

$$\alpha = 0.00002448 m^3 - 0.00579773 m^2 + 1.9571662 m + 0.0064783 \quad (3\text{-}3\text{-}7)$$

$$R = 64.14 + 316 \sin\alpha \quad (3\text{-}3\text{-}8)$$

式中：α 为推靠器臂转动角度；m 为井径传感器位移，mm；R 为推靠器张开半径，mm。

2. 井径刻度

将微电阻率成像测井仪连接起来，并备好6in和15in井径筒，依次将大、小井径筒居中套于6极板。

五、典型案例

微电阻率成像测井仪在加拿大、俄罗斯、伊朗、伊拉克、乌兹别克斯坦、孟加拉国、印尼等多个海外国家和长庆、塔里木、吐哈、华北、青海等16个国内油气田推广应用百余套，MCI是首个在国内推广应用和销往海外的国产微电阻率成像测井仪器，累计测井3000余井次。应用来，在复杂非常规油气储层评价、井位设计、完井品质、压裂方案优选、区域地质研究，以及油藏描述方面已发挥明显的作用，支持了塔里木油田轮探×井等一批重点探井油气发现。

轮探×井是塔里木盆地塔北隆起轮南低凸起寒武系盐下台缘丘滩带的一口风险探

井，钻探目的为探索轮南下寒武统白云岩储盖组合的有效性及含油气性，突破寒武系盐下丘滩体白云岩新类型，开辟轮南油气勘探新领域，推进深部层系勘探进程，寻找油气增储上产接替区。

轮探×井井底温度167℃，压力135MPa，给测井数据采集带来新的挑战，获取了双侧向、放射性、XMAC-F1、MCI微电阻率成像等测井资料。如图3-3-5所示，应用MCI微电阻率成像测井发现寒武系吾松格尔组新层系，发现Ⅱ类和Ⅲ类储层近100m，标志着塔里木盆地寒武系盐下超深层勘探取得重大成果，证实8000m以深依然可发育原生油藏和优质储盖组合，开辟了一个重要接替层系和崭新的勘探领域。

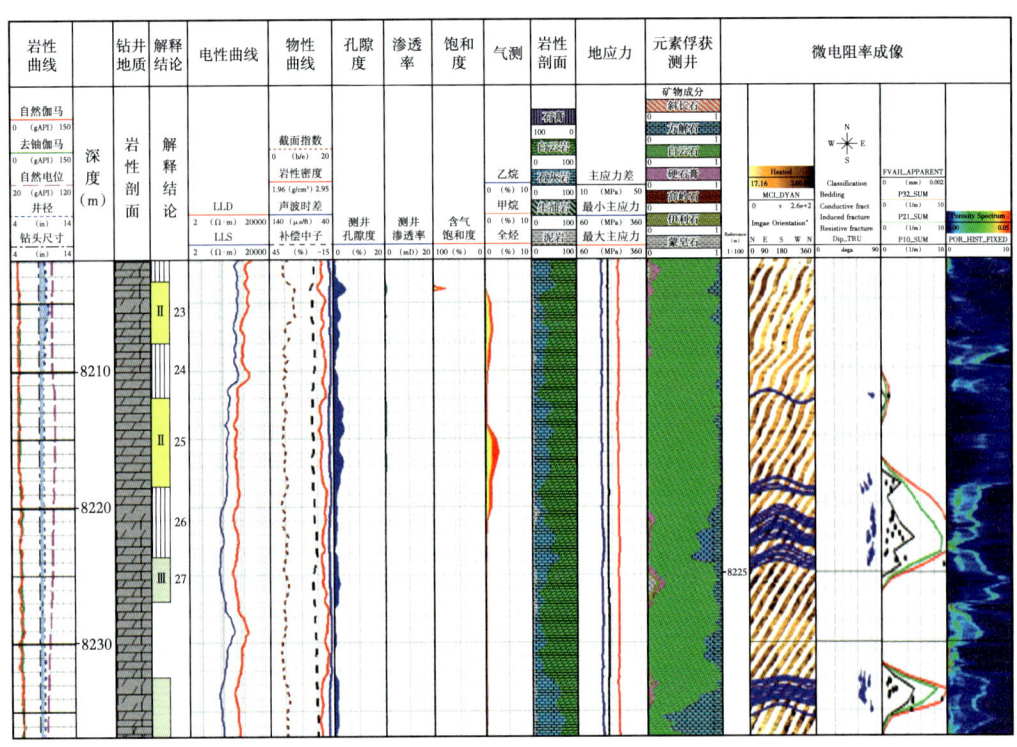

图3-3-15 轮探×井MCI微电阻率成像测井解释成果图

第四节 电场成像测井仪

电场成像测井仪是为解决碳酸盐岩和致密油气等复杂储层描述而设计，提出创新的裂缝孔洞型碳酸盐岩等非均质地层模型均质化理论，利用地层真电阻率、孔隙度谱快速计算复杂储层的油气含量，通过提高仪器精度实现致密油气藏沉积构造、微裂隙的识别。通过阵列电极系测量得到地层不同方位、不同探测深度的电阻率，利用毫米级高分辨率及高井眼覆盖率微电阻率成像测井得到井壁高精细图像；再通过井旁三维电阻率反演算法实现地层的三维精细成像；最后，以均质化地层场论，实现非均质碳酸盐岩油气含量快速测算与评价。储层电阻率是其含油性评价的重要参数，对于复杂储层和碳酸盐岩储层，已经发展并提出了相应的均质化地层场论（李剑浩，2015）。该理论提出了计算储层含水饱和度的两个电阻率测井系列,以分别得到泥质砂岩和碳酸盐岩储层的油气饱和度剖面。电场成像测井就是其中的一个系列,它采用多探测深度电极系和贴井壁极板微电极阵列设计,提供 2 种探测深度井周地层电阻率精细成像和 5 种探测深度 12 个方位电阻率,实现对距离井筒 1.5m 范围内电阻率的三维测量。

将电场成像测井仪得到的地层真电阻率与其他方法得到的孔隙度谱相结合,形成了快速计算含油饱和度的测井技术。该技术可实现碳酸盐岩储层油气含量快速测算与评价,解决非均质碳酸盐岩储层井旁孔、洞、缝三维定量表征和描述,以及致密油气储层的沉积构造分析与微裂隙识别等难题。

一、总体描述

仪器采用周向多方位发射电极和多探测深度接收电极阵列及 2.5mm 高分辨率高覆盖率电扣阵列,测量 12 个方位、5 个探测深度的地层电阻率及井周高分辨率图像,实现近井眼电阻率体成像和孔隙度方位成像。利用地层真电阻率和孔隙度谱快速计算油气含量,用于裂缝识别、薄层评价、流体识别、地层各向异性评价、沉积相和构造分析,尤其在碳酸盐岩剖面精细评价方面有着广泛的应用前景。

1. 仪器构成

电场成像测井仪由方位侧向电极系短节和高分辨率微电阻率成像短节两部分构成,如图 3-4-1 所示。方位侧向电极系短节有 12 个方位主电极,每个方位电极可分别独立发射方位电流,方位分辨率为 30°;有 5 对纵向屏流电极,对主电流进行纵向聚焦,实现 5 种不同的探测深度。一次测井可同时得到 12 个方位 5 种探测深度的 60 条方位电阻率曲线。高分辨率微电阻率成像短节有 8 个极板,每个极板上有 48 个电扣,共有 384 个直径为 2.5mm 的电扣。

图 3-4-1 电场成像测井仪结构示意图

方位侧向电极系短节主要包括上电路短节、上隔离体、发射/聚焦短节、前隔离体、方位电极系、后隔离体、连斜短节、下隔离体和下回路电极(图 3-4-2)。

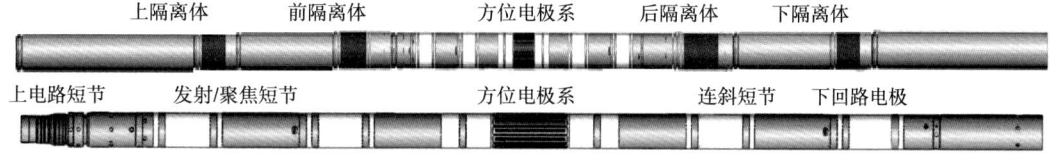

图 3-4-2 方位侧向电极系短节结构示意图

方位侧向电极系由上/下接头、芯棒组件、方位电极组、平衡组件、电极环、绝缘垫套和泄油阀等组成,电极通过充油实现电极腔内外压力平衡。

高分辨率微电阻率成像测井仪主要包括上电路短节、上绝缘短节、下电路短节、八臂分动推靠器、成像极板和下绝缘短节共 6 个短节(图 3-4-3)。

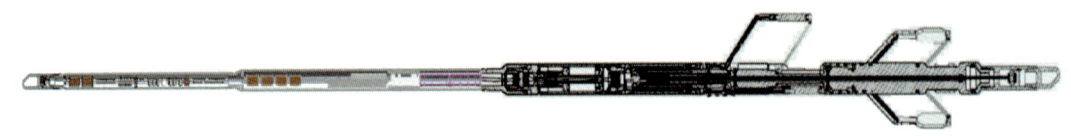

上电路短节　　上绝缘短节　　下电路短节　　八臂分动推靠器　　成像极板　　下绝缘短节

图 3-4-3　高分辨率微电阻率成像测井仪结构示意图

推靠器采用双层八臂推靠器，液压动力结构，极板分为上下两层，每层为 4 块极板。传动结构采用高压液压油带动活塞推动推盘轴向运动，同时带动 8 根力推立杆独立运动，使 8 个臂独立从最小半径到最大张开半径运动，不影响到其他臂张开（图 3-4-4）。

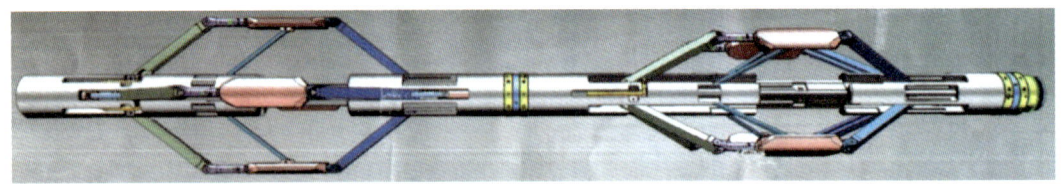

a. 打开模式

b. 关闭模式

图 3-4-4　推靠器结构示意图

如图 3-4-5 所示，成像极板是微电阻率成像测井仪的关键组件，阵列电极布局于极板体表面的最中间位置；极板内有空腔，用于安装 3 排共 48 个电极信号采样及放大电路，充油的极板电路系统可以承受 140MPa 压力；极板与极板电路系统组成成像极板，总体采用平衡承压方式实现。用平衡膜进行腔体密封，内部注油实现压力平衡；极板采用不极化铍青铜材料，井壁贴靠面部件采用模块化易拆装设计，极板主体承拉伸、弯矩和扭矩载荷；铰接挂耳连接、旋转和限位。极板引线采用承压密封金属软管过线方式，与极板主油腔连通共享充油压力平衡。该仪器在 8in 井眼的井周覆盖率为 88%。

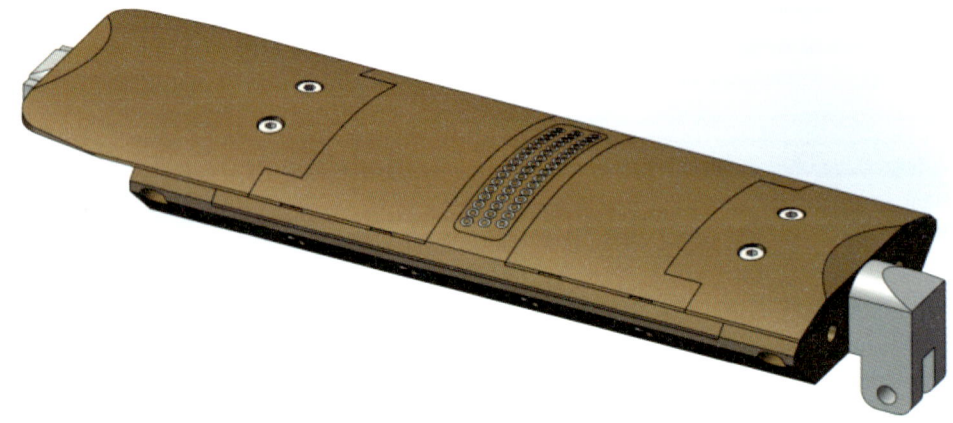

图 3-4-5　极板结构示意图

2. 工作原理

1）方位侧向电极系工作原理

方位侧向测井仪是在阵列侧向测井仪基础上对阵列电极结构参数进行优化，并将 A0 主电极剖分为 12 个方位电极，通过改变屏蔽电极和回路电极的位置，实现 5 个不同探测深度、12 个方位的测量，一次可得到 60 条方位电阻率曲线。由于 12 个方位电极在均匀介质或轴向均匀介质中具有相同的响应，下面仅以其中一个方位电极为例进行计算，命名为方位电极 1。方位电极 1 测井模式工作原理如图 3-4-6 所示。

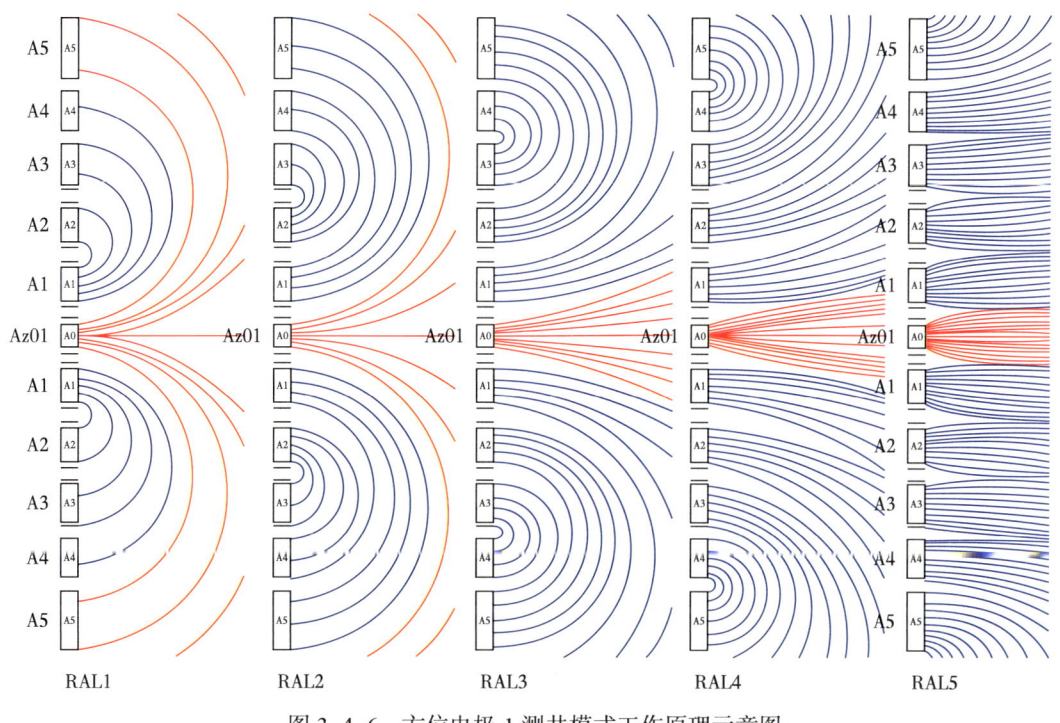

图 3-4-6 方位电极 1 测井模式工作原理示意图

仪器工作时，通过逐渐增加主电极 Az01 两侧的屏蔽电极个数，使得从 Az01 发射的电流（图 3-4-6 中红色部分）进入地层的深度不断增加，可以得到探测深度逐渐增加的电阻率曲线。方位电极 1 的几种模式测量状态，见表 3-4-1。

表 3-4-1 方位侧向电极系工作模式

探测模式	主电流电极	屏流电极	回流电极	备注
浅探测 Ⅰ Raz1	Az01	A1	A2+A3+A4+A5+B	
中浅探测 Ⅱ Raz2	Az02	A1+A2	A3+A4+A5+B	
中探测 Ⅲ Raz3	Az03	A1+A2+A3	A4+A5+B	测量参考电极 N 位于马笼头鱼雷处
中深探测 Ⅳ Raz4	Az04	A1+A2+A3+A4	A5+B	
深探测 Ⅴ Raz5	Az05	A1+A2+A3+A4+A5	B	

方位侧向电极系共有 12 个方位电极，每种模式有 12 条曲线，对每一种模式分别合成可以得到 5 条不同探测深度的常规阵列侧向测井曲线：

$$R_{\text{AL}i} = K_{\text{AL}i} \frac{V_{\text{M0(AL}i)}}{I_{0(\text{AL}i)}}, \ i=1, 2, \cdots, 5 \quad (3\text{-}4\text{-}1)$$

式中：i 为 5 种工作模式中的某一种；$R_{\text{AL}i}$ 为第 i 种模式视电阻率；$K_{\text{AL}i}$ 为第 i 种模式仪器常数；$V_{\text{M0(AL}i)}$ 为第 i 种模式监督电极 M0 上电位；$I_{0(\text{AL}i)}$ 为第 i 种模式主电极 A0 上的电流。

阵列电极排列如图 3-4-7 所示，方位电极选择在主电极 A0 上分 12 个扇区，每个方位电极宽度相同，之间用绝缘隔开。

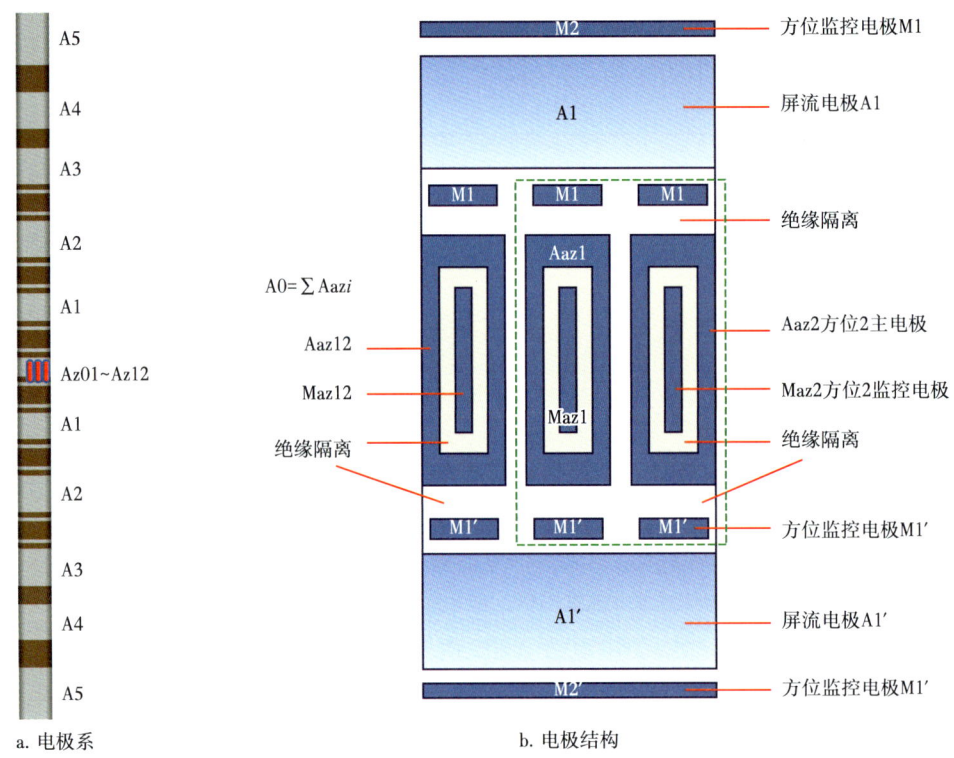

图 3-4-7 方位侧向电极系及电极结构示意图

2）高分辨率微电阻率成像测井测量原理

测井时极板处于张开状态，并且紧贴井壁，地面施加 EMEX 电源，推靠器杆系及极板体发射 10kHz 的交变电流，经井内钻井液柱及周围地层回到仪器上部的接收电极（阵列方位侧向测井仪下电极）。由于极板中部的阵列电扣电极与极板体等电位，在聚焦的作用下，迫使阵列电极发射的电流垂直于井壁进入地层，从而使阵列电极的电流正比于流经地层的电导率。微电阻率成像测井原理如图 3-4-8 所示。

在测井过程中，依次采集 8 个极板上每个纽扣电极流出电流的大小，然后利用不同颜色进行刻度，可以得到电阻率的彩色图像。高分辨率微电阻率成像测井图像在识别裂缝、分析薄层、进行储层评价及沉积相和沉积构造研究方面都具有重要的应用价值。任何地质特征只要与相邻地层电阻率有一定差异，图像上就会有所反映，并且电阻率差异越大，图像反映也越大，高电阻率地层对应浅色图像，低电阻率地层或充满钻井液的裂缝对应深色图像。

通过测斜探头可得到井斜、井斜方位及1号极板方位等信息，根据1号极板方位进行方位校正，最终可得到确定方位的电阻率图像。

仪器采用双层杆系八臂分动推靠器设计，上下排布8极板，每极板设计3排纽扣电极，横向中心间距1.25mm，每排16个，成像分辨率设计为2.5mm，像素更精细；覆盖率由60%提高到88%，使井周成像更"完整"，井周图像分辨率由5mm提升到2.5mm，纵向上地层层理信息更清晰。

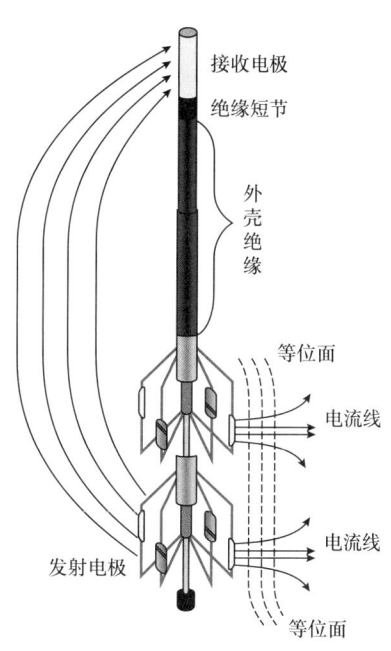

图3-4-8 高分辨率微电阻率成像测井原理示意图

3. 主要技术指标

电场成像测井仪技术指标如下。

耐温耐压：175℃/140MPa；外径：90mm；探测深度：0.37m，0.49m，0.58m，0.68m，1.4m；适应井眼：150~530mm；测量范围：0.2~20000Ω·m（$0 < R_t/R_m < 20000$）；测量精度：5%，1~2000Ω·m；10%，2000~5000Ω·m；20%，其他；井眼覆盖率：88%；成像分辨率：2.5mm；纵向分辨率：≤25cm；方位分辨率：30°。

二、主要功能模块

电场成像测井仪结合了方位侧向测井和高分辨率微电阻率成像测井两种方法，在有限空间实现多方位电阻率测量与多深度阵列电阻率测量、井周高分辨率电扣测量，攻克了多方位电极设计、2.5mm多电扣板承压密封、多极板杆系分动推靠、阵列电扣微弱信号处理与采集数字化和传输等关键技术。

1. 方位侧向电极系

采集电路短节包含主控板、多频信号源板、12方位电流测量板和电位测量板。其中主控板完成12方位电流和电位信号采集、检波处理、屏流源发射控制，以及与地面系统的通信；多频信号源板用于产生5种不同频率的正弦波信号；12方位电流测量板用于测量井周12个方位的A0电极电流，进行带通滤波和模数转换处理后，以串行方式发送至主控板；电位测量板用于测量主监督电极M1的电位信号，同样在滤波和模数转换后，发送至主控板。

主监控前置放大和屏流源短节包含2块6通道的电流前置放大板、5块模式屏流源辅助聚焦监控板和1块继电器控制板。电流前置放大板主要是对12个方位主电极A0_1~A0_12的主电流信号进行滤波放大预处理，得到比较干净的电流信号分别送至相对应的电流测量板；辅助聚焦监控板的主要功能为测量监控电极间的剩余电位差，根据所测量的剩余电位差来调整屏蔽电流的大小，使屏蔽电极间的剩余电位差为 0；继电器板用以控制井下仪器测井 / 刻度状态切换。

方位侧向测井为实现不同探测深度设计了 5 种工作模式，完成屏流辅助聚焦供电并达到聚焦电位平衡状态，多频率阵列聚焦监控，频率为 30~400Hz，电路兼顾聚焦速度与平衡精度。主监控 / 辅监控均采用硬聚焦方法。下面就屏流辅助聚焦、信号测量和主控采集电路作说明。

1）屏流辅助聚焦电路

工作频率为 30~400Hz 的 5 种频率，依次为深到浅 5 种模式。5 种频率屏流信源产生电路，各频率间无串扰，频率分布范围及间隔和相位合理分配，工作频率为 36~324Hz，间隔 48Hz。浅模式监控电极上的微弱信号经放大后送选频电路，将供电信号和监控信号合成，经功放和变压器驱动到 A1 和 A2 电极上输出，实现浅模式的聚焦和供电。其余 4 种探测深度模式聚焦功能相同，远模式屏流电流从 A5 发出回到鱼雷。要求监控增益提高到 100 倍以上来提升辅助监控精度。辅助聚焦控制电路由 5 道组成，分别是辅助监控电路通道 1~5。

2）高精度信号测量电路

为提高仪器测量精度，12 方位电流信号测量和电位信号测量均采用耐高温、16bit 高精度模数转换器。

测量电路由带通滤波电路、PGA 程控增益电路、高精度 ADC 电路和 FPGA 控制等构成，如图 3-4-9 所示。FPGA 器件完成采集输入信号的并串转换功能，将接收到的数据通过 SPI 串行的方式传送给主控板。

电位测量采集电路与电流测量采集电路原理相同，由于只需采集 A1 电极电位和 12 个方位的主电流，电位测量采集板采用单通道，电流测量使用 6 块双通道的电流测量采集板分别采集 12 个方位的主电流。采集板由输入隔离电路、输入增益控制电路、16 位模数转换电路及 FPGA 控制电路几部分组成。

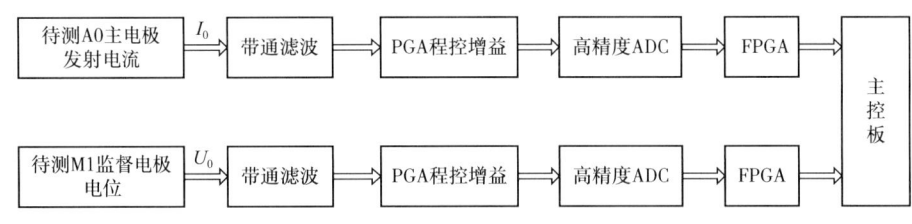

图 3-4-9　高精度信号测量电路示意图

3）主控采集电路

主控采集电路是整个仪器的控制中心，以 32 位浮点 DSP 和大规模 FPGA 为核心，主要实现以下功能：

（1）控制数据采集过程，产生各种采集控制信号；

（2）完成对 12 方位主电极电流信号 A0_1~ A0_12 和监督电极电位信号的检波处理，即采用 FFT 分别计算分离出各单一频率对应的原始电位和电流信号，计算对应的视电阻率；

（3）根据计算所得的视电阻率和给定的公式控制产生 5 种不同频率的正弦波信号源，供功率放大级输出屏流用；

（4）可通过 CAN 总线，根据通信协议与采集系统进行数据传输和命令下发。

主控程序控制流程如图 3-4-10 所示。

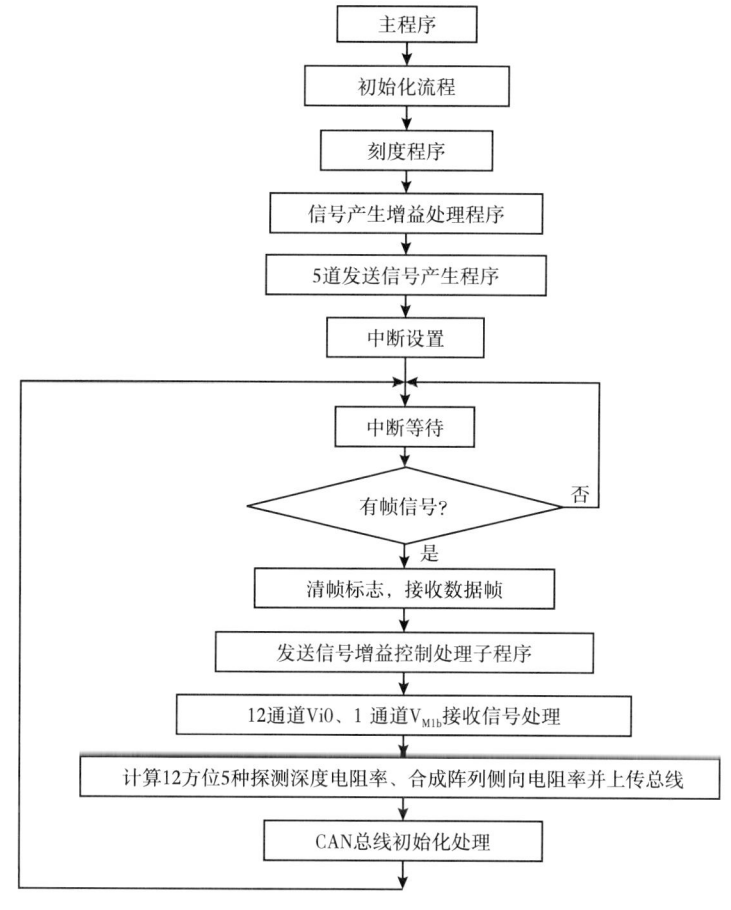

图 3-4-10　方位侧向测井主控程序流程图

2. 高分辨率微电阻率成像短节

高分辨率微电阻率成像短节电路模块主要分为信号采集处理模块、大功率信号源模块、极板电路模块、电源模块和辅助模块，分别位于采集部分、预处理部分和推靠器部分中，整体电路如图 3-4-11 所示。通过信号模块发射交流电信号进入井周地层，8 块阵列电极极板接收到信号后由 4 块电扣采集电路进行并行采集，电扣信号和辅助信号采集完成后通过汇总电路发送至主控电路，主控电路最后上传至遥传完成地层电阻率成像数据的采集。

信号采集处理模块主要完成电极信号和辅助参量信号的采集、处理和控制。考虑到仪器需要对 384 个阵列电极信号进行调理、采样、处理和传输，并且仪器测速不能过慢，所以设计海量数据并行采集系统对电极型号进行高速并行采集处理。将 384 个电极信号分为 24 通道并行采集，每一个通道对 16 个电极信号进行分时采样处理，这样既保证仪器测速，也将电路规模控制在合适范围。

极板电路模块完成 48 阵列电极的电流采样和固定增益放大，通过 3 路分时信号发送到预处理短节进行信号采集。

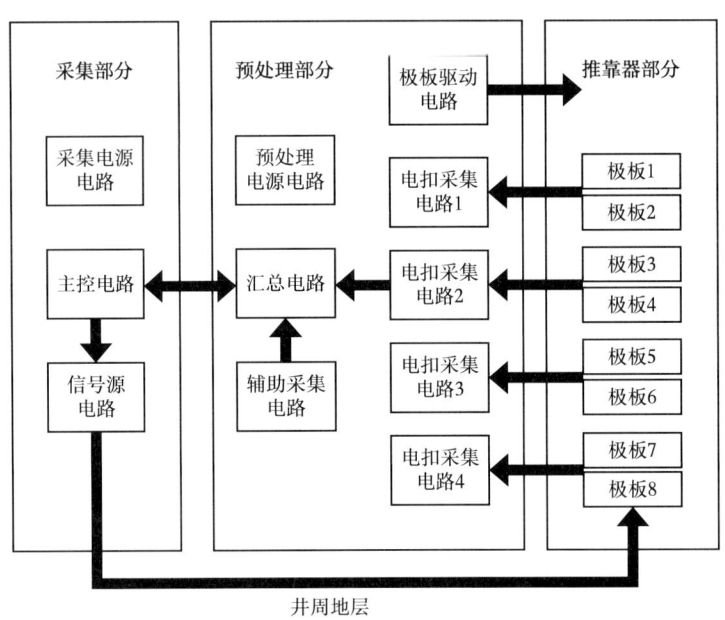

图 3-4-11 整体电路示意图

电源模块包括变压器和线性电源电路,模块产生各种正负电源,对其他模块电路进行供电。

辅助模块包括推靠器控制电路和极板电源保护和驱动电路,分别实现推靠器开收腿控制命令下发和极板时序驱动与过压过流保护。

三、数据处理方法

电场成像测井仪电性体分析应用,要求能计算裂缝、周向非均质地层的响应特性,实现近井眼地层电阻率的三维空间精细成像。基于连续的 12 方位侧向测井仪电极系和双层八极板高分辨率微电阻率成像测井仪电极系的测量信号,联合反演出近井眼地层的三维空间电阻率,并对三维地层进行任意截面的电阻率成像(张庚骥,2009)。进一步,针对周向异常体,基于电成像测井和方位侧向测井信息,在已知基质电阻率的情况下,通过反演获取周向异常体(可近似球状或多面体形状)电阻率、尺寸及位置。

1. 地层三维反演理论

在地球物理正反演的问题中,正演问题通过某些假定条件及数值模拟方法相对比较容易建立,而反演问题由于可观测到地层信息有限和噪声干扰,难以直接建立由观测数据反推真实模型参数的逆问题。反演的过程为:根据经验选择反演初始模型,对初始模型进行正演求出测井响应。假如正演求得的测井响应数据与已知的测井响应数据的拟合差在误差范围之内,即认为此模型就是真实地层模型;如果在误差范围之外,就修改模型参数,再对其进行正演。通过不断反演迭代,直到当某模型下正演响应与测井响应拟合差在误差范围之内,则求得期望的反演模型。

2. 高分辨率微电阻率成像测井与方位侧向测井联合反演技术

1)探测深度、伪几何因子与真电阻率的关系

由伪几何因子的定义:

$$G = \frac{R_a - R_t}{R_{xo} - R_t} \qquad (3\text{-}4\text{-}2)$$

可知：

$$R_a = GR_{xo} + (1-G)R_t \qquad (3\text{-}4\text{-}3)$$

式中：G 为伪几何因子；R_a 为视电阻率；R_t 为地层真电阻率；R_{xo} 为侵入带电阻率。

式（3-4-3）表明，视电阻率由等效侵入带电阻率和等效地层真电阻率共同决定，其贡献值由 G 决定。电场成像测井仪的探测深度定义为 $G=0.5$ 处的侵入半径。

由式（3-4-3）可以看出，在只有一层侵入的纵向无限厚地层，如果给定仪器有至少两种探测模式，则在井壁处，这两种探测模式在不同视电阻率的情况下，同时有不同的伪几何因子，由此可知其满足以下关系：

$$\begin{cases} R_{a1} = G_1 R_{xo} + (1-G_1)R_t \\ R_{a2} = G_2 R_{xo} + (1-G_2)R_t \end{cases} \qquad (3\text{-}4\text{-}4)$$

式中：R_{a1}、R_{a2} 分别为探测深度1、探测深度2的视电阻率；G_1、G_2 分别为探测深度1、探测深度2的伪几何因子。

由式（3-4-4）可求解获得真实地层的 R_{xo} 和 R_t：

$$\begin{cases} R_{xo} = \dfrac{(1-G_1)R_{a2} - (1-G_2)R_{a1}}{G_2 - G_1} \\ R_t = \dfrac{G_2 R_{a1} - G_1 R_{a2}}{G_2 - G_1} \end{cases} \qquad (3\text{-}4\text{-}5)$$

2）视电阻率反推侵入带电阻率与地层真电阻率

如果探测的井眼和地层为与计算伪几何因子完全相同的标准井眼和地层，则可直接根据式（3-4-5）反推侵入带与地层真电阻率。然而实际探测的真实井眼和地层与计算伪几何因子的特征有很大差别，在井径与地层电阻率变化的情况下，计算出的伪几何因子会有较大差异，因此不能直接根据式（3-4-5）得到侵入带与地层真电阻率。对伪几何因子产生直接影响的参数包括井径、侵入带电阻率、地层真电阻率，而地层纵向分层也将视目的层厚薄而对伪几何因子影响不同。如果需要采用式（3-4-5）反推侵入带与地层真电阻率，则需要采用与真实测量环境一致的计算地层获得的伪几何因子。

一种较为直接的方法是考虑井径、侵入带电阻率与地层真电阻率与地层纵向分层的影响，事先计算海量的伪几何因子曲线，然后基于测量的视电阻率通过查表的方法寻找最为匹配的伪几何因子曲线，进而获得最为接近的侵入带与地层真电阻率。然而，针对电场成像测井仪，其伪几何因子曲线的计算都需要复杂的三维数值计算，无论网格剖分，还是三维有限元求解，其单个点的计算时间都需要数小时，如果要计算数万个模型形成伪几何因子曲线库，即使通过功能强大的并行集群进行计算，也需要相当长的时间。因此，需要采取相应措施尽可能减少建库的计算点数。

减少离散点数，再通过曲线、高维曲面拟合的方法获得光滑的数据库，是高效建立数据库的关键。首先，针对伪几何因子曲线，可根据曲线特点，计算少量侵入半径，通过曲线拟合的方法获得光滑曲面；其次，针对同样探测深度、井径、侵入带电阻率、围岩厚度、侵入带之外的目的层电阻率、上围岩电阻率及下围岩电阻率 7 个变量变化任一个而固定其他变量，都可以形成相应的曲线，采用类似的方法，选取少量有代表性的点进行计算，然后通过曲线拟合的方法获得光滑曲线。这样，需要拟合的曲线有 7 类，分别为变化侵入半径 r_{xo}、井径 r_w、侵入带电阻率、围岩厚度 h、侵入带之外的目的层电阻率 R_t、上围岩电阻率 R_{s1} 及下围岩电阻率 R_{s2} 其中一个而固定其他变量形成的曲线，记为：

$$\begin{cases} f_1 = f(r_{xo}) \\ f_2 = f(r_w) \\ f_3 = f(R_{xo}) \\ f_4 = f(h) \\ f_5 = f(R_t) \\ f_6 = f(R_{s1}) \\ f_7 = f(R_{s2}) \end{cases} \quad (3\text{-}4\text{-}6)$$

曲线拟合最终形成高维光滑曲面是一个迭代的过程，其基本思想是，不停迭代 f_1，f_2，…，f_7 中的某组曲线，获得新的离散值，以这些新的离散值依次迭代另一组曲线，再次获得新的离散值，最终，直到离散值变化的幅度在可接受的范围内。迭代过程中每组需要拟合的曲线数量巨大，因此非常适合大规模并行计算。

实际计算过程中，由于 7 个自由度带来的计算量巨大，需要忽略某些自由度的影响，如忽略围岩的影响，认为地层纵向无分层。如果井眼半径已知，则还可以固定井径。此时自由度个数减少到 3 个，分别为侵入带半径、侵入带电阻率和目的层电阻率，这将大大降低建库的计算量。通过曲线拟合的方法建立高维光滑曲面的实际流程如图 3-4-12 所示，其中 k 为 1~4。

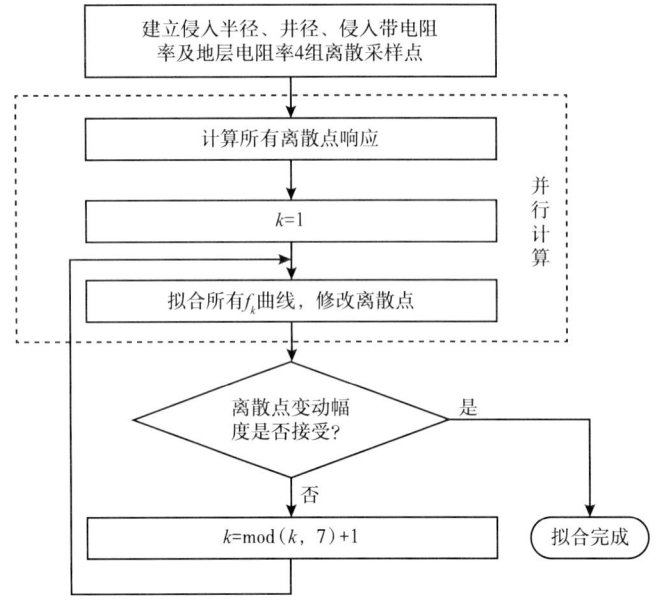

图 3-4-12　建立高维光滑曲面数据库流程

3）基于 K-D 树查找匹配地层模型

基于迭代的方法建立由侵入半径、井径、侵入带电阻率、围岩厚度、侵入带之外的目的层电阻率、上围岩电阻率及下围岩电阻率构成的 7 维光滑曲面，实质上建立了视电阻率与这 7 个变量的关系。反演过程中，需要根据不同探测模型下的视电阻率，通过查表的方法寻找所有模式下最为匹配的视电阻率组合对应的地层模型。对于多变量匹配问题，常采用 K-D 树的办法查找，其中 K 为数据所在空间的维数，D 为数据在 K 维空间中的属时或特征。

K-D 树是 K 维二叉查找索引树，该树与传统的二叉树相似，不同之处在于 K-D 树的节点分为"盒子"节点与"非盒子"节点两种，而并非传统的二叉查找树中的数据节点。K 是数据所在空间的维数，D 是数据在 K 维空间中的属性或特征。K-D 树的叶节点一定是盒子节点，该盒子节点给定的范围中包含若干个数据节点，这些数据节点在 K 维空间中的位置都包含在此盒子中。因此，K-D 树中其实并不包含实质的数据信息，但树中的二分结构将数据节点在 K 维空间中的位置不断细分，以便完成快速搜索及匹配的过程。

4）积分方程法求解真电阻率

研究感应测井视电导率和真电导率的关系，运用格林公式建立了视电导率和真电导率关系的积分方程，得出等效电导率与视电导率相等及视电导率函数值包含真电导率两个结论，并提出由井轴视电导率函数求取真电导率的方法。

如果能利用类似感应测井研究格林公式的方法建立电场成像测井仪、视电阻率与地层真电阻率的关系，并类似地提出由井轴视电阻率函数求取地层真电阻率分布的方法，则可以采取类似方法：将全空间划分为仪器的固有部分和除仪器之外的其他区域两个子空间，对仪器进行标定，获得仪器结构体本身的等效电阻率，再利用已知的仪器等效电阻率根据测量的量反推地层真电阻率。这样可以大大提高微电阻率扫描成像测井仪与方位侧向测井仪联合测井数据的反演速度和准确度。

5）反演初始模型的构建

反演是通过不断改变地层模型进行正演并与测井响应的测量视电阻率值进行对比从而得到真实地层分布，所以初始模型的选取对反演收敛速度至关重要。常规初始模型的选取方法通常是直接采用测井所得到的视电阻率值作为初始模型中的视电阻率或者通过一个均质体作为初始模型，通过这种方法，由于初始模型和真实地层相差过大，会大大加大反演迭代次数，使得反演效率低下。这就有必要研究一种方法使得反演的初始模型更贴近于真实地层。测井响应受到多方面因素的影响，有围岩、井眼、钻井液侵入等因素对测井响应的影响，通过对测井响应视电阻率依次进行层厚—围岩影响校正、井眼影响校正、伪几何因子约束校正，可以有效地使得初始模型贴近于真实地层、减少反演的迭代次数，提高整个反演的效率。

（1）层厚—围岩影响校正。

测井响应视电阻率难以准确体现地层真实电阻率，有必要对地层测井视电阻率进行层厚—围岩影响校正。

如图 3-4-13 所示，层厚—围岩校正图版研制通过有限元正演，模拟采用的地层参数：设置目的层上下围岩电阻率为 $10\Omega\cdot m$，目的层厚度变化范围为 0.03~30m，井径为 8in，目的层电阻率变化范围为 0.05~5000$\Omega\cdot m$。校正步骤：

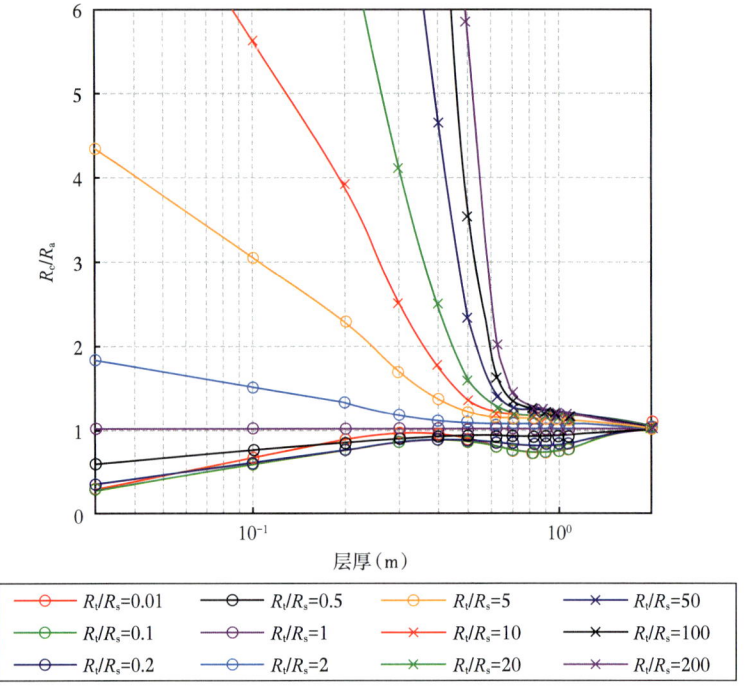

图 3-4-13　层厚—围岩校正图版

①已知此探测模式下目的层 R_a 和 R_s，假设 R_a 即为 R_t，求出 R_t/R_s；

②通过微电阻率成像测井可以得知目的层层厚，通过层厚—围岩校正图版，可求得 R_c/R_a，在测井已知 R_a 的情况下，可求得校正后目的层电阻率 R_c；

③达到目的层更贴近于真实地层的目的，其他探测模式校正方法相同；

④此时校正的是目的层中间的地层数据，将目的层所有数据等于此时校正完的数据。

（2）井眼影响校正。

在实际测井时，方位侧向测井响应不仅受到围岩的影响，也受到井眼的影响，需要通过对测井响应进行井眼影响校正。

井眼环境对方位侧向测井仪器响应的影响，一般与井眼的尺寸大小、井眼附近的钻井液电阻率及仪器的偏心程度有关。在这暂不考虑仪器的偏心程度。正演模拟采用的地层参数为钻井液电阻率取 $1\Omega \cdot m$，地层电阻率取 $0.1 \sim 10000\Omega \cdot m$，如图 3-4-14 所示。校正步骤：

①已知 R_m 和各探测模式下的 R_a，求出 R_a/R_m；

②通过线性拟合最小二乘法将散点图进行拟合，求得校正后电阻率 R_t。

（3）伪几何因子约束校正。

在电阻率测井中，通过在一个均匀的介质里，仪器的供电电极作为球体的中心点，不断改变球体的半径，当球内介质对测井响应结果所占 50% 贡献时，称此时的半径为该仪器探测模式下的探测深度，也称为探测半径。

在侧向测井中，与普通的电阻率测井相比较，电流发射时会聚焦，对于探测深度的模型不是简单地采用球体模型，而是通过柱状模型求解。

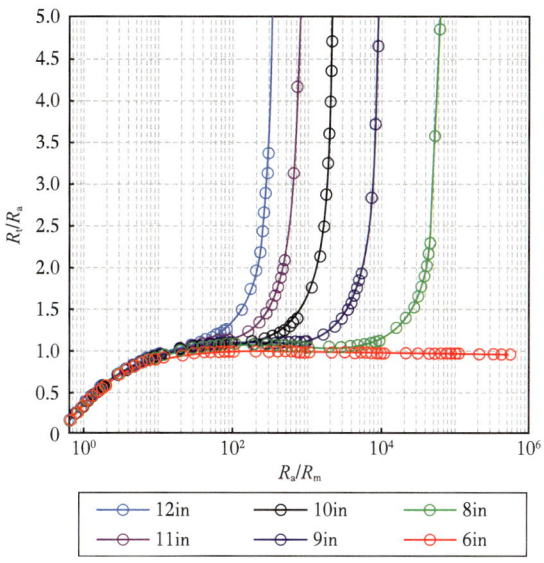

图 3-4-14 井眼影响校正图版

侧向测井方法视电阻率 R_a 求取公式为：

$$R_a = R_m J\left(\frac{d}{2}\right) + R_{xo}\left[J\left(\frac{d_i}{2}\right) - J\left(\frac{d}{2}\right)\right] + R_t\left[1 - J\left(\frac{d_i}{2}\right)\right] \quad (3-4-7)$$

式中：J 为径向几何因子；d 为井眼直径；d_i 为侵入带半径。

通过一个纵向无限厚，径向地层分为侵入带和原状地层的地层模型，当某侵入半径下侵入带电阻率 R_{xo} 的贡献占总贡献一半时，称此侵入半径为此探测模式下的探测深度。这种探测深度的定义称为伪几何因子定义法。

依据伪几何因子定义的地层模型，式（3-4-7）可改写为式（3-4-2）、式（3-4-3）形式。

式（3-4-2）中，地层真电阻率、侵入带电阻率都是已知的。测井响应视电阻率随着侵入带直径的变化而变化，因此可获得方位侧向测井不同方位、不同探测模式下的伪几何因子曲线。通过伪几何因子曲线，当伪几何因子为 0.5 时所对应的深度即为探测深度。不同探测模式下通过式（3-4-2）可以得到：

$$\begin{cases} 0.5 = \dfrac{R_t - R_{a1}}{R_t - R_{xo1}} \\ 0.5 = \dfrac{R_t - R_{a2}}{R_t - R_{xo2}} \\ \cdots \\ 0.5 = \dfrac{R_t - R_{an}}{R_t - R_{xon}} \end{cases} \quad (3-4-8)$$

在式（3-4-8）中，分析得有 n 个方程，但是有 $n+1$ 个未知数。

引入约束：

$$\max\left\{\left|R_{xo1}-R_{a1}\right|^2+\left|R_{xo2}-R_{a2}\right|^2+\cdots+\left|R_{xon}-R_{an}\right|^2\right\} \quad (3\text{-}4\text{-}9)$$

由式（3-4-8）对式（3-4-9）改写得：

$$\max\left\{\left|R_{a1}-R_{t}\right|^2+\left|R_{a2}-R_{t}\right|^2+\cdots+\left|R_{an}-R_{t}\right|^2\right\} \quad (3\text{-}4\text{-}10)$$

对 R_t 进行求导并等于 0，得：

$$\frac{R_{a1}+R_{a2}+\cdots+R_{an}}{n}=R_{t} \quad (3\text{-}4\text{-}11)$$

最后解出不同探测深度下的侵入带近似电阻率，以这个电阻率作为初始地电模型电阻率值。

6）有限元网格赋值方法

反演的进行需要通过不断地正演，而正演是通过有限元方法，如何对有限元网格进行插值需要优化，因为插值的精度可以显著提高反演的精度，减少反演的迭代次数。

在空间插值中，一般常用的方法有基于全局的多项式插值方法、反距离加权插值方法和基于径向基函数的插值方法等。但这类插值方法一般根据待插点周围的点进行内插或采用特定的公式进行插值，不考虑整个空间下的整体分布规律。与这类方法相比，克里金插值方法在对整体空间分布情况的相关基础上，根据地层现象的变异规律从而进行空间插值。相比基于数理统计和经典概率论下的一般插值方法，在空间预测及不确定性分析上克里金插值方法有其独特明显的优势。

克里金插值方法的目的就是给需要的待插点赋值，如图 3-4-15 所示。

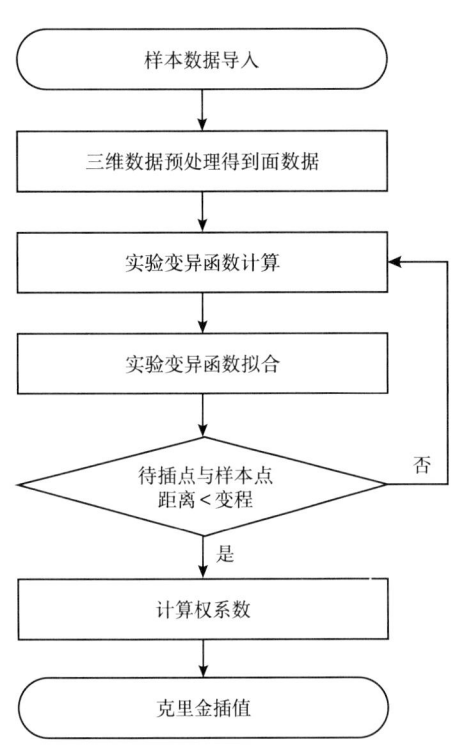

图 3-4-15 克里金插值方法流程图

7）缝洞型地层三维反演理论

下面就各向异性的缝洞型地层反演理论中最常用的马奎特反演算法和雅可比矩阵计算方法进行说明。

（1）马奎特反演算法。

通过马奎特反演算法构造目标函数进行反演计算。已知实测的测井曲线视电阻率数据，用 y 表示；f 表示缝洞型地层模型进行正演计算测井响应视电阻率数据；最小二乘目标函数可表示为：

$$\phi(\boldsymbol{x})=\sum_{k=1}^{m}\left[y_{k}-f_{k}(\boldsymbol{x})\right]^{2} \quad (3\text{-}4\text{-}12)$$

式中：$f_k(\boldsymbol{x})$ 的非线性函数；$\boldsymbol{x}$ 是缝洞型地层待反演参数，数对于裂缝，待反演参包括裂缝径向延伸深度、张开度、裂缝角度；m 为测井响应视电阻率个数。

对式（3-4-12）在 $\boldsymbol{x}^{(0)}$ 附近将目标函数 $f(\boldsymbol{x})$ 展开为 Taylor 级数展开式，并忽略 $\boldsymbol{\delta}$ 的二次项和二次项以上的高次项，则可表示为：

$$f(\boldsymbol{x}^{(0)} + \boldsymbol{\delta}) = f(\boldsymbol{x}^{(0)}) + \boldsymbol{P}\boldsymbol{\delta} \quad (3\text{-}4\text{-}13)$$

其中：

$$\boldsymbol{P} = \begin{bmatrix} \dfrac{\partial f_1}{\partial x_1} & \cdots & \dfrac{\partial f_1}{\partial x_n} \\ \vdots & & \vdots \\ \dfrac{\partial f_m}{\partial x_1} & \cdots & \dfrac{\partial f_m}{\partial x_n} \end{bmatrix} \quad (3\text{-}4\text{-}14)$$

式中：$\boldsymbol{P}$ 为雅可比矩阵；n 为待反演参数个数。

使反演目标函数 ϕ 达到最小修正量 $\boldsymbol{\delta}$，其中：

$$\boldsymbol{\delta} = (\boldsymbol{A} + \eta \boldsymbol{I})^{-1} \boldsymbol{g} \quad (3\text{-}4\text{-}15)$$

$$\boldsymbol{A} = \boldsymbol{P}^{\mathrm{T}} \boldsymbol{P} \quad (3\text{-}4\text{-}16)$$

$$\boldsymbol{g} = \boldsymbol{P}^{\mathrm{T}} \left[\boldsymbol{y} - f(\boldsymbol{x}^{(0)}) \right] \quad (3\text{-}4\text{-}17)$$

式中：η 为阻尼因子；$\boldsymbol{I}$ 为单位矩阵。

在给定反演初始地层模型参数值 $\boldsymbol{x}^{(0)}$ 后，可以进一步计算求得 $\boldsymbol{P}$、$\boldsymbol{A}$、$\boldsymbol{g}$，由此求出 $\boldsymbol{\delta}^{(0)}$，再进一步可得到表达式：

$$\boldsymbol{x}^{(1)} = \boldsymbol{x}^{(0)} + \boldsymbol{\delta}^{(0)} \quad (3\text{-}4\text{-}18)$$

通过 $\boldsymbol{x}^{(1)}$ 求得 $\boldsymbol{\delta}^{(1)}$，如此不断反复迭代计算，直到拟合差数据满足设定的误差终止条件为止，则反演计算终止。

（2）雅可比矩阵计算方法。

在任何地球物理反演方法中，雅可比矩阵的计算是必不可少的，差商法是目前最常用的一种雅可比近似计算方法，对于雅可比矩阵，偏导数 $\dfrac{\partial f_i}{\partial x_j}$ 通过差分离散方法可得：

$$\frac{\partial f_i}{\partial x_j} \approx \frac{f_i(\boldsymbol{x} + h_j \boldsymbol{e}_j) - f_i(\boldsymbol{x})}{h_j}, \quad i=1,2,\cdots,m, \ j=1,2,\cdots,n \quad (3\text{-}4\text{-}19)$$

式中：$\boldsymbol{e}_j$ 为单位向量，即除了第 j 个分量为 1，其他分量都为 0。

雅可比矩阵近似为：

$$\boldsymbol{Q} = \boldsymbol{P} \approx \begin{bmatrix} \dfrac{\partial f_1(\boldsymbol{x} + h_1 \boldsymbol{e}_1) - \partial f_1(\boldsymbol{x})}{h_1} & \cdots & \dfrac{\partial f_1(\boldsymbol{x} + h_n \boldsymbol{e}_n) - \partial f_1(\boldsymbol{x})}{h_n} \\ \vdots & & \vdots \\ \dfrac{\partial f_m(\boldsymbol{x} + h_1 \boldsymbol{e}_1) - \partial f_m(\boldsymbol{x})}{h_1} & \cdots & \dfrac{\partial f_m(\boldsymbol{x} + h_n \boldsymbol{e}_n) - \partial f_m(\boldsymbol{x})}{h_n} \end{bmatrix} \quad (3\text{-}4\text{-}20)$$

8）理论反演效果

（1）裂缝地层的三维反演。

裂缝的有效性评价，一般通过对裂缝的张开程度和径向延伸深度，以及连通情况进行分析。所以，对于裂缝在储层中是否有效，主要从以下三个因素进行描述和评价。

①裂缝张开度：裂缝的重要参数，以往常通过双侧向测井的两种不同深浅探测模式测井曲线差异，以及图版或者经验公式求取裂缝张开度。但是由于双侧向测井的纵向分辨率有限，影响因素过多，无法准确评价裂缝张开度，效果较差。可以通过微电阻率成像测井成像图，在成像图上分析裂缝的张开度，其准确程度远高于其他测井仪器。

②裂缝径向延伸深度：对于裂缝的评价至关重要，通过径向延伸深度可以有效评价裂缝是天然裂缝还是人工裂缝，人工裂缝往往对于裂缝储层评价是没用的。仅仅通过微电阻率成像测井无法看出径向延伸深度，需要借助其他测井方法，比如阵列侧向测井或者双侧向测井法来判断裂缝径向延伸深度。

③裂缝连通性：裂缝内液体是否能够流动，只有裂缝内液体具有流动性才具备储油的性质。一般而言，天然裂缝具有连通性而诱导裂缝不具备连通性。诱导裂缝一般处在井眼附近形变层，可以通过微电阻率扫描成像测井进行判断。

总体而言，裂缝张开度、裂缝径向延伸深度和裂缝连通性共同反映了裂缝的有效性程度。

（2）裂缝型地层反演效果分析。

以裂缝的径向延伸深度为反演重点进行反演，验证反演算法的正确性和可靠性。地层基本参数设定为，基岩电阻率为$1000\Omega\cdot m$，钻井液电阻率为$1\Omega\cdot m$，裂缝的张开度为$1cm$，由于裂缝和井壁相连通，裂缝电阻率即认为是钻井液电阻率。另外，取裂缝中间层界面参数值作为观测值。分别从不同裂缝的倾角和径向延伸深度两方面考察反演迭代次数和反演结果。

方位侧向测井对裂缝具有较强的敏感性，但难以判断裂缝的具体参数，通过微电阻率成像测井准确地得到裂缝张开度和裂缝倾角这两个参数，而对于裂缝径向延伸深度，通过对方位阵列侧向测井和电成像测井进行联合反演，快速反演得到径向延伸深度，从而对裂缝性储层评价提供更加精细的解释。通过对反演结果进行分析，发现结果与原始模型基本相同，同时对反演拟合差曲线进行分析，拟合差在反演过程中快速收敛下降，体现了反演算法的准确性和可靠性。对于石油测井技术人员，进一步提高了对裂缝性储层的评价能力。

通过不断迭代，在反演第二次时，测井响应与原始地层测井响应很接近，通过拟合差计算满足迭代收敛，故反演第二次时的地层模型即认定为真实地层模型。

四、仪器刻度

电阻率测井仪器刻度就是用已知电阻率的地层（井下实际地层或人工地层模型或电阻网络）来模拟两点线性刻度（高刻和低刻）的方法，在给定电压条件下分别确定电压、电流各频率的乘因子和加因子，以及测前、测后验证。

刻度方法：采用两点线性刻度法，即高刻和低刻，在给定电压条件下分别确定电压、电流各频率的斜率k和截距b，如图3-4-16所示，其中，K为乘因子，b为加因子，V_{fi}为频率为f_i时的电压，I_{fi}为f_i时的电流，V_{Hfi}、I_{Hfi}分别为f_i时的高刻电压、高刻电流，V_{Lfi}、I_{Lfi}

为 f_i 时的低刻电流，$i=0\sim5$。

模拟地层电阻网络要体现从 $0.2\Omega\cdot m$ 到 $40000\Omega\cdot m$ 电阻率地层和不同厚度围岩，以及不同钻井液下地层情况，满足 12 个方位电极的电阻率同时测量；电极卡采用 2 片啮合、高强度双线簧滑动锁止压紧接触式结构，引线集中到 2 个 12 芯插头座，粗短导线插头连接到校验模拟盒插座，采用透明材质便于观察。校验模拟盒体积要适中，便于携带和操作使用。

测试盒有九个挡位，分别模拟九种不同的地层。测试盒上下两层六个旋钮同时依次顺时针旋转，由起点 1 挡到终点 9 挡止。刻度界面包含井周 12 个方位。

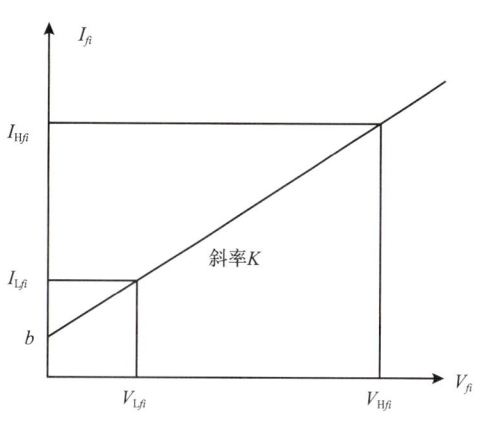

图 3-4-16　两点刻度示意图

五、应用实例

在长庆油田测井应用中对比常规微电阻率成像测井和阵列侧向测井，电场成像测井仪通过 2.5mm 更高分辨率和 88% 井眼高覆盖率，以及 12 个方位 5 个深度的电阻率曲线及成像，使得纵向上层理信息更清楚，井壁周向地质体图像更"完整"。图 3-4-17 完整显示高陡裂缝、图 3-4-18 清晰显示包卷层理，图 3-4-19 显示 12 个方位 5 个深度的侧向电阻率剖面。二者结合，能够立体展示井周地层微地质构造和展布情况，为地质分析提供宝贵资料。

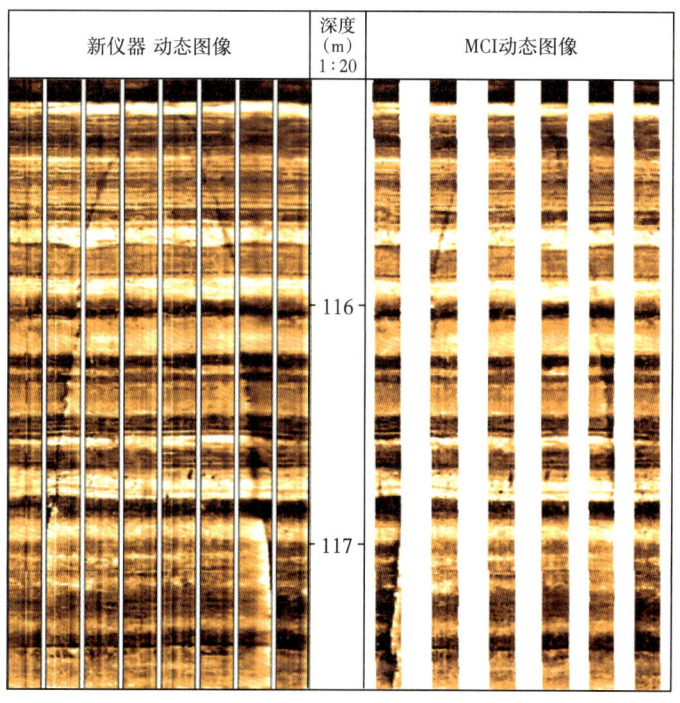

图 3-4-17　长庆 × 井高角度裂缝

2.5mm 高分辨率八臂微电阻率成像测井与 5mm 分辨率六臂 MCI 对比

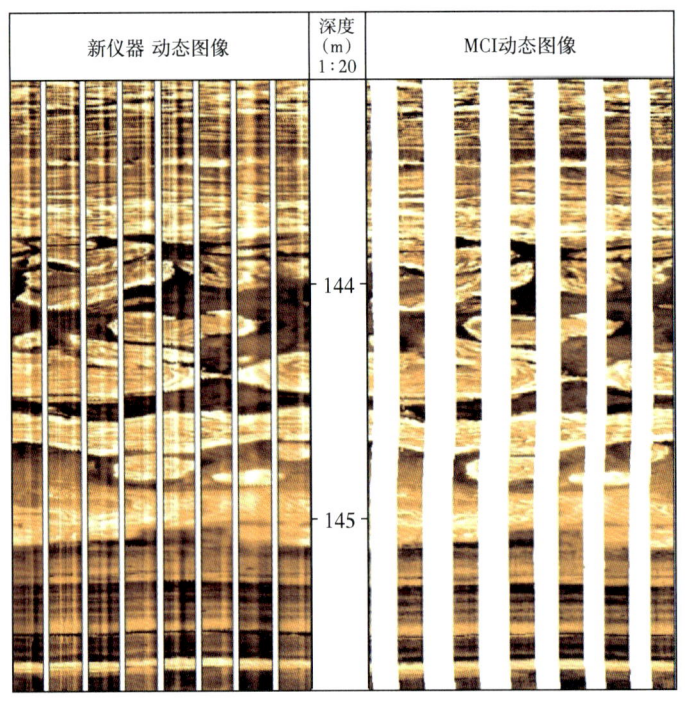

图 3-4-18 长庆×井包卷层理结构

2.5mm 高分辨率八臂微电阻率成像测井与 5mm 分辨率六臂 MCI 对比

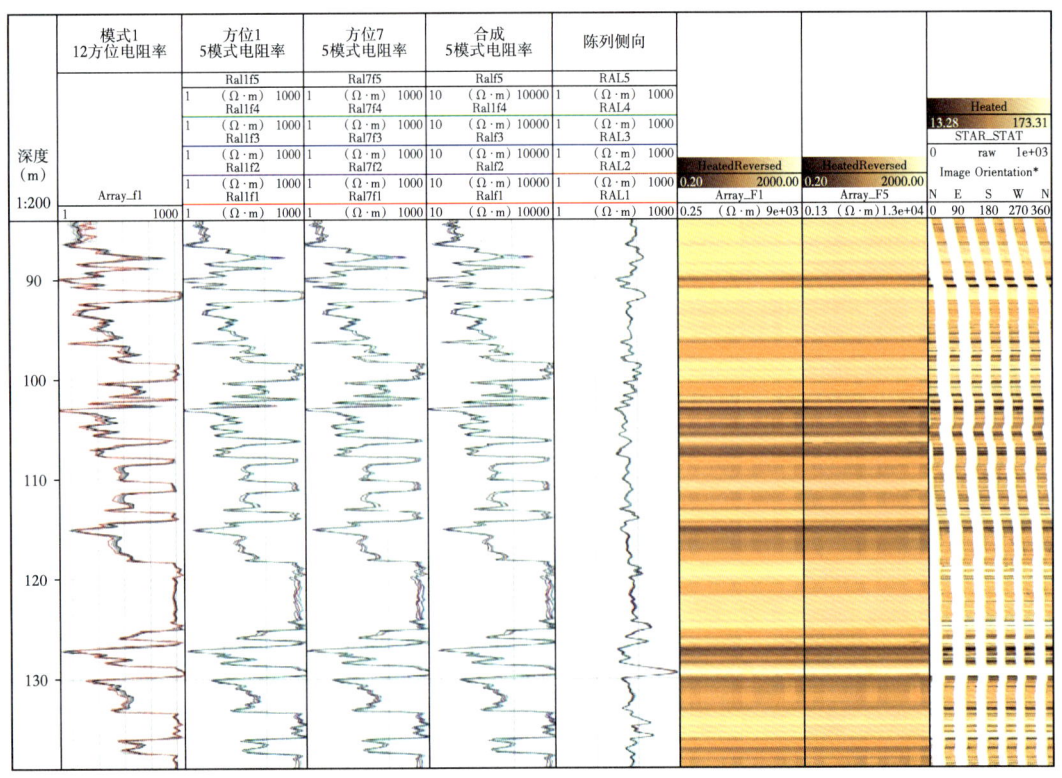

图 3-4-19 长庆×井方位侧向测井曲线和 2 个探测深度与六臂 STAR 电成像对比

第五节　阵列感应测井仪

除侧向测井外，感应测井也是一种重要的电测井方法。自 20 世纪 90 年代出现以来，阵列感应测井技术所提供的井下丰富的地层信息不单获取地层的真电导率，还拓宽了常规感应测井的应用范围，可进行复杂的侵入解释和薄层分析，对准确评价油气藏有重要的作用。

一、总体描述

基于电磁感应原理的阵列感应测井仪是测量地层电导率的一种测井仪器。传统感应测井是利用多个发射线圈、多个接收线圈分别串联，产生具有固定探测深度和纵向分辨率的线圈系特性，属于硬件聚焦类型。阵列感应测井仪采用具有多个间距的线圈（子）阵列结构，这些线圈阵列经软件合成聚焦等处理，得到具有多种纵向分辨率、多种径向探测深度的电阻率。该仪器具有多种工作频率、丰富的虚/实部信号，趋肤校正更方便、准确，同时拓宽了地层电导率的测量范围。因此，阵列感应测井仪具有比常规电阻率测井仪器更准确、更直观的解释结果，具有较强的划分薄层及反映层内的非均质性能力，能直观合理地描述地层侵入特征和地层真电阻率，成为解决复杂非均质储层测井解释的重要手段（张建华等，2002）。

阵列感应测井曲线的作用及提供的地质信息：

（1）精确描述复杂侵入剖面。多条具有同一分辨率不同探测深度曲线，能够清楚指示侵入的存在，指示油气层的存在。

（2）薄层分析。提供多组分辨率曲线，当井眼条件较好时高分辨率曲线可以用于薄层分析。

（3）确定真电阻率。测井信号处理能很好地消除井眼、侵入、围岩等环境影响和趋肤效应影响，因而能求准原状地层电阻率。与孔隙度测井相结合准确估计含油饱和度，评价油气储藏能力。

（4）进行综合处理研究。提供丰富的二维地层信息，这是传统感应测井无法比拟的。与孔隙度测井相结合，能更准确地评估储层油气饱和度。

传统感应测井只适用于淡水钻井液和油基钻井液。阵列感应测井拓宽了感应测井的应用范围，在进行自适应井眼校正后可用于盐水钻井液。

不同厂家的阵列感应测井仪原理基本相同，本节以 MIT1530 阵列感应测井仪为例进行阐述。

1. 仪器构成

如图 3-5-1 所示，阵列感应测井仪主要由电子线路、线圈系组成。电子线路主要由电源、主控采集、前放带通电路、二级刻度与温度采集发射驱动等功能模块组成，线圈系主要由线圈系总成和压力平衡组成。

仪器配套的测井与刻度软件集成于采集软件平台，合成处理软件模块集成于测井综合应用平台。测井时，阵列感应测井仪应与三参数测量短节组合使用，用钻井液电阻率合成地层电阻率曲线。

图 3-5-1　阵列感应测井仪实物图

2. 工作原理

阵列感应测井仪通过发射线圈向井眼周围地层发射电磁场，经地层产生感应电动势，接收线圈接收二次感应电动势，通过刻度计算得到地层电导率。仪器要实现阵列化和数字化测量，由井下仪器采集地层信息，将测量信号经过数值处理得到多种纵向分辨率、多种探测深度的测井曲线。

阵列感应测井仪由一个发射线圈、不同源距阵列接收线圈组成。每组线圈分别接收具有不同探测深度和不同纵向分辨率的地层信号的实分量和虚分量。电路部分采用实时刻度去温漂技术、低噪声宽频带小信号放大技术、DSP多频多通道数据采集技术和数字相敏检波技术实现地层电阻率信息准确近原等。

3. 主要技术指标

阵列感应测井系列仪器技术指标见表 3-5-1。

表 3-5-1　阵列感应测井系列仪器指标对比

指标	常规/快测版	小直径	高温小直径
耐温耐压	175℃/140MPa	175℃/140MPa	230℃/170MPa
最大外径（mm）	95	55/57	76
测量范围（Ω·m）	0.1~2000	0.2~1000	0.2~1000
水平探测深度（in）	10、20、30、60、90、120	10、20、30、60、90	10、20、30、60、90
纵向分辨率（ft）	1、2、4	1、2、4	1、2、4
井眼范围（mm）	120~440	92~440	98~440

二、主要功能模块

阵列感应测井仪通过发射线圈向井眼周围地层发射电磁场，经地层产生感应电动势，接收线圈接收二次感应电动势，通过刻度计算得到地层电导率。阵列感应测井仪要实现阵列化和数字化测量，井下仪器采集地层信息，将测量信号经过数值处理得到多种纵向分辨率、多种探测深度的测井曲线，为此阵列感应仪器设计了8组接收线圈和一组发射线圈，每组线圈分别接收具有不同探测深度和不同纵向分辨率的地层信号的实分量和虚分量。为了保证测量精度，线圈系部分采用复合线圈结构设计，电路部分设计采用了实时刻度去温漂技术、低噪声宽频带小信号放大技术、DSP多频多通道数据采集技术和数字相敏检波技术等。

1. 线圈系

线圈系是仪器的核心部分之一，由铍铜管芯棒、线圈阵列、间距调节片等部件组成。铍铜管芯棒是无磁材料，内孔用于发射过线的通过，外表缠绕玻璃钢并刻有过线槽用于接收线圈连线，可以降低线圈骨架连线与线圈绕组间相互干扰。铍铜管芯棒上有线圈阵列动槽，线圈沿着滑动槽按照一定间距排布，可以实现线圈位置准确滑动调试。线圈骨架上有穿线孔和绕线槽，线圈绕组缠绕在绕线槽内，线圈骨架安装在铍铜管上。间距调节片用于线圈位置的精确调节。线圈骨架由陶瓷材料组成，具有热膨胀系数小、密度低、精度高、强度大等性能，保证线圈系结构的稳定。

MIT1530 阵列感应测井仪线圈系由 8 个单侧布置的三线圈系子阵列组成，如图 3-5-8 所示。线圈系主体采用以下结构：

（1）采用无磁的铵铜管为主体、外表面覆盖玻璃钢的复合芯轴方式。
（2）为满足压力 140MPa，线圈系过线采用承压密封塞设计。
（3）线圈系总体进行结构与工艺优化设计，缩短仪器整体长度，提高稳定性。
（4）采取皮囊压力平衡的方式与复合芯轴的结构相匹配。

图 3-5-2　MIT1530 阵列感应测井仪线圈系结构示意图

2. 电子线路

MIT1530 阵列感应成像测井仪电子电路包括开关电源、数据采集、前放带通电路、二级刻度与温度采集、发射驱动等功能模块，如图 3-5-3 所示（何李莉，2007）。MIT1530 阵列感应测井仪电路供电启动后，数据采集处理电路首先产生三电平控制信号提供给发射电路，启动发射控制电路。发射信号经驱动后由发射线圈向地层发射，每个接收子阵列线圈接收由地层产生的电磁感应信号，共有 8 道接收测量信号。在发射线圈的中心抽头处串接一个电流取样变压器，直接测量发射线圈发射电流的大小，这个变压器的次级经过二级刻度电路放大隔离，产生不同幅度的 8 个二级刻度信号。

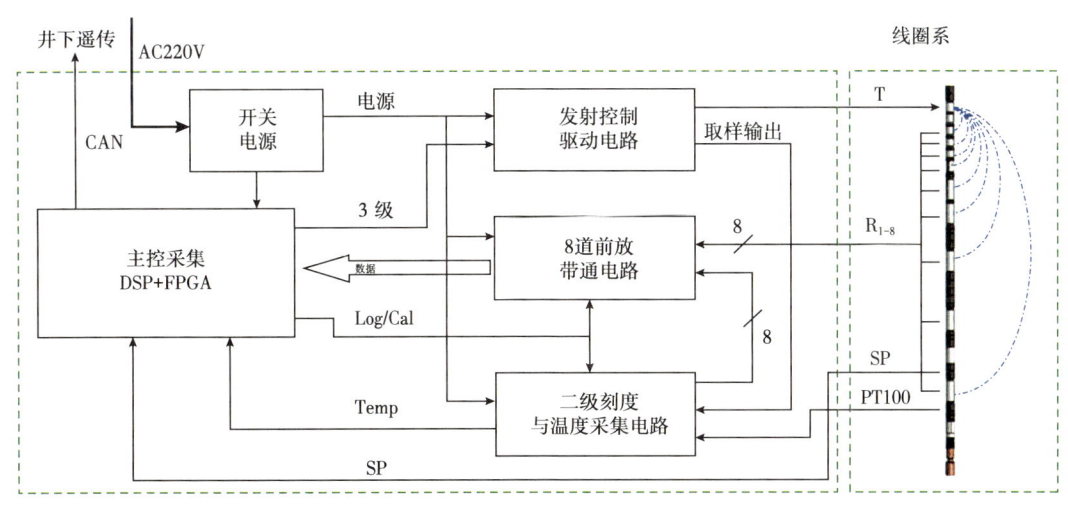

图 3-5-3　电子电路示意图

1）电源

电源模块主要由 AC-DC 与 DC-DC 两个模块构成，正反分布在工字形骨架，在电子仪骨架上的结构及分布如图 3-5-4 所示。

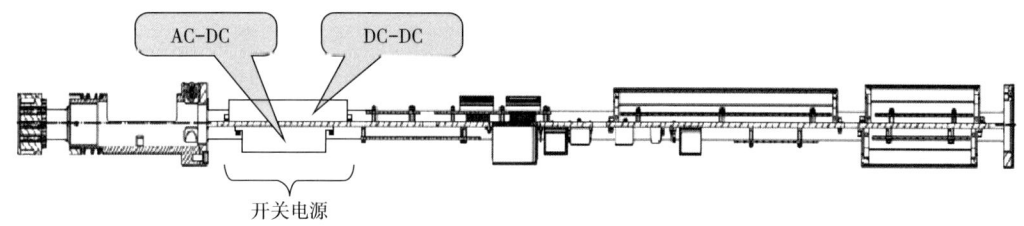

图 3-5-4 电子线路骨架结构示意图

AC-DC 模块输入为 AC220V，输出 36V 和发射高压。DC-DC 模块输入来自 AC-DC 模块输出的 36V，输出 CAN 3.3V、数字 +5V、模拟 ±5V 等多组电源。

2）主控采集电路

主控采集电路作为阵列感应测井仪的核心部分，由 1 个 DSP、1 个 FPGA 和 8 道 ADC 采集信号通道组成。另外还包括井下仪器总线接口电路 CAN 和辅助测量。DSP 完成信号道的数字相敏检波，计算信号道实分量和虚分量，实现井下仪器总线接口电路 CAN 的控制、命令接收识别、提供三电平发射时钟信号。FPGA 实现 8 个 ADC 采集信道的控制、PGA 增益控制、MUX 模拟开关的选通、信号道数据的叠加处理等，将处理结果送给 DSP。主控采集信号处理结构如图 3-5-5 所示。

测量信号和刻度信号通过由采集板 FPGA 产生控制信号控制模拟开关进行选通，系统按照时分原则将 8 个接收子阵列的电磁信号和 DAC 生成的校准信号并行送入 8 道测量通道。校准信号用于实时校准每个测量通道电路由温度带来的幅度和相位变化。

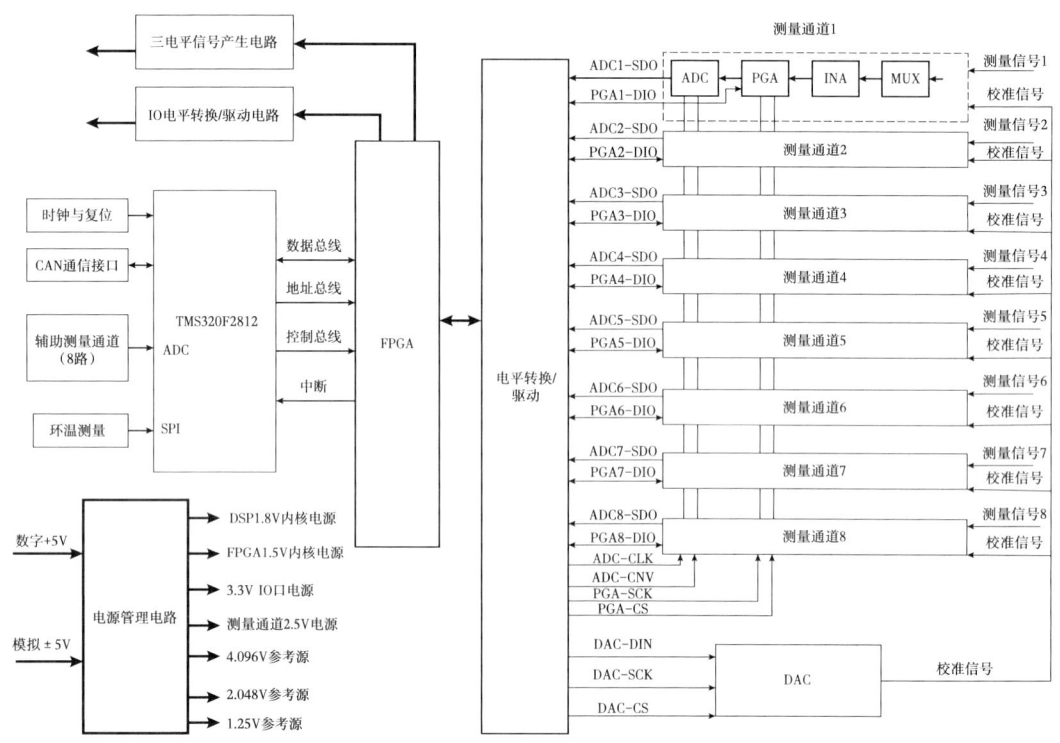

图 3-5-5 主控数据采集信号处理结构示意图

为了保证 ADC 的精度和温度稳定性，电路设计了 DAC 产生三频 ADC 刻度信号，实时对程控放大、差分放大及 ADC 进行刻度，通过测量计算，校正电路随温度的变化量。8 道高速 ADC 同时对 8 道信号进行采集，FPGA 分别负责 8 道 ADC 的数据采集、检波。DSP 除了产生发射电路启动控制波形外，还通过辅助 ADC 完成温度、电压等辅助参数的采集与处理，FPGA 的数据送到 DSP 进行数字相敏检波计算和编码，并通过 CAN 接口电路将数据传送给井下遥测。

主控采集部分功能除了数据采集外，还具有通信接口、控制、DAC、数字相敏检波、增益控制等。其中 DSP 负责按既定帧格式进行数据组织和通信、8 道信号计算，以及产生各种控制信号（除了 ADC、可控增益放大外，还产生各种模拟信号，如发射三电平控制信号、检测信号等）。

整个主控采集电路的工作均在地面测井系统的驱动和 DSP 的控制下进行。如图 3-5-6 所示，上电以后：

（1）DSP 进行初始化，这当中涉及 DSP 内部状态和外部状态的初始化。外部状态包括 FPGA 中的计数器清零、测量通道状态处于测井状态、PGA 初始增益设置等。

（2）进入接收 CAN 命令状态，一旦接收到命令，就对命令进行解析。

（3）当接收到数据采集上传命令时，首先允许 XINT1 中断，启动通道数据采集，然后通过 CAN 中断方式将前一组处理好的数据上传给地面系统。

多通道高精度和一致性的同步测量：通过 FPGA 并行处理特性和相关逻辑电路实现多通道同时采集；采用高分辨率的 16bit 的 ADC 和 PGA，减小 ADC 的量化误差，提高测量精度；采用实时校准方法保证测量的准确性和一致性。

3）前放带通电路

接收线圈的微弱信号预处理由前放带通电路来实现，完成 8 道测量信号与二级刻度信号的前置多级放大和 3 个频率带通滤波处理。由短阵列前放带通板与长阵列前放带通板两块电路板构成，分别适用于短阵列线圈和长阵列线圈的微弱信号处理。各组阵列上信号处理时，放大倍数和滤波频率各不相同。

前放电路主要由测量与刻度切换电路、前置放大电路、带通滤波电路及求和输出电路共四部分构成。测量与刻度切换电路主要对测量信号与刻度信号进行切换。前置放大电路主要对微弱信号进行放大。为了有效抵制噪声，前放板采取差分输入，同时为了消除漂移电压，前置放大采用两级差分输入放大结构。前级采用深度电压串联负反馈电路，后级通过减法器实现差分输入。该电路具有高输入阻抗、很强的共模抑制能力和较小的输出漂移电压。带通滤波电路主要用于实现 26kHz、52 kHz 及 104kHz 三种频率的滤波处理。带通滤波电路通道内须平坦，阻带衰减幅度大。该电路通过集成滤波芯片两级级联来实现。每个滤波芯片实现 1 道信号的 2 个频率滤波功能。输出电路主要是为了减少输出组数，同时增加驱动能力，通过求和电路来实现。

4）二级刻度与温度采集电路

二级刻度电路由取样电路、选通开关、驱动电路及电阻衰减网络四部分构成。仪器线圈系发射电流经耦合变压器取样后，得到一个正比于发射电流的小电压信号。该信号经高输入阻抗的运放驱动后给衰减网络，经过衰减后信号与测量信号分时进入前放带通板，并被主控采集电路采集后，两信号相除，可用来修正由于温度变化带来的增益和相

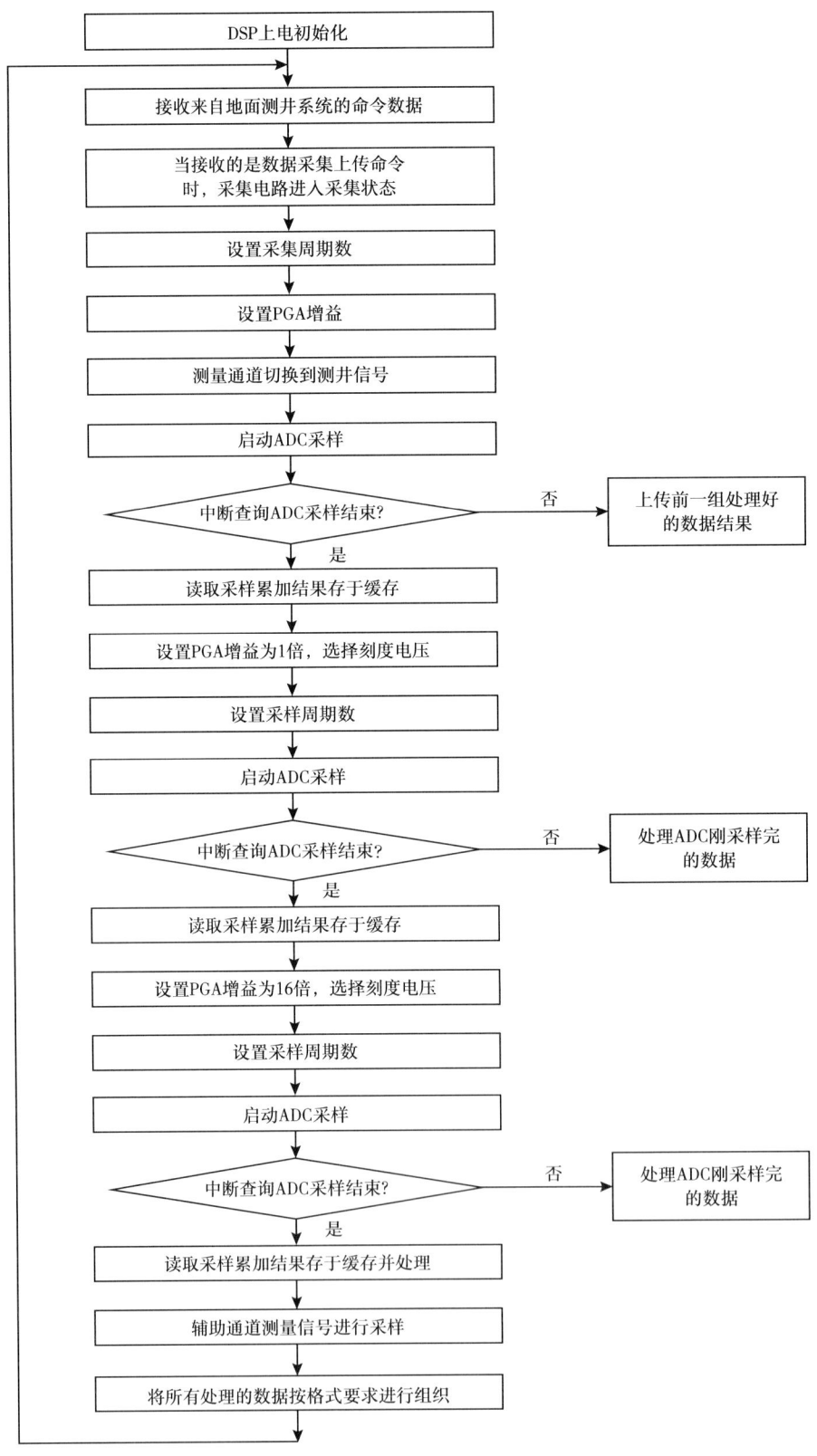

图 3-5-6 通道数据采集流程图

位的变化。取样电路是由两个精密电阻对地并联构成，目的是将采样线圈的电流信号通过电阻转化成电压信号，对地构成选通电路的输入。选通开关保证在主控采集板电路采集刻度信号的时候，有刻度信号输出，而在采集测量信号的时候，无刻度信号输出。驱动电路由两个运放构成，对称布局实现一对差分信号的驱动。电阻衰减网络是由经过驱动后的差分输入信号通过衰减网络，产生多组不同比例的输出刻度信号，8道刻度信号与测量信号分时进入前放带通板。

温度采集电路是测量线圈系内部的温度。线圈系上的温度传感器PT100热敏电阻随仪器温度升高，内部电阻随之增加，从而使温度采集电路上的输出电压也相应增加。

5）发射驱动电路

发射驱动电路由发射波形产生器、开关控制产生器、高压滤波和电流取样电路等组成，可以分为高压滤波电路、±15V滤波、开关控制电路、发射电路和电流检测电路5个功能块。由发射驱动电路接收主控采集板送来的发射时钟逻辑控制信号，发射波形产生器生成发射控制信号，经过开关控制产生器提升控制信号电平幅度以驱动大功率开关场效应晶体管。此时生成的大功率方波信号含有高次的谐波，再经过发射滤波电路去除3次以上的谐波后作用到发射线圈，使得接收线圈得到地层耦合回来的多频响应信息。

为了实时刻度，发射电路模块设计了一个电流取样电路，取样信号作为二级刻度的信号源。

三、数据处理方法

1. 测量地层电导率信息

阵列感应测井仪采集到的信号包含多个子阵列线圈从地层耦合回来的地层感生电动势，从发射线圈耦合来的阵列通道的二级刻度信号，通过前放电路放大、采集电路的模数转换和数字相敏检波，提取不同阵列不同频率的信号（复数）。由于线圈感应电动势和二级刻度信号都是随仪器发射和前放参数变化而幅度和相位同步变化，采取线圈信号（复数）除以二级刻度信号（复数）得到地层测量比值（复数），正好抵消了仪器电子线路随温度变化带来的幅度和相位的变化，可真实反映地层响应。

地层测量比值通过刻度值和温度图版校正，得到真实的不同阵列不同频率的携带地层电导率曲线，电导率曲线和仪器参数相关。

2. 井眼环境校正

由于受井眼、侵入、围岩等环境影响和趋肤效应影响，以及响应函数有限的分辨率，测量信号不能完全反映原状地层信息。信号处理的目的就是消除测量信号中不必要的影响，反演出地层真电导率。阵列感应测井由于采用三线圈系基本阵列单元测量、软件聚焦方法，其原始测量值受井眼环境影响比常规聚焦型感应测井仪器更严重，但由于阵列测量包含具有若干不同工作频率的多个阵列的丰富信息，也隐含有井眼特征的信息。在测井过程中，把从短源距阵列得到的测量数据与模型结果相适配，以将井眼信号中的任何变量进行组合或改变以达到这一适配，求出井眼影响信号，再对实际测井信号进行校正，又称自适应井眼校正方法。

井眼校正就是尽可能减小或消除井眼大小及钻井液等对测量信号的影响，使测量信号经过校正处理后能准确地反映井下地层真实电阻率和侵入等情况。

四、仪器刻度

1. 刻度原理

刻度的作用是建立仪器测量电压和视电导率（电阻率）之间的关系，采用刻度环上连接刻度电阻来模拟实际地层电导率，在实际刻度中，还需要半空间刻度消除刻度时的大地背景影响，以及通过生成温度图版来抵消仪器在井下随温度变化产生的偏移量。

2. 刻度方法

1）刻度环境

在室外空旷环境下进行，要求 10m 范围内无大的金属体（如地下管道）、无高压电线、无强电磁场干扰。

2）刻度环操作

阵列感应测井仪水平摆放在 1.5m 高的木质或者玻璃钢支架上，带着电阻的刻度环垂直线圈系水平滑动，通过采集各个线圈上响应的峰值计算求取仪器刻度系数乘因子 K 值和直耦值（又称乘加因子）。

3）半空间刻度

阵列感应测井仪探测深度大于 3m，但是受人身高限制，在 1.5m 高度进行刻度操作，刻度值会含有大地的背景电导率影响。通过半空间刻度来消除大地的影响，精确求取仪器线圈系的直耦值。半空间刻度与仪器所在地的大地电导率密切相关，因此需要统计阵列感应测井仪在当地的实际测量值作为该地区的半空间刻度标准值。半空间刻度的高低刻度分别在 1.5m 和 6m 两个高度的非金属刻度架上完成。

4）温度校正

发射线圈与接收线圈的源距受温度变化而热胀冷缩，导致线圈系的直耦信号在井下随温度变化而变化，特别是短源距线圈直耦值变化每 100℃ 超过 50ms/s，需要消除温度变化的影响才能准确求取地层电阻率。通过将仪器在无感加温箱里加温，测量并记录下每组线圈每种频率在不同温度条件下的测量变化值，形成温度图版，测井时进行实时温度校正偏移值。

五、典型案例

阵列感应测井技术形成了多种适合各油田区块的行之有效的评价方法，识别与发现了新的油气层系，在复杂储层识别、地层电阻率定量评价、精确划分有效储层等方面应用效果显著。

1. 案例 1

阵列感应测井仪在吐哈×井 6 号层，识别为低阻环带响应，解释为油层；8 号层显示为高侵剖面，解释为强水淹层。试油为日产油 7.81t，含水率 2.5%，成功解决水淹层解释评价难题，体现了阵列感应测井对储层渗透性及含油水的识别能力（图 3-5-7）。

2. 案例 2

王×井油层（142~143 号层）呈明显的减阻侵入特征，录井无油气显示。阵列感应测井曲线显示物性好、含油特征明显，解释该层为油层。压裂初产获油 113.78t/d，无水。利用阵列感应测井不同探测深度电阻率的测井信息，可以有效识别出 142、143、144、146 四组油层（图 3-5-8）。

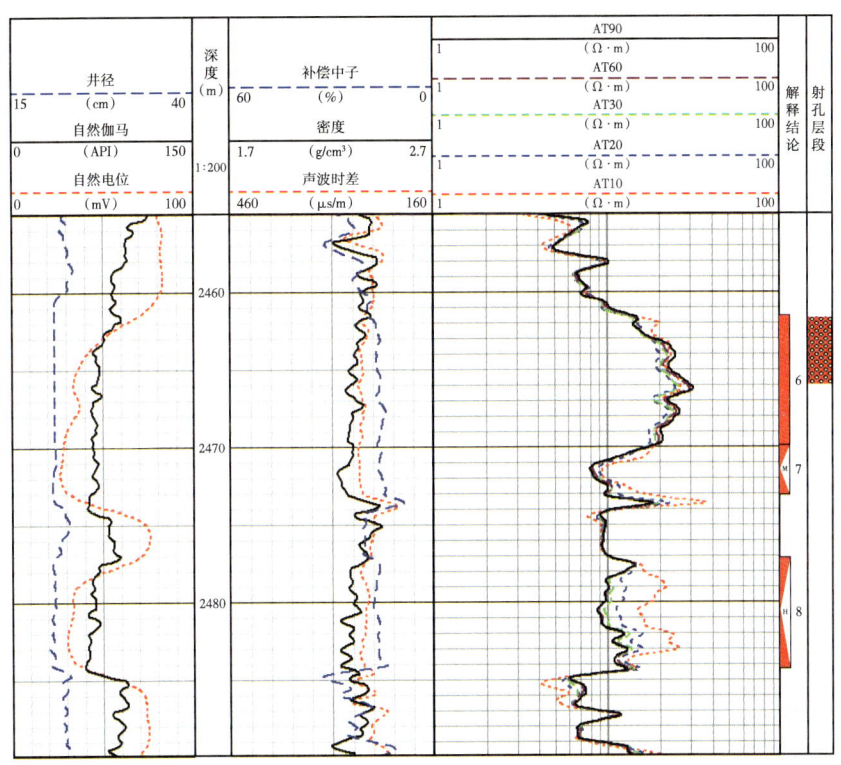

图 3-5-7 吐哈×井测井解释成果图

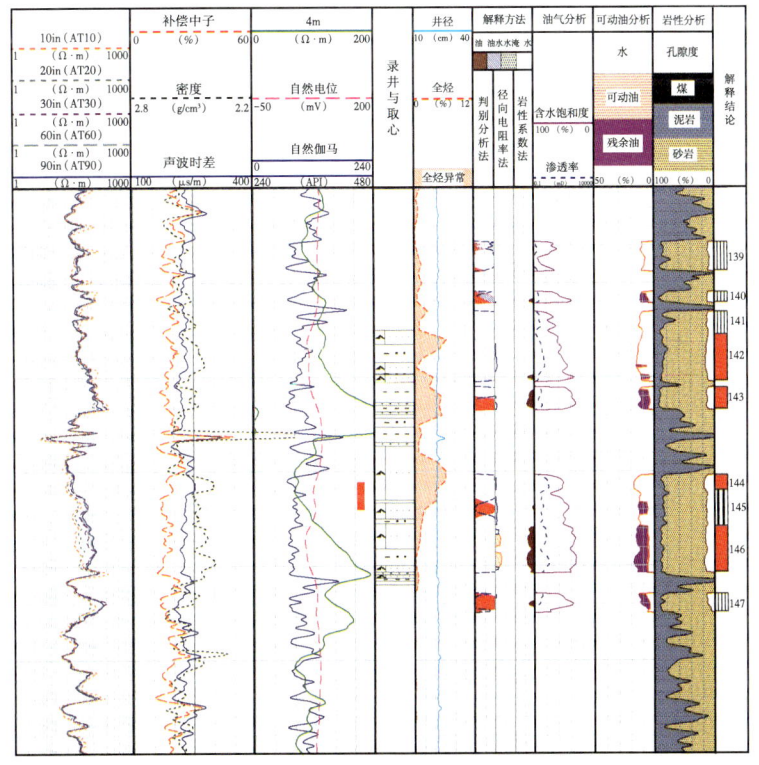

图 3-5-8 王×井测井解释成果图

第六节 三维感应成像测井仪

复杂非常规油气藏孔隙结构多样、流体赋存复杂、非均质性强，传统感应测井技术由于探测维度单一，在复杂油气藏的电阻率测量偏离真值，引起储层漏失或低估。21 世纪初出现了三维感应成像测井，采用阵列三维探测技术，获得地层的水平电阻率、垂直电阻率、倾角、方位角等丰富信息，成为准确获取非均质油气藏地层真电阻率的有效手段。

一、总体描述

阵列感应测井能够详细划分侵入剖面、准确确定地层真电阻率等优点，但是也暴露出在各向异性油藏的局限性：当地层不垂直于仪器轴时，由于附近导电地层的影响，所测得的倾斜地层的电阻率会远低于实际电阻率，导致储量低估；层间非均质性，甚至是层内的非均质性，也会影响测井仪器的响应；难以应对的另一个地层特性是电学各向异性，在页岩及平行层理面的薄层砂—页岩层序中，当地层厚度小于感应测井仪器的垂直分辨率时，测量结果是各层的加权平均值，其中最低电阻率部分的贡献最大，这一现象会掩盖油气层的特征。作为阵列感应测井仪升级产品，三维感应成像测井仪采用三轴线圈系，从阵列感应测井仪的单分量提升到 9 分量测量，能够提高斜井和水平井的地层电阻率的测量精度，同时能够提供地层倾角大小和方位等信息，提升早期阵列感应测井仪的应用水平。采用这种高精度三维电阻率测井仪器可以减少漏掉油气层的机会，加强对储层的认识。

1. 仪器构成

如图 3-6-1 所示，仪器主要由电子线路、线圈系组成。电子线路主要由电源、主控采集、前置放大、二级刻度与温度采集、发射驱边等电路组成，线圈系主要由线圈系总成和压力平衡组成。

图 3-6-1 三维感应成像测井仪实物图

仪器配套的测井与刻度软件集成于 ACME 采集软件平台，合成处理软件模块集成于 LEAD 测井综合应用平台。

测井时，阵列感应测井仪应与三参数测量短节组合使用，用钻井液电阻率合成地层电阻率曲线。三维感应成像测井仪还应增加井斜方位短节组合使用。

2. 工作原理

仪器通过发射线圈向井眼周围地层发射电磁场，经地层产生感应电动势，接收线圈接收二次场的感应电动势，通过刻度计算得到地层电导率。仪器要实现阵列化和数字化测量，井下仪器采集地层信息，将测量信号经过数值处理得到多种纵向分辨率、多种探测深度的测井曲线。

三维线圈由一组正交的 XYZ 发射线圈、一组正交的 xyz 接收线圈组合而成。每组接收线圈又由一个主接收线圈和一个辅助接收线圈组成，其中辅助接收线圈是用来抵消主接收线圈的直耦分量。每组线圈分别接收具有不同探测深度和不同纵向分辨率的地层信号的实分量和虚分量。电路部分设计采用了实时刻度去温漂技术、低噪声宽频带小信号放大技术、多频多通道数据采集技术和数字相敏检波技术等。

仪器供电时，主控采集处理电路首先分时产生 xyz 三组发射控制信号提供给发射电路，启动发射控制电路。发射信号经驱动后由发射线圈向地层发射电磁波，接收子阵列线圈接收由地层二次涡流产生的感应信号。同时，发射线圈电流经耦合变压器取样后，通过取样电阻得到一个正比于发射电流的小电压信号，该信号经二级刻度板驱动后再进入衰减网络，产生具有不同幅度的刻度信号。前放板对测量信号与刻度信号进行选通，实现对信号的放大和滤波处理。在井下由 DSP 完成多组线圈多种频率信号的实部和虚部信号提取，经过选频处理后上传到地面，三维线圈系同时测量 9 个分量（V_{xx}、V_{xy}、V_{xz}、V_{yx}、V_{yy}、V_{yz}、V_{zx}、V_{zy}、V_{zz}）的地层电导率，通过软件合成聚焦处理，获取水平电阻率（R_h）、垂直电阻率（R_v）、各向异性、地层倾角和方位角等信息。

3. 主要技术指标

耐温耐压：175℃/140MPa；最大外径：95mm；测量范围：0.1~2000Ω·m；水平探测深度：10in、20in、30in、60in、90in、120in；垂直探测深度：20in、60in、120in；纵向分辨率：1ft、2ft、4ft；井眼范围：120~440mm。

二、主要功能模块

1. 线圈系

三维感应成像测井仪线圈系与阵列感应成像测井仪线圈系不同的是，在阵列感应测井部分单轴（Z）的线圈骨架上形成三轴（X/Y/Z）。3DIT6531 三维感应成像测井仪的线圈系由一组三轴发射线圈、多组单轴和三轴阵列接收线圈组合而成，接收线圈阵列采取了七源距分布，覆盖纵向 0.25~3.0m 的探测深度（图 3-6-2）。

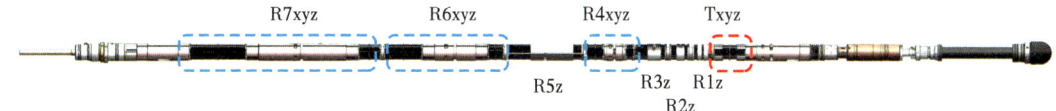

图 3-6-2 三维感应成像测井仪线圈系结构示意图

三轴复合线圈系结构采取 X/Y 线圈与 Z 线圈共点的方式，X/Y 发射线圈在 Z 发射线圈的外侧，线圈漆包线均匀绕制在三个轴向上，实现三个轴向线圈完全正交分布。线圈骨架采用陶瓷材料，具有良好的温度稳定性（图 3-6-3）。

2. 电路系统

电路系统主要由电源、主控采集、前置放大、二级刻度与温度采集、发射驱动等电路组成构成。三维感应成像测井仪相对阵列感应测井仪在测量通道上看，发射线圈和接收线圈通道都从单轴（Z）增加到三轴（XYZ），如图 3-6-4 所示。

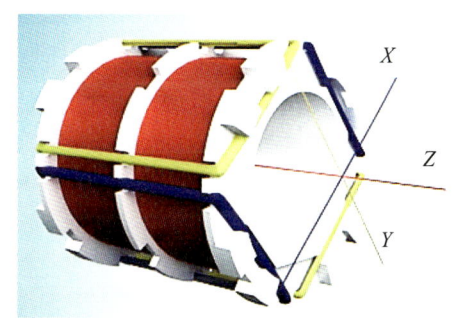

图 3-6-3 线圈骨架和绕线示意图

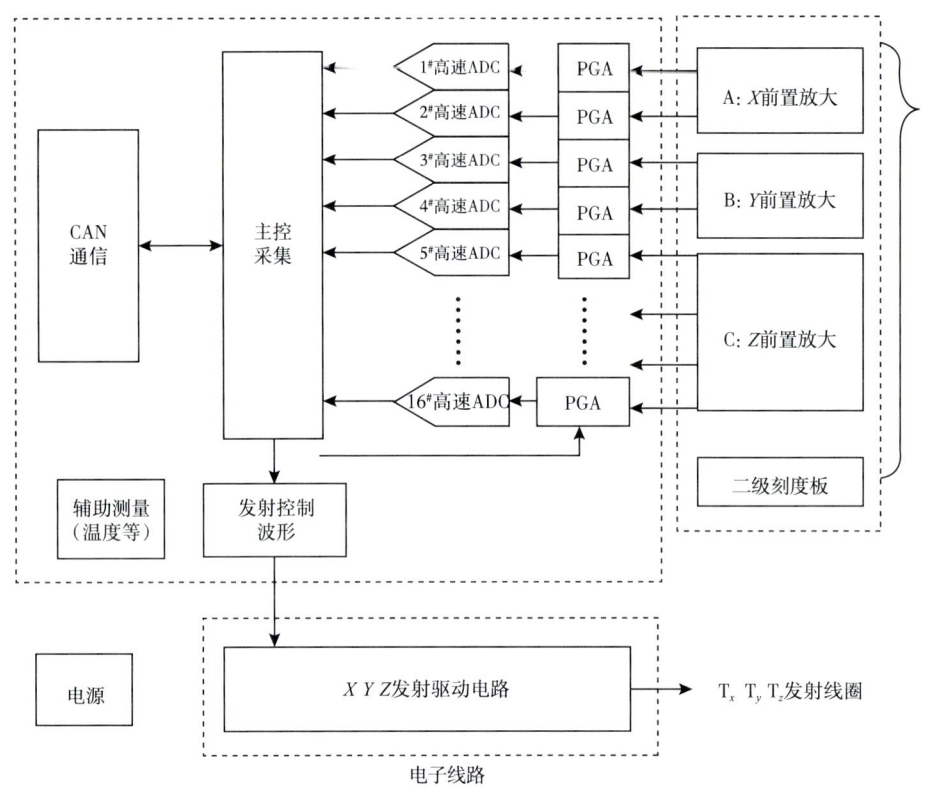

图 3-6-4 三维感应电子线路示意图

1）电源

电源模块主要由 AC-DC 与 DC-DC 两个模块构成，正反分布在工字形骨架，在电子仪骨架上的结构及分布如图 3-6-5 所示。

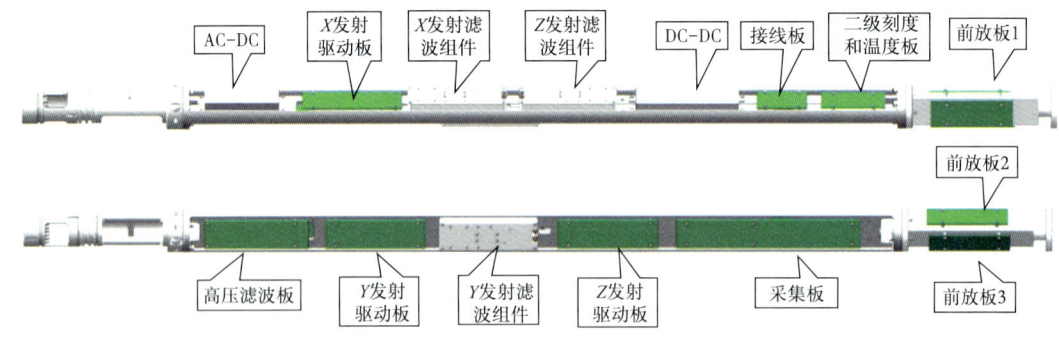

图 3-6-5 电子线路骨架结构示意图

2）主控采集电路

主控采集电路作为三维感应成像测井仪的核心部分，由一个 DSP、一个 FPGA 和多个 ADC 采集信号通道组成，另外还包括井下仪器总线接口电路 CAN 和辅助测量。DSP 完成信号道的数字相敏检波，计算信号道实分量和虚分量，实现井下仪器总线接口电路 CAN 的控制、命令接收识别、提供发射控制发射时钟信号。FPGA 实现多个 ADC 采集信道的控制、PGA 增益控制、MUX 模拟开关的选通、信号道数据的叠加处理等,将处理结果发送给 DSP。

测量信号和刻度信号通过由采集板 FPGA 产生控制信号控制模拟开关进行选通,系统按照时分原则将多个接收子阵列的电磁信号和多道二级刻度信号并行送入前置放大电路通道。接收子阵列线圈来的多频电磁感应信号和刻度信号经多路开关分时选通其中一个信号,经接收电路放大和低通滤波后输出送到采集电路。采集电路的程控增益再次放大后,送入对应的多道高速 ADC,同时对多道信号进行采集。FPGA 分别负责多道 ADC 的数据采集、检波。DSP 除了产生发射电路启动控制波形外,还通过辅助 ADC 完成温度、电压等辅助参数的采集与处理,FPGA 的数据送到 DSP 进行数字相敏检波计算和编码,并通过 CAN 接口电路将数据传送给井下遥测。

主控采集部分功能除了数据采集外,还具有通信接口、控制、数字相敏检波、增益控制等功能。其中 DSP 负责按既定帧格式进行数据组织和通信、多路信号计算及产生各种控制信号(除了 ADC、可控增益放大外,还产生各种模拟信号,如发射控制信号、检测信号等)。

3)前置放大电路

前置放大电路实现三维感应成像测井仪接收线圈的微弱信号预处理,主要完成阵列多道测量信号与二级刻度信号的前置放大和滤波处理。各组阵列上信号处理时,放大倍数和滤波频率各不相同。

前置放大电路主要由测量与刻度切换电路、差分放大电路、低通滤波电路共三部分构成。测量与刻度切换电路主要对测量信号与刻度信号进行切换。差分放大电路主要对来自线圈的微弱信号进行放大,为了有效抵制噪声,同时为了消除漂移电压,前置放大电路采用两级差分输入放大结构。前级采用深度电压串联负反馈电路,后级通过减法器实现差分输入。该电路具有高输入阻抗、很强的共模抑制能力和较小的输出漂移电压。接着滤波电路对前级放大后的信号进行四阶低通滤波处理,滤波高频噪声。

4)二级刻度与温度采集电路

二级刻度与温度采集电路与阵列感应测井仪相同。

5)发射驱动电路

发射驱动电路与阵列感应测井仪的原理相同。主控采集电路分时发出三路发射控制信号,分别送入三路完全相同的发射驱动电路,三路发射驱动电路分别接到 XYZ 三道发射线圈。

三、数据处理方法

三维感应成像井眼校正处理软件包括了垂直井、仪器居中和偏心等情况下地层电阻率(R_h,R_v)、偏心方位角、钻井液电阻率和井径的影响下的井眼校正。依据井眼、钻井液和偏心、地层水平电导率、各向异性系数 5 种不同情况,建立井眼校正库,编制居中情况和偏心情况下的三维自适应井眼校正软件,软件可实现的功能如图 3-6-6 所示。

1. 井眼校正处理参数

井眼校正处理软件包括垂直井、仪器居中和偏心等情况下对地层电阻率(R_h,R_v)、偏心方位角、钻井液电阻率和井径的影响下的井眼校正参数进行优化。

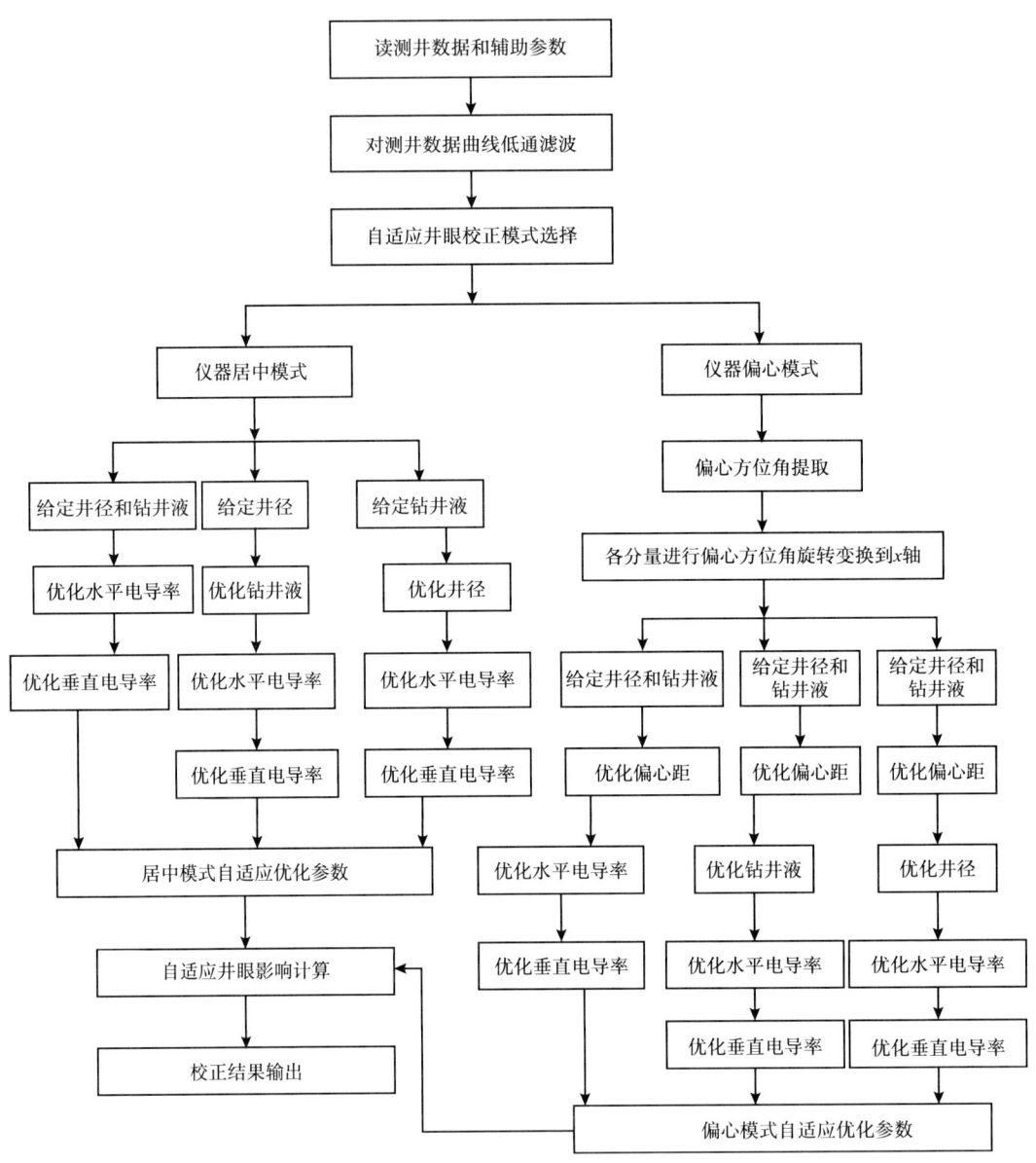

图 3-6-6 三维自适应井眼校正软件功能示意图

2. 井眼校正处理

井眼校正处理软件完成测井曲线井眼校正，由给定的三维感应测井，确定五个未知的井眼环境参数：井眼半径、偏心距、井眼钻井液电导率、地层横向电导率，以及各向异性系数；利用自适应反演方法确定参数：井眼半径、偏心距、钻井液电导率、地层横向电导率，以及各向异性系数。

3. 三维感应成像测井资料的综合处理

实现仪器垂直井中地层水平电导率、垂直电导率、各向异性地层的测井响应处理，如图 3-6-7 所示。三维感应仪器不仅能提供不同径向深度和不同纵向分辨率的一系列电阻率曲线，同时还能测量各向异性地层中的水平电阻率 R_h、垂直电阻率 R_v 及地层倾角，为地层分析提供更详尽的资料。对于各向同性的厚砂岩层，$R_h=R_v$；对于多数薄互层，$R_h \neq R_v$。

对比阵列感应测井，通过多分量数据高精度联合反演技术，三维感应成像测井可获取地层各向异性电阻率及地层构造倾角信息。

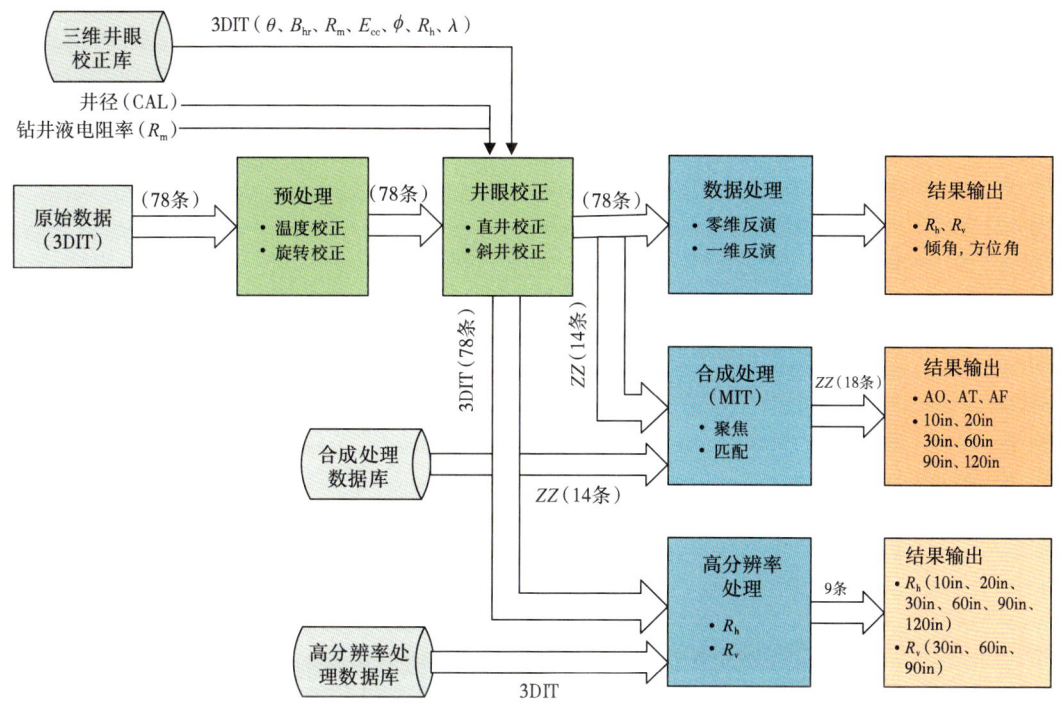

图 3-6-7　三维感应成像测井数据处理流程图

四、仪器刻度

1. 刻度原理

在对三维感应成像测井仪进行刻度时，对各分量采用两种不同形式的刻度方式。一种方式是采用原阵列刻度环，用于刻度 ZZ 分量。另一种方式是采用斜圆环，用于刻度 XX、YY、XZ、ZX、YZ、ZY、XY、YX 分量。

刻度在室外空旷环境下进行，要求 10m 范围内无大的金属体（如地下管道）、无高压电线、无强电磁场干扰。通过刻度求取仪器 K 值和直耦值，又称乘加因子。通过 5Ω、10Ω 两个刻度电阻配合刻度环完成。三维感应成像测井仪采取在 4m 以上无感平台上刻度，目的在于消除大地的影响，精确求取仪器线圈系的直耦值，替代半空间刻度。

2. 温度校正

三维感应成像测井温度图版同阵列感应测井仪一样是通过无感加温得到。在温度测试时，检查仪器温度变化的线性，这也是验证线圈系结构合理性和可靠性的方式。在测井资料后期处理时，利用温度校正系数进行校正。

五、典型案例

三维感应成像测井具有空间真三维探测和径向电阻率切片成像的独特优势，是解决非均质各向异性油气藏有效识别、油气含量准确计算难题的有效手段，在大庆古龙页岩油储层划分、西南火山岩气水层界面判识、青海混积岩等复杂非常规油气识别与评价等方面应用效果显著。

1. 三维感应成像测井各向异性评价页岩含油气性方法

塔×井垂直电阻率普遍高于水平电阻率，地层电阻率具有明显的各向异性。对比发现，该井段的声波、中子值比其他层高，密度低，反映储层物性变差。从计算结果看，常规水平电阻率接近20号层垂直电阻率，垂直电阻率与水平电阻率之比略大，反映砂体中的泥质薄夹层变少，该层位表现纯油层特征，联合计算的含油饱和度为68%，实际测试结果日产油5.8t，无水（图3-6-8）。

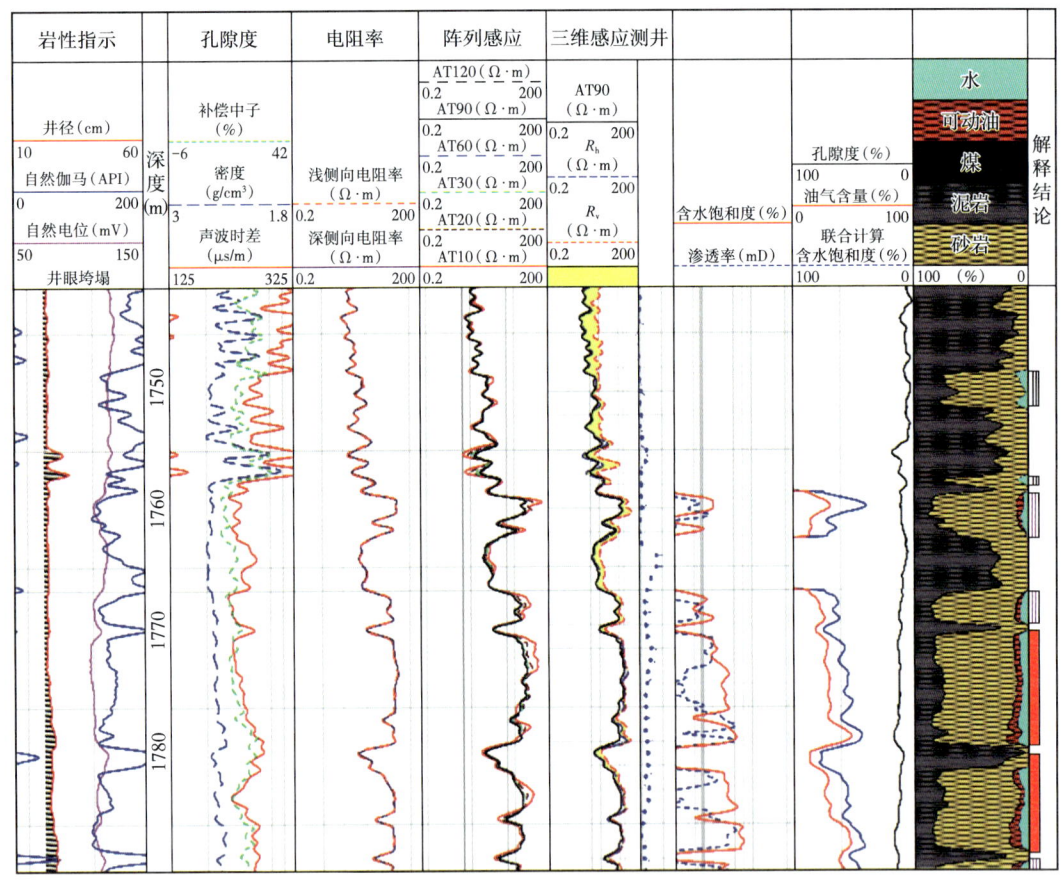

图3-6-8 塔×井三维感应成像测井解释成果图

2. 三维感应成像测井+核磁共振测井联合评价储层含油性

利用三维感应成像测井的真电阻率联合核磁共振测井的有效孔隙度能更准确地评价储层含油饱和度。乌×井20号层三维感应成像测井计算含水饱和度18.2%、常规感应计算含水饱和度23.8%，油气含量计算值增加5.6%。21号层三维感应成像测井计算含水饱和度18.3%、常规感应计算含水饱和度20.8%，油气含量计算值增加2.5%，试油后日产纯油5.496t。在乌×井相对均质厚储层中三维感应成像测井计算含油性相对常规感应测井整体提升4.1%（图3-6-9）。

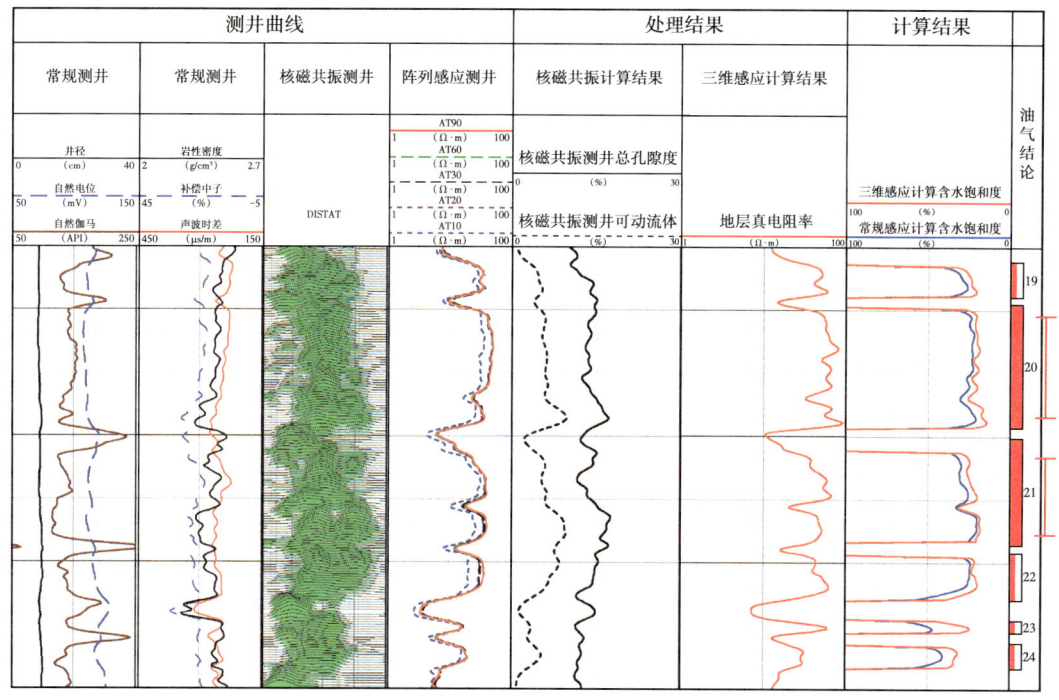

图 3-6-9　乌×井三维感应成像测井联合核磁共振测井解释成果图

第七节　宽频介电测井仪

传统电阻率测井主要依据岩石孔隙流体导电性的差异，通过地层电阻率测量结合阿尔奇公式实现储层识别及含油饱和度评价。但当现场测井面临稠油、致密油气、低阻储层、淡水或地层水矿化度多变等复杂储层时，传统电阻率测量则无法实现储层的有效识别及饱和度的准确评价。为此，就需要寻找一种不依赖于地层电阻率的测井方法来实现复杂储层的流体识别和饱和度评价需求。宽频介电测井仪是采用阵列双极化天线对，通过测量射频宽频带内多个频点电磁波经地层传播引起的幅度比和相位差信息，来确定岩石和流体性质的一种测井仪器，其测量信息对于复杂储层的饱和度评价、骨架参数测量和地质构造分析具有重要意义。宽频介电测井已成为非常规复杂储层评价的重要技术之一。

一、总体描述

1. 仪器构成

宽频介电测井仪是中油测井研制的电缆类电法测井仪器，主要由电子仪短节、推靠器总成和极板体三大部分组成，如图 3-7-1 所示。其中，极板体由双发八收双极化阵列天线及部分电路组成，双发八收阵列天线中的每一个都可以在纵向和横向极化模式下工作，在 4 个不连续频率下进行测量，通过多组发射—接收对实现井眼补偿。推靠器总成负责仪器的开收腿控制，电子仪短节负责仪器的主控、发射及信号采集等工作。仪器测量时，控制推靠器总成张开辅臂，支撑极板体贴靠井壁，进行偏心测量。宽频介电测井仪器配接遥传系统测量，能够提供4种频率、双发八收双极化共256条幅度比和相位差曲线，同时可提供井径曲线。测量曲线通过环境校正及反演处理，可得到4种不同频率下地层径向各层的介电常数和电导率信息。高频信息可实现储层流体识别和饱和度评价，多种频率下的频散信息可实现岩石基质结构分析，宽频介电厘米级纵向分辨率可以实现高分辨率地质构造分析。

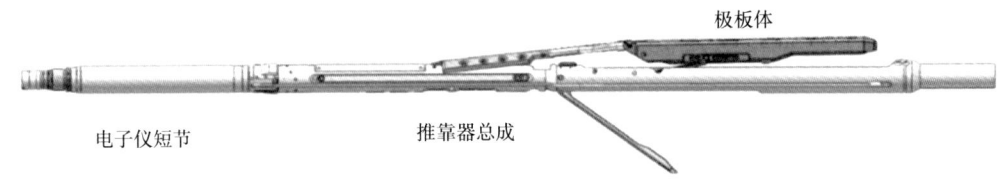

图 3-7-1 宽频介电测井仪结构示意图

2. 工作原理

介电测井和电阻率测井都属于电法测井。传统电阻率测井主要依据岩石孔隙流体导电性的差异，通过地层电阻率测量结合阿尔奇公式实现储层识别及含油饱和度评价。但当现场测井面临稠油、致密油气、低阻储层、淡水或地层水矿化度多变等复杂储层时，传统电阻率测量则无法实现储层的有效识别及饱和度的准确评价。为此，就需要寻找一种不依赖于地层电阻率的测井方法来实现复杂储层的流体识别和饱和度评价需求。

介电测井不同于电阻率测井。通常，石油和大多数岩石矿物的相对介电常数在2~10之间，水的相对介电常数在50~80之间。水的介电常数比石油和岩石矿物大得多，因此单位体积岩石中含水的多少，就决定了该岩石地层的介电常数。在微波频段岩石的相对介电常数主要取决于单位体积中水的含量，且不受地层水矿化度影响，通过介电常数测量能够确定储层的含水孔隙度，与其他孔隙度测井相结合，实现储层有效识别及饱和度准确评价，介电测井已成为复杂储层评价的有效手段。常见岩石、矿物和流体的相对介电常数见表3-7-1。

表 3-7-1 常见岩石、矿物和流体的相对介电常数

矿物、岩石和流体	相对介电常数 （相对于真空）	矿物、岩石和流体	相对介电常数 （相对于真空）
硬石膏	6.35	白云岩	6.80
石膏	4.16	石灰岩	7.50~9.20
石油	2.00~2.40	页岩	5.00~25.00
天然气	1.00	干胶体	5.76
砂岩	4.65	淡水	78.30

低频电法测量主要受地层电导率的影响，但随着频率增加，介电效应开始显现，并逐步起主导作用，因此介电测井仪的工作频率较高，一般从几十兆赫兹到1GHz。当电

磁波频率达到1GHZ时，其经地层传播的幅度比和相位差主要与骨架和流体的介电常数有关，几乎不受地层水矿化度的影响。介电测井与电阻测井识别油水层和求取饱和度的方法不同，其不要求地层水必须是含盐的，也不需要知道地层水电阻率。

介电测井时，通过发射天线向地层发射一定频率、一定幅值的电磁波，在接收天线处可获得通过地层传播的电磁波信号。电磁波在由发射天线向接收天线传播的过程中与地层中流体和矿物发生相互作用，电磁波振幅发生衰减，相位发生延迟。由电磁场理论可知，幅度衰减和相位移动是由发射天线与接收天线之间的距离、发射天线发射电磁波频率、地层介电常数和电导率共同决定的。通过对电场幅度变化和相位移动进行数据反演计算，就可以得到相对应的岩石层的电导率和介电常数信息。

岩石的介电常数和电导率并不是真正的常数，频率、温度、岩石颗粒大小和内部排列结构，以及储层中胶结物的含量等对介电常数都有不可估量的影响。均匀材料的介电常数，一般可看作是角频率和温度的函数。而对于储层这种混合物介质来说，介电常数和电导率是频率、温度和岩层结构的函数。当测量频率为1GHz左右时，岩石的结构对介电常数的影响较小，但在较低频率下测量影响较大。因此，利用频散信息，可以实现岩石结构和泥质含量的评价。

介电测井的本质是物质的极化，而极化机制其实是物质中的原子和分子对外部电场的响应。从根本上讲，电子极化、原子（或离子）极化、取向极化和界面极化这四种极化都属于介质的极化。这几种极化是在各种不同的频率下才能发生，因此通过不同极化机理研究，可以为介电测井仪器频率选择提供理论支撑。

3. 介电的极化机理

不同极化机理对应于不同的频段。由各种机理共同作用下的介电参数必然是频率的函数。同时，分子原子的电荷特性本身随温度变化，所以介电常数也是温度的函数。需要强调的是，取向极化所对应的频段在介电测井频段上占主体地位。在交变电磁场作用下，岩石中的极化机理主要有电子极化、原子（离子）极化取向极化和界面极化，如图3-7-2所示。其中骨架和油气等非极性分子主要表现为电子极化，孔隙中的水分子表现为取向极化，界面极化则会受到带电黏土、孔隙中带电离子及孔隙结构的影响。如图3-7-3所示，通过宽频段介电频散测量，可以获取储层的介电频散信息。针对碳酸盐岩及泥质砂岩储层，通过介电常数和电导率频散规律研究，可实现碳酸盐岩连续胶结指数 m 实时测量和泥质砂岩储层泥质含量的准确估算。

1）电子极化

当有外部电场作用于物质时，物质的电子云沿着原子核朝着与电场相反的方向迅速移动，电子云的中心与原子核的中心将会发生位置偏移，从而导致偶极矩的产生。电子极化是由带正电的原子核和带负电的电子发生相对运动形成的，电子极化通常也称为电子位移极化。当温度变化时，原子中的电子的固有结构并没有发生改变，温度的升高或降低对电子极化几乎没有产生实质性的影响。通常情况下，自然界中的物质在电场的作用下都发生着电子极化的现象，当外加电场消失时，物质中的电子极化现象也就不存在了。电子极化从发生到结束的持续时间非常短，一般出现在可见光到紫外光频段内，对应的频率范围为 $10^{14} \sim 10^{16}$ Hz。研究电介质时频率不会太高，所以电子极化的影响不在考虑范围之内。

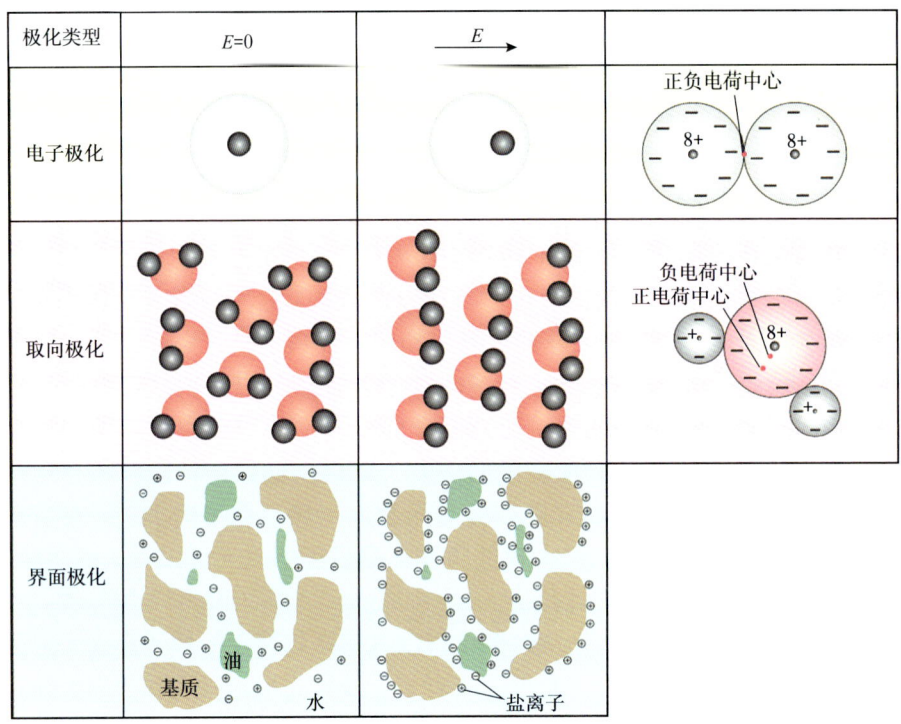

图 3-7-2 岩石极化机理原理（Romulo Carmona 等，2011）

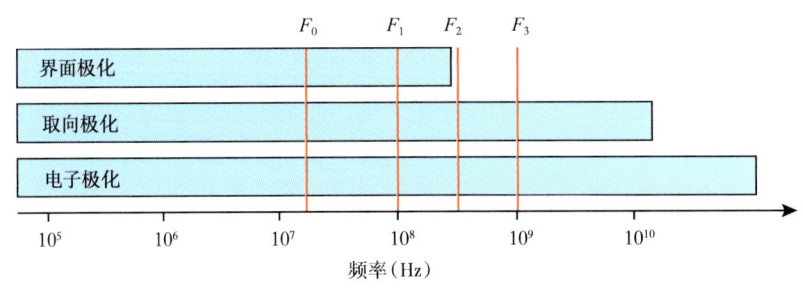

图 3-7-3 介电频散测量频点选取

2）原子（离子）极化

当电磁波的频率为 10^{11}~10^{13}Hz 时，晶体内的原子（或离子）或分子内的原子会产生振动。此时，带正电的离子就会朝着电场方向迅速移动，带负电的离子则会逆着电场方向行进，形成诱导电偶极子，这就是原子极化或离子极化产生的原因。与电子极化相比，由原子极化作用机理导致的物质的介电常数更大一些。同时，与电子极化一样，原子极化微观方面的极化率也和温度没有关系。

3）取向极化

极性气体或液体，如硅酸盐或者极性聚合物中的偶极子，在自然状态下能够自由转动，当外部电场的频率为 10^4~10^{11}Hz 时，偶极子移动到与外加电磁场相同的方向，形成分子的转向极化，称为偶极子极化或偶极子取向极化。取向极化中，固有偶极子能够自由旋转移动，并且是彼此独立互不依赖的。电子极化和原子极化均是由正负电荷沿着电场正负方向移动构成的弹性谐振子，因而二者都属于位移极化。与电子极化和原子极化不同的是，取向极化是物质内部的永久偶极子由于方向的取向不同造成的极化。

4）界面极化

当外部电场的频率小于 10^4 Hz 时，物质中的自由电荷（正离子、负离子或自由电子）会在两种物质相接触的共同面上或在一种物质内部的两个不同区域聚集，造成物质中空间电荷分布不均匀，这样必然导致宏观偶极矩的产生，这种极化称为界面极化或空间电荷极化。界面极化机制在一定程度上相当于偶极子取向型极化。相对于质地单一均匀的材料来说，含有相界面的不均匀材料，或者具有大量杂质和微小颗粒的材料更容易发生界面极化。测井中真实的岩石地层就属于这种材料。

二、主要功能模块

1. 探测器结构

宽频介电测井仪探测器由位于极板体中部的 2 个双极化发射天线和上下对称排布的 4 组接收天线对组成。4 组不同间距排布的收发天线对可以实现储层径向不同深度介电常数和电导率的探测，对称分布的收发天线可实现不规则井眼的补偿。其中，每个天线由水平和垂直极化阵子组成，以实现储层垂直极化和水平极化的各向异性测量（图 3-7-4）。

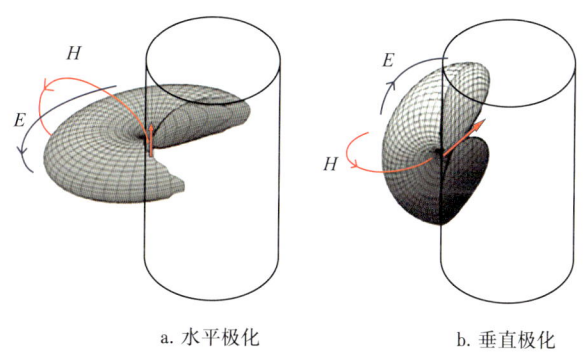

a. 水平极化　　　b. 垂直极化

图 3-7-4　介电探测器双极化场分布示意图

E—电场极化方向；H—磁场极化方向

探测器天线阵列的技术核心之一是短小的多源距天线阵列极板。两个发射天线 T1 和 T2 位于极板中心，两个接收天线 R1 和 R2 位于极板中心，对称分布在发射天线的两边，目的是获得精确的测量数据，并对井眼不平行造成的测试误差进行补偿。

2. 电路系统

宽频介电测井仪电路系统包括主控电路、射频发射电路和射频接收电路三部分。

主控电路负责控制射频发射和射频接收，实现幅度和相位的采集。射频发射电路用于射频信号的产生和放大，供给发射天线。射频接收电路用于测量信号的检测、放大、滤波及混频等处理。

1）主控电路

主控电路主要包括数字信号处理模块、遥传通信模块及系统逻辑控制模块。其核心系统由 FPGA 和 DSP 构成，如图 3-7-5 所示。FPGA 负责信号采集与指令解释，DSP 负责信号的相位幅值计算、数据传输协议封包与控制指令协议解包。

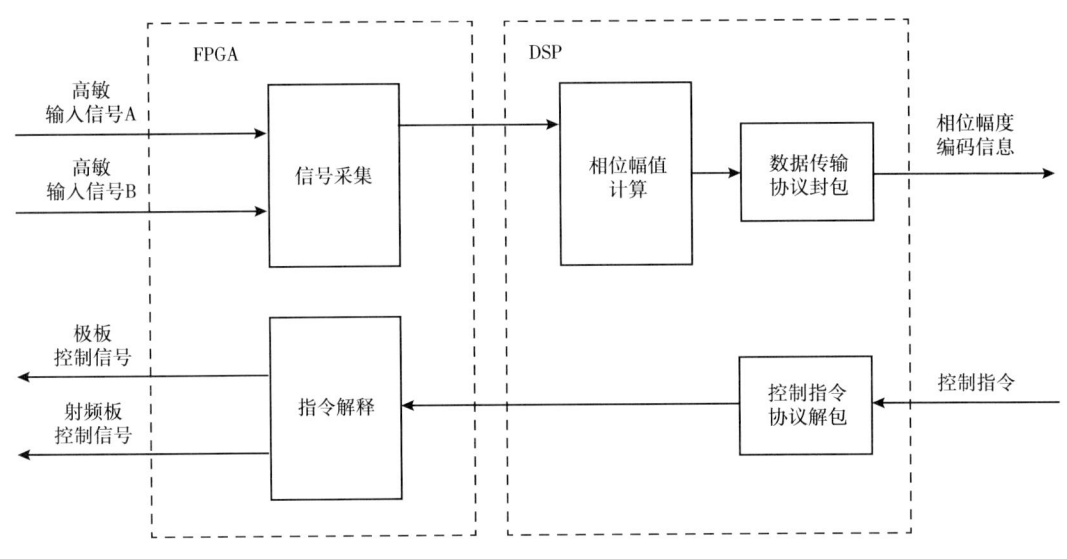

图 3-7-5 测幅测相模块示意图

电路系统的核心任务就是针对两路输入信号求得信号的幅度与相位差信息，因而必须首先确定上述信息的测量方法。当前，用于测量幅度与相位信息的方法主要有以下三种。

（1）过零检测法。

过零检测法是数字化测量中基于硬件实现的最传统的检测方法，其原理是通过对比两路信号在过零时刻的时间差，然后再把时间差转换成相位差，如图 3-7-6 所示，计算公式为：

$$\Delta\varphi = \frac{\Delta t}{T} \times 360° \qquad (3-7-1)$$

式中：Δt 是两个被测信号过零点的时差；T 为信号的周期；$\Delta\varphi$ 为相位差。

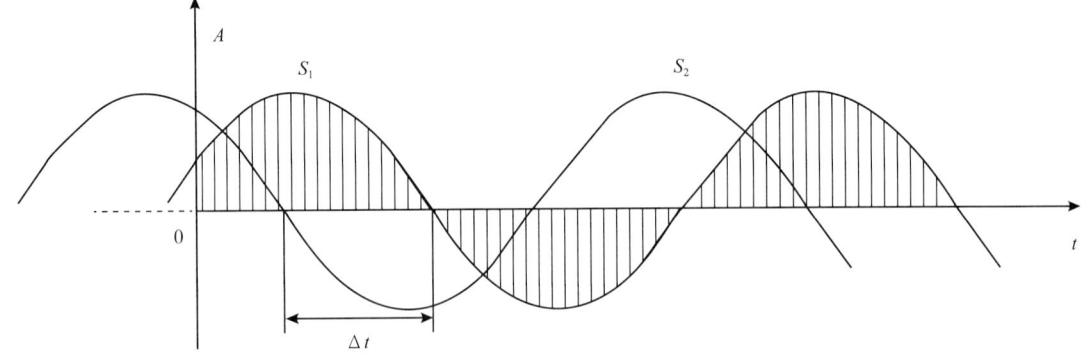

图 3-7-6 过零检测法原理示意图

A—信号幅度；S_1—参考信号；S_2—被测信号

虽然过零检测法测量分辨率高，易实现数字化，但是需要对零点精确确定，由于信号受谐波及噪声的干扰，难以精确确定零点时刻，将会带来较大的测量误差。当对相位进行精确测量时，系统的测量工作频率需要远高于被测信号频率；当被测信号频率较高时，系统的实现难度将显著增加，因此在高精度的相位差检测应用中受到了限制。对于已知频率的信号可以通过适当延时方式，获取信号的峰峰值，但是，峰峰值的精度也会受到上述因素的影响。

（2）离散傅里叶变换法。

相位差的求取是通过将两个接收到的信号进行FFT，得到信号离散的频率谱，信号相位的正弦和余弦信息就包含在了频率谱中每个点的实部和虚部上，因而通过FFT法，信号的相位信息就可以通过频率谱中点的实部和虚部获得，从而可以得到两个信号的相位差。

由于实际两路信号采用序列是连续的无限长序列，使用FFT对其频谱分析时必须截断为有限长的序列再进行周期延拓。

（3）数字相关法。

在信号处理中研究两个信号之间的关系，以实现信号的检测、识别和提取，相关函数是重要的数字信号处理方法。数字相关法是对两个被测信号作自相关及互相关运算，只测量正弦或者余弦信号，利用求解信号在零点处的自相关值得到信号的幅度，求解信号在零点处的互相关值，利用求解反三角函数获得所需要的相位差。这种算法能够同时测量相位差和幅度比，且相对其他方法计算简单，能够节约软硬件资源。但是当信号幅度较小时，容易产生较大误差。

通过三种方法的对比，离散傅里叶变换法能够同时得到相位差和幅度比，且抑制噪声能力强，精度较高，得到有效使用。

2）发射电路

发射电路用于产生4种工作频率的发射信号。每块电路包含参考源、锁相环、AGC功率放大、滤波电路、开关切换及发射天线等模块，如图3-7-7所示。

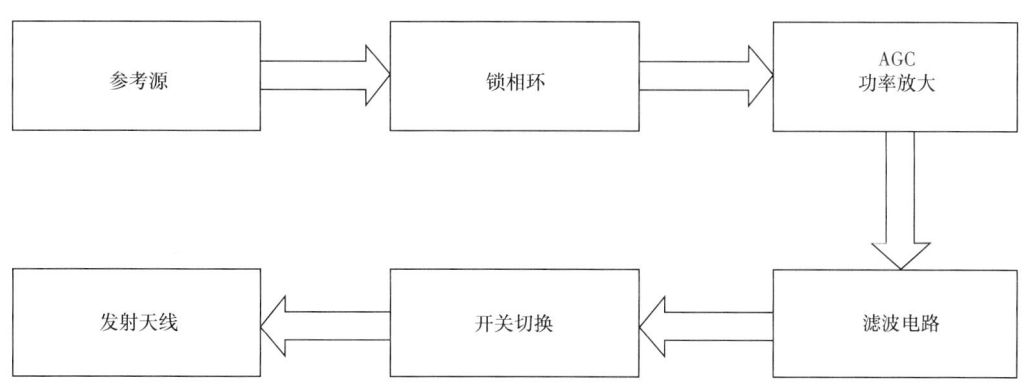

图3-7-7 信号发射电路示意图

参考源产生固定的点频信号（20MHz、200MHz、400MHz、1100MHz），为下变频单元提供本振信号，同时作为通道与波段切换单元的本振信号。

3）信号采集及检测电路

信号采集及检测电路分别接收4种频率双极化双发八收阵列天线信号。每块电路包含开关切换、2个15dB低噪放大器、自动增益电路、混频电路、ADC及FPGA等电路模块，信号采集及检测电路框图如图3-7-8所示。

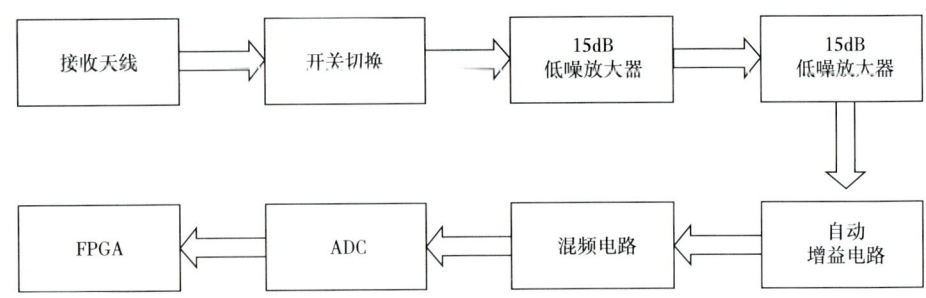

图 3-7-8　信号采集及检测电路示意图

待测信号经接收天线接收后的幅度较为微弱，需先对其进行信号调理，提高采集信号质量，同时将待测信号调节到符合后端 ADC 采集电路的动态范围内，保证采样效果。调理电路主要由低噪声放大器及滤波器组成。

测井环境复杂，接收端电路需要降低噪声系数，因此接收端前置放大电路采用低噪声放大器，位于接收端第一级，直接连接天线信号。接收端前端对信号的放大电路有助于整个接收电路提高采集信号的质量，降低噪声带来的影响，对于噪声的抑制程度，需要对放大器设置增益大小，同时要考虑低噪声放大器的带宽、动态范围等指标。同时，在高温条件下电路会存在零点漂移，而且噪声干扰增大，为了确保测井系统电路工作稳定，需要降低噪声。提高低噪声放大器工作点的稳定，性可以采用给运放施加强烈的负反馈的方式来实现，采用电容耦合的输出方式，起到隔离直流漂移的作用。运算放大电路的噪声包含运放的固有噪声，同时运算放大电路的噪声还包括电阻热噪声，要降低噪声，在选择器件时候尽量选择噪声较低的放大器，同时降低放大器带宽，减小外围的电阻值。

三、数据处理方法

宽频介电测井数据处理的目的是针对原始测量信息，实现仪器及测量环境影响的校正和反演处理等，以获取原状地层的介电常数、电导率和介电频散等信息。流程主要包括预处理、井眼及极板校正、均质反演、径向模式识别及径向剖面反演处理等模块，如图 3-7-9 所示。

图 3-7-9　宽频介电测井数据处理流程示意图

1. 预处理

预处理主要针对宽频介电测井仪器的双发八收双极化天线及 4 种工作频率，开展单通道测量幅度和相位差信号的相关校正处理，主要包括单通道温漂校正、信号串扰校正、井眼补偿校正及天线口面影响校正等。

温漂校正主要针对原始测量幅相信号，通过仪器加温获取各频点单发单收测量通道受温度的影响数据库，通过温度影响校正实现通道温漂影响的消除。

信号串扰校正主要针对单通道测量的串扰干扰信号，通过不同天线的屏蔽组合，测量确定串扰信号的数值，通过串扰校正获取单通道准确测量信号。井眼补偿校正主要针对井眼非规则形状，通过上下接收对的补偿，消除不规则井眼的影响。天线口面影响校正主要针对天线的非偶极子特性，通过测量值与理论磁偶极子响应的偏差，实现天线非理想偶极子模型的影响消除。

2. 井眼及极板校正

宽频介电测井过程不可避免要受到井眼环境的影响，井眼环境影响受仪器极板曲率、井眼直径、钻井液和地层的介电常数及电导率的影响，如图3-7-10所示。

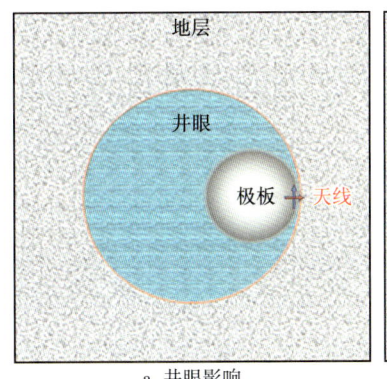
a. 井眼影响
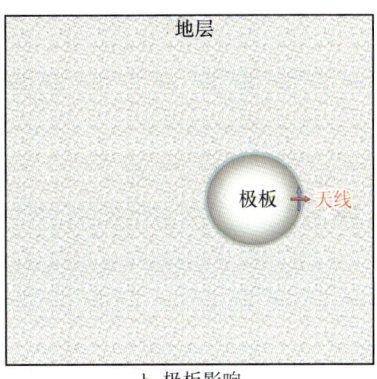
b. 极板影响

图3-7-10　井眼及极板校正示意图

井眼环境校正主要对井眼影响因素的宽范围建模及高精度仿真，建立宽频介电仪器的井眼环境影响库，实现井眼及极板影响的剔除。

3. 均质反演

均质反演主要针对经过井眼及极板校准后的测量数据，进行基于均质模型的反演，获取不同阵列、不同频率的视介电常数和视电导率信息，为径向模式识别提供数据。

4. 径向模式识别

径向模式识别是基于均质反演提供的视介电常数和视电导率信息，根据预先建立的模式分类及各模式响应特征，开展不同模式的识别，为径向剖面反演提供信息。

5. 径向剖面反演

径向剖面反演是在径向模式识别结果的基础上，开展地层径向各层介电常数及电导率参数的反演，获取不同频率不同阵列地层的介电常数及电导率信息，为饱和度评价、碳酸盐岩储层胶结指数及泥质砂岩储层泥质含量估算提供介电信息。

6. 宽频介电测井资料应用

基于宽频介电频散数据，可以实现储层含水饱和度计算、碳酸盐岩储层胶结指数m估算，以及泥质砂岩储层泥质含量估算。基于宽频介电测井的纵向高分辨率信息，可以实现薄层构造分析及地层特征研究。

1）含水饱和度计算

利用介电测量信息开展饱和度的计算，目前使用的方法为基于麦克斯韦方程组的复杂折射指数法（CRI），通过独立方程将传播时间和衰减变换为介电常数和电导率。由于基质矿物和油气的导电能力差，通常相当于绝缘体，电导率大小决定于测井仪器探测范围内水，可以获得更准确的含水孔隙度。CRI方法已成为根据介电数据计算饱和度普遍采用的方法。

2）碳酸盐岩储层胶结指数估算

生物和沉积因素能产生复杂的孔隙网络，因此碳酸盐岩的结构比硅质碎屑岩复杂得多。通过沉积后成岩作用，网络孔隙也可能发生化学改变。这使评价碳酸盐岩的岩石物理特性更加困难，特别是渗透率和流体饱和度，这两个参数不能直接测量获得，只能利用适当模型和测量结果推导得到。

用复杂折射指数法在 1GHz 频率计算出的介电属性对饱和油和盐水的碳酸盐岩样品很准确，然而，除矿物和含水量外，还有其他因素影响低频介电常数。研究人员对孔隙度、矿物成分和含水饱和度均相同的两块碳酸盐岩样品的介电频散测量结果突出强调了这一与频率相关的结构差异。研究人员通过对介电特征随频率变化的研究开发了介电频散模型，用于演示结构的描述。

3）泥质砂岩储层泥质含量估算

用饱和不同矿化度盐水的硅质碎屑岩样品进行了实验，测量了介电常数和电导率的介电频散。研究发现，干岩样的介电常数在较大频率范围内都是常数，但用盐水浸泡过的岩样的介电常数随矿化度的不同而不同，在 1GHz 左右交会。电导率不呈线性变化，盐水对电导率数值的影响随电磁场频率的增加而增强。基于介电频散模型可以直接量化泥质的影响，如砂泥岩互层中泥岩的影响。利用介电频散信息在评价淡水泥质砂岩时特别有效。但利用介电频散数据评价泥质含量不仅仅局限于淡水环境，因为黏土介电属性的频散直接与决定其电导率的黏土物理特性有关，利用介电频散可以实现黏土含量的准确估算。

第四章　声波测井仪器

声波测井产生于 20 世纪 50 年代，先后出现常规声速测井、常规声幅测井、长源距声波全波列、阵列声波测井、井下电视、多极子声波测井等（唐晓明等，2004）。声波在介质中传播时，其波动特性与介质的性质密切相关，因此可通过测量介质中声波的速度和衰减等性质来分析目标介质的性质。同时，由于不同介质声阻抗不同，由测井仪发射的声波传播到声阻抗不连续界面时会发生反射，经界面反射的声波与此界面后的介质性质相关，导致反射波携带有地层信息，在此基础上发展了声波远探测测井技术。

声波测井近几十年发展迅速，由最早的声速测井、声幅测井发展到后来的长源距声波测井、变密度测井、井下声波电视（BHTV）、噪声测井，到现在的多极子阵列声波测井、井周声波成像测井（CBIL）、超声波井眼成像仪等。声波仪器的信号也由模拟信号发展到数字信号，再到成像，完成数字化—信息化—成像化—系列化。本章主要提到仪器包括数字声波测井仪、阵列声波测井仪、方位远探测声波测井仪，以及全景式声波成像测井仪。

第一节　数字声波测井仪

数字声波测井仪用于测量声波时差的测井项目。在裸眼井中，用来测量井眼周围地层介质的声波速度，既可获得具有井眼补偿效果的地层的声波时差曲线，又可获得具有固井质量评价功能的变密度曲线。

一、总体描述

声波测井（Acoustic Logging）是研究地层声波速度的测井方法，用来测量所钻开地层的声速。数字声波测井是采用补偿测量进行声波时差测井的方法，补偿测量能消除恶劣井眼条件的影响。补偿声波测井仪测量的声波时差可用来进行地层对比和计算地层孔隙度，是目前使用最广泛、效果最显著的一种方法，所以它和补偿中子测井、补偿密度测井一起被称为孔隙度测井系列。

数字声波测井仪有别于将模拟的声波信号直接传到地面的传统声波测井仪器，它将声波信号在井下数字化，从而提高了声波的探测精度，降低了声波信号在传输过程中的噪声干扰。数字声波测井具有声波变密度测井模式，可进行声波变密度测井接收磁定位器送来的套管接箍信号，进行模数转换数字化后，再与声波波列数据一起打包送到地面。

数字声波测井仪的地质应用如下：

（1）确定含流体地层的孔隙度；

（2）地层对比；

（3）采集地层声波速度资料；

（4）结合其他孔隙度资料识别岩性；

（5）结合其他孔隙度资料确定次生孔隙度；

（6）从波形特征或变密度显示识别裂缝。

1. 仪器构成

数字声波测井仪包括模块化数字声波测井仪和单端电路数字声波测井仪。

1）模块化数字声波测井仪

从仪器结构来讲，模块化数字声波由上部电路、声系和下部电路组成，如图4-1-1所示。其中，声系由1个发射换能器T、5个采集筒和5个接收换能器（R1~R5）组成。

图4-1-1　模块化数字声波测井仪结构示意图

2）单端电路数字声波测井仪

单端电路数字声波测井仪由电子线路和声系组成。其中，电子线路由主控板、信号调理板、发射驱动板、AC/DC低压电源和AC/DC高压电源构成；声系由发射换能器、接收换能器和隔声部件构成。由1个发射换能器T和5个接收换能器（R1~R5）组成声系，如图4-1-2所示。

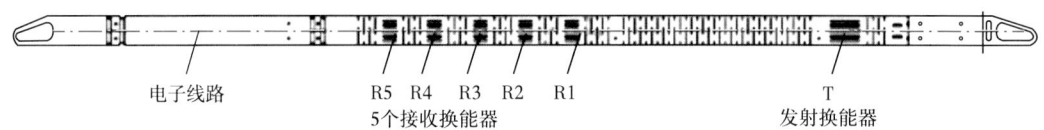

图4-1-2　单端电路数字声波测井仪结构示意图

2. 工作原理

1）声速测量原理

声速是反映地层介质性质的重要物理量，是单位时间内声波在介质中传播的距离：

$$v = \frac{z}{t} \qquad (4-1-1)$$

式中：v 为声速，m/s；z 为声波传播的距离，m；t 为声波通过距离 z 所需时间，s。

声速的倒数称为慢度或时差，表示声波在介质中通过单位距离所需要的时间：

$$s = \frac{1 \times 10^6}{v} \qquad (4-1-2)$$

式中：s 为慢度（时差），μs/m。

声波时差测量的装置由一个发射换能器T和两个接收换能器R1、R2构成，如图4-1-3所示。

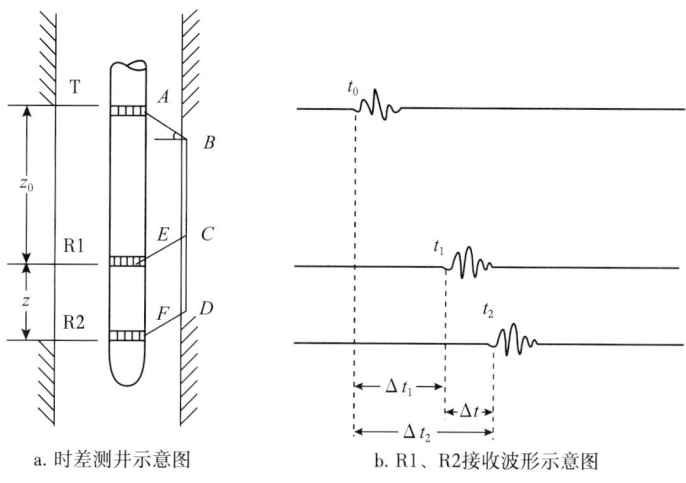

a. 时差测井示意图　　　　b. R1、R2接收波形示意图

图 4-1-3　时差测量原理示意图

T、R1、R2 排列在一条直线上,通常该直线与井轴重合。发射换能器 T 到近接收换能器 R1 之间的距离 z_0 为源距,两个接收换能器 R1 和 R2 之间的距离 z 为间距。当源距 z_0 足够大时,纵波是接收波列中的首波。根据射线理论,以临界角入射到井壁上产生的滑行纵波又以临界角折射回井内到达接收换能器,并且有 $\overline{CD}=z$,$\overline{CE}=\overline{DF}$。由式(4-1-1)和式(4-1-2),得到 $\overline{CD}$ 段地层的时差表达式,用 Δt 代表时差,即:

$$\Delta t = (t_2 - t_1)/z \tag{4-1-3}$$

式中:t_1 为接收换能器 R1 的首波到达时间,μs;t_2 为接收换能器 R2 的首波到达时间,μs。

当 C、D 间为均匀地层时,由式(4-1-3)计算的 Δt 为该地层的时差;当 C、D 间包含两层以上的地层,由式(4-1-3)算得的 Δt 为所含地层时差的加权平均值。

把 R1、R2 的中点称为仪器记录点。仪器记录点深度与它所对应的测量地层 $\overline{CD}$ 的中点深度不完全相等,两者的偏差可以从几厘米到十几厘米,随地层的声速而变。在单发双收测量方式中,通常不考虑这种偏差,直接把仪器记录点深度当作与其对应的测量层段的中点。

2)井眼补偿原理

在实际的裸眼井中,井径变化是常有的现象,如在沙泥岩剖面中,砂岩的缩径和泥岩的垮塌都会引起井径的剧烈变化;当井斜较大时,仪器倾斜也很容易发生。井径变化和仪器倾斜对时差测量带来的影响称为井眼影响,双发双收补偿测量方法就是为消除井眼影响而提出的(楚泽涵,1987)。

双发双收的声系是在单发双收声系上对称地增加一个发射换能器构成的,如图 4-1-4 所示。这个系统工作时,上下两个发射换能器交替发射,所以可以把它看成两个单发双收

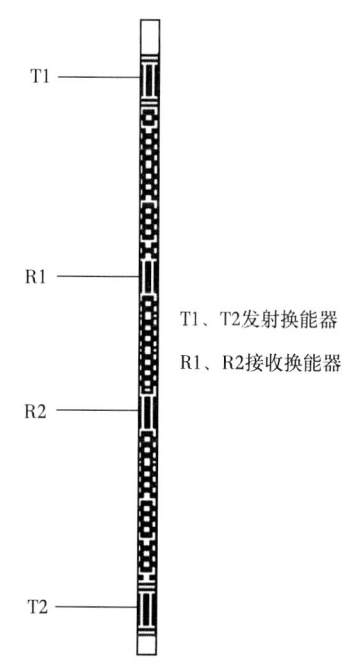

T1、T2发射换能器
R1、R2接收换能器

图 4-1-4　双发双收补偿声波测井仪声系结构示意图

声系统的组合：一个为上发射下接收，另一个为下发射上接收。把这两个单发双收系统分别测得的时差记为 $\Delta t_\text{上}$ 和 $\Delta t_\text{下}$，取其平均值作为双发双收补偿测量的记录时差：

$$\Delta t = (\Delta t_\text{上} - \Delta t_\text{下})/2 \tag{4-1-4}$$

仪器在测量过程中是连续移动的，故 $\Delta t_\text{上}$ 和 $\Delta t_\text{下}$ 的记录点深度略有差别，取这两个记录点深度的平均值作为双发双收补偿测量时差 Δt 的记录点深度。

单发双收形式的声波测井存在的问题是时差测量值会受到仪器倾斜和井眼变化的影响（王冠贵，1988）。无论是仪器倾斜还是井眼半径的变化，都会使滑行纵波由井壁折射到两个接收换能器的路程不再相等，即图 4-1-3 中的 $\overline{CE}$ 不等于 $\overline{DF}$。

两种数字声波测井仪声系均采用单发五收结构声系，单发五收声系使用虚拟双发五收声系的方法（王易安等，2011）。如图 4-1-5 所示，在声波测井中，把发射换能器到最近的接收换能器的距离定为声系源距，两个相邻接收换能器的距离定为间距，把声系源距设为 L，接收换能器间距设为 R，单发声系接收换能器编号为 R1、R2、R3、R4 和 R5；单发声系发射换能器编号为 T1，以单发声系声波时差测井仪在井眼内由下向上运动进行测井。

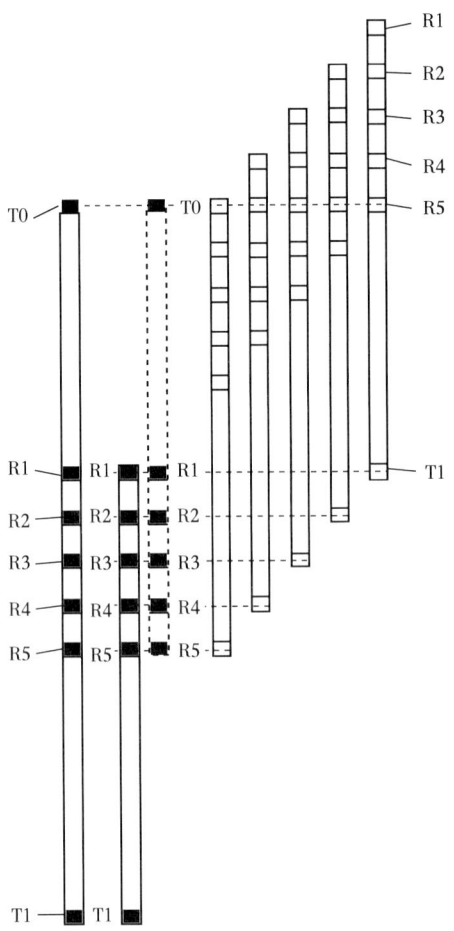

图 4-1-5　虚拟双发五收声系结构示意图

虚拟双发五收声系具体实现步骤如下：

（1）把声系上提 L 距离，所得到的 T1R1 的旅行时间作为深度 0 的上发声系 T0R5 的旅行时间资料；

（2）将声系再上提 R 距离，所得到的 T1R2 旅行时间作为深度 0 的上发声系 T0R4 的旅行时间资料；

（3）再将声系上提 R 距离，所得到的 T1R3 旅行时间作为深度 0 的上发声系 T0R3 的旅行时间资料；

（4）再将声系上提 R 距离，所得到的 T1R4 旅行时间作为深度 0 的上发声系 T0R2 的旅行时间资料；

（5）再将声系上提 R 距离，所得到的 T1R5 旅行时间作为深度 0 的上发声系 T0R1 的旅行时间资料；

（6）通过实际的单发声系在上提过程中所测量到的 5 个深度点上的旅行时间得到了深度 0 上的虚拟上发声系所需的旅行时间，从而获得一个上发射的声系的声波资料，上发射的声系的声波资料与存储在计算机中的在深度 0 位置获得的下发射的声系的声波资料进行合成处理，获得一个双发的井眼补偿型声系的声波资料，完成一次下发声系虚拟上发声系的合成过程；

（7）仪器从下向上连续进行测量并与深度数据一起存储，每上提 1 个采样间距的距离，重复合成过程根据相应深度点上的存储的资料就能够得到，即当仪器上提到 $L+4R$ 的深度时，就可以从所测量的下发射旅行时间中得到深度 0 上的上发射所需的各个旅行时间。

3. 主要技术指标

测量范围：131~630μs/m；测量误差：在 130~200μs/m 时，±3%；在 200~630μs/m 时，±1.5%；仪器稳定性：±5%；适应井眼：110~450mm；纵向分辨率：609mm（2ft）；高分辨率时为 152mm（6in）；径向探测深度：75mm（3in）（取决于地层参数）；仪器间距：152mm；仪器源距：914mm。

二、主要功能模块

1. 模块化数字声波测井仪

模块化数字声波测井仪器工作原理如图 4-1-6 所示。

上部电路短节电路板的功能是收集承压采集筒送来的数字声波信号并数字化，处理并采集磁定位短节的 CCL 信号和通知下电路进行发射，包括低压电源模块、采集转发模块两部分。采集转发模块接收地面系统通过遥传短节发来的声波控制命令、将数字化的声波信号通过遥传送到地面，并通知下部电子线路产生发射脉冲，激励声波发射换能器发射。低压电源模块主要是为采集转发模块和各个数据采集筒内的前端采集模块提供电源。

声系主要由接收换能器和数据采集筒组成，数据采集筒是一个承压筒体，分布安装在声系内的接收换能器阵列中，每个接收换能器对应一个数据采集筒，采集筒内安装有一个前端采集模块，主要对接收换能器传来的声波信号进行放大、采集波形并将波形数字化，并通过内设的 CAN 总线送到采集转发模块中，同时接收上电子线路采集转发模块的控制命令。

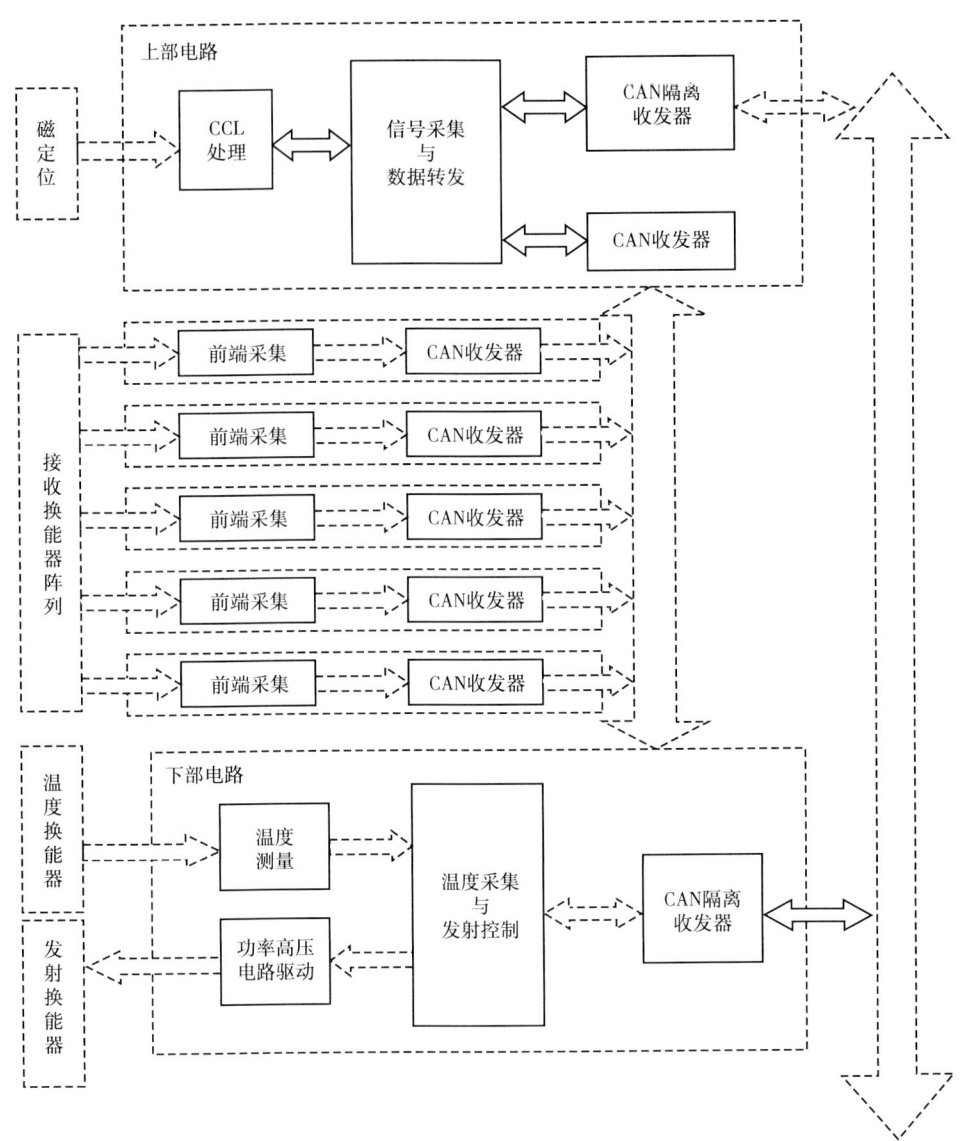

图 4-1-6　模块化数字声波系统工作原理示意图

下部电路短节电路板主要包括高压电源模块、发射控制模块两部分。高压电源模块主要负责给发射控制模块提供电源；发射控制模块主要负责接收由上电子线路短节传来的发射命令，产生高压脉冲去激励发射换能器。下部电路短节电路板的功能是接收由上部电路传来的发射命令，产生高压脉冲去激励发射换能器。

1）数据采集筒

模块化数字声波测井仪的前端采集模块安装在声系内，由于声系内的压力与井筒压力相同，为了保护前端采集模块不被压坏，专门设计了承压的数据采集筒，用于保护前端采集模块内的电路。

2）低压电源模块

低压电源模块用于为采集转发模块和前端采集模块提供电源，可以提供 1.8V、3.3V、

±5V 和用于 CAN 驱动器的隔离的 3.3V 的电源，共 5 组低压电源。

3）采集转发模块

采集转发模块功能包括通过内部 CAN 总线收集承压采集筒送来的数字声波信号并数字化、接收地面系统通过遥传短节发来的声波控制命令、处理并采集磁定位短节的 CCL 信号和通知下电路进行发射。

4）高压电源模块

高压电源模块为发射控制模块提供电源，主要包括一个 150~400V 连续可调的程控高压电源，还提供 5V、15V 低压电源，以及用于 CAN 驱动器的 3.3V 隔离电源。

5）发射控制模块

发射控制模块通过 CAN 总线上电子线路送来的声波发射控制信号，在发射变压器的配合下产生电脉冲激励发射换能器进行声脉冲发射。

2. 单端电路数字声波测井仪

单端电路数字声波测井仪电子线路短节电路板的功能是收集接收换能器接收到声波信号，并将声波信号数字化，处理并采集磁定位短节的 CCL 信号和通知下电路进行发射，产生发射命令控制高压脉冲去激励发射换能器，包括低压电源模块、高压电源模块、主控电路、前置放大电路和发射驱动电路。低压电源模块主要是为主控电路和前置放大电路提供电源；高压电源模块主要负责给发射驱动电路提供电源；主控电路接收地面系统通过遥传短节发来的声波控制命令，将数字化的声波信号通过遥传送到地面，并产生发射脉冲，激励声波发射换能器发射；前置放大电路对五道接收道的声波信号进行信号合成与处理；发射驱动电路主要负责接收主控电路传来的发射命令产生高压脉冲去激励发射换能器。

1）主控电路

主控电路按照设定的采集速率和采集深度，在 DSP 启动后，自动完成 6 路信号的同步采集，并存储到 FIFO 内，等待 DSP 读取。井下控制 DSP 接收遥测电路送来的地面下传命令，DSP 根据地面命令控制发射换能器的发射、前置电路的信号接收处理、数据采集模式的设置和数据采集的启动；读取采集数据，把实时处理后的采集数据传输到地面系统。由前置电路送来的声波信号经过波形的电平抬升、ADC 采集、数据组织、数据编码，通过 CAN 总线实现与遥传的通信，实现数据上传。

2）前置放大电路

前置放大电路实现五道接收波形信号预处理，分别对五道声波波形信号和声系温度信号进行信号转换和滤波处理。

3）发射驱动电路

发射驱动电路原理如图 4-1-7 所示，发射驱动与储能高压 HV 实现对换能器的激发。发射驱动电路由控制器给出的脉冲激励信号经电平变换驱动场效应管，由大功率场效应管导通储能高压实现对换能器的激励。

通过开关元件的导通或关闭，使储能电容高压流经激励变压器初级，激励变压器次级耦合电感产生 3000V 脉冲高压。换能器是一个容性元件，通过变压器次级耦合电感共振产生余弦波形。

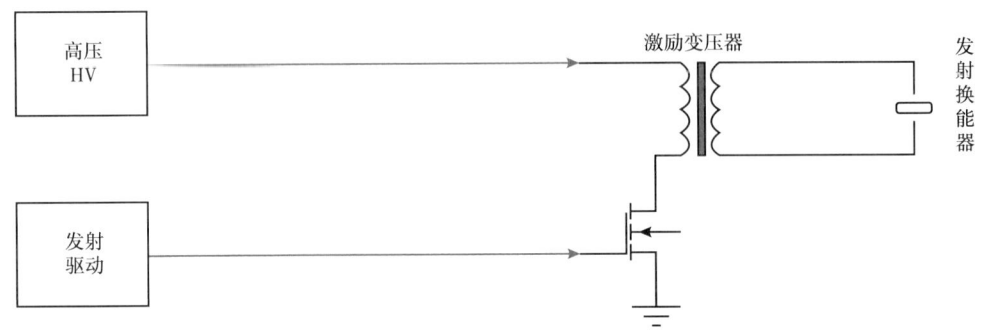

图 4-1-7　发射驱动电路原理示意图

3. 声系

1）模块化数字声波测井仪声系

模块化数字声波测井仪声系为单发五收结构，如图 4-1-8 所示。在声系中，发射换能器采用一个径向极化的压电换能器，激励变压器也安装在声系内，以降低承压盘的电压耐受值。接收换能器阵列采用 5 个切向极化的压电换能器。每个接收换能器对应一个数据采集筒，采集筒内安装有一个前端采集模块，与接收换能器构成一个声波信号数字接收换能器，5 个声波信号数字接收换能器通过内部的 CAN 总线与上电子线路通信，声系中还安装了监视声系内温度的温度传感器。声系中填充 $50^{\#}$ 硅油，这种硅油的流动性好，也可以使用流动性差一些的 $100^{\#}$ 硅油或 $300^{\#}$ 硅油。

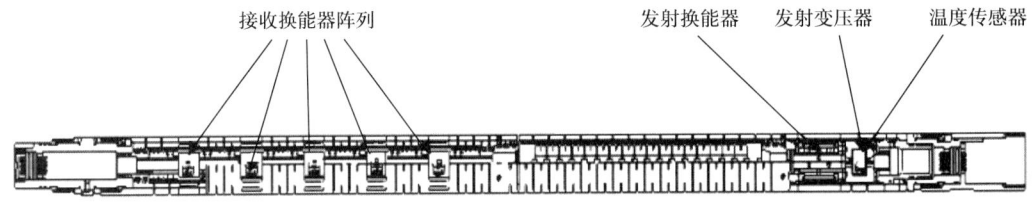

图 4-1-8　模块化数字声波测井仪声系结构示意图

2）单端电路数字声波测井仪声系

单端电路数字声波测井仪声系也是单发五收结构，声系结构如图 4-1-9 所示。在声系中，发射换能器采用一个径向极化的压电换能器，激励变压器也安装在声系内，以降低承压盘的电压耐受值。接收换能器阵列采用 5 个切向极化的压电换能器。声系中填充 $50^{\#}$ 硅油，这种硅油的流动性好，也可以使用流动性差一些的 $100^{\#}$ 硅油或 $300^{\#}$ 硅油。

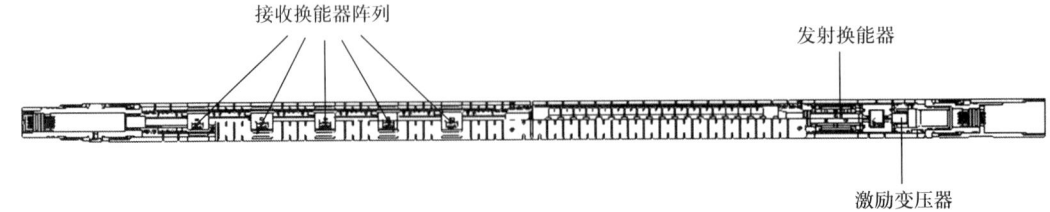

图 4-1-9　单端电路数字声波测井仪声系结构示意图

三、数据处理方法

数字声波测井时差曲线有两种处理方法：门槛法和慢度—时间相似处理（STC）。

采用门槛法进行数据处理，测井时需要实时调整的参数包括井下仪器增益、噪声门、首波门槛幅度，以及极性反转。当首波幅度过小时，需要增大井下仪器增益以将首波放大至合适的幅度；调节噪声门参数以过滤噪声，以免将噪声识别为首波；当首波为负值时，可以勾选极性选择，使首波为正值。

采用慢度—时间相似处理进行数据处理时，数字声波测井记录的全波列一般由传播速度、幅度、频散与衰减特征各不相同的多个分波波包组成。信号提取就是将其中某分波的速度（或慢度）或幅度值提取出来。慢度—时间相似处理的基本思路是：分别向可能的分波波包开窗（即截取一段时间间隔内的数据，开窗起点用 T 表示），并选择一试探慢度 S，按此慢度和不同接收换能器的间距计算不同道上该波包的延迟（同时也就是开窗的延迟），然后按某种规则计算不同 T、S 下各道的相似系数（或相关系数），使相似系数最大的慢度代表该分波的慢度值。由于不同慢度信号的叠加，以及某些分波的频散特性，该方法的适用性还有待改进和开发。

假设阵列压力传感接收器有 m 个，分别位于井轴上距发射换能器的距离为 z_1，z_2，…，z_m 的各点处，记录的全波波形为 $a_i(t)$，$i=1,2,…,m$。按照 STC 处理的基本思想，对全波数据 $\{a_i(t),i=1,2,…,m\}$ 取一系列的时窗计算相似系数。时窗的选取取决于两个参数：第一道时窗起点 T 和时窗宽度 T_W。不同道的时窗延迟则由慢度 S 和间距（已知）决定。给定 S 和 T 后相似系数定义为：

$$\rho(S,T) = \frac{1}{m} \frac{\int_T^{T+T_W} |\sum a_i[t+S(i-1)\delta]|^2 \, dt}{\sum \int_T^{T+T_W} |a_i[t+S(i-1)\delta]|^2 \, dt} \quad (i=1,2,…,m) \quad (4\text{-}1\text{-}5)$$

式中：δ 是接收间距；T_W 为时窗长。所有求和对接收器下标 i 进行。

式（4-1-5）即为慢度—时间相似公式。

STC 是在慢度 S 和时窗起点 T 的二维网格 S—T 平面上计算相似系数。相似系数在 0 与 1 之间变化，只有当经过时窗截取后的 m 道波形完全相同时，相似系数才等于 1；对实际波形，由于各类波衰减作用，不同道的波形不可能完全相同。这时，与实际波形慢度一致的 S 应使相似系数取最大值，但不一定是 1。因此可以在慢度和到时的二维坐标系上显示相似系数，即用等高线图的局域最大值来确定各类波的慢度。

四、仪器刻度

声波测井仪的声波时差测量精度检查过程如下：

将仪器放入用于仪器校验的铝半槽中，加满热水，水面至少应超过声系直径的一半。为了提高耦合效果，可以加入亲水溶剂（如洗衣粉）。待仪器在水槽中耦合一段时间后，再连接好系统后，进行仪器的校验。

缓慢给仪器供电，同时检查仪器供电电流有无异常，直至仪器端头电压为 220V±10%，仪器在工作时，地面供电面板的电流表指针，按照仪器发射频率进行摆动，此为正常现象。

观察声波各道波形是否一致，如果有较大差别，则根据波形判断出是哪道信号有问题，然后检查水槽是否未放平，换能器的透声窗上是否粘有污渍，并相应进行清洗。

通过地面采集软件，发送相应的增益控制命令，观察仪器增益控制是否灵活，增益的变化是否符合要求。如果增益的变化偏差较大，则需对仪器的放大板进行调整。

将仪器增益调整为合适挡位，在铝槽中所测的声波时差数值应为187μs/m±5μs/m。

五、典型案例

数字声波时差一般是通过门槛法和STC算法进行时差提取，门槛法是通过门槛电平进行声波的首波检测，缺点是测井过程中需要操作员调整噪声门和门槛电平以保证测井曲线的质量；STC算法是通过记录声波全波列，找到5道波列中相关系数最高的波来进行时差计算，优点是减小人为操作对测井曲线的质量影响。如图4-1-10所示，是单端电路数字声波在×井中的应用，第1道中红色曲线AC_STC为STC算法声波时差曲线，蓝色曲线AC是门槛法声波时差曲线，地层段门槛和STC基本一致，套管段值也在187μs/m±5μs/m误差范围内。

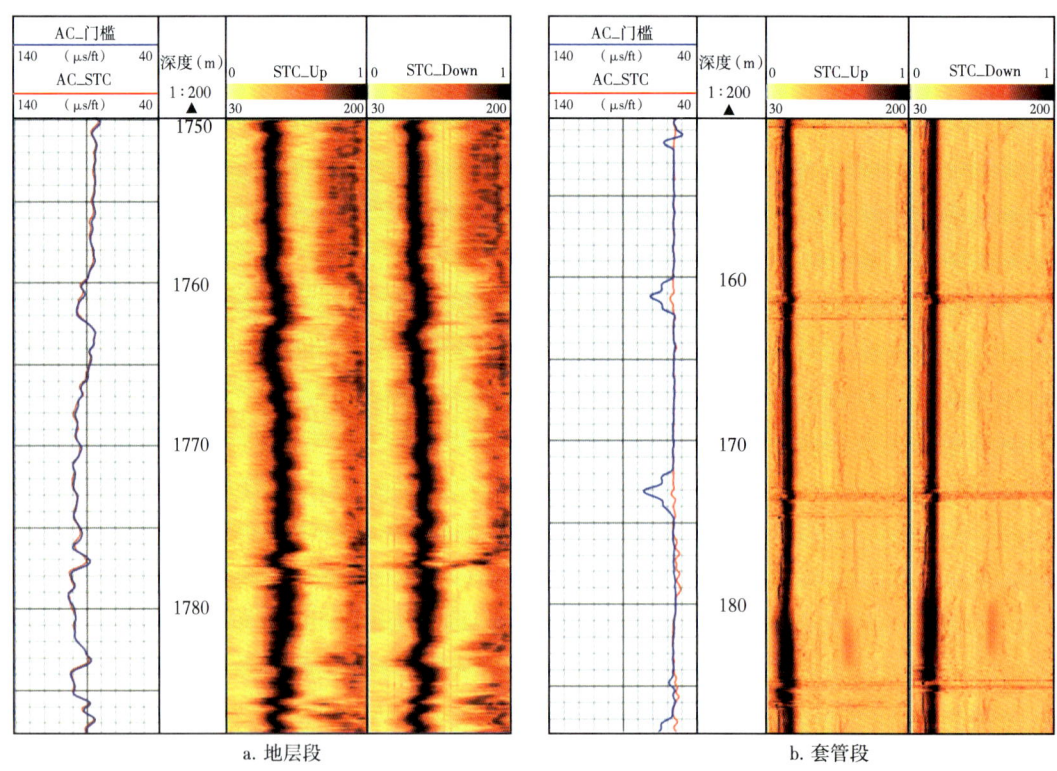

图4-1-10 单端电路数字声波仪器在×井STC法测井解释成果图

第二节 阵列声波测井仪

阵列声波测井仪是20世纪80年代以后声波测井技术发展的成果，其显著标志是：发射换能器和接收换能器多，源距长，接收换能器的间距小，低频响应特性好，以及井下实现数字化。各大石油工程技术服务公司的代表仪器包括贝克休斯公司 XMAC-F1 系列阵列声波测井仪、斯伦贝谢公司 Sonic Scanner，以及中油测井的多极子阵列声波测井仪（Multipolar Array Acoustic LoggingTool，MPAL）等。下面以中油测井的 MPAL 系列多极子阵列声波测井仪为例，对阵列声波测井仪进行介绍。

一、总体描述

多极子阵列声波测井仪由一个单极子发射源、两个正交偶极发射源和一个四极发射源（又可作为近单极发射源）构成仪器的发射阵列，由 8 组 90° 正交安装的接收换能器构成仪器接收阵列。仪器除具备全波列测井的优势外，运用偶极子源能够在软地层井孔中激发起以弯曲波（准横波、偶极子波）为主的波列，用于测量慢速地层的横波速度。能够在裸眼和套管井中通过对单极全波、偶极和交叉偶极挠曲波波列的采集，提取纵波、横波和斯通利波慢度，并通过数据处理获得地层各向异性特征评价结果，在储层地质评价中提供孔隙度、渗透率、岩性、力学特性等一系列重要参数。基于反射波信号采集与配套处理、直达波与反射波分离处理及构造定位分析等关键技术，实现测井从井筒测量扩展到井旁探测、从储层评价延伸到构造分析（汤天知等，2014）。

1.仪器构成

多极子阵列声波测井仪的仪器结构如图 4-2-1 所示。该仪器由发射电路短节、发射换能器短节、隔声体短节、接收换能器短节和接收控制采集电路短节等五部分组成，其中发射电路短节和接收控制采集电子线路短节有各自的供电单元。

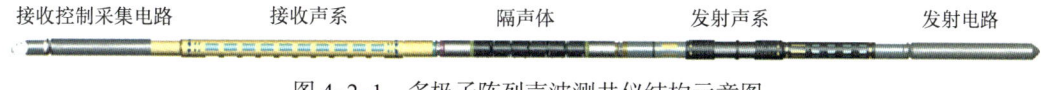

图 4-2-1 多极子阵列声波测井仪结构示意图

1）发射声系短节

发射声系短节由 1 组单极子压电陶瓷发射换能器（T_2）、2 组相互垂直的压电陶瓷偶极子发射换能器（X 方向偶极子发射换能器和 Y 方向偶极子发射换能器）及 1 组四极子发射换能器（T_1）组成，四极子发射换能器靠近接收声系短节一端，如图 4-2-2 所示。

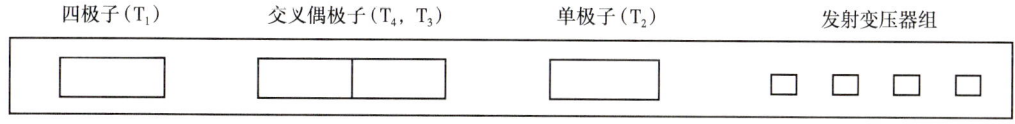

图 4-2-2 发射声系短节结构示意图

2）隔声体

如图 4-2-3 所示，为衰减和延迟通过仪器自身传播的声波信号，隔声体采用多节合瓣组成的机械衰减结构，整个设计为刚性的蛤壳式构造，使其能在整个频率范围内有效地隔离声能量，保证仪器能在时差很大的软地层中进行慢度测量，同时隔声体的挠性设计允许仪器在斜井和水平井中使用。目前实验检测表明隔声体的隔声量达到 40dB 以上，满足声波测量的要求。

图 4-2-3 隔声体结构示意图

3）接收声系短节

如图 4-2-4 所示，接收声系由 8 组多极子接收换能器组成，每组接收换能器有 2 对（4 片）接收换能器，呈口字形结构，方向与偶极子发射换能器一致（必须）。每组换能器之间有隔声装置隔开，阻断声波信号在接收声系芯子直接传播，声系内部充油，外部有平衡皮囊，两个换能器之间距离 152.4mm。

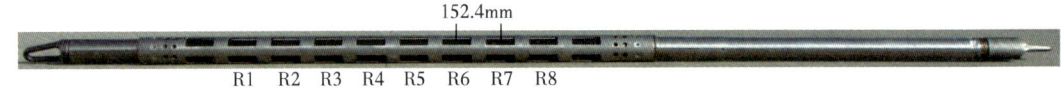

图 4-2-4 接收声系示意图

多极子接收换能器采用了偶极子技术，它由四片弯曲振动换能器组成。换能器采用口字形结构排列，通过接线方式的变化可以使该接收换能器具有接收单极子声波、偶极子声波和四极子声波的能力。

4）多极子阵列声波测井仪电子线路

仪器电路如图 4-2-5 所示，主要由发射电子线路和接收电子线路组成，其中接收线路主要负责与遥传通信、系统控制、数据采集、信号合成放大滤波及与发射电路通信，发射电路在收到接收电路的指令后，产生 6 路发射激励脉冲，供给发射声系。

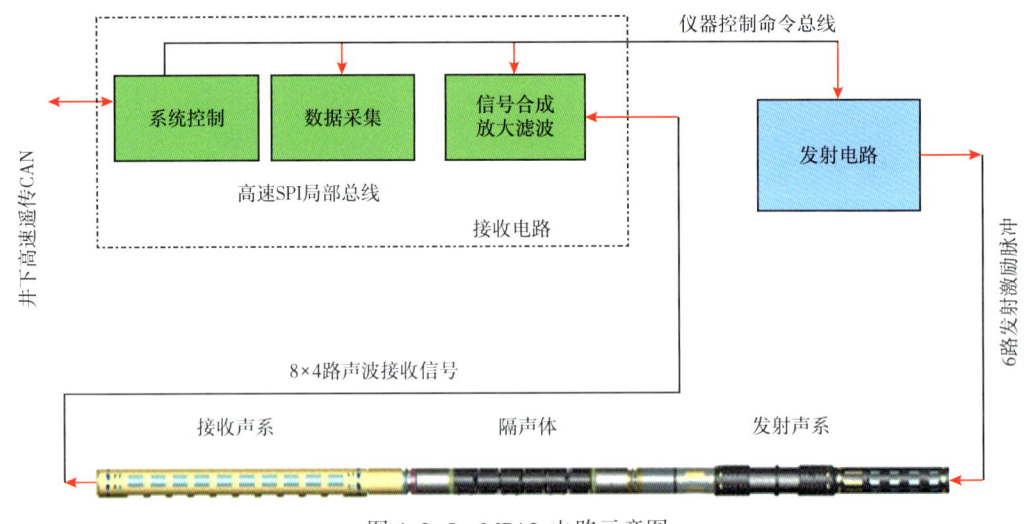

图 4-2-5 MPAL 电路示意图

2. 工作原理

如图 4-2-6 所示，当声源在井孔激发时，声波就会按照两种方式传播，一种是在井孔和井壁之间传播的折射波（滑行纵波和滑行横波）和制导波（斯通利波和伪瑞利波），这些模式波信号被测井仪器上的接收换能器阵列接收，可以得到井壁附近的岩石特性，这就是常规的阵列声波测井模式；另一种是辐射到井外的能量，当辐射到地层中的声波遇到井旁声阻抗不连续面时,声波会反射回井孔中,被仪器接收换能器接收。当声波仪器位于声阻抗不连续面一侧时,会产生 P-P 或者 S-S 的反射波,这就是远探测声波测井模式。

1）常规声波测井

如图 4-2-7 所示,单极子声源在测井仪周围的井筒流体中产生纵波,这是测量纵波慢度过程的一个组成部分。波形沿径向扩大,以流体纵波慢度的方式传播,直到遇到井壁,部分能量反射回去,部分能量折射到地层。

斯涅尔定律定义了折射角和流体/地层声速比之间的关系。临界折射的能量沿井筒向接收换能器方向传播。折射后的能量以纵波方式通过地层,因为地层比流体质地硬,传播速度比流体波快。临界折

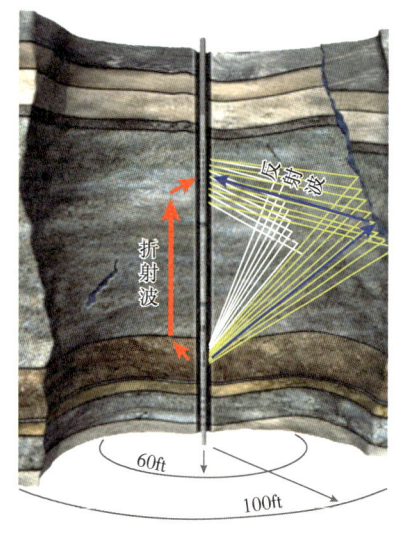

图 4-2-6 单井反射声波测井示意图

射的纵波在井筒中产生的头波以地层纵波速度传播。根据惠更斯原理,井壁上每一点上的纵波都是一个新声源,将纵波传回井筒。纵波的头波最终到达接收换能器阵列,从而可以计算地层纵波速度。

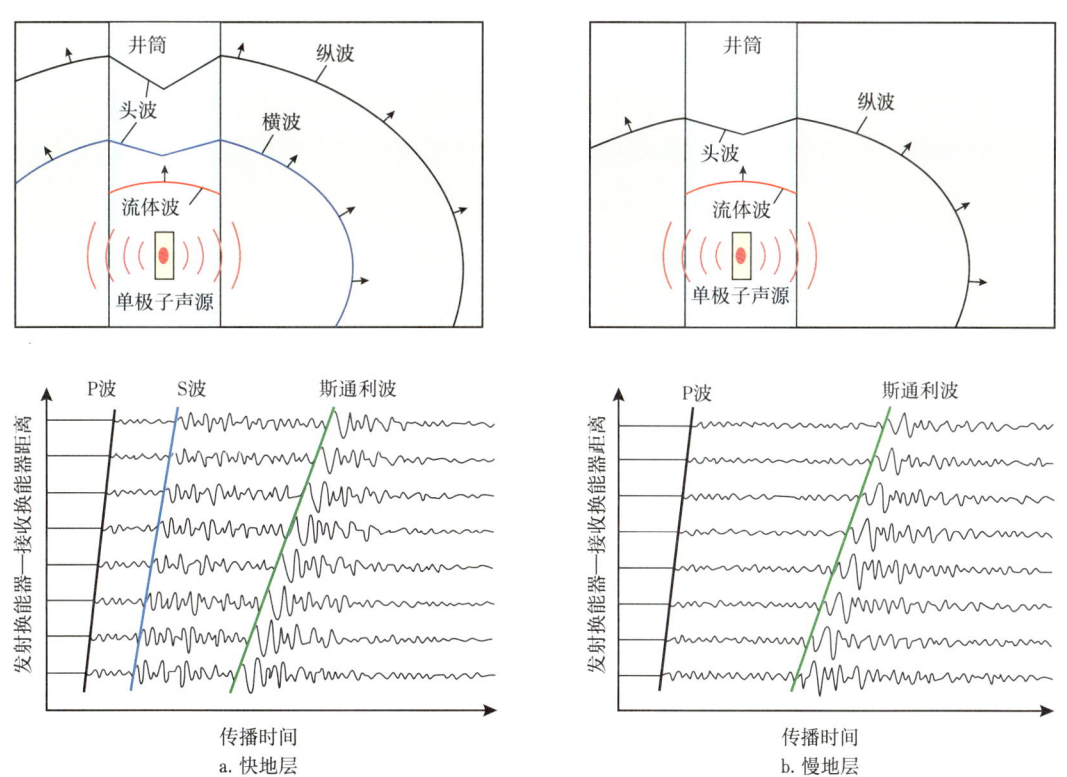

图 4-2-7 单极子声源快慢地层接收波形图

当来自单极子声源的纵波折射进入地层后,一些纵波能量转化成横波,折射进入地层。而纵波既在充满流体的井筒中传播,也在多孔岩石基质中传播。横波不在流体中传

播，只沿充满流体的多孔介质传播，在岩石基质的粒间传播。如果地层中的横波慢度小于井筒流体中的纵波慢度（这种情况被称为快地层），折射波发生临界折射，并在井筒中产生横波头波。横波头波以地层横波速度传播，并可能被接收换能器阵列记录。这种情况下，单极声波测井仪能提供横波速度，但也仅限于快地层这种情况。

如果地层的横波慢度大于井筒流体的纵波慢度（这种情况被称为慢地层），纵波在到达井筒时仍然会发生折射，但折射角度很特殊，永远不会发生临界折射，并且在井筒中不会产生头波。因此接收换能器不会记录到横波头波，也无法确定横波速度。这是利用单极子声源进行声波测井的根本性局限。

单极子声源在测量慢地层横波资料方面的局限性促使测井行业开发了偶极子测井技术。利用偶极子声源的测井仪器产生一种弯曲波。弯曲波是频散波（波速随频率变化），频率较低时，以横波速度传播。利用偶极子声源的测井仪器能够记录横波慢度，与钻井液慢度无关，因此可以计算慢地层的慢度。

偶极子声源也具有定向性，利用定向接收换能器阵列和两个互成90°的声源，操作工程师能够得到井筒周围的定向横波资料。这种交叉偶极测井方法提供了最大应力、最小应力方位，径向速度分布和各向异性横波方向资料。

2）远探测声波测井

单井反射声波远探测技术就是以井中声源辐射到井外地层中的声场能量作为入射波，探测从井旁地质构造反射回来的声场。通过分析处理接收换能器接收到的全波信号，可以对井周围的地层构造进行声波成像，并获得井旁地质构造信息（魏周拓等，2010）。

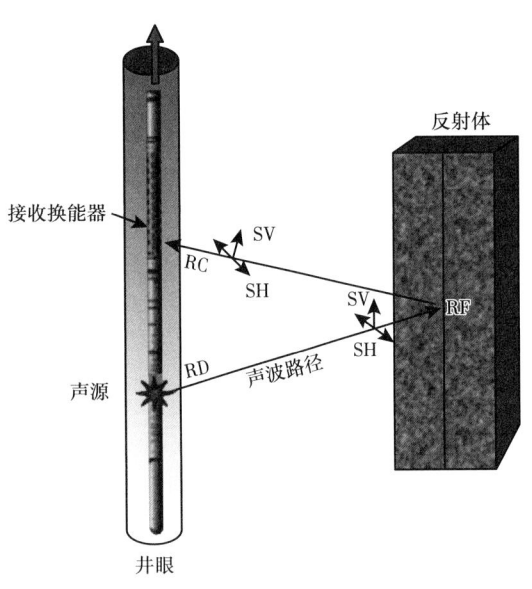

图4-2-8 用多分量偶极测井仪进行横波成像示意图

井中偶极子声源在井周的地层激发三类弹性波：P波、SV波（在含井的平面内偏振）和SH波（在垂直于含井平面偏振）。SV波和SH波的偏振方向如图4-2-8所示。

首先为反射测量建立一个一般的理论模型并分析井中偶极源S波辐射特性，然后研究来自近井反射体的反射S波并建立反射体方位与四分量正交偶极反射波振幅之间的相互关系，利用这种关系，提出了一种确定反射体方位和反射体成像的分析及处理技术，并且利用偶极子仪器的方位声波测量可以估算反射体方位。

偶极子声波测井常被用于测量地层S波速度，以及S波方位各向异性。偶极子声源或接收换能器系统的一个非常有用的特性是方向性：激发的或接收的声波振幅依赖于声波质点运动的方向（偏振方向）与声源或接收换能器方向之间的角度ϕ。偶极声源激发的SH和SV波分别对$\cos\phi$和$\sin\phi$的方位敏感，可以确定反射体方位。

3. 主要技术指标

时差测量范围：纵波130~650μs/m，横波不大于1700μs/m；时差测量精度：纵波

±3μs/m，横波 ±5μs/m；可测井眼范围：114.3~533.4mm；最高耐温耐压：175℃/140MPa；仪器外径：90mm（最大外径104mm）；仪器长度：8.33m；最大测速：600m/h；数字化精度：16位；时间采样间隔：8~40μs。

二、主要功能模块

1. 系统控制模块

系统控制电路是井下测井仪的控制与传输中心，完成地面命令的接收与解释，控制整台仪器按照地面下传命令进行声波的发射、接收和数据采集工作，并把采集到的数据传送到地面系统。

如图4-2-9所示，DSP的CAN总线接口模块接收来自CAN总线的下传遥测命令，并通过中断通知井下DSP读取命令，把DSP写入的上传数据送到CAN总线上，然后经遥测电子短节传给地面系统。DSP通过CAN总线接口模块的中断得知地面有新控制命令下传，读取CAN控制器接收到的地面下传命令，并根据这些命令进行井下仪器的各种控制操作：发射接收命令通过命令发送器和双差分，送上串行控制总线，控制前置接收放大电路单极、偶极、交叉偶极和四极模式的选择及其各信号通道放大增益的设定，控制完成发射电路单极、偶极和四极方式选择与发射；设置数据采集通道的采集频率及采集深度，并启动数据采集；设置串行数据传输长度，启动高速串行数据总线读取采集数据先缓存在FIFO内；对数据进行滤波、叠加平均、抽取等实时数据处理，保存到指定的RAM空间内；等接到上传命令时再把实时处理后的数据送给CAN总线接口模块，进行数据上传。

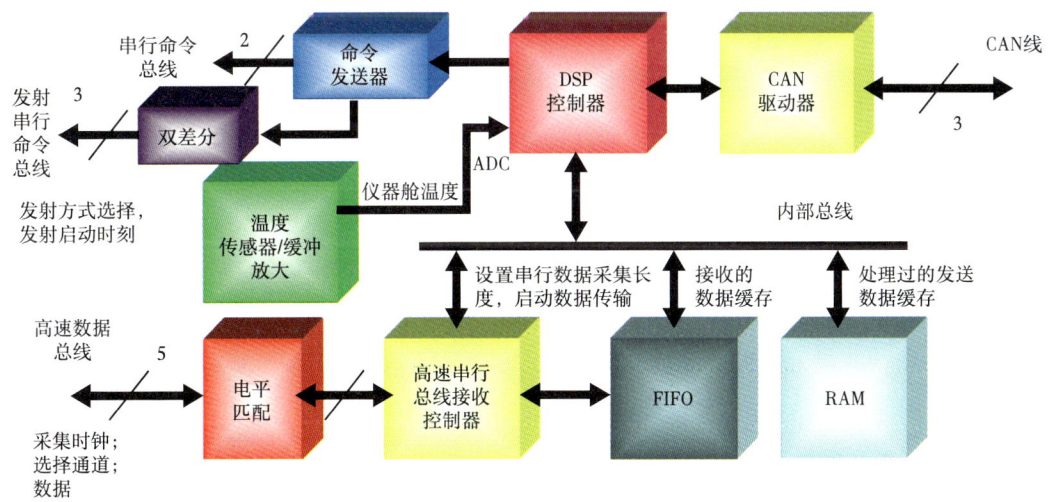

图4-2-9 系统控制模块结构示意图

高速串行接收控制器被DSP启动数据传输后，产生高速串行时钟，并使采集板选择信号依次有效，经电平匹配电路，把TTL电平转换为CMOS电平，送到采集板，先选择采集板1，由采集板1发送前四个采集通道的数据，再选择采集板2，由采集板2发送后四个通道的数据，依次两块采集选择，按顺序依次传输八个通道的采集数据送上串行总线，串行数据经电平匹配电路，把CMOS电平转换为TTL电平，送到高速串行接收控制器。串行数据接收控制器把数据由串行转换为并行，并依次产生高、低字节写信号,把数据按字节分别写入高、低字节 FIFO。等接收完 DSP 指定的长度,使采集板选择信号无效,停止产生串行时钟。在串行数据传输过程中,DSP 可以随时查询传输状态。

2. 发射控制模块

发射电路包括逻辑控制发射电路、储能电路和大功率激励电路,以及低压直流电源。发射控制电路依照串行命令,实现对一个单极、两个偶极、一个四极换能器发射时序及发射周期、发射脉冲宽度的控制,确定在某一时刻选择哪一个换能器被激励。电源产生 400V 的高压供发射换能器使用。直流电源为仪器提供 +12V 及 +3V 的低压电源。

1) 逻辑发射控制电路

逻辑发射控制电路如图 4-2-10 所示。该电路主要完成对控制板送来的串行发射控制命令进行解读,产生单极、偶极 X、偶极 Y、四极 X+、四极 X- 及四极 Y 的发射逻辑触发信号,实现对单极、偶极、四极发射激励的模式控制。

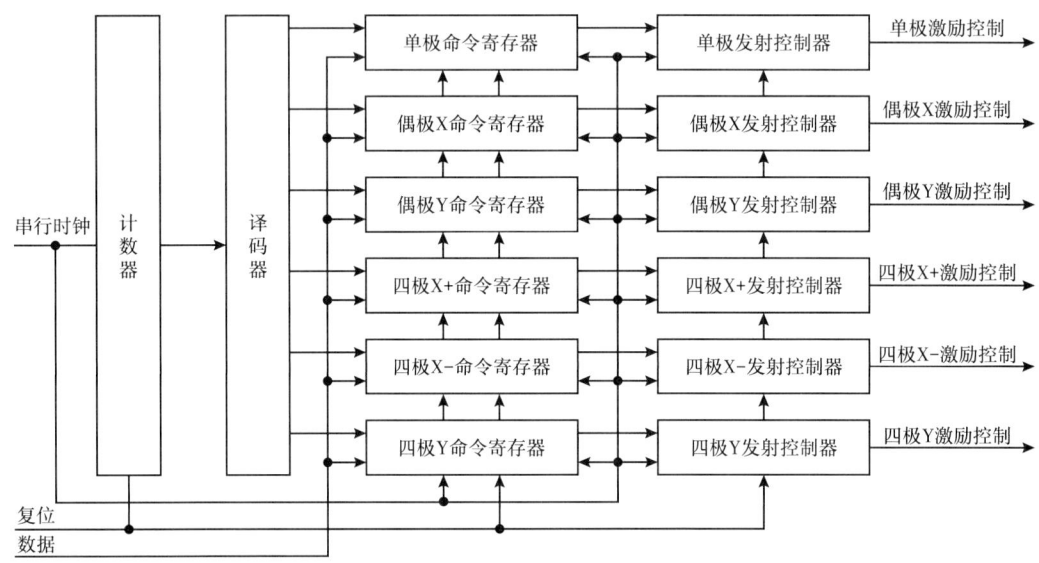

图 4-2-10 发射控制模块结构示意图

2) 驱动电路

驱动电路利用 MC14505B 把 CPLD 输出的 5V TTL 逻辑信号转换为 12V 的 CMOS 逻辑信号,加快互补驱动电路的响应速度。互补驱动电路由互补的中功率 VMOS 管构成,将驱动电流由毫安级放大到百毫安级,为激励电路功率器件提供大电流驱动信号,使声波激励管能够快速导通和截止。

3) 储能及大功率激发电路

发射储能电路由一个大功率限流电阻和储能电容构成。电容的大小决定储存的能量的多少。发射电源输出的高压经滤波后,通过限流电阻给发射储能电容充电。发射激励电路由八个大功率 IGBT 管组成,分别产生单极、偶极 X、偶极 Y、四极 X+、四极 X- 及四极 Y 的激励信号。当一路驱动电路的驱动信号加到相应 IGBT 管的栅极上时,控制 IGBT 管的导通与截止。IGBT 管导通时,储能电路通过变压器的初级与 IGBT 管放电,在脉冲变压器次级产生高压激励信号加到对应的发射换能器上,使其工作,发射出声波信号。IGBT 管的导通时间决定发射信号的频率。高压脉冲发射变压器由单极、偶极 X、偶极 Y、四极 X 及四极 Y 五个变压器构成，其中四极 X 有两个控制信号（X+、X-），必须与四极 Y 变压器组合控制四极换能器，构成仿单极或四极子激励模式。发射变压器把发射电源输出的几百伏直流高压电压转换成声波换能器工作所需的几千伏高压脉冲来激励发射换能器。

4）发射工作过程

当新的发射命令到来时，经电平转换后送到发射命令接收换能器，发射逻辑控制器根据发射命令选择发射方式（单极、偶极或四极），并利用发射电路的外部时钟计数产生宽度合适的发射逻辑脉冲信号，驱动电平转换电路将其转换为 12V 的 CMOS 电平后，被驱动电路驱动，控制指定的激励 IGBT 管导通，让对应的脉冲变压器利用电容放电输出高压脉冲，激励所选定的发射换能器发射出声波信号。此时，接收电路就可以控制接收换能器进行声波信号的接收与处理。激励源高压脉冲的幅度和宽度决定换能器的发射功率并影响到工作频率。单极、偶极及四极发射换能器的工作频率和发射功率不同，因而各自激励信号强度与宽度不同，单极需要 4000V、50μs 的高压激励脉冲，而偶极需要 1800V、约 200μs 的高压激励信号。

3. 接收采集模块

接收采集模块由两块结构完全相同的电路板组成。如图 4-2-11 所示，每块板子负责处理来自 4 个换能器测量站上的 16 个接收换能器信号，对它们进行缓冲、信号合成、模式选择、衰减、放大、滤波，并将其分配到 8 条并行的信号通路上，送给数据采集。数据采集电路按照设定的采集速率和采集深度，在 ADC 启动后，自动完成 8 路信号的同步采集，并进行存储，在数据交换控制器控制下，按照采集设置的采用间隔、采集深度

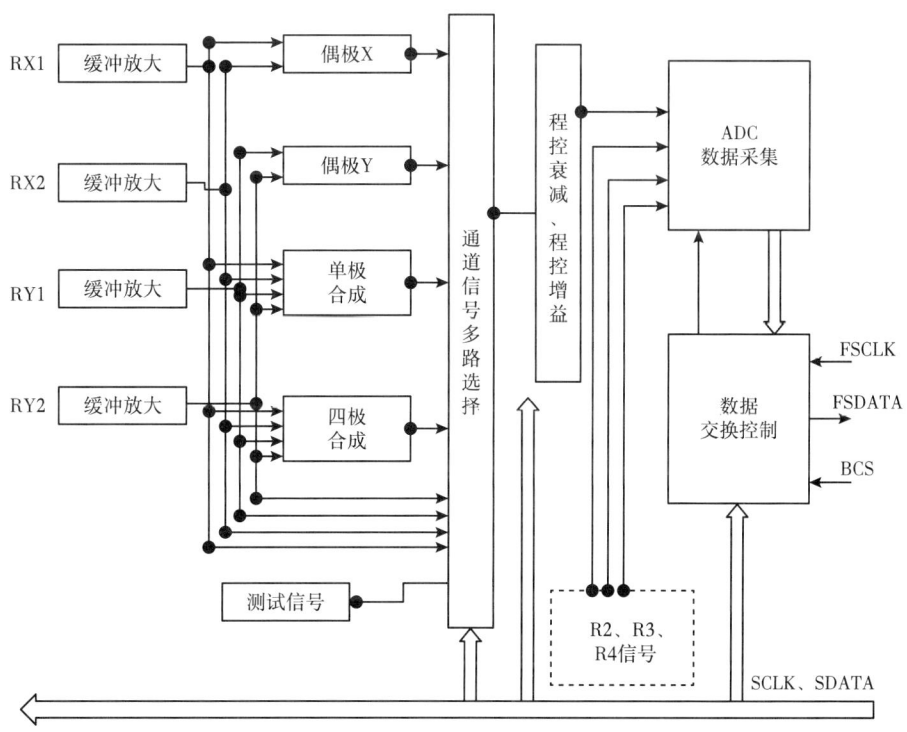

图 4-2-11 接收采集模块示意图

完成数据采集。在 FSCLK 数据传输时钟及 BCS 选择信号的控制下将数据送到 FSDATA，经过控制和传输电路送到 CAN 通信总线。

三、数据处理方法

对于常规的阵列声波测井模式，通常使用慢度—时间相似（STC）法进行数据处理，该方法于上一节已经详细阐述过，因此下面主要介绍阵列声波远探测处理方法（燕菲，2014）。

1. 线性预测方法

假设阵列数据中直达波的速度已知，在频域中传播的数学表达式为 $A_l(\omega)\exp(j\omega s_l d)$，令 $E_l=\exp(j\omega s_l d)$（$l=1, 2, \cdots, L$），其中 s_l 是第 l 个振型的慢度，d 是相邻接收换能器之间的间距，ω 是角频率，L 是直达波的振型数。未知模式波的幅度谱 $A_l(\omega)$ 与阵列声波数据 $W_n(\omega)$（$n=1, 2, \cdots, N$）存在以下关系（用矩阵的形式写出）：

$$\boldsymbol{E} \cdot \boldsymbol{A} = \boldsymbol{W} \tag{4-2-1}$$

其中：

$$\text{第}n\text{行} \rightarrow \begin{bmatrix} E_1^{1-n} & \cdots & E_L^{1-n} \\ \vdots & & \vdots \\ E_1^0 & \cdots & E_L^0 \\ \vdots & & \vdots \\ E_1^{N-n} & \cdots & E_L^{N-n} \end{bmatrix} \begin{bmatrix} A_1(\omega) \\ A_2(\omega) \\ \vdots \\ A_L(\omega) \end{bmatrix} = \begin{bmatrix} W_1(\omega) \\ W_2(\omega) \\ \vdots \\ W_N(\omega) \end{bmatrix} \tag{4-2-2}$$

式中：$\boldsymbol{E}$ 是一个 $N \times L$ 的复矩阵。

当 $L < N$ 时，式（4-2-1）可以利用最小二乘方程求解，各振型频谱的最小二乘解的矩阵形式为：

$$\boldsymbol{A} = \left(\tilde{\boldsymbol{E}}^{\mathrm{T}} \cdot \boldsymbol{E}\right)^{-1} \cdot \tilde{\boldsymbol{E}}^{\mathrm{T}} \cdot \boldsymbol{W} \tag{4-2-3}$$

式中："~" 代表求复共轭；T 代表转置。

式（4-2-3）给出了 $A_l(\omega)$ 在位置 n 处预测直达波的频谱近似解。用接收换能器接收的数据，对估算出的每种振型的波频谱进行求和，就能得到整个直达波的频谱。

通过式（4-2-3）估算出直达波之后，即把直达波从原始阵列数据中分离出来，然后就得到了反射波阵列数据，如下所示：

$$R_n(\omega) = W_n(\omega) - \sum_{n=1}^{N} A_l(\omega), (n=1,2,\cdots,N) \tag{4-2-4}$$

为了对该方法进行说明，建立了一个过井眼，且与井眼具有一定夹角的声阻抗不连续面模型来说明这个过程。设仪器在 3 种不同的深度位置下，即 b——声阻抗不连续面和井眼的交点与发射换能器之间的距离不同，8 个接收换能器记录全波波形数据，其中包括振幅相对比较大的纵波和横波，它们的时差都是已知的。仪器位于界面之下和界面之上波形分别如图 4-2-12a 和图 4-2-12d 所示。

图 4-2-12a 至图 4-2-12c 是仪器位于界面之下的情况，可以看出，由于直达波和反射

波的时差差别很大，在分离直达波过程中，对估算出的每种直达波频谱沿其时差斜率方向投影叠加求和的时候，反射波对直达波的贡献几乎为零，因此可以很好地分离出反射波。图4-2-12d至图4-2-12f显示的是仪器位于界面上部的情况，发现分离出反射波在$b=0.3m$时，几乎完全消失，在$b=4.1m$时，反射波严重失真。这种现象的产生是因为直达波频谱沿其时差方向投影叠加求和的时候，反射波对直达波的影响是非零的，反射波就会被压制而发生扭曲。而在$b=17.4m$时，由于反射波和直达波时差差别较大，可以很好地分离出反射波来。据此，认为只有反射波和直达波的时差具有较大差别时，上述波场分离方法才能有效地将不同振型的波形分离开来。

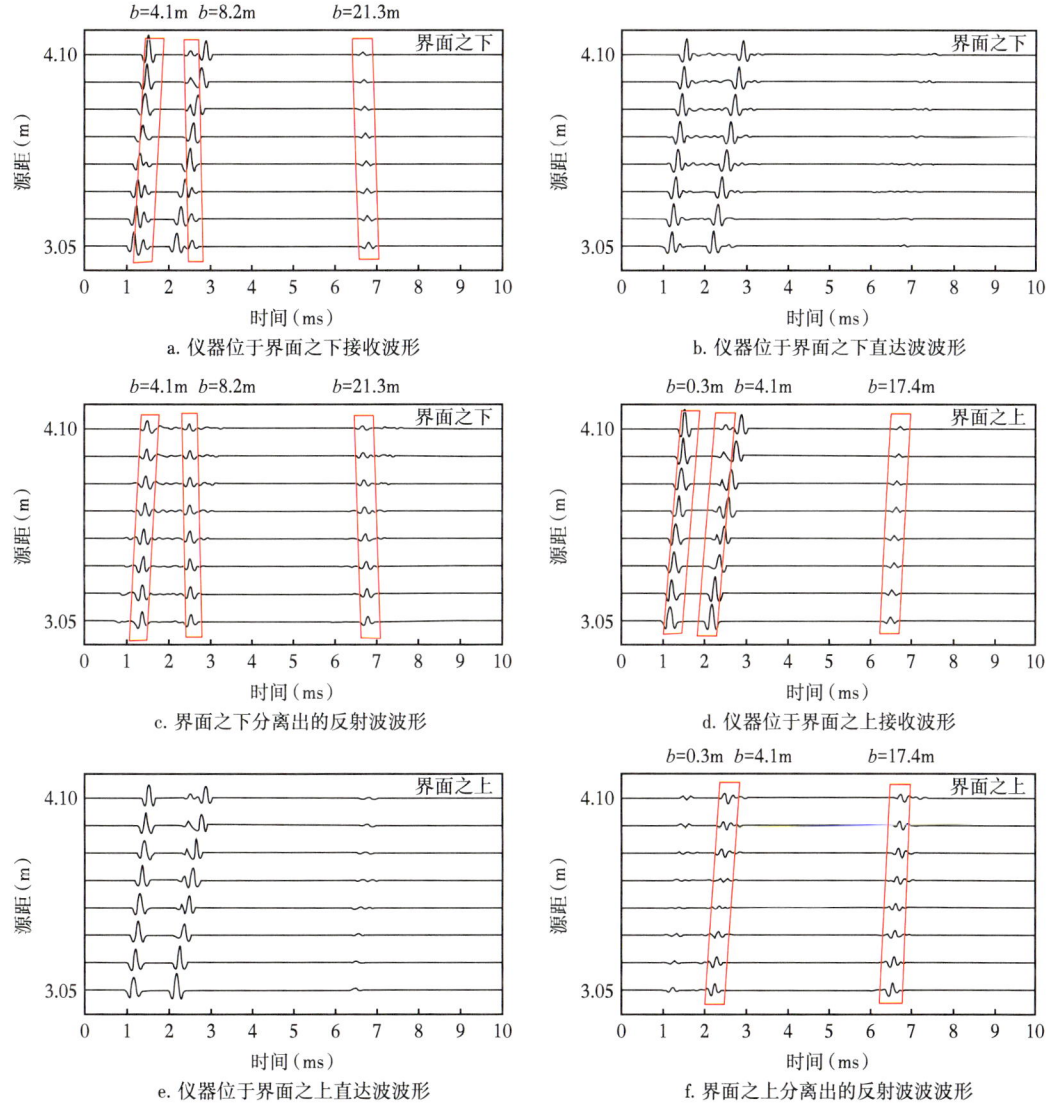

图4-2-12 界面之上和界面之下的波场分离模拟结果
框形区域为反射波波形

通过以上波场分离过程可以看出，当仪器位于界面下部的时候，能够很好地从接收换能器阵列（共源组合）中分离出下行反射波，显示出地层下倾的方向；相反仪器位于界面上部的时候，由于直达波和反射波时差差别不大（图 4-2-12d 中 $b=0.3m$ 位置的反射波），波场分离中反射波对直达波贡献非零，结果无法获得期望的反射波。为了能够将下行反射波通过这种波场分离方法有效地提取出来，必须选择一个不同于接收换能器阵列（共源组合），并且能够使直达波和反射波的时差差别变大的新阵列组合形式，如图 4-2-13 所示。

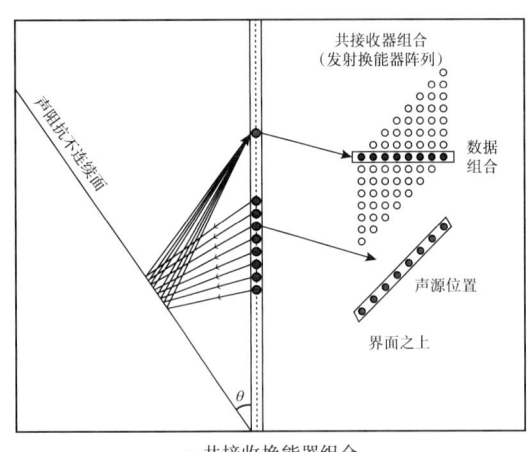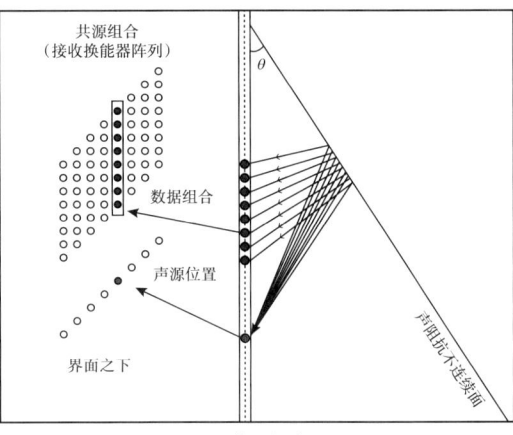

图 4-2-13　阵列声波测井的道集组合

同样地，建立模型来说明不同阵列声波数据组合方式对于反射波提取的影响和效果，其中图 4-2-14a 至图 4-2-12d 是上行波，图 4-2-12e 至图 4-2-12h 是下行波。

由于提取出的反射波仍然包含各种不同的干扰波，比如经过分离后的直达波残余数据，不同类型的透射波和转换波（P-S 波，S-P 波）及一些随机噪声等，当这些干扰波很大时，可能导致期望的反射波不能被识别，因此，当噪声对反射波提取存在很大干扰时，可以沿着阵列中反射波时差进行叠加来进一步加强反射波。第 n 个接收换能器处的叠加数据是：

$$W_n(T_n) = \frac{1}{N}\sum_{m=1}^{N} W_m(T_m) \tag{4-2-5}$$

式中：T_m 为第 m 个接收换能器接收到的反射波的到时。

如果阵列声波测井数据中存在反射波，沿着期望的反射波时差进行叠加必然会加强反射波，而其他的干扰信号，由于没有按照指定的反射波时差进行叠加，将会被压制。

为了证明该波场分离和反射波叠加处理方法的有效性，计算了实际地层条件下的点声源和相控线阵声源下的全波波形，如图 4-2-15a 和图 4-2-15d 所示。从原始的全波波形里可以清楚地看到反射波的存在（圆圈部分），按照上述方法，分别对其进行处理，图 4-2-15b 和图 4-2-15e 分别是经过波场分离之后未经叠加的反射波全波波形，可以看出，经过分离后的直达波残余数据，虽然已经有所衰减，但是仍有一个可以与反射波相比不能忽略的振幅，直达波并没有被完全地压制，因此分别对反射波沿波至进行了叠加处理，得到图 4-2-15c 和图 4-2-15f 的结果，与图 4-2-15a 和图 4-2-15d 相比，直达波基本上被全波压制。

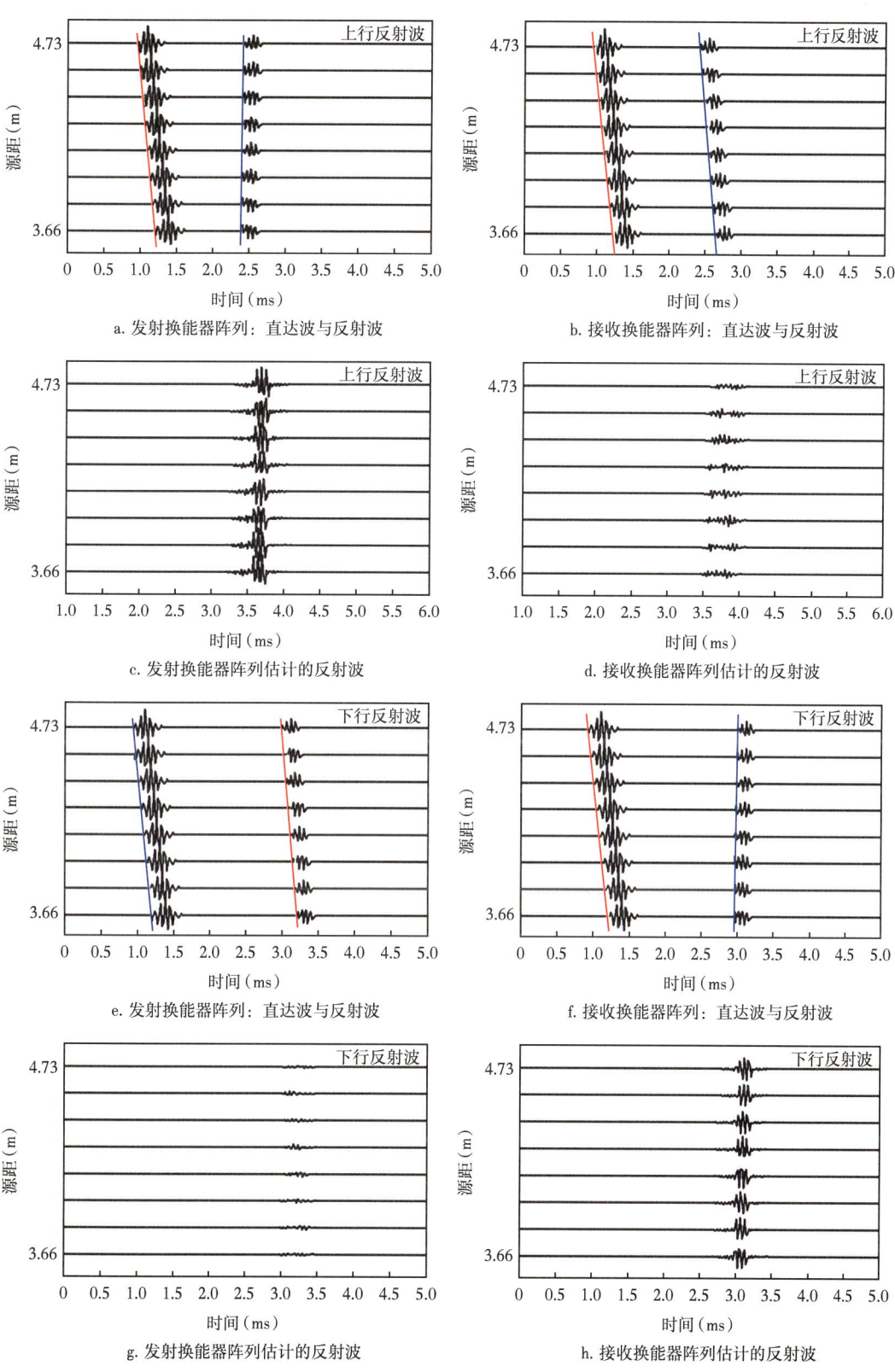

图 4-2-14 接收换能器阵列和发射换能器阵列的波场分离结果

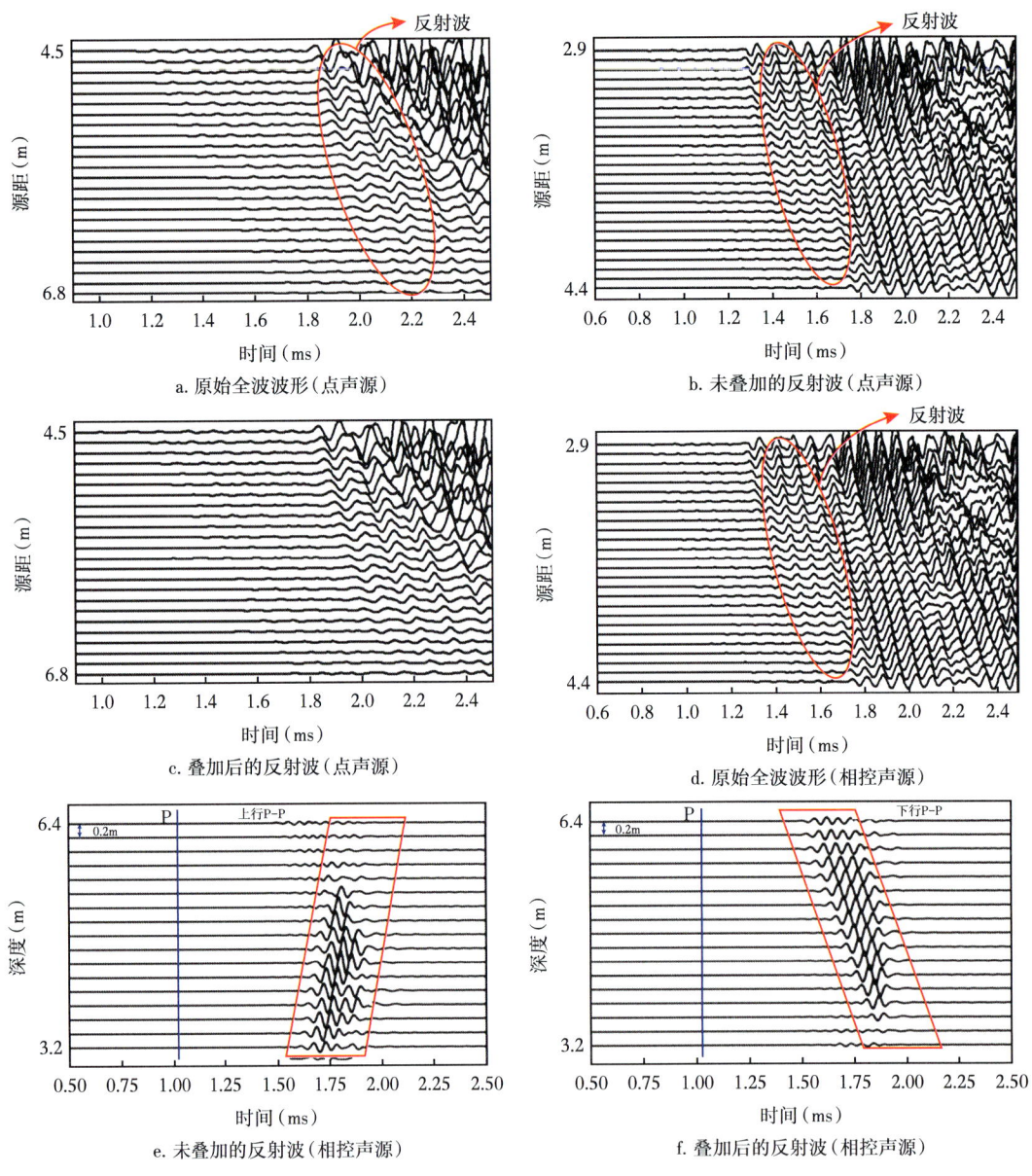

图 4-2-15 波场分离（反射波）处理结果

2. 中值滤波法

通常情况下，对于阵列声波测井数据有两种组合方式：共源组合方式（Common Source Gather），以及接收换能器阵列中某一个接收换能器随着深度组合共接收换能器组合（Common Offset Gather）。对于后者来说，波列中经常会形成有三种不同形态的波，分别为近似具有垂直同相轴的直达波、同向轴向下倾斜的下行反射波，以及向上倾斜的反射波，该方法利用的是后两种数据结构，其算法过程如下。

首先将阵列声波测井数据抽取为某一接收换能器上的按一系列测井深度组成的共接收换能器道集。并且设中值滤波的跨度为 n，那么对于其中第 i 点进行中值滤波包括以下四个步骤：

（1）以某个深度点 i 为中心，取 n 个深度点对应时刻的波形幅度作为输入；

（2）然后，对这 n 个深度点的振幅数据，进行由大到小或由小到大排序；

（3）将排序之后的中间波形幅值作为当前深度点的滤波输出，当 n 为奇数时，输出为中间值，如果 n 为偶数，则为中间两个幅值的平均值，对该深度点上波形的所有采样点重复进行处理，就得到了该深度点波形的中值滤波输出；

（4）再以下一个深度点 $i+1$ 为中心，按照上述步骤重复进行，直到所设置的深度范围全部处理完毕为止。

如图 4-2-16 所示，其中蓝色为下行反射波，红色为上行反射波，首先将数据组合成共接收换能器的数据阵列，形成如图 4-2-16a 所示的近似具有垂直同相轴的直达波和不同倾斜方向的反射波，然后经过上述四个步骤，将直达波去除，之后针对某一方向的反射波，按照其到时初至偏移到相等到时为止（图 4-2-16c），类似地，去除这一方向反射波，得到图 4-2-16d 所示方向的反射波。将中值滤波结果按照原来的偏移时间反向移动，就可得到上行反射波（图 4-2-16e），最后从中值滤波结果中减去上行反射波，就可以得到下行反射波数据。

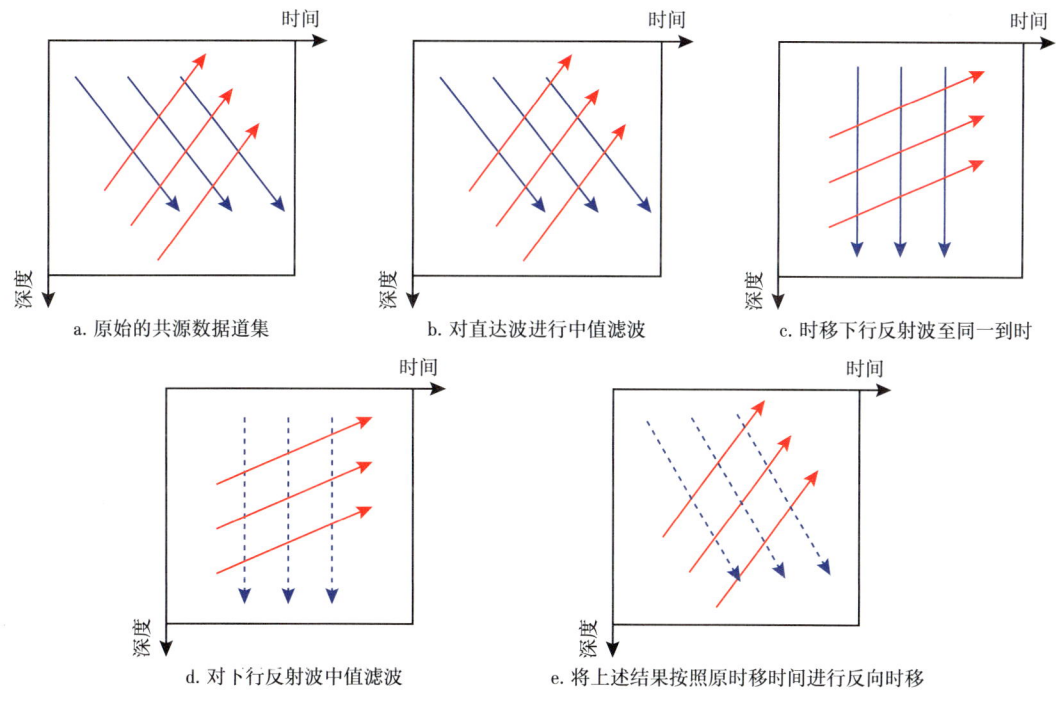

图 4-2-16　阵列声波测井共源道集下中值滤波过程示意图

在实际应用中，利用中值滤波进行反射波提取，往往直接可以把具有倾斜同相轴的波列提取出来。具体来说，先把倾斜同相轴的反射波通过偏移校正为具有垂直同相轴的波列，之后按照图 4-2-16 所示的方法对其进行中值滤波，压制直达波，将得到的结果按照之前的偏移量进行反向偏移，就可以得到所需要的反射波波形。下面利用实验室中所得到的固定源距条件下的全波波形数据说明该方法的具体过程和可靠性。首先，分别建立了如图 4-2-17a 所示的 1∶10 等比例缩小模型井。图 4-2-17b 为对应模型下在井孔不同轴向深度上接收到的全波波形，源距固定为 20cm，全波中可见滑行纵波、滑行横波,以及反射纵波(框形区域)。其次,按照一定的偏移量对 P-P 反射波进行偏移,使其沿垂直同相轴排列,如图 4-2-17c 所示。在对反射波进行偏移的同时,原来具有垂直同相轴的滑行纵波和滑行横波,这时变为了倾斜同相轴排列,针对图 4-2-17c 结果,进行中值滤波,再反向偏移就得到了如图 4-2-17d 所示 P-P 反射波波列。可以看出,和原始的全波波形对比,反射纵波的到时基本一致。

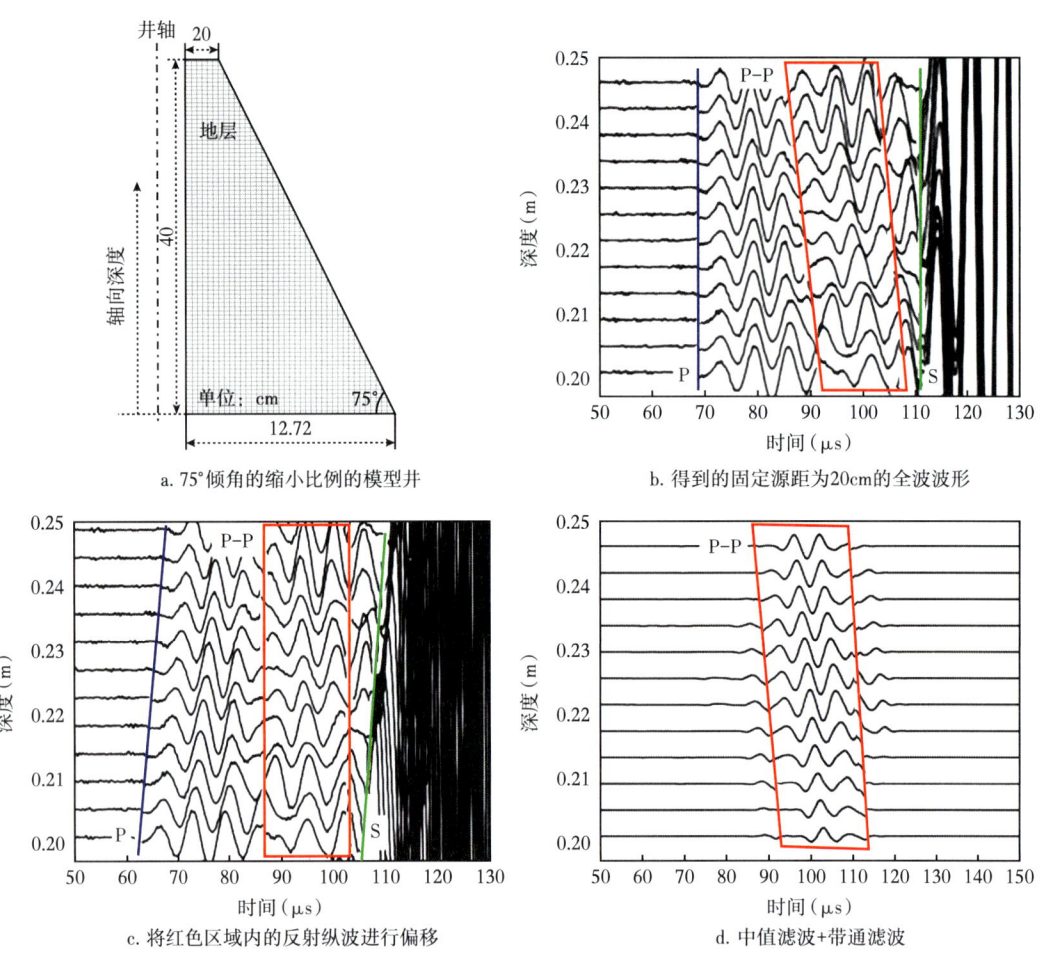

图 4-2-17　对物理模拟得到固定源距的全波波形进行中值滤波结果

3. f-k 滤波法

和中值滤波一样,f-k 二维滤波也是针对共接收换能器阵列数据进行的。和中值滤波不同的是,该方法由于是在 f-k 域内进行,它自然地可以区分上下行波。首先对共接收换能器阵列下的全波数据做二维傅里叶变换,将全波数据转化为频率—波数域,理论上具有垂直同相轴的直达波在 f-k 域中视速度无穷大,下行反射波位于负波数平面内,而上行反射波位于正波数平面内,两者视速度都为有限的数值,具体来说,f-k 滤波包括以下几个步骤:

(1)将共源距道集全波数据从时间—空间域变换到频率—波数域中,在频率—波数域中对具有垂直同相轴的波列进行压制,得到图 4-2-18b 所示的正波数平面内的下行波和负波数平面内的上行波;

（2）对下行波进行切除，保留上行波，从而得到频率—波数域中的上行波（图4-2-18c）；

（3）对图4-2-18c处理结果进行二维傅里叶反变换，得到时间—空间域加强的上行反射波（图4-2-18d），采用类似的处理方法，可以很快得到时间—空间域中的下行反射波；

（4）对每个接收换能器所组成的共接收换能器数据进行同样的处理，分别得到上行反射波和下行反射波，然后按照估计的到时进行叠加，对反射波进行加强。

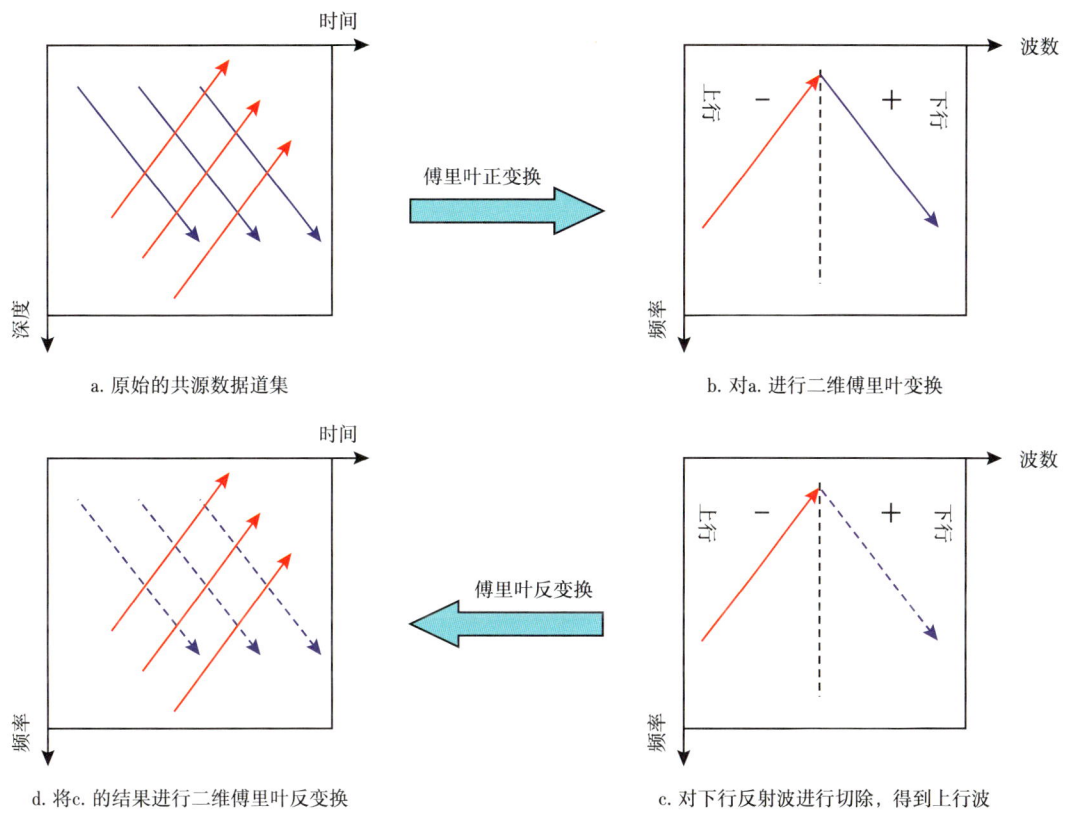

图4-2-18 阵列声波共源道集下频率波数滤波过程示意图

以下根据图4-2-18所示上下行波分离步骤，对该方法的有效性和可靠性进行验证。首先，建立如图4-2-19a所示的井旁交叉声阻抗不连续面的计算模型。图4-2-19b为源距为4m时，在充液井孔不同轴向深度上接收到的全波波形，可以看出，全波波形中具有近似垂直同相轴的滑行纵波，以及倾斜同相轴的上、下行P-P反射波，和井旁存在声阻抗不连续界面相比，具有很好的一致性。

首先，将固定源距下的时域波形数据进行二维傅里叶正变换，滤除较大的视速度值，然后对该结果进行二维傅里叶反变换，得到图4-2-19c，可以看出滑行纵波基本上被消除。在进行上下行反射波分离之前，对图4-2-19c的结果进行带通滤波和时域切除，从而可以得到如图4-2-19d的上、下行反射纵波。之后，利用f-k滤波，分别得到图4-2-19e和图4-2-19f的上行和下行反射纵波。从以上结果可以看出，在频率—波数域中，上、下行反射波左右分布在k=0两侧，相对中值滤波来说，该方法方便简单。

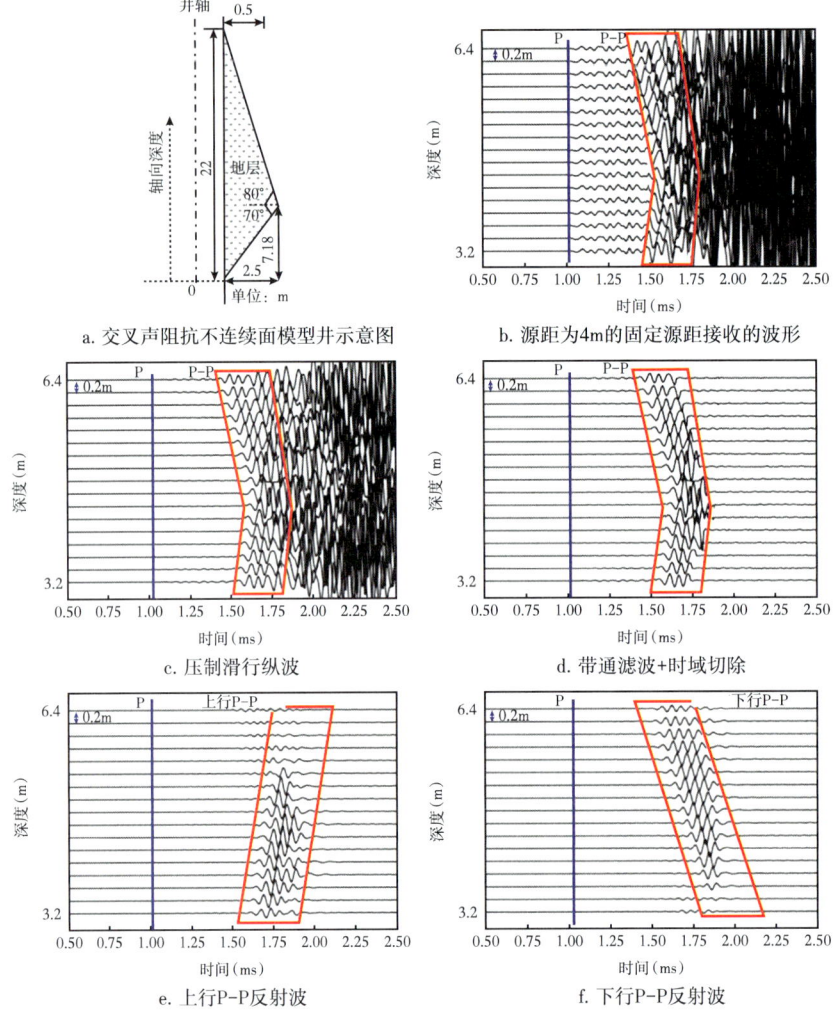

图 4-2-19　实际地层条件下的 f-k 滤波过程示意图

四、仪器校验

本方法适用于系统挂接的多极子阵列声波仪器的检查检修与标定。用于检查仪器的纵波时差测量精度、偶极各向异性及接收一致性。具体操作如下。

1. 仪器装入校验筒

（1）依次连接发射电路＋发射声系＋隔声体＋接收声系＋接收电路，分别在发射声系与接收声系两端安装固定扶正块，保持仪器在校验筒内居中。仪器装入校验筒，发射电路在仪器的底部，确保仪器的 Y1 方向与校验筒的标记位（注水孔）方向保持一致。

（2）校验筒保持良好密封，校验筒内注满清水，使用注水泵给校验筒内注水加压，保持筒内压力 3MPa。

（3）上电检查。

正确连接：

①便携地面、三参数、遥传、自然伽马、连斜、多极子阵列声波。

②连接运行测井数据采集软件，检测仪器工作是否正常，软示波器窗口波列是否显示齐全。

2. 记录测量数据

校验筒顺时针依次旋转 0°、90°、180°、270°，记录声波数据，每次记录时间不低于 1min。

3. 数据分析

利用软件解释平台对仪器的纵波时差、偶极发射各向异性，以及接收一致性进行检查。

五、典型案例

1. 各向异性处理实例

如图 4-2-20 所示，发现在 310m 以下，各向异性值较大，各向异性方位也较为稳定。

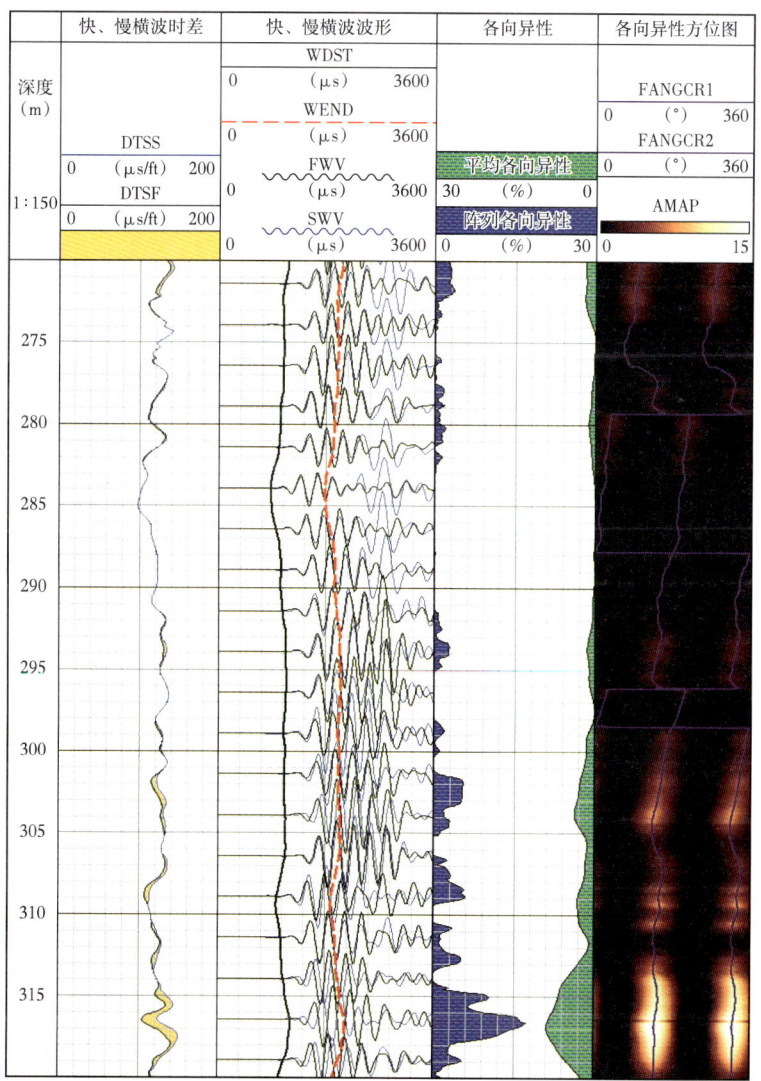

图 4-2-20 ×井各向异性处理成果图

2. 远探测处理案例

如图 4-2-21 所示，AT1 井为高产页岩气井，发育多条井旁高角度裂缝，其中 3290~3420m 高角度裂缝，单极纵波反射波与偶极横波反射波三处高角度反射体有相同特征，且反射体位置相同；偶极最强方位为东西方向，单极纵波处理得到的反射体比偶极最强方位弱。

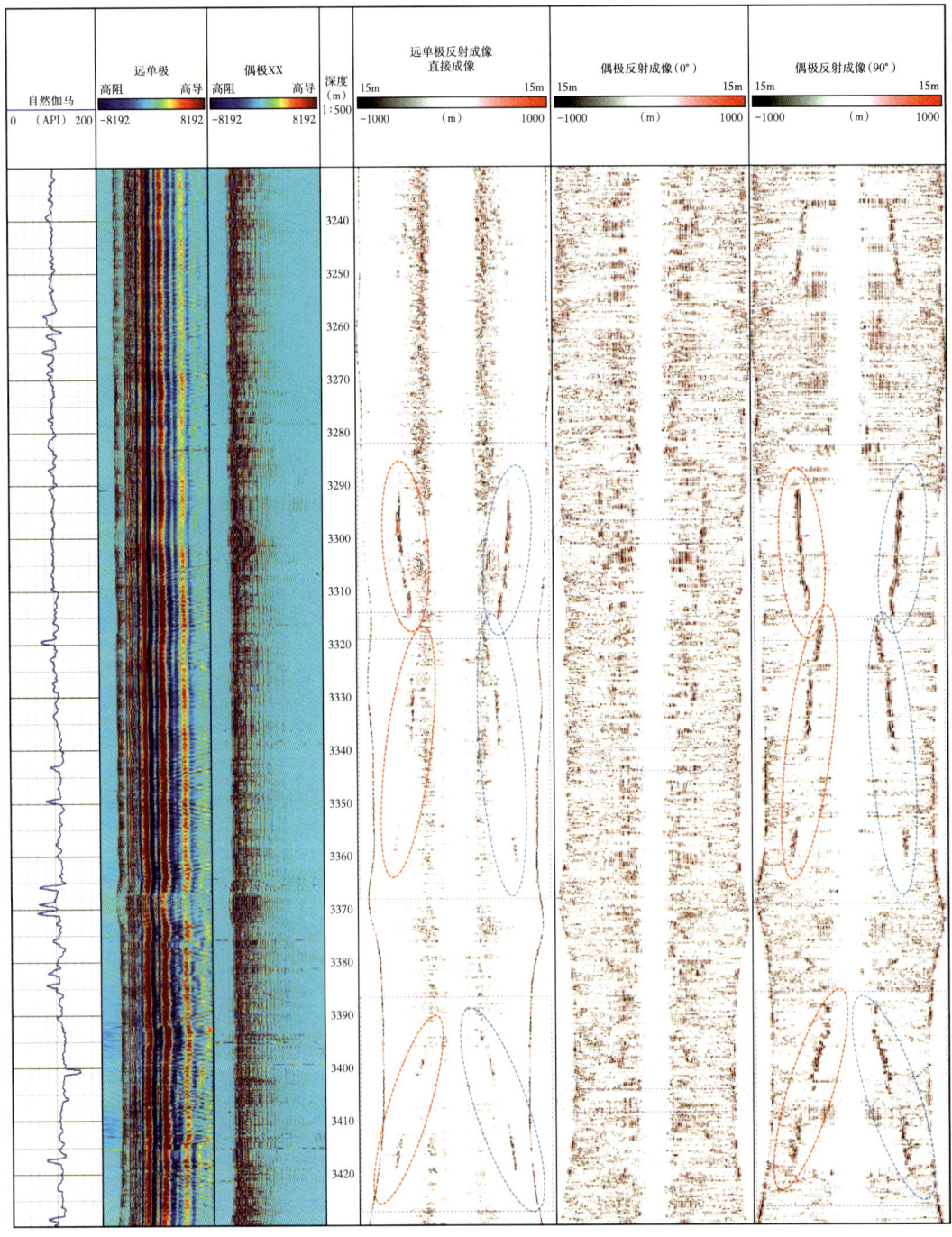

图 4-2-21　AT1 井远探测处理成果图

第三节　方位远探测声波测井仪

方位反射声波测井技术是在反射声波测井的基础上发展而来，为了解决反射声波测井技术方位识别能力较弱这一缺陷，2004 年，唐晓明提出利用偶极子阵列声波测井仪进行反射横波测井的方法；2009 年，唐晓明又提出了利用四分量偶极横波的方向特性来确定井眼附近地层不连续界面的方位信息；2005 年，斯伦贝谢公司推出了改进型的井眼声波反射波测井仪器 Sonic Scanner。Sonic Scanner 仪器在接收声系每个接收站沿着圆周方向上使用了八个接收换能器，大大提高了反射波的信噪比，并且具备了一定的方位识别能力。下面以中国石油的方位远探测声波测井仪为例，对方位反射声波测井技术进行介绍。

一、总体描述

方位远探测声波测井仪利用测量的反射波信息，识别井旁远距离范围内的反射体，定量分析反射体距井筒的距离和方位。该仪器采用相控阵大功率发射技术、方位阵列接收技术，以及独创的直接承压式有源发射、接收声系结构，使其能探测距离井筒 40m 以上某方位的反射体，方位分辨率 22.5°，有效地弥补了测井探测深度太浅与地震勘探分辨率较低的缺陷，为深部复杂油气储层的精细描述提供新技术。

1. 仪器构成

如图 4-3-1 所示，方位远探测声波测井仪从上到下依次由高速遥测短节、控制短节、方位接收短节、隔声体和声发射短节构成。仪器声系摒弃了传统声波测井仪的无源声系结构，首次采用了有源式声系的结构设计，声系内部电路可直接承受井下高压力环境，而无须设计加工单独的密封承压电子舱。

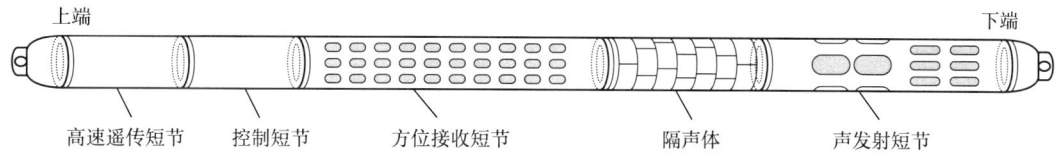

图 4-3-1　方位远探测声波测井仪示意图

1）声发射短节

声发射短节包含 2 组发射换能器：一组单极发射，一组偶极发射。单极发射换能器为相控线阵结构，由 6 个拼条式切向激发的换能器组成。每个发射换能器都有各自独立的激发电路，以保证发射功率的稳定性。对于不同声速的地层，为保证大部分能量进入地层，可以通过调节相控延迟时间使发射的相控声束进入地层，可按式（4-3-1）计算相控延迟时间 τ，如图 4-3-2 所示。偶极发射换能器是由 4 个换能器分 2 组形成宽带正交模式（图 4-3-3）。这样的发射声系，既可以测量声波时差、反射波等信息，还可以测量软、硬地层横波，分析地层各向异性等。

$$\tau = d\frac{\sin\partial}{v} \quad (4-3-1)$$

式中：τ 为相控延迟时间；∂ 为声束偏转角；d 为相邻相控换能器间的距离；v 为井液速度。

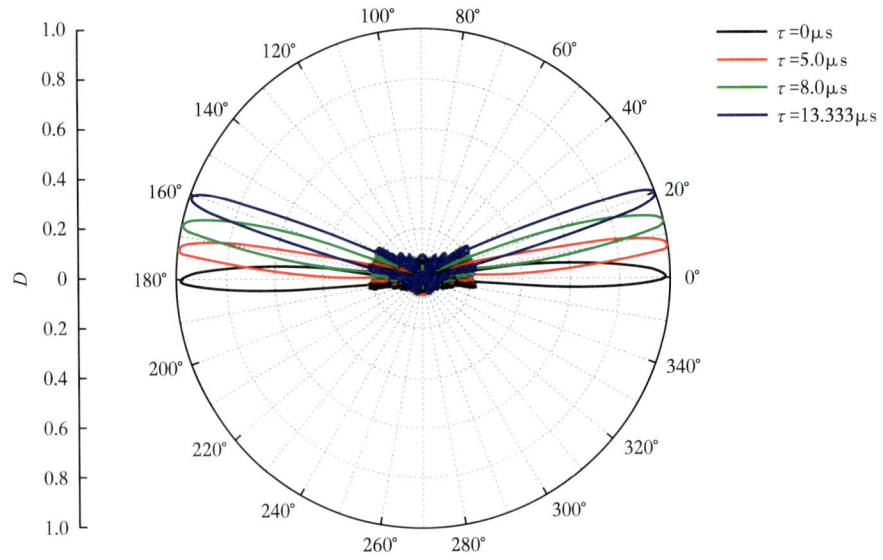

图 4-3-2 相控线阵发射声场示意图

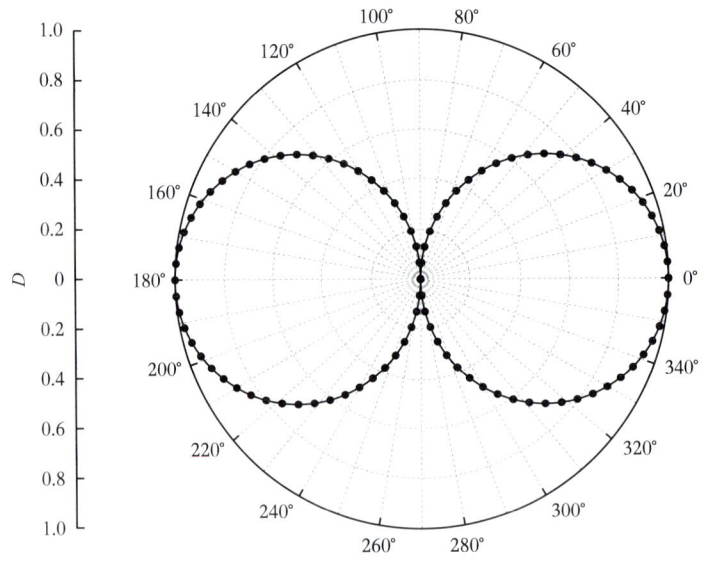

图 4-3-3 偶极子发射声场示意图

2）方位接收短节

方位接收短节由 10 组方位接收换能器组成，每组由 8 个不同方位的接收换能器组成环形结构，如图 4-3-4 所示，共 80 个片状宽带接收换能器单元。每个换能器单元使用独立的信号调理和数据采集通道（共 80 个通道，每个通道增益动态范围 90dB，16 位 ADC 全并行同步采集），整个声系形成 5 个数字化节点与仪器高速总线相连。这样的发射、接收换能器可构成多模式测量：单极发射—单极接收、单极发射—方位接收、偶极发射—方位接收。对于方位接收信号，采用相控接收波形合成法实现对地质体方位的识别，如图 4-3-5 所示。

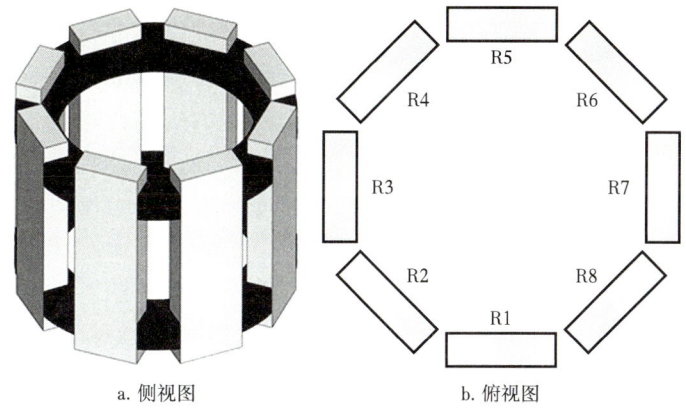

图 4-3-4　方位接收短节结构示意图

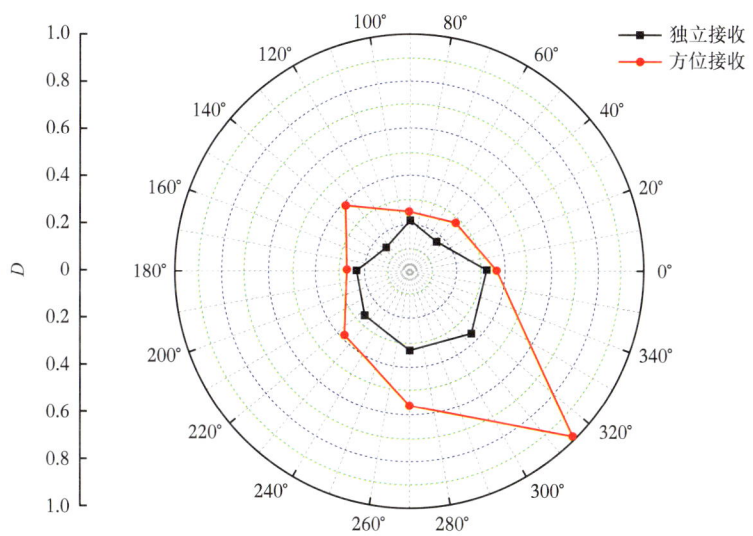

图 4-3-5　相控方位接收指向性示意图

3）直接承压式有源声系设计

发射声系、接收声系都采用直接承压式有源声系结构。传统的声波测井仪器均由声波电路短节和声系短节组成，测井时将 2 个短节连在一起，这种连接方式信噪比较低，且容易出现绝缘低、连通性差等问题。方位远探测声波测井仪由于采集声波信号量大、信号弱，传统连接方式已不能满足大量的弱信号传输需求，因此，设计出一种直接承压式发射声系、接收声系，将发射电路、接收电路与对应的发射声系、接收声系直接有机结合，减少中间转接环节，初始信号、模拟信号直接与电路板相连。该设计省去了电子短节，减少了系统模块间的干扰，为弱信号采集提供了有利条件，提高了仪器信噪比、稳定性、可靠性等性能，并使仪器测量点距仪器底部比原来缩短了 2.5m 左右。

2. 工作原理

方位远探测声波测井仪通过测量来自某方位的纵波反射波信息分析井周远距离的地

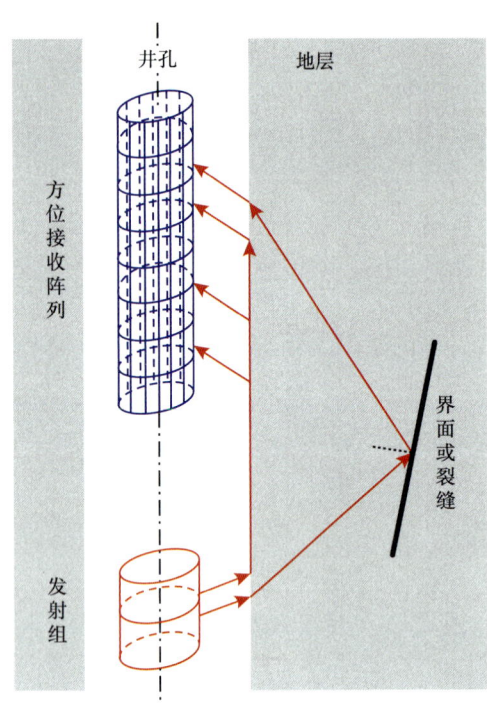

质体信息特征。如图4-3-6所示,方位远探测声波测井仪的相控阵发射换能器发射出高能量声信号后,经地层向井周某方向传播,当遇到声阻抗发生变化的裂缝、孔洞等反射体时,产生的反射纵波等反射波信号被具有方位接收能力的接收换能器所接收,声信号转变成电信号,上传到地面系统,被记录后进行处理分析。方位反射声波测井是一种将传统的声波测井技术与相控接收技术相结合的新型声波测井方法。主要解决了井下声源的定向辐射问题和地层反射波信号的定向接收问题,通过对地层反射波的分析处理可获得井周地层界面或裂缝的距离和方位信息。

3. 主要技术指标

最高耐温耐压:175℃/140MPa;仪器外径:104mm;最大测速:300m/h;数字化精度:16位;方位分辨率:22.5°;探测范围:井周40m。

图4-3-6 方位反射声波测井示意图

二、主要功能模块

如图4-3-7所示,仪器电子系统由主控电路、多节点接收采集电路和相控激励电路构成,实现了换能器激励、信号接收放大、模式选择、有源滤波、数据采集和数据通信等功能。

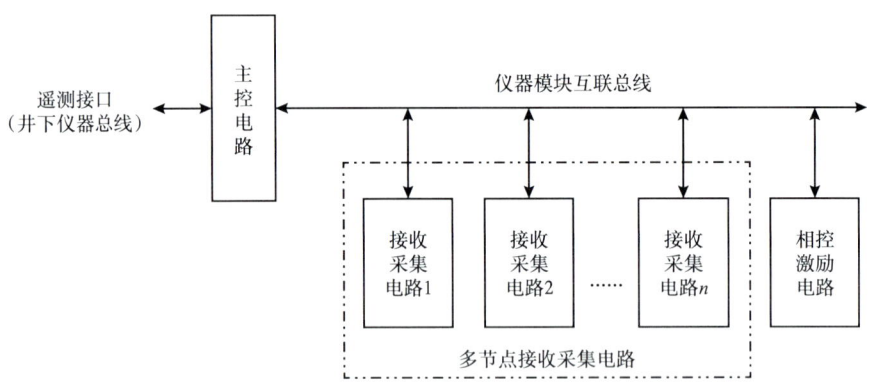

图4-3-7 方位远探测声波测井仪电子系统构成示意图

1. 主控模块

主控电路是仪器的控制中心,采用典型的嵌入式架构,如图4-3-8所示。

主控电路采用具有32位定点和32位浮点处理功能的高速DSP作为主控元件,完成仪器控制和本地数据处理。采用百万门级FPGA作为系统控制逻辑,实现仪器模块互联总线主控节点的功能和井下仪器总线接口的控制。方位远探测声波测井仪可通过

CAN接口引擎和以太网（IEEE802.3）接口与遥测短节挂接，实现与井下仪器串的系统互联。

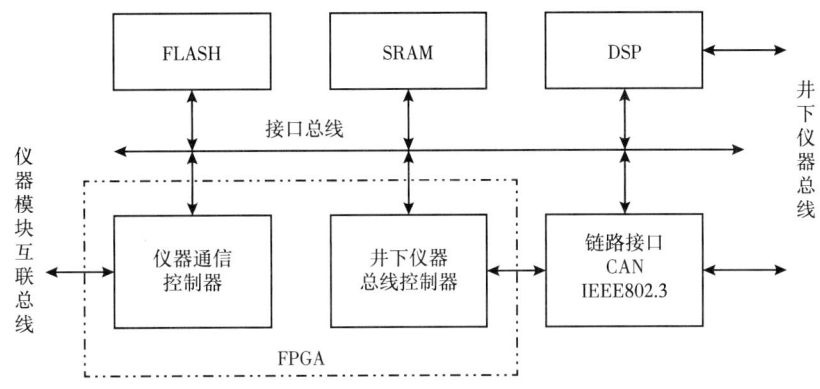

图 4-3-8 主控电路示意图

仪器模块互联总线的特点是采用了"一主多从"的总线式多点互联方式，主控节点由仪器主控电路承担。工作时主节点与某从节点形成一对一的连接，其余的从节点处于挂起状态，这种主节点主动的方式能够完全避免总线竞争，从而有效地利用信道带宽提高数据传输效率。主控节点可通过广播方式同时对所有子节点发布命令，以获得系统内多个子模块对激励和采集的时间同步。

方位远探测声波测井仪典型的深度采样间隔是20cm，当测井速度为400m/h，每个深度点典型数据量为480kB，则对应的理论数据传输速率要求为4.3Mb/s，但当前的测井电缆数据传输速率无法满足此要求，采用存储容量大、可靠性高的FLASH存储器进行井下数据存储是一种有效的解决方案。

2. 相控激励模块

有源发射声系包括发射换能器和相控激励电路，发射换能器分为单极和偶极，单极可以工作于相控线阵模式，偶极可以工作于正交激励模式。

系统通信控制器是一个独立的通信节点，实现与主控电路的双向连接；激励控制参数锁存器对接收到的控制命令进行译码并生成控制参数，同时给系统主控节点发送该节点的状态；相控激励控制器根据接收到的激励控制参数产生单极子换能器的相控激励时序信号，并根据工作模式确定偶极子换能器的激励控制脉冲；4通道VMOS驱动器和4通道VMOS大功率高压开关对相控激励控制器产生的激励控制脉冲进行驱动放大，并产生高压激励信号驱动发射换能器。通过对压电振子和相控激励电路的优化设计，可使仪器能够在更长的源距和更宽的频带下工作，以获得高质量的井筒模式波。

相控激励电路能够实现对单极换能器和偶极换能器的大功率激励。单极激励可以工作于相控线阵模式，为了提高仪器的可靠性，减小仪器电路的规模，设计了由两组单极换能器构成的相控线阵激励系统，该激励系统由两个相控线阵激励通道进行控制。这两个相控线阵激励通道的电路结构完全相同，相控激励由两个通道输出的激励驱动信号的相对相位差实现，该信号的相对相位差可由地面系统进行实时控制，系统通信控制器接收到控制信号后译码为激励信号相位差控制参数，通过相控激励控制器输出具有相对相位差的激励驱动信号，从而实现两个通道的相控线阵激励。

3. 多节点接收采集模块

有源接收声系采用直接承压有源阵列结构,共包括 80 个片状宽带接收换能器单元。每个片状宽带接收换能器单元都使用独立的信号调理和数据采集通道,共 80 个通道,每个通道的增益动态调节范围为 0~90dB,16 位的模拟数字转换器全并行同步采集,整个有源接收声系通过多个独立的数字化节点与仪器模块互联总线相连。

方位远探测声波测井仪的全部有源接收站同步工作,获得接收阵列的时域波形信号序列。仪器的数据采集通道能对所有信号进行 16 位高速全并行同步数据采集,每秒最多有 500 千次采样,前端和公共放大器提供量程为 90dB、步进为 6dB 的程控放大能力,每个放大通道均可独立受控。通过实时增益控制和多级有源滤波,能够在较大动态范围内获得最佳信噪比。

方位远探测声波测井仪在井中径向探测距离较远,具有 8 个方位的周向探测能力,要求仪器能够具备多通道、大数据量并行的数据采集功能,仪器的实时数据缓存空间要与数据的采集和处理匹配。仪器在每个深度点可同时工作于单极方位模式和交叉偶极方位模式,产生的数据量为每个深度点 480kB。

三、数据处理方法

方位远探测声波测井仪的数据处理方式可以借鉴偶极横波远探测的反射波提取方法,这里介绍另外一种处理方法——反射波偏移成像方法。

从全波数据中分离出上行反射波和下行反射波之后,分别对其进行偏移处理得到地层反射体的图像。地震勘探中偏移成像,通常分为叠后偏移和叠前偏移两种,用以精确得到井旁反射体的"真实"位置。目前来说,常见的几种偏移成像有绕射偏移叠加法、广义 Radon 变换的回传偏移法、常规的 Kirchoff 深度偏移方法、叠前的 f-k 偏移法。

在进行偏移成像过程中需要一个随深度变化的地层速度模型来确定井旁反射体在地层中的真实位置。通常情况下,采用声波测井所得到的随深度变化的速度曲线,建立偏移成像中所需的速度模型。经偏移叠加之后,反射波数据被变换到二维空间坐标系中,其中一维是从井轴开始向外延伸的径向距离,另一维是测井仪器的深度。从成像图中可以直观地看出井旁反射体从井轴向径向范围延伸的距离和反射体的形态等基本信息。

1. 绕射扫描偏移叠加

绕射扫描偏移叠加是建立在射线理论基础上的一种偏移方法,偏移剖面上的任何一个点都可以对应叠加剖面上的一条绕射双曲线,该方法可以使反射波自动归位到其所在空间的真实位置上。首先,将所要成像的偏移剖面进行离散,空间中的每一个网格都假设为反射点,如图 4-3-9 所示,其中 Z 为垂直于井轴的径向方向,X 为仪器移动方向。井旁存在一反射界面,D 为井旁反射界面上的某一点,当源距固定时,每个发射换能器 T 位置唯一对应一个接收换能器 R,并且得到一道波形(Wavetrace1),根据射线理论计算出从发射换能器 T 到接收换能器 R 反射波的旅行时 t:

$$t = \frac{1}{v}\left[\sqrt{(X_i - X_\mathrm{T})^2 + Z_j^2} + \sqrt{(X_\mathrm{R} - X_i)^2 + Z_j^2} \right] \quad (4\text{-}3\text{-}2)$$

式中:X_i、Z_j 分别为反射点 D 的横、纵坐标;X_T、X_R 分别为发射换能器、接收换能器的横坐标；v 为介质中的声波速度。

然后，对整个网格进行扫描，对于任何一个空间网格点 D，如果它恰好位于反射界面上，可以按照式（4-3-2）计算所有的可能反射波到时。假设测井仪器移动了 N 个位置，那么对于某一源距下，就可以得到 N 道全波波形，从而计算得到这点所对应的 N 个振幅值累加 $A = \sum_{i=1}^{N} A_i$ 来表征网格点 D。如果 D 点恰好通过了反射界面，对应的振幅值 A_i 是接近同相的，叠加之后，A 必然会很大。反之，如果 D 点不在反射界面之上，那么得到的对应 N 个振幅值 A_i 将不再是同相的，而是随机的振幅值，将其叠加之后，必然会使得振幅值互相抵消，得到一个较小的振幅 A。采用这样的方法，可以得到所有网格点上叠加的振幅值，将其显示出来，就得到偏移之后的反射体剖面。

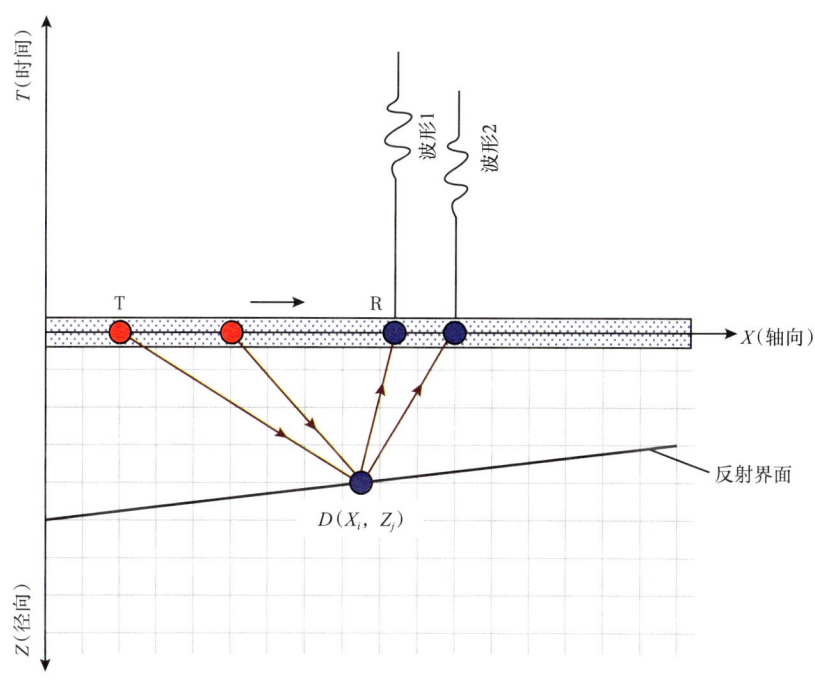

图 4-3-9　井旁反射界面示意图

绕射扫描叠加法既能保证反射波能量收敛，也同时使反射波同相轴自动偏移归位，因为可以将反射波同相轴看作许多个绕射同相轴的渐近线，沿渐近线得到的振幅值是相干的，这样就可以获得同相的叠加，然后将得到的叠加值放置在各个绕射双曲线的顶点处，最后将各个顶点用平滑线连接起来，就得到了所需的反射界面真实位置。

为了对该方法进行验证，分别建立了反射界面倾角为 80°、70°、50° 的单一界面，以及由 80° 和 80° 形成的交叉界面。利用反射波提取方法，分别得到对应的模型下共源距反射波，并将其输入绕射扫描偏移叠加算法中，得到图 4-3-10 所示的成像结果。从图 4-3-10 中可以看出，反射界面在径向和轴向的相对位置非常清楚，当然，这和反射波数据的质量有很大关系，也就是说反射波数据的质量决定了成像效果的好坏。

2. 叠前偏移成像

方位远探测声波测井仪包含有多个接收换能器，可以获得多组共源距数据，在上一小节绕射扫描偏移叠加中，利用声波数据中的某一个接收换能器上的共源距道集进行了偏移成像，而本小节所介绍的 f-k 叠前偏移成像方法，是将所有的接收换能器都加以利用，这有助于压制噪声，提高成像质量，而且也符合方位远探测声波数据结构特征。

方位远探测声波测井数据包含三个方面：仪器的深度位置、各个接收换能器的深度位置，以及每个接收换能器的不同时间。这种数据结构类似于地面地震勘探，且很好地符合叠前偏移要求。但是两者也存在一定差异，直达波信号幅度远大于反射波幅度，且接收换能器数目有限，接收换能器阵列总长度通常为 1~2m。既然方位远探测声波数据结构和地面地震勘探类似，那么可以借鉴地震中的偏移方法，但为了适应方位远探测声波数据结构，必须将原来适合于地震的偏移方法进行改进。

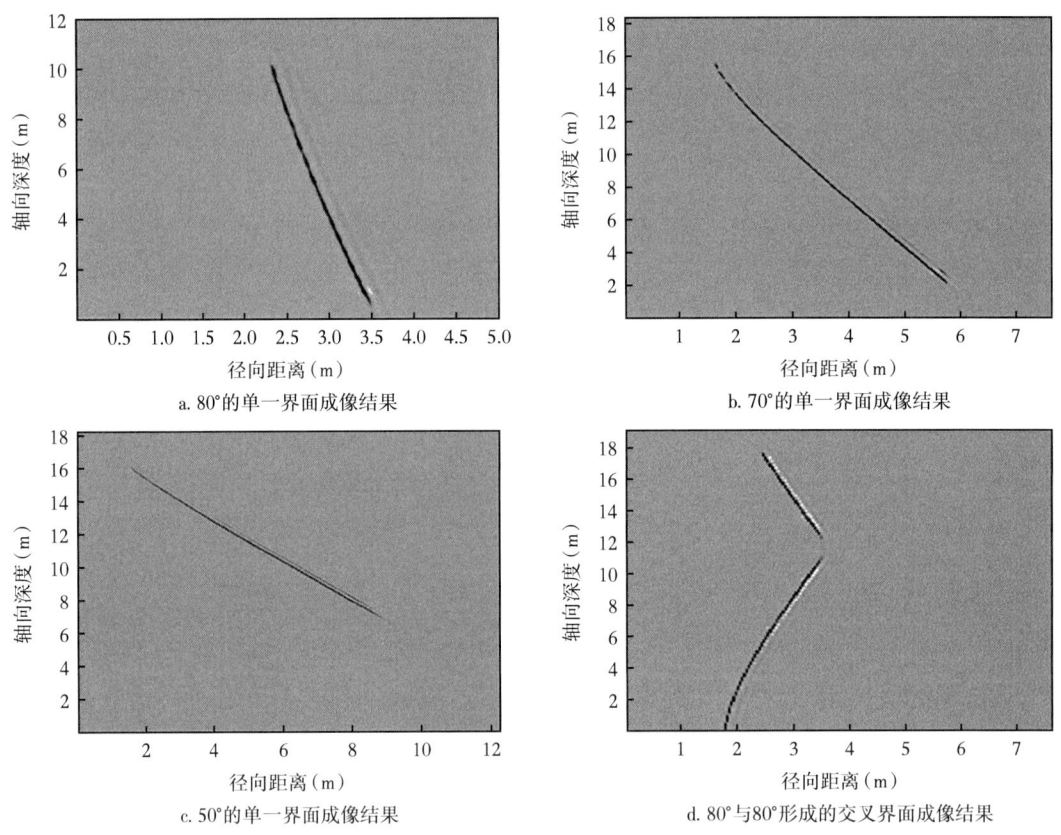

图 4-3-10 利用绕射扫描偏移叠加对井旁不同角度的反射界面进行成像结果

1978 年，Stolt R H 首次提出了常速介质的 f-k 偏移方法，并将其应用到了实际现场资料处理中，获得了地质构造图像。式（4-3-3）为 f-k 域的 Stolt 偏移基本公式：

$$u(x,z,0) = \frac{1}{4\pi^2} \int_{-\infty}^{+\infty} \int_{-\infty}^{+\infty} A(k_x, k_z) \frac{vk_z}{\sqrt{k_x^2 + k_z^2}} e^{-i(k_x x + k_z z)} dk_x dk_z \quad (4\text{-}3\text{-}3)$$

其中：

$$A(k_x, k_z) = \tilde{u}\left(k_x, v\sqrt{k_x^2 + k_z^2}\right)$$

式中：k_x、k_z 分别为 x、z 方向的波数；v 为声波速度。

简单地说，可以利用以下四个步骤来实现：

（1）将原始数据 $u(x,t)$ 变换到 f-k 域，得到 $\tilde{u}(k_x,\omega)$；

（2）将 $\tilde{u}(k_x,\omega)$ 映射为 $A(k_x,k_z)$；

（3）将 $vk_z/\sqrt{k_x^2+k_z^2}$ 和 $A(k_x,k_z)$ 相乘；

（4）将上述结果进行二维傅里叶反变换，即可得到 $u(x,z,0)$。

Stolt 所提出的这种方法精度高、稳定性好，可以进行大倾角成像。对于方位远探测声波测井数据来说，这些优点依然存在。如该偏移过程是在 f-k 域内求解，因此本身就可以区分上下边界，避免了偏移叠加前将反射波数据分离成上行波和下行波，而只需要进行一次偏移。Stolt 提出的方法是针对共中心点道集，然而，方位远探测声波仪器由于接收换能器有限，如果利用共中心点道集进行处理，那么每个共中心点道集只能由几道波形组成。因此，共中心点道集不再适应方位远探测声波测井数据结构，需要将 Stolt 的 f-k 偏移方法进行改进，考虑到声波在径向和轴向（R,Z）内传播，Z 轴沿井轴方向，其正方向和仪器的运动方向相同。把时间、源发射换能器的位置，以及发射换能器和接收换能器之间的间距作为场变量，对井孔声场进行三维傅里叶变换可得：

$$A(P,p,w)=\iiint \exp[i(PZ+pz-wt)]u(0,0,Z,z,t)\mathrm{d}z\mathrm{d}Z\mathrm{d}t \quad (4\text{-}3\text{-}4)$$

式中：ω 是角频率；Z 是仪器位置；z 是源—接收换能器间距；P 和 p 分别是与 Z 和 z 分别相关的波数；波场 $u(0,0,Z,z,t)$ 是实际测量得到方位远探测声波全波数据。

首先对改进的 f-k 偏移从 ω 到径向波数 u 的坐标转换，采用如下频散关系：

$$\omega=\mathrm{sng}(\omega)(v/2)\sqrt{4p^2+(u-x)^2} \quad (4\text{-}3\text{-}5)$$

其中：
$$x=P(2p-P)/u$$

这样就得到了一个针对方位远探测声波测井数据模式下的 f-k 偏移方法，见式（4-3-6）：

$$u(vt/2,0,Z,0,0)=(2\pi)^{-3}\iint \exp[i(PZ-uvt/2)]\mathrm{d}\mu \mathrm{d}P \times \left[\int \tilde{u}(P,p,\omega)\frac{c^2}{4\omega\mu}(\mu^2-\xi^2)\mathrm{d}p\right] \quad (4\text{-}3\text{-}6)$$

P 和 u 的二重积分在波数域形成了一个二维傅里叶反变换，也就是说，偏移叠加过程中，只需要进行两次快速傅里叶反变换，就可获得上行和下行反射波图像。

如图 4-3-11 所示，反射界面在径向和轴向的相对位置非常清楚。利用改进的叠前 f-k 偏移对井旁不同角度的反射界面进行成像，和绕射扫描偏移叠加方法类似，同样，建立了不同角度的井旁地层界面计算模型，首先将原始方位远探测声波数据组成由仪器的深度位置、接收换能器位置，以及波列记录时间的三维数据结构，将其输入 f-k 偏移成像算法中，得到成像结果。

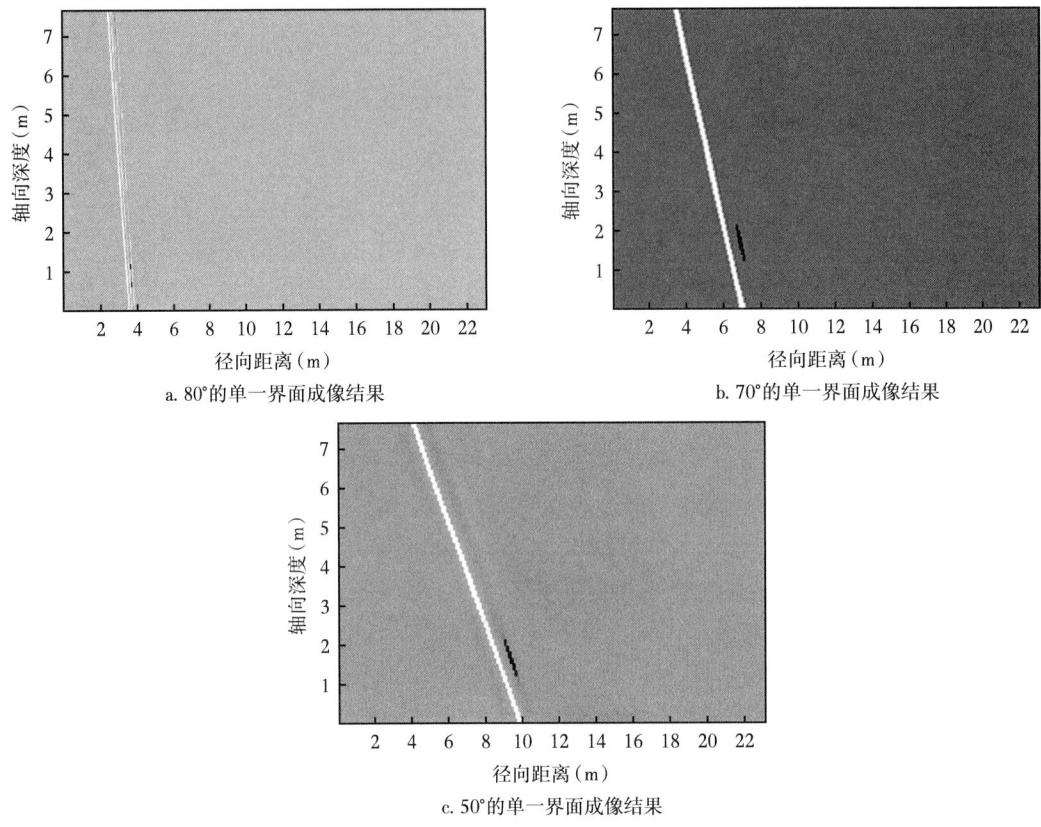

图 4-3-11 利用改进的叠前 f-k 偏移对井旁不同角度的反射界面进行成像结果

四、仪器刻度

方法同第四章第一节的仪器刻度。

五、典型案例

1. 各向异性处理实例

方位远探测声波测井仪在塔里木油田、大港油田多个区块开展了多井次测试,均取得了合格的现场测试资料。图 4-3-12 为仪器在塔里木油田某井测量得到的单极方位模式下的数据,测量深度范围为 X910~X1010m,共计 100m,测量时采用了井下存储、地面监测的快速测量模式。图 4-3-13 为测量该井得到的最小源距接收站第 1 个方位接收器单元在某个深度点的测量波形。

如图 4-3-12 和图 4-3-13 所示,声波信号信噪比高,首波到达之前的基线几乎没有干扰,模式波特征清楚,模式波后边的其他波形(包括可能存在的反射波)幅度明显减小,波形幅度随着径向距离的增大按照指数规律减小,但是测量距离最远的波的形态依然非常清晰,有利于波形资料的处理及对远距离地质体的成像。同时,在单极方位模式下仪器测量数据的时间范围为 0~16ms,测量井段的纵波声速约为 5000m/s,测量深度约达 40m。仪器在交叉偶极模式下的测量数据的时间范围为 0~32ms,对应的探测深度要大于单极方位模式下的探测深度。仪器的测控电子系统满足方位远探测声波测井仪的测量要求，能够为仪器在多方位、大探测深度测量场景下提供可靠且高信噪比的测量数据。

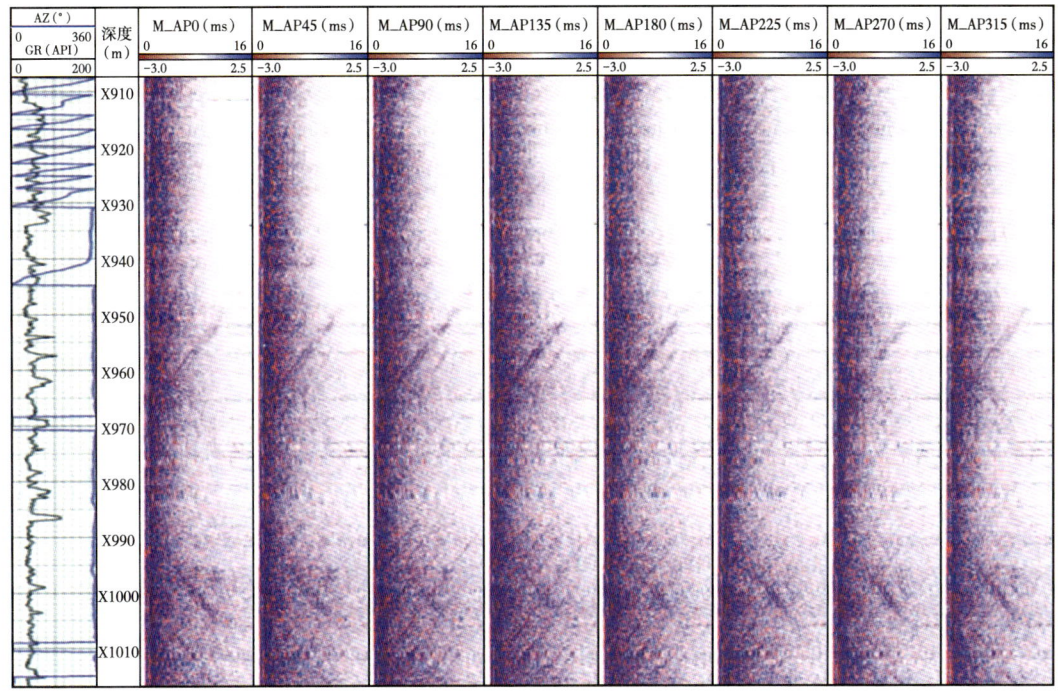

图 4-3-12 单极方位模式下的测井数据

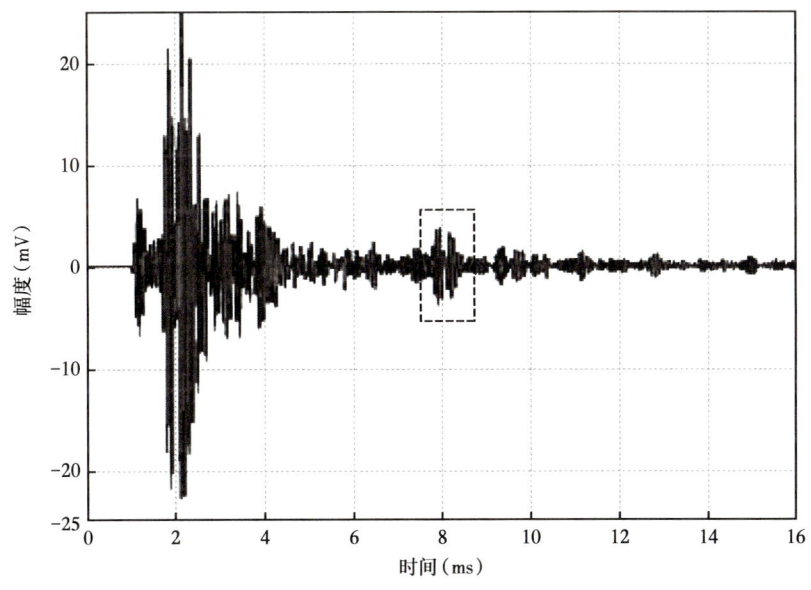

图 4-3-13 单道单深度点测量数据

2. 远探测处理实例

官×井测量目的层为中生界，岩性为火成岩。该井进行的主要测井系列：高分辨率阵列感应测井、三孔隙度测井、自然伽马能谱测井、核磁共振测井、微电阻率成像测井、方位远探测测井。如图 4-3-14 所示，只有 3191~3201m 井段井壁裂缝发育，常规测井曲线分析 3191~3219m 井段裂缝发育。经过方位远探测声波测井仪测量后的测井解释有 3 条主裂缝。从 XRMI 图上看有效储层厚度为 10m，常规测井曲线图分析有效储层厚度为 28m，从 ARIII 成果图上看有效储层厚度为 47m，裂缝与平面夹角分别为 62°、64°、60°，方位为 13°、185°、135°，有效储层厚度为 3191~3238m。通过解释分析将原有效储层厚度从 28m 增加到 47m。通过试油，该井日产油 30.2t。

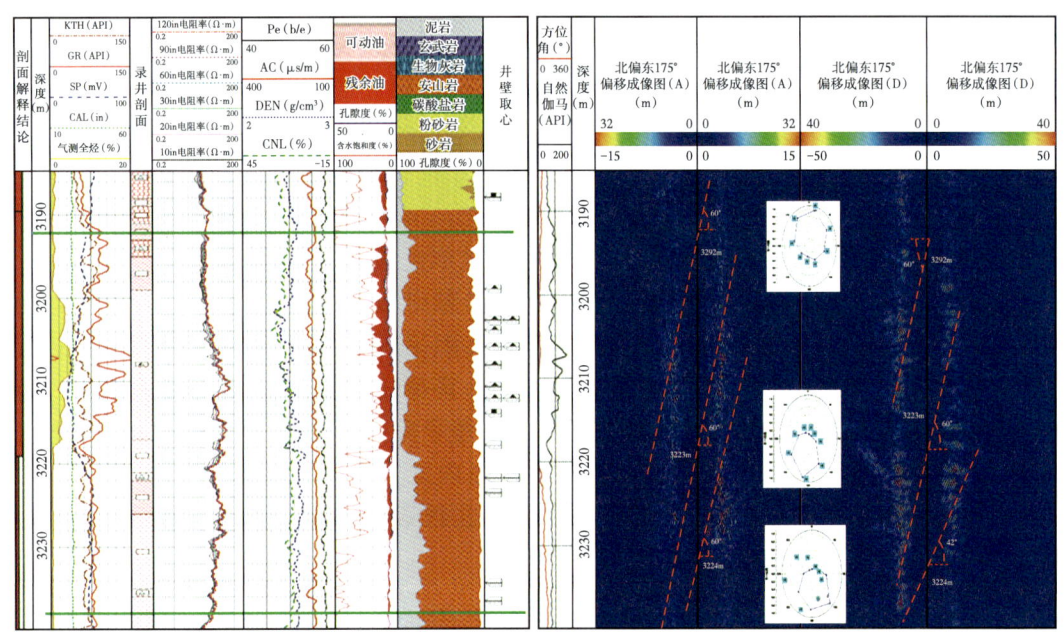

图 4-3-14　官×井测井解释成果图

第四节　全景式声波成像测井仪

全景式声波成像测井仪是于 2020 年成功研制的电缆多维声波成像测井仪器。该仪器在三维声波测井仪器基础上发展而来，作为新一代的声波测井技术，突破了纵横波径向剖面处理、弯曲波频散分析等技术难题，采用 0.3~100kHz 的宽频多极子声源和多源距多方位集成接收阵列，测量宽频域全波阵列及其频散特征，获得地层的纵横波速度、岩石机械力学参数、各向异性参数，具备井周 3m 内地层裂缝、地应力的定量测量、35m 范围内地层构造探测的功能，实现对地层近、中、远不同探测深度不同方位的地层全空间成像（卢俊强等，2014）。可以提供各向异性、地质构造、孔隙度、渗透率、气层识别等方面的地质信息，也可以为目前急需解决的射孔设计、压裂设计及效果评价、水平井钻井轨迹设计等工程难题提供解决方案。

一、总体描述

1. 仪器构成

全景式声波成像测井仪结构如图 4-4-1 所示。

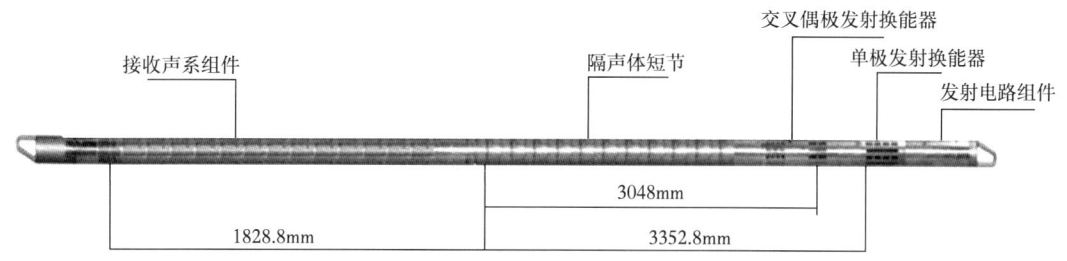

图 4-4-1 全景式声波成像测井仪结构示意图

2. 工作原理

全景式声波成像测井仪采用宽频多极子阵列声源和多源距多方位集成接收阵列，测量宽频域全波阵列数据及其频散特征，获得地层的纵横波速度、岩石机械力学参数、各向异性参数，具备井周 3m 内地层裂缝、地应力的定量测量，35m 范围内地层构造探测的功能，实现对地层近、中、远不同探测深度不同方位的地层全空间成像。可以提供各向异性、地质构造、孔隙度、渗透率、气层识别等方面的地质信息，也可以为目前急需解决的射孔设计、压裂设计及效果评价、水平井钻井轨迹设计等工程难题提供解决方案。

声波信号由单极发射换能器发出，而接收换能器负责接收经地层反射的声波信号，然后将声波信号转换为电信号，经过近换能器采集模块的采集和中控板的处理，最终上位机接收数据并以波形的形式呈现。图 4-4-2 所示的是声波全波列信号，其中 v_p 为纵波速度、v_s 为横波速度、v_{st} 为斯通利波速度。由于不同声波传输速度不同，例如纵波传播速度稍快，而斯通利波速度相对慢一些，这就导致它们被接收网络捕获的时间有先后顺序。如图 4-4-2 所示，依据声波信号到达接收阵列的 12 块采集板的时间不同，通过计算相邻两道波形之间的时差，再根据相关资料和数据处理得出所测地层信息。

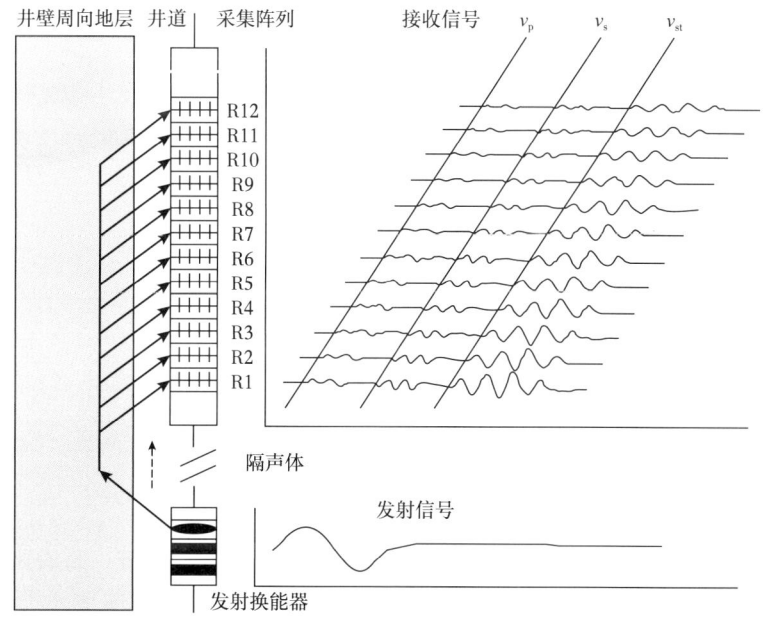

图 4-4-2 全景式声波成像测井仪近换能器采集模块工作示意图

3. 主要技术指标

全景式声波成像测井仪是国内首创的自主知识产权系列产品，其耐温耐压、元素含量测量精度等主要指标与国外同类化学源仪器相当，主要技术指标如下。

最高温度：175℃；最大压力：140MPa；仪器外径：90mm；仪器长度：8931mm；仪器质量：320kg；纵波时差范围：±3%，125~650μs/m；横波时差范围：±5%，≤1700μs/m；测量精度：±3μs/m；纵向分辨率：152mm；数字化精度：16bit；最大测速：500m/h；探测深度：≤35m；数据获取：8（周向8个方位）×12（每个方位12个独立全波列采集通道）。

二、主要功能模块

1. 探测器结构

全景式声波成像测井仪电子线路由主控电路、存储电路、接收电路和发射电路组成。发射声系采用宽频多极子阵列声源结构，具有一个单极发射、两对正交偶极发射换能器，采用强制激励、宽频发射技术。接收声系采用多源距多方位一体化集成阵列，实现周向8个方位共计96个独立接收采集阵列。

1）发射声系

如图4-3-3所示，发射声系中单极发射换能器通过非金属零件对其进行了隔离，并采用弹簧进行了压紧。宽频偶极发射换能器采用4个三叠片周向正交分布，采用特殊焊接工艺，提升换能器的一致性和指向性。低频偶极发射换能器采用具有不同谐振频率的两个三叠片组合单元，周向正交分布4个这样的组合单元，具有较低的工作频率和较高的发射能量，可提升仪器远探测能力。

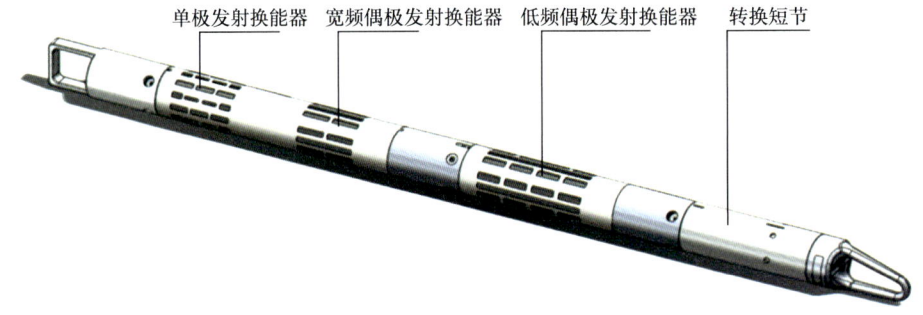

图4-4-3 发射声系结构示意图

2）隔声体短节

隔声体短节位于接收声系与发射声系之间，可以阻隔由发射声系到接收声系传输的声波信号，采用硬隔离的方式进行设计，如图4-4-4所示。隔声体短节由一根芯轴作为贯穿线通道及整体受力，在芯轴上安装10组异形隔声单元，异形隔声单元与芯轴一起组成了直径交替变化的隔声结构。该结构可以有效地阻隔特定频段的声波信号，既能阻隔直达波，又保证了仪器有足够强度。

3）接收声系

接收声系要在有限空间内周向分布8个一体化接收采集阵列，完成声波信号接收、处理，同时合理布局承压结构，如图4-4-5所示，设计采用隔声体单元类似结构，在仪器周向开8组一体化接收采集阵列安装槽，一体化接收采集阵列采用波纹管封装，提高采集阵列安装精度，提升仪器信号一致性。

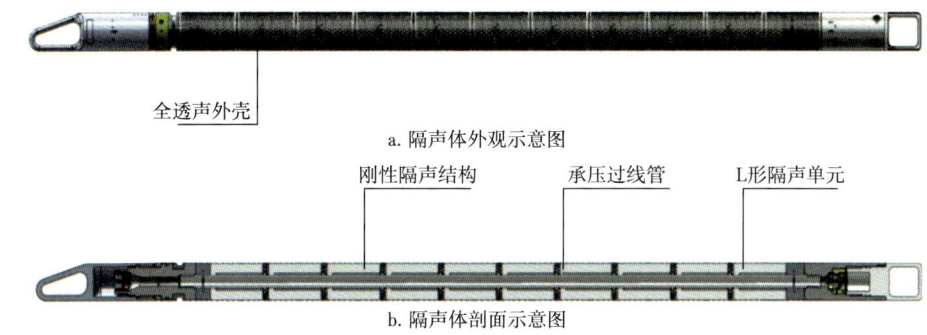

图 4-4-4　隔声体短节结构示意图

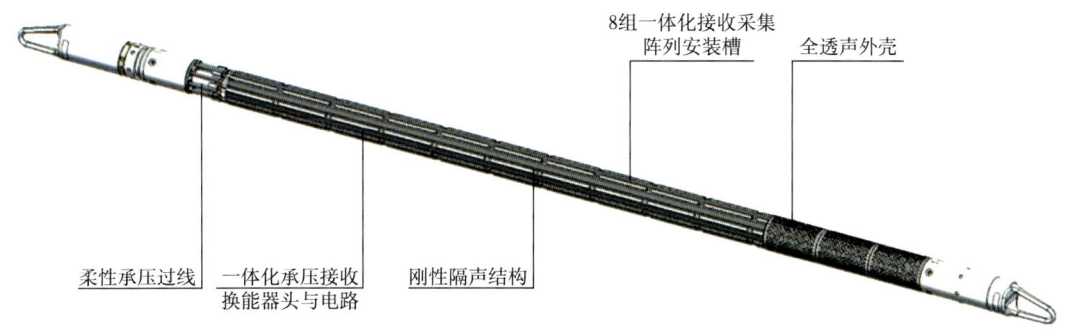

图 4-4-5　接收声系结构示意图

接收声系作为仪器中声信号接收和处理的重要短节，其结构要求较高。首先要实现不同方位的声信号接收，其次受限于声传感器的位置，仪器尺寸相对固定，最后需要考虑不同位置接收信号之间的干扰。基于以上因素，仪器设计为过线管为骨架、L形隔声单元均布、周向开槽的高集成度设计方式。声波压电传感器的输出电信号幅度范围为：176μV~176mV，其对应的声压范围为 0.005~50kPa。由于接收到的声波信号幅度有一个数量级的跨度，在实际系统设计中，是通过改变激发能量来调节模拟电路的输入信号大小，使其输出信号始终在 ADC 的量程范围内。激发能量的调节范围为 50%、75%、100% 三个等级，因此模拟通道电路的增益设置为 26dB 的固定增益。

按照仪器设计要求，与隔声体主体结构类似，采用热装配的方式实现 L 形隔声单元与过线管连接，组成直径交替变化的整体结构，进一步使直达波信号得以过滤。在周向 90° 的范围内，开 8 个长圆槽，尺寸限制在 26mm×10mm 之内。外侧采用密集打孔的全透声外壳，使声波信号进入换能器衰减足够小，不影响信号测量。

2. 电路系统

全景声波成像测井仪电子线路信号处理控制电路激发全景声波换能器所需各个频率的脉冲激励信号，实现对接收声波信号的整形放大，负责接收并执行地面系统下发的命令、上传井下仪器采集的数据、完成数据的采集控制、完成温度信号的采集、实现数据声波测井存储。

1）主控电路

主控电路是井下测井仪的控制与传输中心，完成测井模式管理（仪器测井模式存储及指令下发，控制开始采集、结束采集、状态切换等）、数据上传（实时上传部分波形数据）、电压及温度监测（对存储板、采集板进行电压监测并实时采集温度传感器数据）等功能（罗盛，2016）。主要依靠 TI 公司的 TMS320F28335 型 DSP 主控芯片对相关外设进行管理和控制，如图 4-4-6 所示。

外设芯片主要包含电压监测芯片、温度传感器芯片及 CAN 接口芯片等。主控板拥有两路 CAN 总线，其中一路 CAN 总线完成地面命令的接收，并把部分数据通过 CAN 总线传给遥测短节，由遥测短节传送给地面系统。另外一路 CAN 总线对井下仪器进行各种控制操作：控制激励发射、设置接收模式及放大增益、启动数据采集、启动高速串行数据总线读取采集数据、监测电压及温度、将数据送到 CAN 总线控制电路进行数据上传。

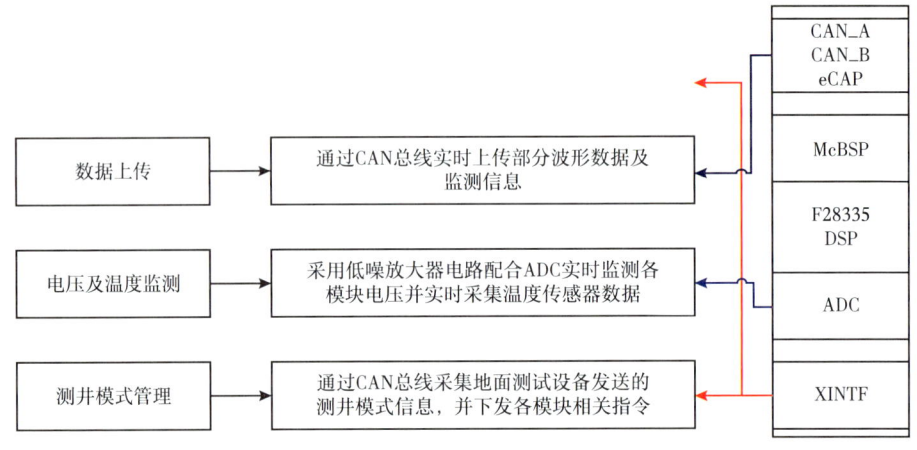

图 4-4-6 主控电路系统设计示意图

主控板的测井模式管理主要通过接收命令和下传命令实现。根据接收命令设置发射、接收模式、延迟时间、采样点及采样率等；同时在规定时间内将这些命令进行解释和下发，所以本控制电路必须具有两个 CAN 接口电路，进行命令的接收与数据的发送，其中接收命令的 CAN 接口必须是对外隔离的。采用的 DSP 主控芯片具有多种外设，其中就包括两路 CAN 接口模块，只需要外部加驱动器和隔离芯片即可，数据传输速率高达 1MHz，可以保证仪器信息数据的收发功能。

仪器电压及温度监测功能，主要是对仪器的数字电路部分的各板子电压和温度及其他信息进行监测管理。电压监测主要通过 OPA284 进行电压跟随，随后通过电阻分压至 DSP 主控芯片的 ADC 监测范围，并由 ADC 采集并记录。温度监测功能主要是依靠 TMP05 温度传感器进行监测，该传感器为基于 PWM 波输出的具有 0~±5℃ 精度的专用芯片，体积小，易于集成，测量范围 -40~150℃，可以满足系统设计要求。工作电流检测主要是完成对所有控制电路中其他各个电路子模块工作电流的检测，该设计中选取通用型高压侧电流检测方法器，专为宽温度范围内运作而设计。经过电流—电压转换后，借助核心主控芯片 28335DSP 自带的 ADC 转换器进行数模转换，完成对各电路子模块的电流检测。

仪器电源管理功能主要完成仪器的转电功能、上电顺序控制和电压监测功能。转电功能主要是将 60V 电压转换为仪器控制电路所需电压。上电顺序控制主要是通过核心控制芯片 28335DSP 的普通 I/O 口控制 NMOS 管实现通断控制。电压监测功能主要是完成各电路工作电压的监控，采用 POWER604 可编程电源管理器件，属于混合信号可编程逻辑器件，内含在系统可编程的模拟和逻辑模块，能提供经过优化的电源管理功能。这一功能对如今的多电源电子系统是至关重要的。该器件集成了可编程逻辑、电压比较器、参考电压及高电压的场效应管驱动器，其可编程的模拟输入能为多个供电节点提供精确的同步监控，支持单芯片可编程供电定序与监控。

2）发射电路

声波频率发射电路主要完成激励信号产生、发射功率控制、高/低压电源转换等功能。根据系统控制指令产生激发换能器所需频率的脉冲激励信号。发射模式包括有：MH（单极高频）、ML（单极低频）、DX（偶极 X）、DY（偶极 Y）、DXL（低频偶极 X）、DYL（低频偶极 Y）。发射信号的强弱直接决定接收换能器能否接收到足够强度的有效信号，若发射强度不够，声波信号经地层衰减后，接收换能器无法分辨出有用信号与噪声。测井仪包含有单极、偶极和远探测换能器，针对不同的换能器发射信号的幅度和频率也不相同，因此需要发射电路控制非常灵活。根据指标要求，声波频率发射模块分为四个功能模块：发射数字控制模块、发射高压充电模块、电源转换模块和发射高压驱动模块，如图 4-4-7 所示。

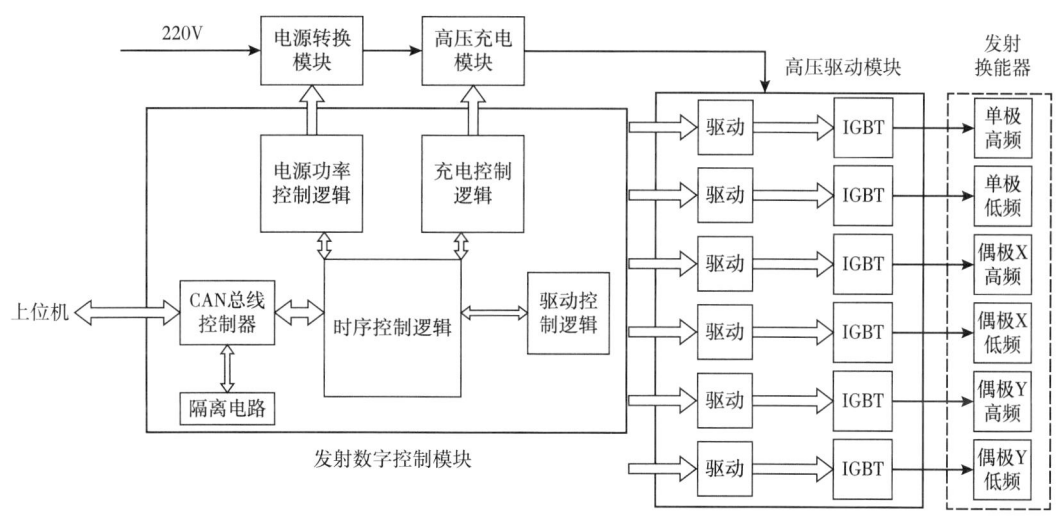

图 4-4-7　声波频率发射电路示意图

3）接收电路

单极声波频带范围为 3~23kHz，偶极声波频带范围为 500Hz~5kHz，模拟电路需综合单极与偶极声波频带范围，因此模拟通道电路的频带范围设置为 0.3~30kHz。

模拟电路的抑制噪声的能力和自身噪声水平决定了系统能检测的最小声波信号范围，设计指标要求在电路通带频率范围内，电路信噪比（SNR）指标高于 10dB。模拟电路的自身噪声主要来自电阻热噪声、PN 结散弹噪声等。因此模拟通道电路的设计必须要综合考虑噪声因素。

声波测井仪采集电路共 96 个独立通道，分为 8 个条带，每个条带由一片 CPLD 控制，如图 4-4-8 所示。声波压电传感器在接收到声波信号时会产生微弱的电信号，通过低噪声的模拟信号调理电路,实现对传感器输出的微弱电信号的滤波、放大,之后使用18位精度的ADC将模拟信号转换为数字信号。CPLD汇集板实现对控制模块下发的采集、测试等命令的解析与执行,并将ADC数据串行发送给控制模块。

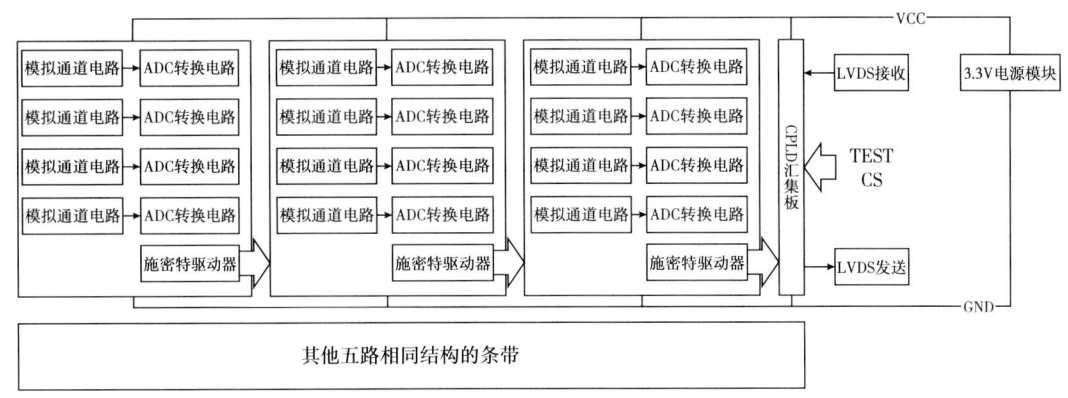

图 4-4-8 接收采集电路示意图

4)采集电路

采集电路主要实现以下的功能:通过单通道差分串行数据总线接收8个采集条带数据,并把数据传送给存储板进行数据存储,以及挑选部分数据发给主控板,再由主控板上传给地面。采集板向采集条带提供TEST信号;向采集条带发送采样控制参数;实现与主控板之间指令接收功能;实现内部的CAN通信。

5)储存电路

在全景声波测井仪中,储存电路主要实现以下功能:接收从数据采集板发来的数据,提供8GB大容量数据储存,接存储过程中提供5Mb/s的数据吞吐量,为地面设备提供USB数据接口,支持仪器不上电时的USB数据读取,支持仪器内部CAN总线接口,自我温度监测。

三、数据处理方法

声波测井信号处理主要从时域和频域出发,从全波列中对各波形进行识别和分离,提取各波形的速度和幅度等信息,为后续储层的解释评价奠定基础,对于全波列波形,选择合适的时窗长对波形相似程度进行移动处理和对比,从复合波形中分别提取纵波、横波、斯通利波等,进而计算各种波的传播时差,分析声波幅度和能量的变化。

1.反射斯通利波分析方法

1)开窗设计

为了更准确地开窗,引入到时延迟参数WINDDELAY,则第n个接收换能器的开窗时间TT(n)为:

$$TT(n) = TTWAVEDT(n-1) \times d_s + WINDDELAY \quad (4-4-1)$$

式中:TTWAVEDT为地层慢度;d_s为接收换能器间距。

2)幅度计算

进行目的模式波的幅度计算时,首先要保证开窗位置的正确性。开窗的起始位置为，式（4-4-1）确定模式波的到时，开窗长度由输入参数 CWLENGTH 决定。为了考虑所有采样点的幅度的贡献，采用下式来计算窗内波形的幅度：

$$\mathrm{AMP} = \left[\frac{\sum_{i=1}^{M}(\mathrm{Wave\_window}_i)^2}{M} \right]^{\frac{1}{2}} \qquad (4\text{-}4\text{-}2)$$

式中：AMP 为幅度；M 为窗内的采样点数；$\mathrm{Wave\_window}_i$ 为窗内第 i 个采样点的值。

3）衰减计算

通过对不同接收换能器接收的波形的幅度作对数，进行线性拟合来求取波形的衰减。典型的由两道来计算波形衰减的方法由下式给出：

$$\mathrm{ATTU} = \frac{20\lg(\mathrm{AMP}_n / \mathrm{AMP}_m)}{(m-n)d_s} \qquad (4\text{-}4\text{-}3)$$

式中：ATTU 为波形衰减；AMP_n 和 AMP_m 分别为第 n 个和第 m 个接收换能器的幅度。

2. 波场分离

波场分离有很多种处理方法，主要包括中值滤波、radon 变换、$f\text{-}k$ 滤波、高分辨率 radon 变换及速度偏移法。基于偏移叠加加上 $f\text{-}k$ 滤波波场分离方法进行研究，并开发了相应的数据处理模块，为利用斯通利波分析地层反射信息提供工具。

根据波场速度的差异，直达波在深度范围内速度表现为零，上行、下行反射波因其线性同相轴相反，速度上表现为相反。因此，在频率—波数域内不同速度的波形将分布在不同的区域，彼此分开，并且以"能量线团"形式分布。通过设置合理的滤波器就能切掉 $f\text{-}k$ 域内干扰成分，经过反变换就可得到滤波后的波场。

$f\text{-}k$ 变换是将深度—时间域上的波形通过两次傅氏变换，变换到频率—波数域，傅里叶变换的定义如下：

$$\begin{aligned} D(f,k) &= \int_{-\infty}^{+\infty}\int_{-\infty}^{+\infty} d(t,x)\mathrm{e}^{-\mathrm{i}2\pi(ft+kx)}\mathrm{d}t\mathrm{d}x \\ d(t,x) &= \int_{-\infty}^{+\infty}\int_{-\infty}^{+\infty} D(f,k)\mathrm{e}^{\mathrm{i}2\pi(ft+kx)}\mathrm{d}f\mathrm{d}k \end{aligned} \qquad (4\text{-}4\text{-}4)$$

声波测井数据在变换到 $f\text{-}k$ 域之后，由于上行波速度为正，即波数为正，将出现在 $f\text{-}k$ 域内一三象限，下行波速度为负，即波数为负，将出现在 $f\text{-}k$ 域内二四象限，不同相轴波形在 $f\text{-}k$ 域内自动分开。为了防止出现伪门现象和吉普斯现象，$f\text{-}k$ 变换滤波器采取加窗的设计方式消除突变点。常用的 $f\text{-}k$ 域滤波器有象限滤波器（一般的二维滤波器）、倾角滤波器、扇形切割滤波器、扇形保留滤波器等，如图 4-4-9 所示。

象限滤波器如图 4-4-9a 所示，可以对具有反向同相轴的波场进行分离，滤波过程见式（4-4-5），其中滤波函数的特征见式（4-4-6）。

$$D'(f,k) = W(f,k) * D(f,k) \qquad (4\text{-}4\text{-}5)$$

$$W(f,k) = \begin{cases} 0, & f,k \in \text{无效区} \\ 1, & f,k \in \text{有效区} \end{cases} \qquad (4\text{-}4\text{-}6)$$

式中：$D(f,k)$ 为全波数据的频率—波数域变换结果；$D'(f,k)$ 为 $D(f,k)$ 滤波后的结果；$W(f,k)$ 为频率—波数域的滤波器。

如图 4-4-9b 所示，倾角滤波器对波场处在视速度不同的区域内的波进行滤波，同时可以对不同频率范围进行控制，实现精确的速度滤波。如图 4-4-9c、图 4-4-9d 所示，扇形滤波器的滤波范围沿频率成对称分布，可以用于分离不同速度的波，如纵波、横波分离。扇形滤波器分为扇形切割滤波器和扇形保留滤波器，前者对扇形区域进行剔除，后者对扇形区域以外的部分进行剔除，两种剔除方法对波场分离具有不同的效果。

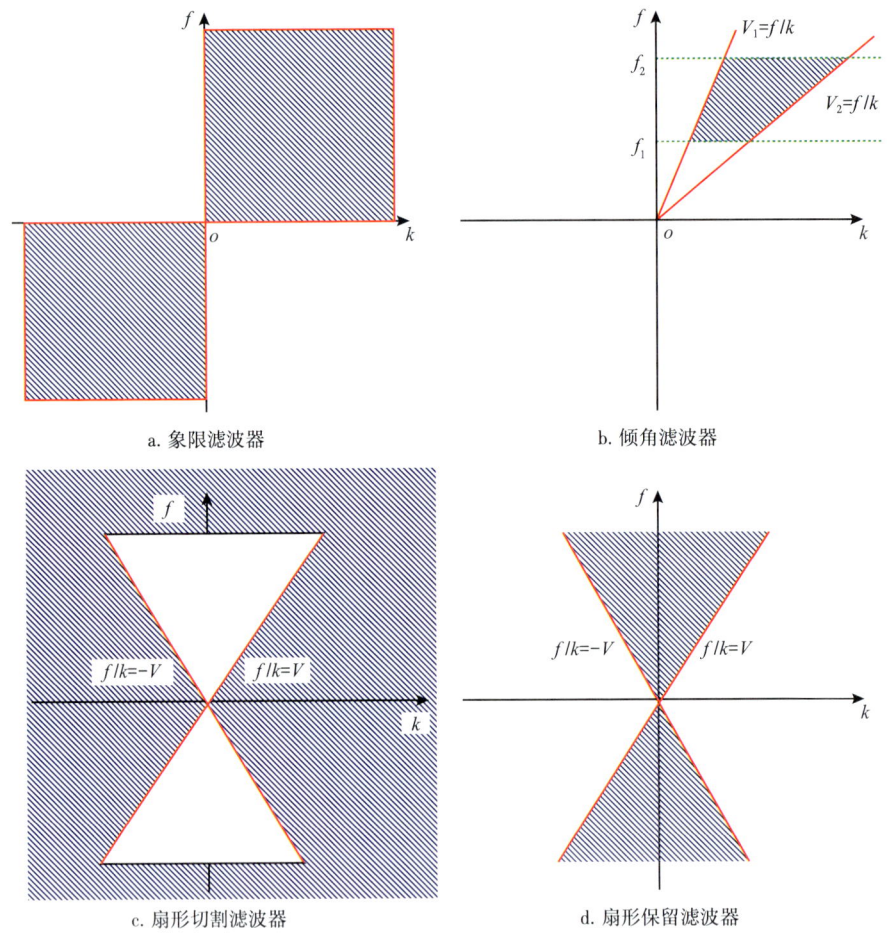

图 4-4-9　不同类型的 $f\text{-}k$ 滤波器

如图 4-4-10 所示，对于不同振型同相轴的波场经过 $f\text{-}k$ 变换后以不同倾斜的线性"能量团"形式分布在 $f\text{-}k$ 域内，同种振型的不同倾斜方向同相轴的波形，经过 $f\text{-}k$ 变换后分布在 $f\text{-}k$ 域内的不同象限内，通过设计不同类型的滤波器就可以得到任意振型任意同相轴方向的波场。

3.渗透率反演

如图 4-4-11 所示，通过建立 Biot 双相介质井孔模型，给予渗透率初值，再利用频散方差求衰减，与实际数据求证的斯通利波衰减相比，当不相等时，修止渗透率返回再次计算，直至相等，得到地层渗透率。

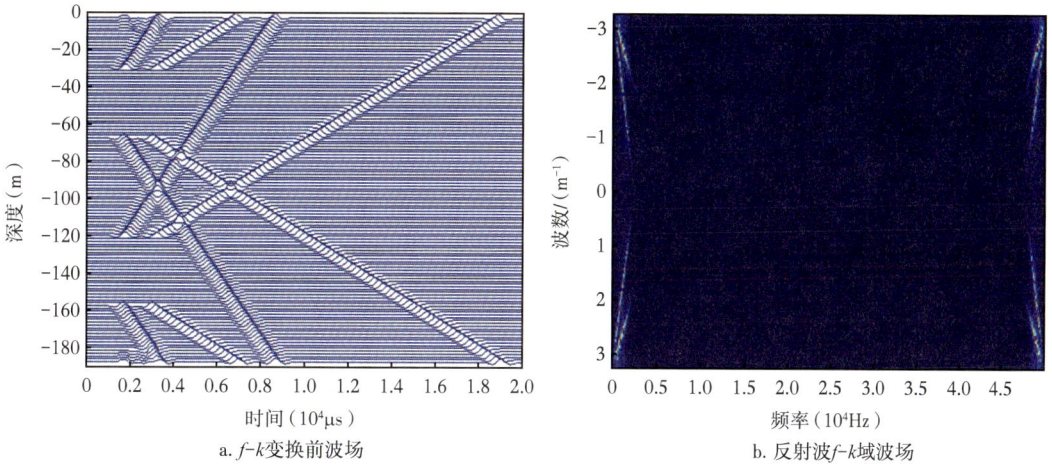

图 4-4-10 波场 f-k 变换效果图

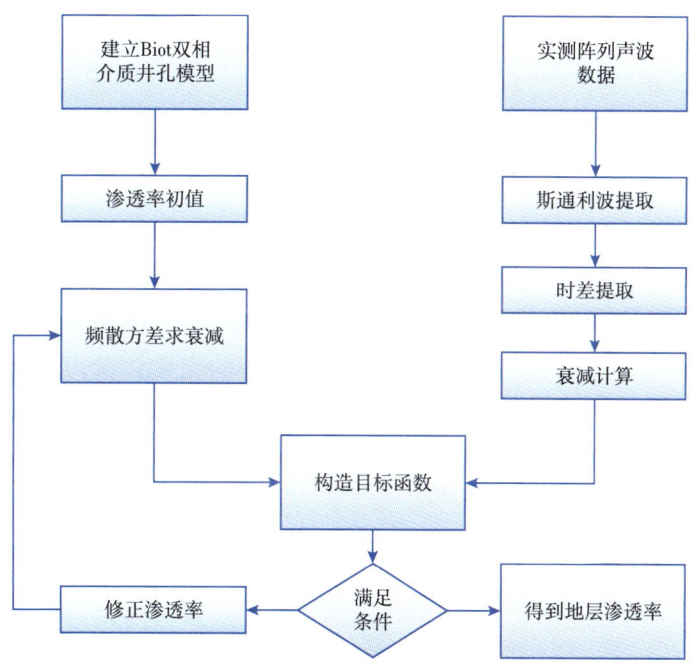

图 4-4-11 渗透率反演流程图

第五章　核测井仪器

核测井也称放射性测井,是核物理学和地球物理学的交叉学科,是利用天然辐射源或人工辐射源实现测井的一类仪器的总称。它是根据岩石及其孔隙流体的核物理性质,研究井地质剖面,勘探石油、天然气、煤及铀等有用矿藏,研究石油地质、油井工程和油田开发的地区物理方法(黄隆基,1985)。其特点是不受井眼介质限制,在裸眼井和套管井中均可测量。核测井仪器大致可以分为自然伽马测井仪器和中子测井仪器。本章主要介绍常规测井仪器,包括利用天然辐射源的自然伽马测井仪和自然伽马能谱测井仪、利用中子源测井的补偿中子测井仪和地层元素测井仪,以及利用伽马源测井的岩性密度测井仪。

第一节　自然伽马测井仪与自然伽马能谱测井仪

岩石中蕴含的天然放射性核素,主要包括铀系、钍系和钾的放射性同位素,这些元素在自然衰变过程中会释放伽马射线,赋予岩石天然的放射性特性。自然伽马测井技术是利用伽马射线探测器测量岩石所释放的总自然伽马射线强度,作为研究井剖面地层性质的重要手段。自然伽马能谱测井则能深入测量地层中天然辐射伽马射线的能谱分布,通过精细的能谱分析,不仅能够精确确定地层中钍(Th)、铀(U)、钾(K)的含量及其放射性总强度,还能基于这些关键参数推断出地层的泥质含量,区分泥岩中的黏土类型并量化其含量,有效判断岩性特征,深入研究沉积环境、识别生油层,并助力寻找储层等地质勘探工作。

一、总体描述

1. 仪器构成

自然伽马测井仪由探测器、高压模块、信号处理板和通信板等组成,如图5-1-1所示,其中晶体和光电倍增管组成仪器探测器,高压模块提供直流高压给光电倍增管,从光电倍增管输出的电脉冲信号经过信号处理板甄别、处理后输出方波脉冲信号,再通过通信板对信号累加成计数,并上传至地面系统。

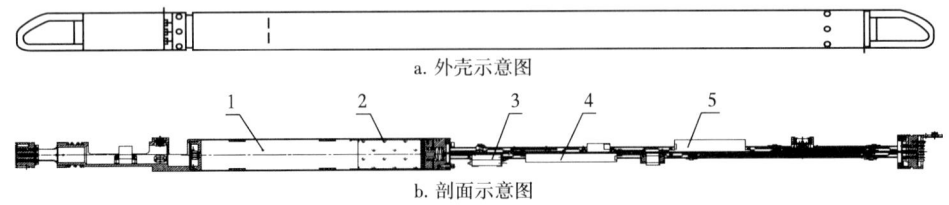

图 5-1-1　自然伽马测井仪结构示意图
1—晶体;2—光电倍增管;3—高压模块;4—信号处理板;5—通信板

自然伽马能谱测井仪的结构与自然伽马测井仪基本一致，根据电路设计自然伽马和自然伽马能谱分别实现计数与能谱采集功能，测量地层不同信息。

2. 工作原理

1）测量的地质基础

岩石的伽马放射性是由岩石中放射性核素的种类及其含量决定。对岩石伽马放射性起决定作用的是铀系、钍系和放射性核素 ^{40}K。习惯称 ^{238}U、^{232}Th、^{40}K。

钾有三个天然同位素，^{39}K、^{40}K 和 ^{41}K。其中 ^{40}K 是一种放射性核素，衰变时能发射能量为 1.46MeV 的 γ 射线。

铀有三个天然同位素，即 ^{238}U、^{235}U 和 ^{234}U，其丰度分别为 99.27%、0.01% 和 0.72%。^{238}U 是铀系的起始核素，^{234}U 是铀系中的一个子体。^{235}U 是锕铀系的起始核素，对岩石天然放射性贡献可忽略。铀系能发射多种能量的 γ 射线，其中 1.74MeV 的 γ 射线最易识别。

钍有六个同位素，但 ^{232}Th 的丰度几乎为 100%。钍系主要 γ 辐射体是 ^{208}Tl，特征 γ 射线的能量是 2.62MeV。

岩石自然放射性：岩浆岩＞变质岩＞沉积岩。岩浆岩：有许多放射性矿物，如长石、云母中的钾，角闪石、辉石也有较高放射性，碱性岩、锆石、独居石等放射性最强；变质岩放射性取决于母岩放射性，若为岩浆岩其放射性较强，沉积岩则次之。

沉积岩自然放射性：分高、中、低三种类型，一般不高；除钾盐层外，自然放射性强弱与岩石中泥质含量关系密切。岩石泥质含量越大、比表面积增加，易吸附放射性元素的离子或与放射性元素接触和进行离子交换，故泥质偏高的岩石有较强的自然放射性。常见岩石放射性强弱见表 5-1-1。

表 5-1-1 常见岩石放射性

放射性强弱	特征
高放射性	泥质砂岩、砂质泥岩、泥岩、深海泥岩、钾盐层等，GR 读数为 100 API 以上 深海泥岩和钾盐层，GR 测井读数在所有沉积岩中最高
中放射性	砂岩、石灰岩和白云岩，GR 读数 50~100 API 之间
低放射性	岩盐、煤层和硬石膏，GR 为 50 API 以下，硬石膏最低，在 10 API 以下

石油测井主要研究对象是沉积岩，其次是岩浆岩。沉积岩中所含的三种核素，是在沉积过程中，由含放射性物质的母岩（主要是酸性火成岩）运移而来，成岩以后，又因构造运动、地质环境变迁，使岩石中的发散性核素再度富集或分散。所以，沉积岩中的放射性特征，与沉积环境、地质构造特点密切相关。三种放射性核素容易被地层中的细微颗粒吸附，地层中的泥质含量越高，含的放射性物质就越多。但是铀常例外，因为它的化学性质活泼，在特定的地质环境下，或是以离子态溶解于水中，或是富集于沥青及有机岩中，而泥岩中则含量较少。以常规沉积岩为主要对象的石油测井，泥岩为常见的高放射性地层，但是这也只是相对的，泥岩的铀、钍、钾含量还是很低的，如美国大陆泥岩岩性分析的统计平均值表明，铀含量 $6×10^{-6}g/g$，钍含量为 $1.2×10^{-6}g/g$，钾含量为 $2×10^{-2}g/g$，我国一些地区的统计值也基本如此。

2）自然伽马测量原理

自然伽马测井仪通过探测器（通常由闪烁晶体和光电倍增管组成）来探测地层中发出的伽马射线。闪烁晶体将伽马射线转换成光脉冲信号，然后光电倍增管将光脉冲信号转换成电信号。电信号经过脉冲幅度鉴别器、分频器、整形器等电路处理后，得到伽马射线的计数率（通常以每秒计数率，即cps来表示）。计数率反映了伽马射线的强度，而伽马射线的强度又与地层中的放射性元素含量直接相关。通过测量不同井段的伽马射线计数率，可以识别出地层中放射性元素的含量及其分布，进而进行岩性识别。

3）自然伽马能谱测量原理

自然伽马能谱测井仪，在测量地层自然伽马射线总水平的同时，对自然伽马射线进行谱分析，即对自然伽马射线的能量进行分析。选定与主要放射性同位素 ^{40}K、^{238}U、^{252}Th 相关，能量为1.46MeV、1.76MeV、2.62MeV的伽马射线谱段分别作记录，运用数学方法，求出地层中钾、铀、钍的含量，从而确定地层放射性类型和数量。

4）稳谱方法

自然伽马能谱测井仪的工作性能都要受到温度的不利影响，使得伽马射线能量和脉冲幅度之间的对应关系发生变化，导致测量能谱的漂移，使得测量结果不可信，无法从测量谱中求得正确的U、Th、K的含量，因此在能谱测量中必须克服能谱漂移，方法之一就是采用稳谱技术来自动维持谱的稳定性（稳谱）。

3. 主要技术指标

国内外几种自然伽马测井仪器的技术指标对比见表5-1-2。

表5-1-2 国内外自然伽马测井仪器技术指标对比

指标	CPLog	LogIQ	ECLIPS-5700
最大外径（mm）	90	92	92
长度（m）	1.58	2.19	2.23
耐温（℃）	175	175	175
耐压（MPa）	140	140	140
测量范围（API）	0~1500	0~2000	0~1500
测量精度	±5%（GR为180API时）	±5%	±5%
重复性	±5%（GR为180API时）	±5%	±5%

国内外自然伽马能谱测井仪器的技术指标对比见表5-1-3。

表5-1-3 自然伽马能谱测井仪器技术指标对比

指标	中油测井	斯伦贝谢公司			Log IQ	ECLIPS-5700
	SNGR	HNGS	NGS	TBSG	CSNG	1329
外径（mm）	102.0	95.3	92.1	54.0	92.1	92.1
长度（mm）	2065	3570	2620	1780	2490	2667
耐温（℃）	175	260	150	175	177	177

续表

指标		中油测井	斯伦贝谢公司			Log IQ	ECLIPS-5700
		SNGR	HNGS	NGS	TBSG	CSNG	1329
耐压（MPa）		140	172	138	140	120	140
探测器类型		NaI	BGO	NaI	NaI	NaI	CsI
探测器组数		1	2	1	2	1	1
稳谱源		^{241}Am	^{22}Na	^{241}Am	—	^{241}Am	—
测井速度（m/h）		360	549	549	549	300	540
测量精度	GR	5%				相对误差5%	相对误差4%
	Th	2μg/g	相对误差2%	3.2μg/g	3.2μg/g		
	U	2μg/g	相对误差2%	2.3μg/g	1μg/g		
	K	0.5%（质量分数）	0.5%（质量分数）	0.4%（质量分数）	0.5%（质量分数）		
重复误差	GR	5%	5%	5%	5%	5%	5%
	Th	1.5μg/g	±1.5μg/g	1.5μg/g	存储测井	相对误差3%	12μg/g±1.03μg/g
	U	0.9μg/g	±0.9μg/g	0.9μg/g	存储测井		6μg/g±0.51μg/g
	K	0.5%（质量分数）	0.5%（质量分数）	0.25%（质量分数）	存储测井		2%±0.15%（质量分数）

二、主要功能模块

测井时，外围电源电路为仪器整体供电，闪烁晶体把地层伽马射线转变成脉冲信号，再由光学硅油耦合到光电倍增管的光阴极转换为光电子，经光电倍增管放大后输负电压脉冲，经幅度鉴别、分频、整形、功放，然后输出至CAN板传输至地面。

1. 探测器结构

自然伽马和自然伽马能谱探测器均包含光电倍增管和晶体两个模块。仪器采用的闪烁探测器是利用荧光物质的闪烁现象记录核辐射的装置，既能探测射线的强度，又能探测射线的能量，而且效率高、分辨时间短。闪烁探测器碘化钠晶体是无色透明的无机晶体，它的作用是把伽马射线的能量转换成荧光。光电倍增管的作用是把荧光转换成电脉冲，光电倍增管主要由光阴极、打拿极、阳极组成，阳极接正高压，并通过分压电阻使各打拿极之间的电压为100~150V。荧光光子穿过界面和玻璃外壳，打在光电管阴极上能产生电子，电子在电场作用下飞向第一极，当被加速的电子射到第一极上时可打出较多的次生电子，次生电子在极间电场作用下，不断飞向下一极，因而打出的电子越来越多，阳极的作用是收集最后一个打拿极所放出的次生电子，从而形成阳极电流，并在负载电阻上产生压降输出。晶体与光电倍增管在使用时必须置于绝对黑暗之中，以防止外界光线的干扰。

2. 电路系统

1）自然伽马测井仪

（1）电源。

电源部分提供给整支仪器稳定的 ±12VDC 低压电源，高压模块为光电倍增管提供工作电源，具有耐高温、低噪声、高可靠等特点。由 ±12V 直流电压供电，输出高压不大于 3000V，电源纹波不大于 40mV。实际工作电压由光电倍增管的坪曲线决定。

（2）伽马信号处理板。

伽马信号处理板的功能是对光电倍增管的输出信号进行整形、放大、鉴别、分频等处理，形成方波，供 CAN 接口电路进行积分计数。该电路分为前放电路和鉴别分频电路两部分。

在前放电路中，由碘化钠晶体和光电倍增管组成的探测器，将接收到的伽马射线转换成电脉冲。

伽马信号处理电路核心器件是一块高温混合厚膜电路，它集跟随、鉴别、分频、整形为一体，伽马射线转换成电脉冲的信号经厚膜电路后，输出信号为幅度 +10V、脉宽 35~40μs 的方波。此信号直接传输到 CAN 板接口，再传送到地面。

（3）探测器坪。

探测器的坪主要是由仪器的鉴别阈与放大倍数、温度及探测器的性能来确定的，不同的鉴别阈和放大倍数坪曲线也是不同的，鉴别阈选得小时，或放大倍数过大时，光电倍增管噪声提早被记录，坪长缩短。鉴别阈选得过大，或放大倍数过小时，都使坪区往后移，有时候往往使光电倍增管工作电压过高，其高压电源不能满足要求，或对仪器高压的绝缘提出更高的要求。所以仪器的放大倍数与鉴别阈值必须根据仪器的实际条件和光电倍增管的性能合理选择。

伽马仪器探测器的常温坪长在 200V 左右，高温（155~175°C）坪长在 100V 左右，坪斜在 3% 左右。

2）自然伽马能谱测井仪

如图 5-1-2 所示，自然伽马能谱测井仪电路，主要包括低压电源电路（IFP）、高压电路（HV）、前置放大电路（Pre_AMP）和能谱采集与处理电路（GSA），其中 GSA 电

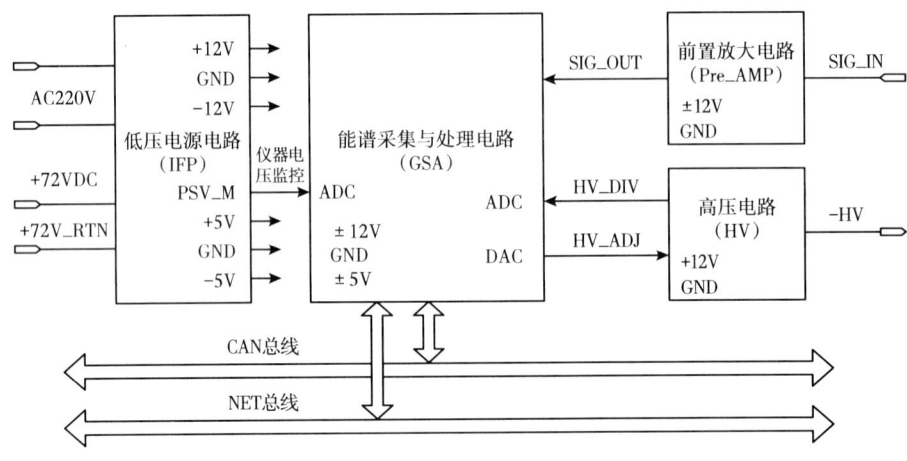

图 5-1-2 自然伽马能谱测井仪电路示意图

路实现能谱采集、稳谱、通信、本机数据存储等功能，IFP 为整支仪器提供电源，高压电路（HV）为探测器中的光电倍增管提供高压。

（1）前置放大电路。

如图 5-1-3 所示，前置放大电路收集并放大来自光电倍增管的信号（SIG_IN），经过阻抗匹配后，输出一个正脉冲 SIG_OUT。

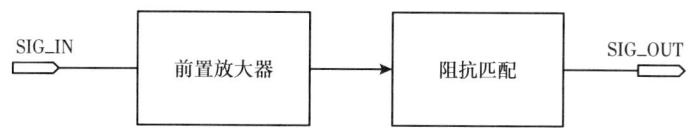

图 5-1-3　前置放大电路示意图

（2）能谱采集与处理电路。

图 5-1-4 所示为能谱采集与处理电路（GSA）框图，采用可编程极点/零点网络、数字化脉冲信号处理技术，实现 256 道脉冲幅度的高保真测量，为稳谱和解谱奠定基础。

通过可编程极点/零点网络，以及两级低通滤波电路构成了滤波成形电路，将信号补偿为准高斯形态，经过信号放大后得到 GR 谱（用于解谱），谱信号再次放大后得到 Am 谱（用于稳谱）。

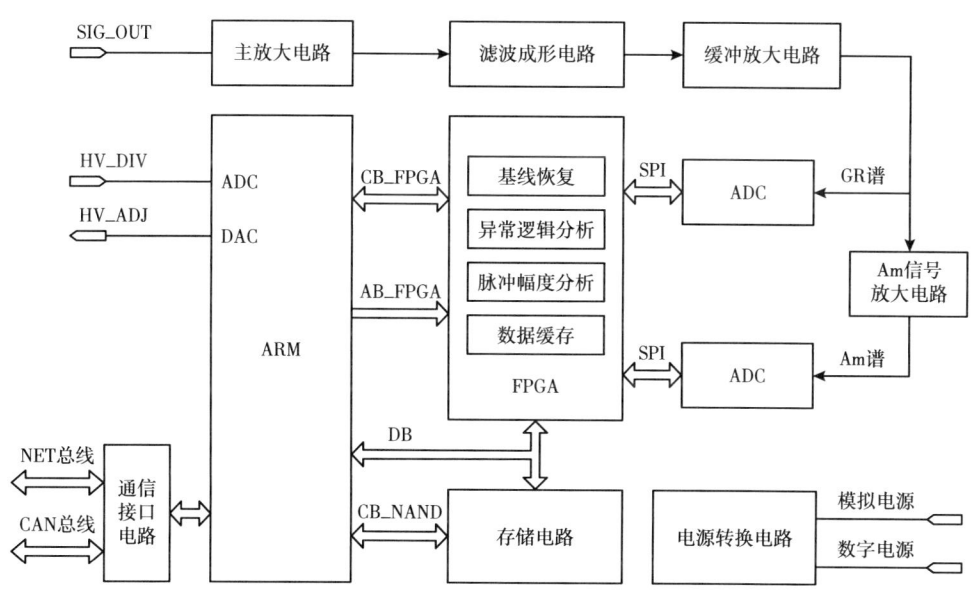

图 5-1-4　能谱采集与处理电路示意图

GR 谱和 Am 谱经过 16 位高速 ADC 模数转换，输入 FPGA 实现数字化脉冲信号处理，主要是进行基线恢复、脉冲幅度分析、数据缓存。

ARM 作为能谱采集与处理的核心，承担自然伽马能谱测井仪与遥传的通信、高压监控与调整、极零点调整输出、存储数据读取等功能。存储电路实现本机数据存储。

（3）低压电源电路。

如图 5-1-5 所示，低压电源电路主要由 AC-DC 电源模块、DC-DC 电源模块和输出电源滤波电路构成。电源模块基于开关电源原理，进行 AC-DC 变换、DC-DC 变换，

将输入电源转换为 +12V、-12V、+5V、-5V 低压直流电源。

低压电源电路为整支仪器提供电源，可以输入交流电 220VAC，也可以输入直流电 72VDC，交流电和直流电的接入缆芯不同。

低压电源电路的输出电源包括 ±5V、±12V 高精度、低纹波的直流电源，输出功率达到 10 W。IFP 还监控仪器电源电压。

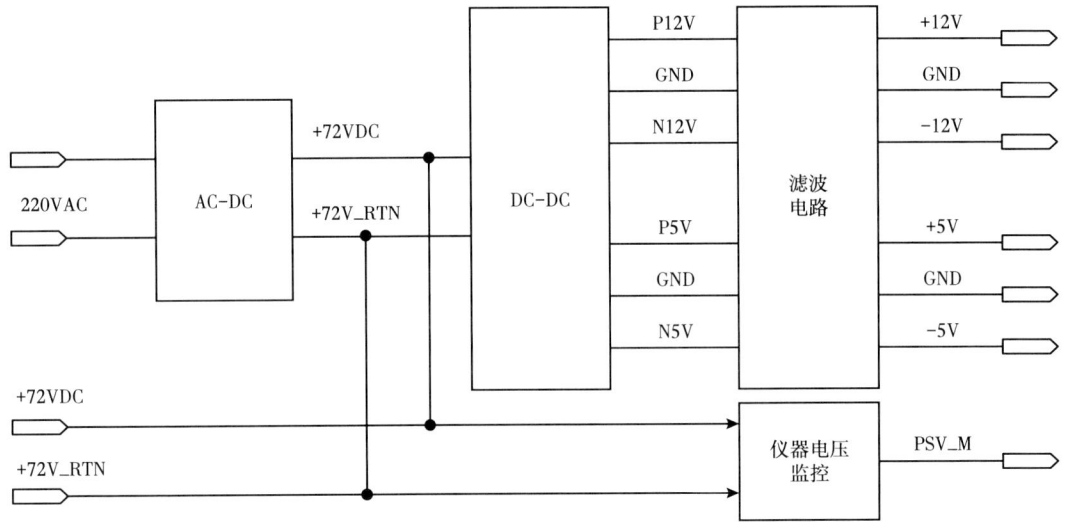

图 5-1-5　低压电源电路示意图

（4）高压电路。

高压电路产生 1000V 以上的负高压（-HV），为伽马探测器中的光电倍增管提供工作电压。

如图 5-1-6 所示，高压电源模块为定制的集成 DC-DC 模块，在高压控制信号 HV_ADJ 的作用下，产生 0~2400V 范围内的负高压 HV_OUT，经过高压电源滤波电路处理后，向光电倍增管输出高压（-HV）。高压电源滤波电路还对输入的 +12V 电源进行滤波处理，为高压电源模块提供工作电源 HV_12V，而且该电路还向 GSA 电路输出 HV_DIV，用于测量高压电路输出高压的值。

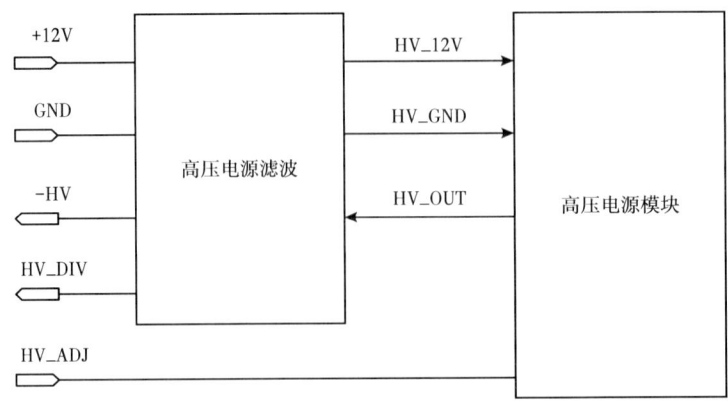

图 5-1-6　高压电源（HV）示意图

三、数据处理方法

1. 自然伽马测井仪

伽马射线探测器通常包含一个闪烁计数器类型的探测器。这种类型的探测器比以前用于老仪器的盖革计数器效率更高。它的尺寸更短,可以有更好的垂直分辨率。探测器记录所有由地层发出、高于某个实际能量下限的伽马射线(大约100keV)。

假设一个无限均匀的介质,每单位体积包含 n 个伽马射线的放射源,每个放射源的发射速率为每秒1个伽马射线。在距离探测器 r 处,厚度为 $\mathrm{d}r$ 的球壳对总计数率的贡献与该体积的通量 $\mathrm{d}\psi$ 成正比。该通量是伽马射线发射器数量 n 乘以探测器路径长度 r 上的衰减的函数:

$$\mathrm{d}\psi = n \cdot 4\pi r^2 \mathrm{d}r \left(\frac{\mathrm{e}^{-\mu\rho_\mathrm{b} r}}{4\pi r^2} \right) \tag{5-1-1}$$

总通量 ψ 等于:

$$\psi = n \int_0^{+\infty} \mathrm{e}^{-\mu\rho_\mathrm{b} r} \mathrm{d}r = n \frac{1}{\mu\rho_\mathrm{b}} \tag{5-1-2}$$

式中:ρ_b 为地层的体积密度;μ 为质量吸收系数。

对于所有 Z/A 接近 $1/2$ 的岩石或矿物,μ 大致相同。因此总计数率是 n/ρ_b 的直接量度,对应于放射性元素的质量分比。该工具的响应是岩石中放射性矿物的质量浓度和岩石密度的函数:

$$\mathrm{GR} = (\rho V/\rho_\mathrm{b})A \tag{5-1-3}$$

式中:GR 为总可测量的伽马辐射;ρ 为放射性矿物或元素的密度;V 为体积百分比;A 为比例常数,表征矿物或元素的放射性。

一定体积分数的放射性矿物,在致密岩石中比在较轻岩石中存在的相同分数有更低的辐射计数。这在一定程度上是由于地层对伽马射线的吸收随着其密度的增加而增加引起的。

当存在几种放射性矿物时,具有不同的密度和放射性,式(5-1-2)变为:

$$\mathrm{GR} = \frac{\rho_1 V_1}{\rho_\mathrm{b}} A_1 + \frac{\rho_2 V_2}{\rho_\mathrm{b}} A_2 + \cdots + \frac{\rho_n V_n}{\rho_\mathrm{b}} A_n \tag{5-1-4}$$

式中:$\rho_1 A_1/\rho_\mathrm{b}$ 为矿物1的质量密度,以此类推;A_1 为矿物1的比例常数,以此类推。

伽马射线响应 GR 必须通过乘以 ρ_b 来"归一化",有:

$$\mathrm{GR} = B_1 V_1 + B_2 V_2 + \cdots + B_n V_n \tag{5-1-5}$$

其中:

$$B_1 = \frac{\rho_1 A_1}{\rho_\mathrm{b}}, \quad B_2 = \frac{\rho_2 A_2}{\rho_\mathrm{b}}, \quad \cdots$$

式中:B_1,B_2,$\cdots$ 为给定的矿物类型是常数。

如果 GR 响应与 ρ_b 中的钾含量有关,则其 GR 响应通过取乘积 $\rho_\mathrm{b}\mathrm{GR}$($\rho_\mathrm{b}$ 可以从密

度测井中获得）和根据含钾矿物的密度计算的 B 及其从化学式中确定的钾质量比例来归一化。

在距离钻孔壁 x 处的地层中产生的任何伽马射线通量必须穿过厚度为 x、密度为 ρ_b 的地层、厚度为 h、填充钻井液密度为 ρ_m 的井眼，然后才能到达探测器。自然伽马测井仪直接记录的是计数率，而刻度后的标准化输出是以 API 为标准单位的伽马射线强度，可表示为：

$$\mathrm{GR} = \frac{n}{S} \tag{5-1-6}$$

$$S = \frac{n_\mathrm{h} - n_\mathrm{l}}{\mathrm{GR}_\mathrm{std}} \tag{5-1-7}$$

式中：n_h，n_l 分别为在基准井强放射性和弱放射性地层中点测得的计数率；GR_std 为基准井的 API 标称值；S 为仪器的灵敏度。

2. 自然伽马能谱测井仪

铀、钍、钾三种放射性同位素，在衰变时发射的伽马射线具有不同的能量特征。当用 NaI（Tl）晶体探测伽马射线能谱时，伽马射线与物质的三种作用产生次级电子的能量不同，因此即使是单能伽马光子，其脉冲幅度仍有一个很宽的分布。实际能谱曲线是连续的（图 5-1-7）。

能谱曲线中较易识别的是铀系中 ^{214}Bi 发射的 1.76MeV 伽马射线，钍系中 ^{208}Tl 发射的 2.62MeV 伽马射线，^{40}K 发射的 1.46MeV 伽马射线。

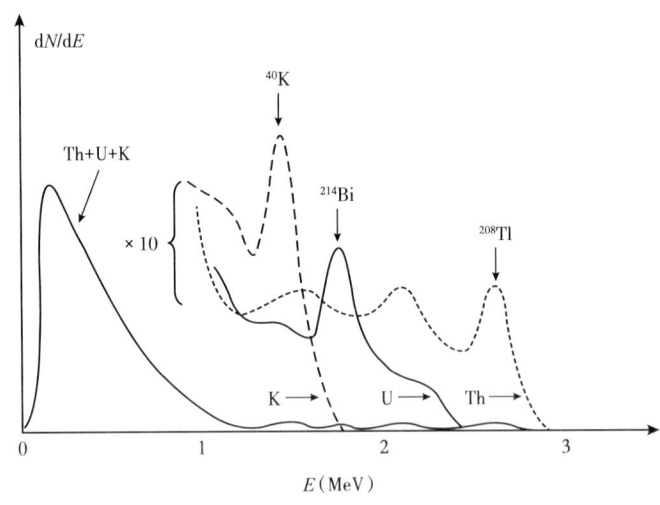

图 5-1-7　铀、钍、钾的能谱图（NaI 晶体探测器）（据 Serra et al.，1980）

自然伽马能谱测井仪将单位时间内测得的自然伽马射线，按照 0~3MeV 能量范围等间隔分成 256 道，分别计数，放置在对应的道址，形成 256 道自然伽马能谱，上传至地面系统，经过处理得到地层 Th、U、K 的含量。

由于自然伽马能谱测井仪的计数率极低，测量精度就成为十分突出的问题，为了提高铀、钍、钾的测量精度，首先是采用高密度晶体或大尺寸晶体提高计数率，其次是加强能谱处理算法的效能,包括:能谱预处理、能谱解析、元素含量曲线滤波、环境校正。下面主要介绍能谱解析方法。

自然伽马能谱测井仪解析(解谱)的目的是从测得的能谱中求取地层 Th、U、K 的含量。仪器所测的地层自然伽马能可以看作是 Th、U、K 三种元素标准谱的线性组合:

$$N = AY \tag{5-1-8}$$

式中:N 为每个道址的计数率,即测量列向量;A 为响应系数矩阵;Y 为三种元素的含量列向量。

在实际的测井中,服从放射性统计规律,且探测器和电路还存在一定的误差,有:

$$N = AY + E \tag{5-1-9}$$

式中:E 为误差列向量。

自然伽马能谱解谱就是求解式(5-1-9),主要有四种方法:逐次差引法、逆矩阵法、最小二乘逆矩阵法、加权最小二乘逆矩阵法,目前最常用的就是后两种。

1)最小二乘逆矩阵

将采集的 256 道自然伽马能谱,在一定的能量范围选择 5 个能窗,按能量增高的顺序标为 W_1、W_2、W_3、W_4、W_5,对应能窗的计数率分别为 N_1、N_2、N_3、N_4、N_5,则式(5-1-10)中的向量 $N = (N_1, N_2, N_3, N_4, N_5)^T$;向量 $Y = (Th, U, K)^T = (y_1, y_2, y_3)^T$;向量 $E = (\varepsilon_1, \varepsilon_2, \varepsilon_3, \varepsilon_4, \varepsilon_5)^T$;$A$ 为 5×3 阶矩阵,其元素如下:

$$A = \begin{Bmatrix} a_1 & b_1 & c_1 \\ a_2 & b_2 & c_2 \\ a_3 & b_3 & c_3 \\ a_4 & b_4 & c_4 \\ a_5 & b_5 & c_5 \end{Bmatrix} \tag{5-1-10}$$

采用最小二乘逆矩阵法解谱,使误差 ε_i 的平方和最小而求得元素含量的最可几值。为此,令:

$$R = \sum_{i=1}^{5} \varepsilon_i^2 = \sum_{i=1}^{5} \left(N_i - \sum_{j=1}^{3} a_{ij} x_j \right)^2 \tag{5-1-11}$$

R 对 x_j 的偏导数等于零,可得矩阵方程:

$$A^T A X = A^T C \tag{5-1-12}$$

式(5-1-13)称为正规方程,A^T 为 A 的转置矩阵,求解式(5-1-12)可得:

$$Y = (A^T A)^{-1} A^T N \tag{5-1-13}$$

通过式(5-1-13),实现测井实时求取地层 Th、U、K 的含量(任爱阁,2007)。

2)加权最小二乘逆矩阵法

在最小二乘逆矩阵方法中,假定了各能窗观测值的方差是相同的,即进行了等精度观测。实际上，能谱曲线中低能窗的计数率比高能窗的计数率高得多，统计精度相差很大。为提高非等精度观测值的处理精度，需要用加权最小二乘逆矩阵法。这一方法的基本思想是使每个能窗计数率权重误差平方和趋于最小，以求取测量的最优值。此时在式（5-1-11）式中，加入权重因子 W_i，并令：

$$R = \sum_{i=1}^{5} W_i \varepsilon_i^2 = \sum_{i=1}^{5} W_i \left(N_i - \sum_{j=1}^{3} a_{ij} x_j \right)^2 \tag{5-1-14}$$

式中：W 为对角权重系数矩阵，其第 i 个对角矩阵元素为 W_i。

式（5-1-14）中的 R 对 x_j 的偏导数等于零，可得矩阵方程：

$$A^T W A Y = A^T W N \tag{5-1-15}$$

由式（5-1-15）可得：

$$Y = \left(A^T W A \right)^{-1} A^T W N \tag{5-1-16}$$

式（5-1-16）中 A 通过刻度井一级刻度得到。利用式（5-1-16）实现基于加权最小二乘逆矩阵法的实时求取地层 Th、U、K 的含量（任爱阁，2007）。

四、仪器刻度

1. 刻度原理

1）自然伽马测井仪

伽马辐射的 API 单位，对应于在美国休斯敦大学的一个标准刻度井中，两个参考地层伽马射线活度测量值之差的 1/200。刻度井由三个区域组成，两个是低活性区域，一个是高活性区域。使用钍、铀和钾的混合物，以获得这些不同区域的伽马放射性。

在国内，自然伽马测井仪器在全国统一的模型标准刻度井上进行的刻度叫作一级刻度。在高放射性地层和低放射性地层中测得的读数差定为某个 API 单位，作为标准刻度。各油田或科研院所及相关单位也可建造自己的刻度井，刻度单位可由一级刻度井传递过去。自然伽马仪器刻度使用单点刻度，野外作业的时候可以用经过由刻度井传递过的标准伽马源作为三级刻度器。自然伽马用 API 表示其刻度或测井值。

$$\text{高放层 API} - \text{低放层 API} = K \times (\text{高放层计数率} - \text{低放层计数率}) \tag{5-1-17}$$

式中：K 为仪器的刻度系数。

由于探测器晶体可能会受到水合的缓慢影响，伽马射线工具的特性会随时间而变化。需要进行二次校准和现场校准。现场校准是通过携带小型放射源的便携式刻度器实现的。

2）自然伽马能谱测井仪

自然伽马能谱测井仪的刻度有两次内容，即能量刻度和系数矩阵刻度。能量刻度的目的是建立测量能谱的道址与伽马射线能量的线性关系，是仪器的出厂刻度，仪器在更换探测器后，均要对仪器进行能量刻度。按照能谱道址与伽马能量的线性关系有：

$$E=Kn+B \quad (5-1-18)$$

式中：E 为能量，keV；n 为道址，无量纲；K 为乘因子，keV；B 为截距，keV。

刻度时，仪器对每个模拟地层测量（探测器晶体的中心与模拟地层中心重合），得到 N，而各模拟地层的钾、铀、钍的含量已知，根据式（5-1-14）（采用最小二乘逆矩阵法解谱）或式（5-1-16）（采用加权最小二乘逆矩阵法解谱），可以计算出响应系数矩阵 A。

2. 一级刻度

1）自然伽马测井仪

刻度流程如下。

（1）将仪器连接起来通电预热 30min。

（2）低放层测量：将仪器按规定方位偏心下到标准井、刻度井低放层中点，测量时间 300s，得到"低放层计数率"。

（3）高放层测量：将仪器按规定方位偏心下到标准井、刻度井高放层中点，测量时间 300s，得到"高放层计数率"。

（4）仪器刻度系数计算：将（高放层－低放层＝207.45 API）代入式（5-1-17）即可求得仪器的刻度系数。

一级刻度也称为工厂刻度，一般为仪器出厂前完成标定。

2）自然伽马能谱测井仪

刻度流程如下。

（1）刻度准备。仪器与遥传、地面连接，启动地面系统并上电检查，仪器通信正常，刻度现场 20m 范围内不允许有其他放射源。

（2）本底测量。将仪器下入水井（直径不小于 3m），探测器中点距离地面至少 3m，上电并预热 30min。刻度时间累计 600s，至刻度时间完成，保存本底刻度谱。

（3）刻度井测量。仪器串断电，将仪器串由水井取出，并下入刻度井，上电并预热 30min，进行刻度井测量。将仪器外壳的刻度线与地层铀层的中心深度（探测器的中心线）对齐。刻度时间累计 600s，至刻度时间完成，保存刻度井铀层的刻度谱。调整仪器位置，将仪器刻度线对准模拟地层钍层的中心深度，刻度时间累计 600s，至刻度时间完成，保存刻度井钍层的刻度谱。再次调整仪器位置，将仪器刻度线对准模拟地层钾层的中心深度，刻度时间累计 600s，至刻度时间完成，保存刻度井钾层的刻度谱。

（4）数据处理。读取本底测量和三个放射地层的测量能谱数据，计算出响应系数矩阵 A。

3. 二级刻度

刻度流程如下。

（1）将自然伽马测井仪器放置在高度大于 1m 的木架上，周围不能有放射源或高放射性物质，仪器电预热 30min。

（2）本底测量。在上述自然条件下测量 300s，得到"本底计数率"。

（3）刻度器测量。在自然伽马测井仪器测量点（探测器外）加装伽马刻度器，刻度器中心点对其仪器测量点，测量300s，得到"刻度器计数率"。

（4）刻度器刻度系数计算。

利用公式：

$$\text{刻度器 API} = G_c \times (\text{刻度器计数率} - \text{本底计数率}) \quad (5-1-19)$$

求出刻度器刻度系数 G_c。其中刻度器 API 值通过标准仪器由一级刻度井完成传递。

（5）测量误差计算：设刻度器标称系数为 G_s，利用公式：

$$U = (G_c - G_s)/G_s \times 100\% \quad (5-1-20)$$

求出测量误差 U，最大允许范围 ±3%。

二级刻度也称为车间刻度，一般仪器出厂后，仪器使用过程中，定期对仪器完成标定。

4. 三级刻度

三级刻度包括测前校验和测后校验，三级刻度与二级刻度的步骤类似，其计算是二级刻度的逆过程，由 G_c 求出刻度器的 API 值，其测前、测后误差最大允许范围 ±5%，否则应检修仪器。

五、典型案例

在沉积岩中，页岩是最常见的放射性岩石（忽略钾盐），辐射主要来自黏土部分。为了得到合理的近似值，可以认为 GR 水平与泥质含量相关。首先用自然伽马相对幅度的变化计算泥质含量指数 I_{GR}：

$$I_{GR} = \frac{\text{GR}_{目的} - \text{GR}_{min}}{\text{GR}_{max} - \text{GR}_{min}} \quad (5-1-21)$$

式中：$\text{GR}_{目的}$ 为目的层自然伽马幅度；GR_{max}，GR_{min} 分别为纯泥岩、纯砂岩的自然伽马幅度。

I_{GR} 通常变化范围 0~1，用下式将 I_{GR} 转化为泥质含量 V_{sh}：

$$V_{sh} = \frac{2^{G \cdot I_{GR}} - 1}{2^G - 1} \quad (5-1-22)$$

式中：G 为希尔齐指数，可根据实验室取心分析资料确定。

GR 反映可能包括来自页岩以外的来源的放射性，如来自化学上未成熟砂岩中经常存在的正长石、微斜长岩或云母，或来自锆石和独居石等重放射性矿物的放射性。自然伽马测井能够定量评价地层泥质含量，如图 5-1-8 所示，×井岩性主要为砂泥岩，对比自然伽马测井与元素测井测量的黏土矿物含量，自然伽马值与伊利石黏土含量存在明显的相关性。

自然伽马能谱测井仪通过记录不同能量范围的自然伽马射线，可以确定地层中铀、钍、钾的含量。这些放射性同位素在衰变过程中释放伽马射线，其能量和强度是特定的，可以被仪器准确测量。这种方法可以准确地确定储层泥质含量，为油气勘探提供重要数据。如图 5-1-9 所示，去铀伽马曲线与泥岩曲线的相关性优于自然伽马曲线及三条铀、钍、钾与泥岩曲线的相关性。

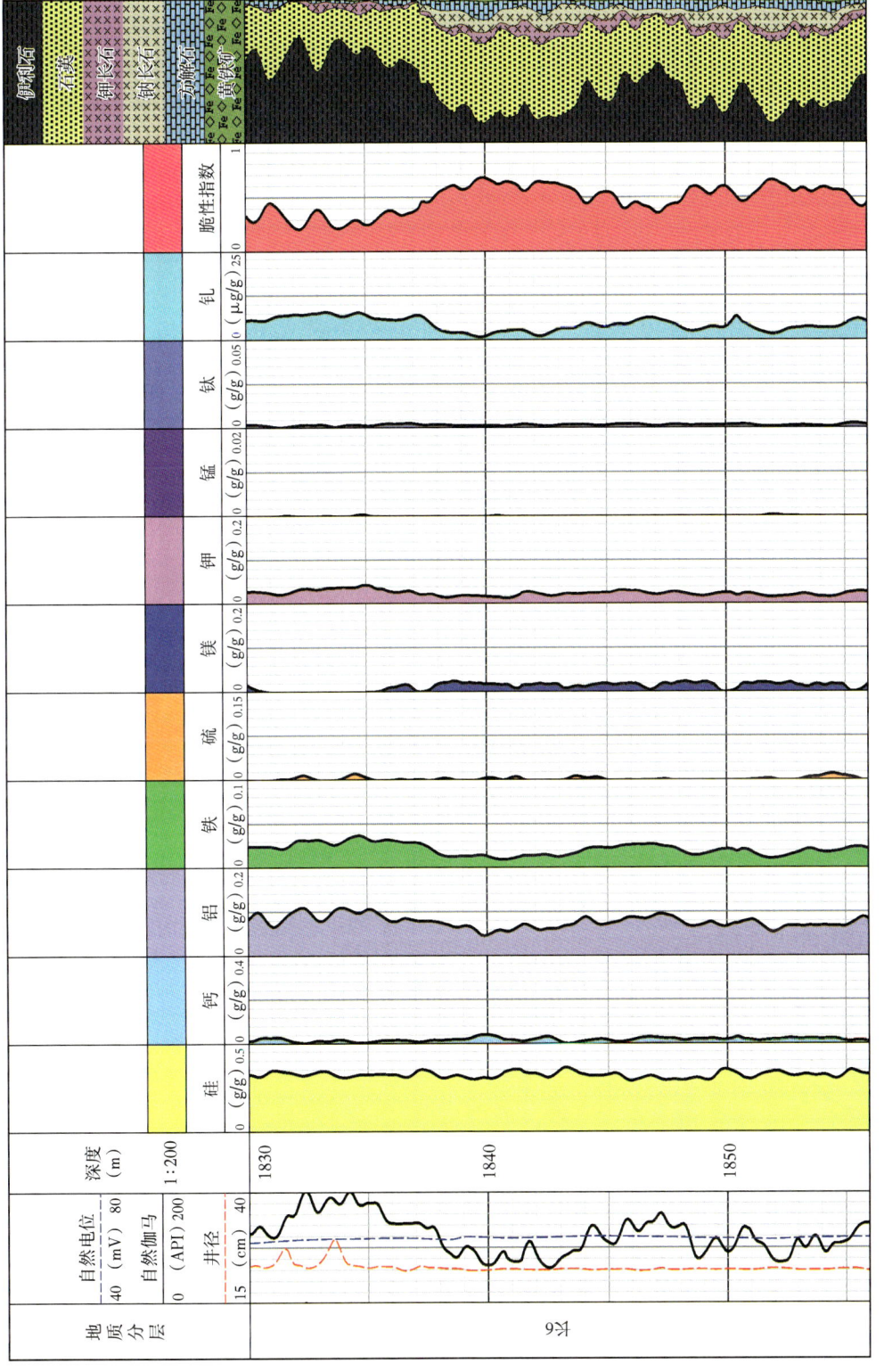

图5-1-8 自然伽马与黏土矿物相关性曲线图

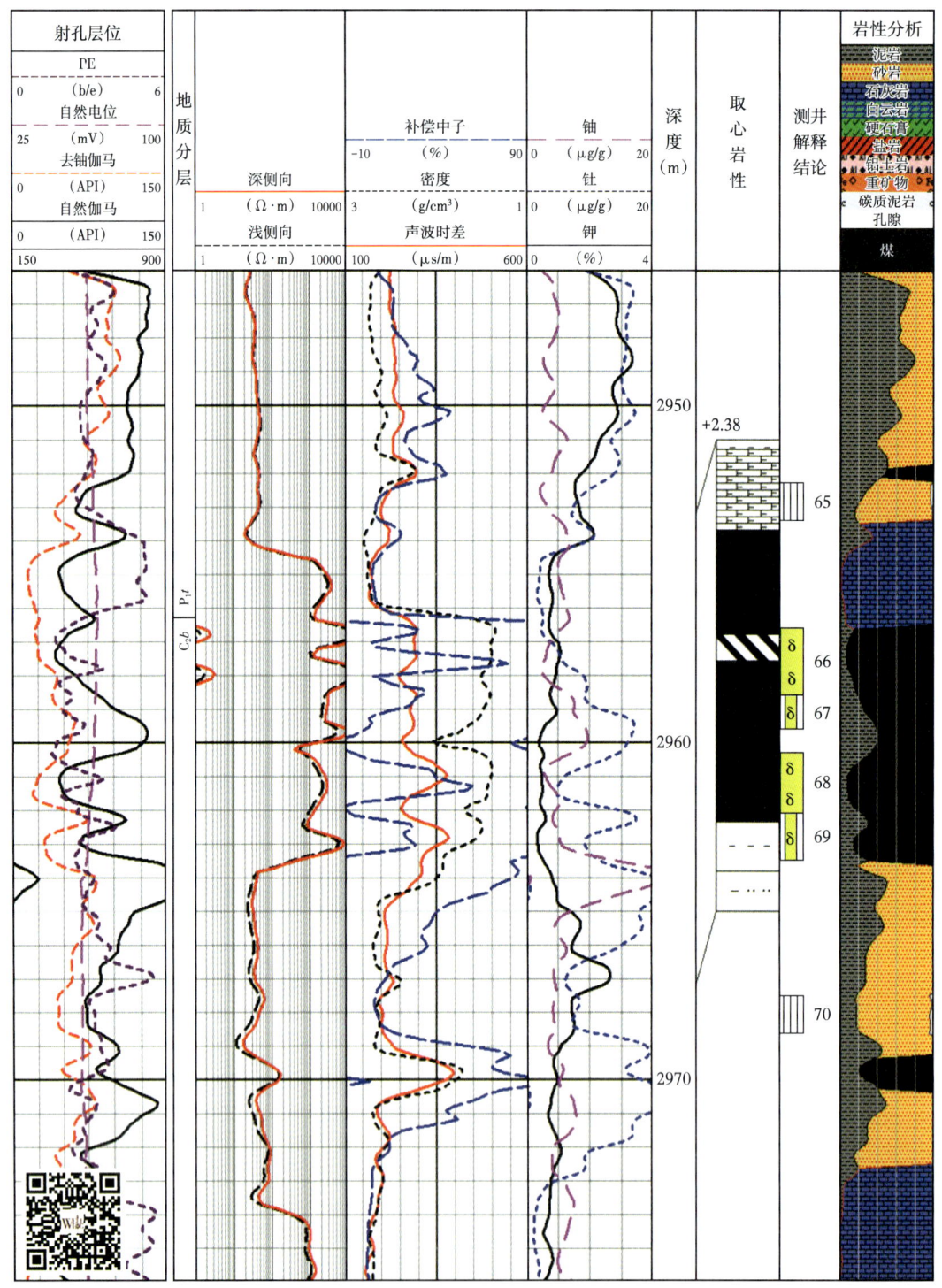

图 5-1-9 自然伽马能谱测井与泥岩等岩性相关性曲线图

研究表明,在自然伽马能谱测井资料中,总伽马强度、钾含量和钍含量与地层中的泥质含量具有较好线性关系,而与地层中的铀含量线性关系不明显,且高铀能指示地层渗透性较好。因此,一般可以采用总伽马强度、钾含量和钍含量的测井值计算地层泥质含量。通常情况下，在绝大多数的黏土矿物中，钾和钍含量高，而铀含量相对较低，不同的黏土矿物，钾和钍的含量不同。利用钍—钾交会图（图5-1-10），根据数据点集中分布的区域，按照自然伽马能谱识别黏土矿物类型图版，可定性识别黏土矿物类型。

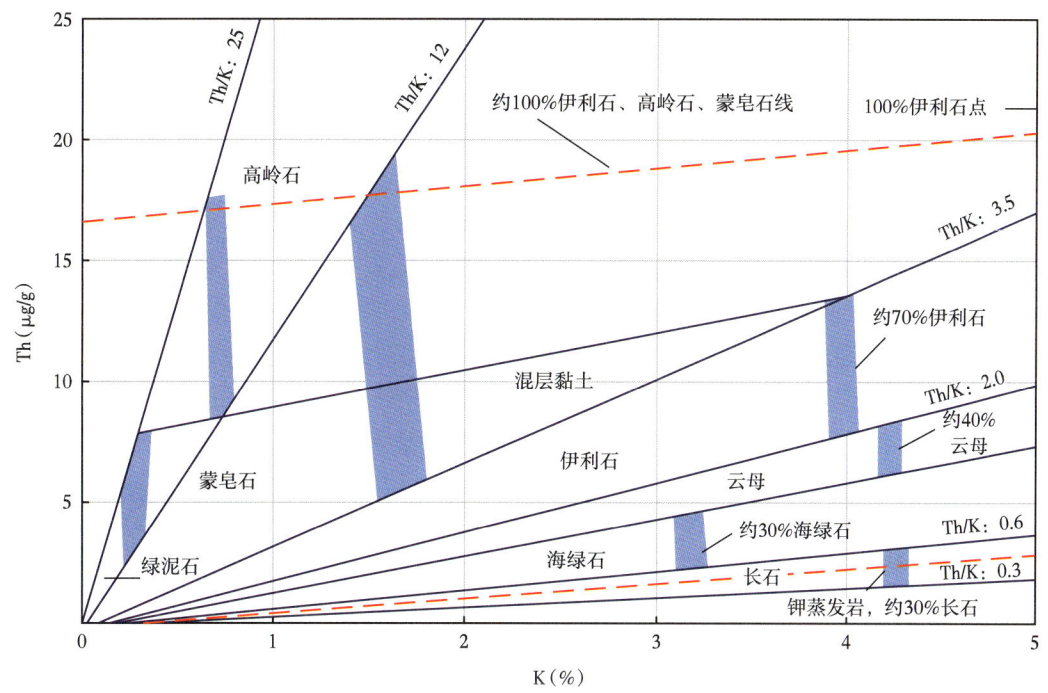

图 5-1-10　自然伽马能谱测井黏土类型识别图版

第二节　补偿中子测井仪

补偿中子测井仪器具有两个不同源距热中子探测器，与地面采集系统配套，通过探测不同源距的热中子通量，补偿井眼的影响，测定地层的孔隙度。该仪器是三大孔隙度测井项目中必不可少的测井仪器。

一、总体描述

1. 仪器构成

补偿中子测井仪器主要由外部壳体组件和内部电子线路芯件两大部分组成。外部壳体组件主要包括上部壳体组件、中子源室短节等。内部电子线路芯件由长、短源距 ^{3}He 正比计数管探测器，长、短源距前置放大器，中子信号处理板，低压、高压电源等组成，如图 5-2-1 所示。

补偿中子测井仪的配套设备有二级刻度筒和三级刻度器，分别对仪器进行二级刻度和现场校验，以保证仪器间的一致性和稳定性；配套工具和附件有装卸源工具和偏心器等。

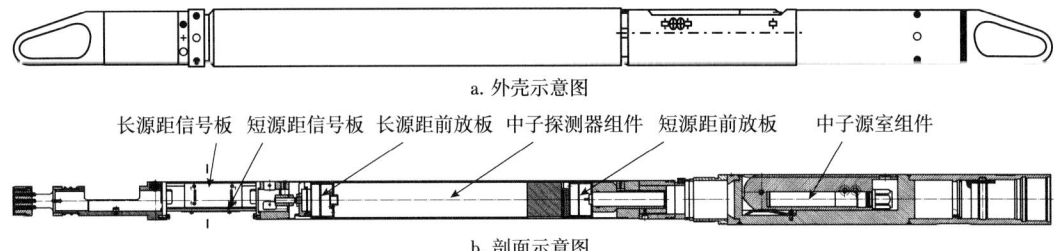

a. 外壳示意图

b. 剖面示意图

图 5-2-1　补偿中子测井仪结构示意图

2. 工作原理

补偿中子测井仪使用的是 Am-Be 中子源，每秒钟可产生 $4×10^7$ 个快中子，这些快中子射入地层后，与地层中的原子核发生碰撞。碰撞的能量损失主要与被碰撞原子核的质量数及中子本身能量有关。经过几次碰撞后，快中子将被减速，平均能量从 4.6MeV 衰减到 0.025eV，变成热中子（当中子与周围介质的原子处于热平衡状态时，这类中子称为热中子）。这些热中子有一部分进入探测器，撞击 ^{3}He 核，引起核反应，产生 ^{3}H（氚）和质子，该质子使其他一部分 ^{3}He 电离，产生带电的离子和电子，在高压电场作用下，电子向阳极运动，产生一负脉冲，该脉冲被电子线路放大并记录下来。因为氢原子的质量与中子相当，对快中子的减速作用最显著，地层中氢原子的含量越高，快中子的减速距离越短，在中子源强度和探测器效率相同的情况下，在距中子源一定距离的探测器探测到的热中子数与地层的含氢量存在对应关系，所以探测器接收热中子的数量就反映了地层中的含氢量。地层孔隙是充满流体的空间，水及碳氢化合物中含有氢原子，无油地层与矿岩中极少或根本没有氢。通过测量地层中的含氢量可以确定其孔隙度。

补偿中子测井仪将两个 ^{3}He 探测器布置在离中子源距离不同的位置上，用它们两个计数率的比值来计算地层孔隙度的大小，降低了井眼环境等对测量的影响，提高了测量精度。

3. 主要技术指标

几种补偿中子测井仪器的技术指标对比见表 5-2-1。

二、主要功能模块

补偿中子测井仪器由探测器、放大测量电路、低压电源和高压电源电路等组成。

^{3}He 探测器输出的地层中子信号脉冲经电荷灵敏放大器放大、甄别器甄别掉噪声后、输入分频器中分频，分频后的信号由电路整形器将它整形成等宽等幅的脉冲，然后输出到信号传输电路。仪器分为长、短两个源距道，两道电路完全相同。工作原理如图 5-2-2 所示。

1. 探测器结构

中子探测器有含硼气体计数管、碘化锂闪烁晶体、锂玻璃和 ^{3}He 计数管等几类，其中硼和锂与中子发生核反应，发射 α 粒子，^{3}He 与中子发生核反应，产生氚（T）和质子（P）。目前补偿中子仪器常用的探测器为 ^{3}He 管，其核反应式为：

$$^3He + n \longrightarrow T + P + 0.764 MeV \tag{5-2-1}$$

表 5-2-1 补偿中子测井仪器技术指标表

指标	斯伦贝谢公司				哈里伯顿公司（LogIQ）				贝克休斯公司			中油测井
	CNT-H/K	HGNS	CNT-S/SCNT	QCNT	DSNT-I LOGIC	DSNT-II DITS Standard/DeepSuit	HDSN-A	HDNT-1	2435/2438XA	FOCUS 2436XA	ECLIPS 2446XA	Nautilus Ultra HTHP 2490XA	CNLT1535
温度（℃）	204	150	150	260（8h）	177	177	260（6h）	260（6h）	204（0.5h），149（3h）	127（10h），68.95	204（2h），177（4h）	260（<6h）	175
压力（MPa）	138	103	97	207	138	138/241	172	207	137.9	68.95	137.9	207	140
外径（cm）	8.57	8.57	6.35	7.62	9.22	9.22/11.28	6.99	7.95	9.21	7.938	9.21	10.6	90
长度（m）	2.21	3.31	2.34	3.63	3.21	3.21	4.66		2.23	1.47/1.92	2.31	2.92/3.38	1.735
质量（kg）	54	78	41	87	88.9	88.9/166.92	81	235.9	68	29.5/33.6	68	128.8	50
测量范围（pu）	0~60	0~60	0~60	0~60	-2~100	-2~100	-2~100	-2~100	-3~70		-2~100	-3~100	0~85
测量准确度	0~20pu±2pu；30pu±3pu；45pu±9pu	0~20pu±2pu；30pu±3pu；45pu±9pu	0~20pu±2pu；30pu±3pu；45pu±9pu	0~20pu±1pu；30pu±3pu；45pu±9pu	±5%或±1pu（取较大者）	±5%或±1pu（取较大者）	±5%或±1pu（取较大者）	±5%或±1pu（取较大者）	<7pu ±0.5pu；≥7pu±7%	<7pu ±0.5pu；≥7pu±7%	<7pu±7%；≥7pu±0.5pu	<7pu±7%；≥7pu±0.5pu	<7pu ±0.5pu；≥7pu±0.5pu
测量精度（重复性）	0~20pu±1pu；30pu±2pu；45pu±6pu	0~20pu±1pu；30pu±2pu；45pu±6pu	0~7pu±0.5pu；7~30pu±7%；30~60pu±10%	0~20pu±1pu；30pu±2pu；45pu±6pu	3pu（18m/min）±0.1pu；30pu（18m/min）±0.8pu；60pu（18m/min）±2.6pu±1.8pu	3pu（18m/min）±0.15pu，（9m/min）±0.1pu；30pu（18m/min）±0.4pu；60pu（18m/min）±3.3pu±2.3pu	13pu（14m/min），（9m/min）±0.1pu；30pu（14m/min）±0.6pu，（9m/min）±0.5pu	3pu（18m/min），（9m/min）±0.1pu；20pu（18m/min），（9m/min）±0.7pu；60pu（18m/min）±10.5pu，（9m/min）±7.4pu	±2pu（15%石灰岩孔隙度）	±1.5pu（15%石灰岩孔隙度）	±1.5pu（15%石灰岩孔隙度）	±1.5pu（15%石灰岩孔隙度）	±1.5pu（18%石灰岩孔隙度）
测量速度（m/h）	标准：549 1097	1097	标准：549 1097	549	标准：540 1080	标准：540 1080	标准：540 1080	标准：540 1080	540	1098	540	540	540
探测深度（cm）	约23	约23	23	约23	15.2	15.2	15.2	15.2	—	31	20	30.48	30
垂直分辨率（cm）	30.48	30.48	30.48	30.48	61	91	91.44	61	71.12	71.12	71.12	71.12	64
井眼最小尺寸（cm）	12.07	11.43	9.53	10.16	11.4	11.4	8.89	11.4	12.07	12.1	12.07	13.1	14
井眼最大尺寸（cm）	50.8	40.64	30.48	30.48	53	53	30.48	31.1	40.64	31.1	40.64	44.4	60

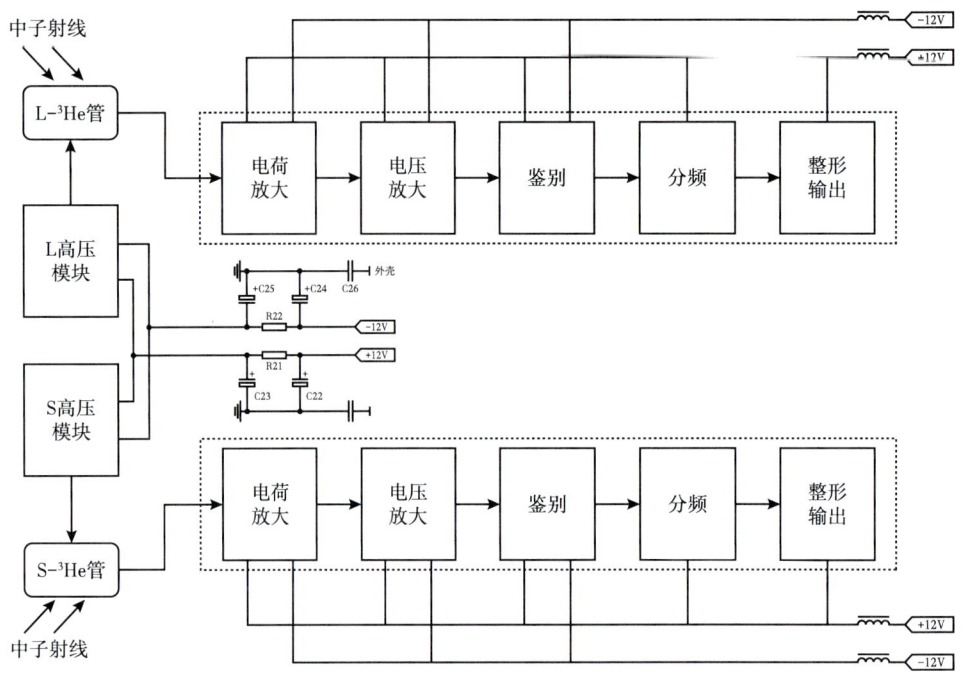

图 5-2-2　补偿中子测井仪工作原理示意图

^{3}He 探测器的供电电压由它的坪曲线来决定。正常情况下，常温的 ^{3}He 探测器坪宽不低于 200V，如图 5-2-3 所示，三条曲线分别为 ^{3}He 探测器在常温时、175℃，以及 175℃ 恒温 1h 后的坪曲线，HV 为选定的探测器工作电压。

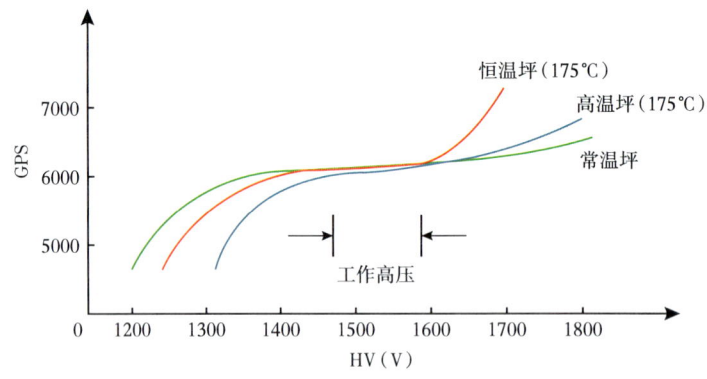

图 5-2-3　补偿中子测井仪坪曲线图

^{3}He 探测器有如下特点：

（1）结构简单。^{3}He 管由一个金属筒内加一根很细的金属丝组成，筒内充满 ^{3}He 气体。

（2）输出阻抗大。对高压电源的负载能力要求小，高压输出的电流为微安级。

（3）负载电流非常小，因此 ^{3}He 管不怕电压冲击，但要注意防范物理冲击。

（4）^{3}He 管只针对热中子灵敏度远高于其他能量的中子，因此补偿中子属于热中子测井范畴。

（5）输出信号最大只有毫伏级别，因此如何压制各种干扰是调校补偿中子测井仪的技术关键。

（6）对测井而言，需要着重关注 ^{3}He 探测器的温度性能，防止由于高温造成的漏电干扰。

2. 电路系统

1）电源

电源部分提供给整支仪器稳定的 ±12VDC 低压电源，给 ^{3}He 探测器提供 600~2000VDC 的高压电源。

2）电路板

（1）主放大电路：由 HA-2510 运算放大器组成。主放大电路的入口信号为 0.5μV~1.5mV 范围内连续分布、脉冲宽度小于 5μs 的随机信号。放大倍数为 3200 倍（因输入信号太小放大倍数大，放大电路一定要做好电屏蔽，防止干扰信号干扰电路）。信号经过放大后，输出信号为 -7~-4V 的负极性脉冲，脉冲宽度 12μs，如图 5-2-4 所示。

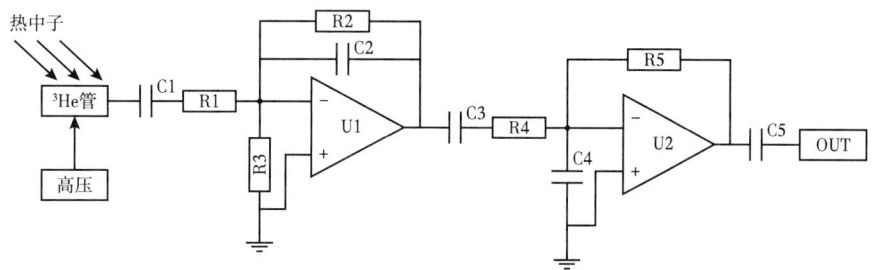

图 5-2-4　放大电路示意图

（2）信号处理电路：具备跟随、鉴别、分频、整形功能，为一体化电路设计，同时为消除整形电路可能产生的阻塞现象，采取分频措施，使用两分频输出，输出脉冲宽度为 12μs 的 10V±1V 正极性脉冲，这个信号会传送给遥测仪器，由遥测仪器统一发往地面采集。

三、数据处理方法

补偿中子测井仪直接记录的是长短源距探测器的计数率。近、远探测器计数率的比值和孔隙度值可表示为：

$$R = \frac{N_S}{N_L} \tag{5-2-2}$$

$$\phi = f(kR) \tag{5-2-3}$$

式中：R 为短源距探测器计数率与长源距探测器计数率之比；N_S 为短源距探测器计数率；N_L 为长源距探测器计数率；ϕ 为中子孔隙度，用中子测井求出的孔隙度称为岩石的中子孔隙度；k 为刻度系数。

补偿中子测井仪在井下测量时采用贴井壁的形式。测量结果受井眼环境影响大，在使用时常实时用钻头尺寸或者密度仪器测量的井径进行井眼尺寸和钻井液密度的环境校正。

四、仪器刻度

1. 一级刻度

补偿中子测井仪的一级刻度,就是把仪器在测井过程中所得到的计数率和地层孔隙度之间,建立一个数学函数关系,称之为 ϕ-R 关系。如何有效地建立这一函数关系,最大限度地减小计算误差,是仪器一级刻度工作的技术关键。一级刻度在石油计量站中子标准刻度井群和现场验证完成的。

一级刻度过程中,应使仪器紧贴井壁,并使仪器的记录点对准刻度井的指定位置;根据仪器的计数率,得到仪器在每一口刻度井中对应的比值 R,以 R 为横坐标,ϕ 为纵坐标,作出关系曲线。最后,根据刻度数据,拟合 ϕ-R 关系。

2. 二级刻度

二级刻度就是利用补偿中子二级刻度器的主刻度点对补偿中子测井仪器测量的孔隙度值进行归一化处理,使仪器间保持一致性。

测井生产期间要求每三个月进行一次刻度检查。具体过程如下。

将仪器插入二级刻度器中主刻度点,二级刻度器示意图如图 5-2-5 所示。仪器测量值由式(5-2-2)得到。

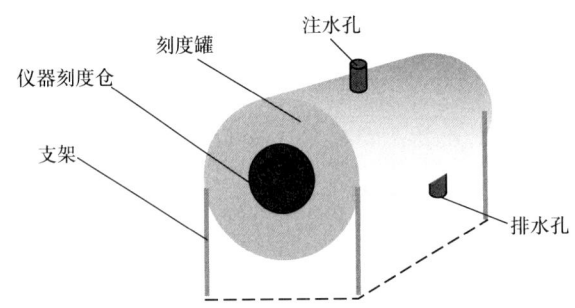

图 5-2-5 二级刻度器结构示意图

计算仪器刻度系数 K:

$$K = R_0 / R \tag{5-2-4}$$

式中:R_0 为标准比值;R 为仪器现场二级刻度测量值。

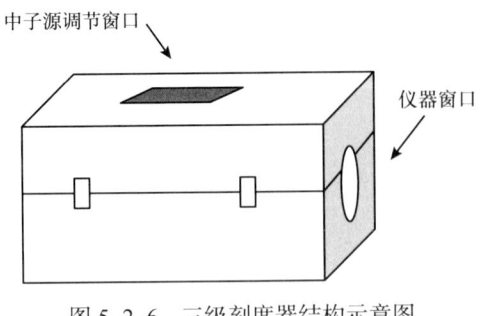

图 5-2-6 三级刻度器结构示意图

K 的范围应在 0.95~1.05 之间。如果超差,要调节仪器重新刻度。

3. 三级刻度

补偿中子测井仪采用的三级刻度器,将一个 Am-Be 中子源固定在有机玻璃中,并固定在仪器指定位置,对仪器测井前、后进行刻度检查,可以判断仪器长时间工作是否稳定可靠。其结构如图 5-2-6 所示。

五、典型案例

1. 案例1：蓬深×井

如图5-2-7所示，蓬深×井灯四段整体以纯白云岩为主，局部含少量硅质，电成像测井图见顺层溶蚀，局部见块状构造，溶蚀孔洞、裂缝（溶蚀扩大缝）局部发育，物性好。

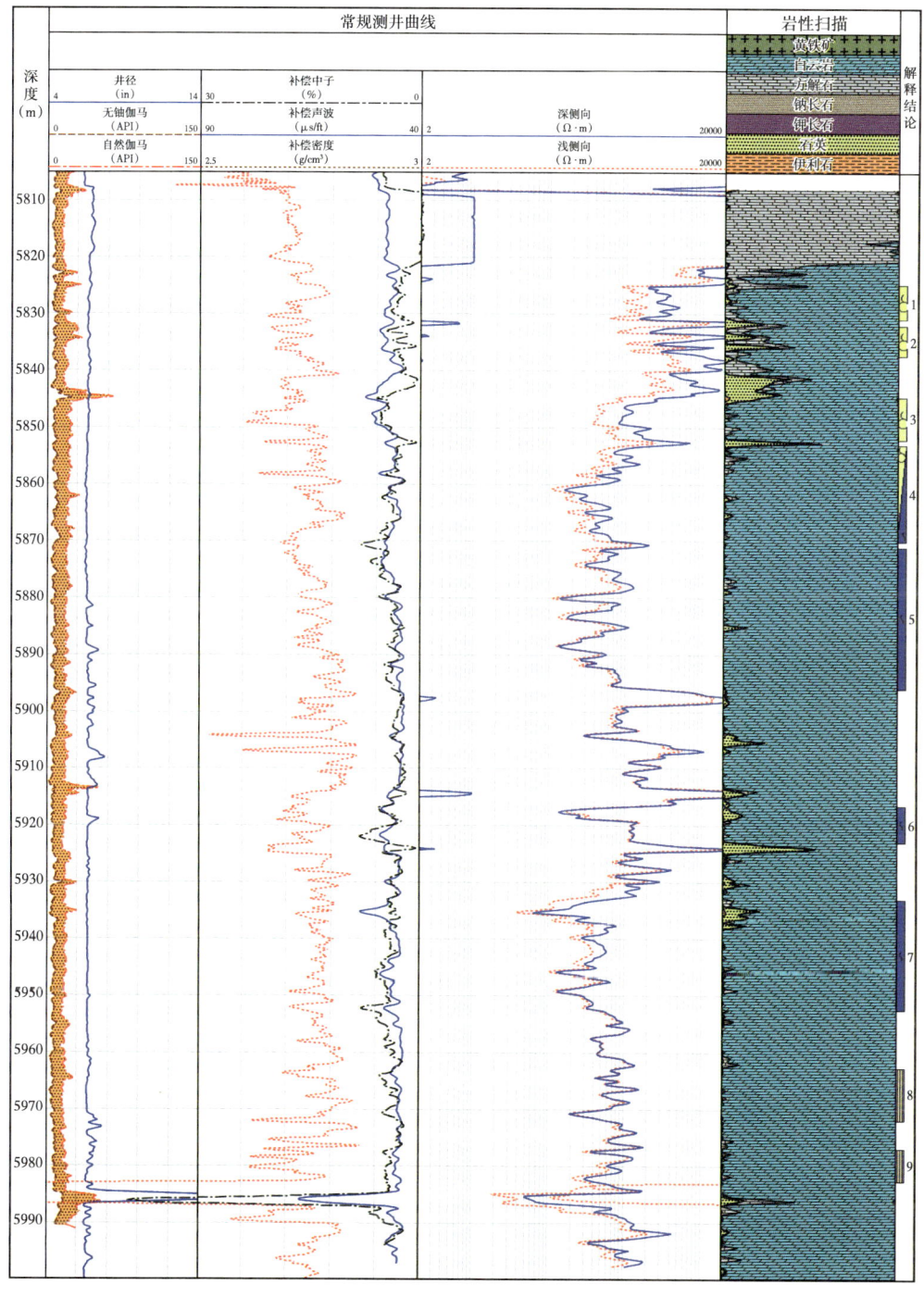

图5-2-7 蓬深×井测井解释成果图

通过图版法、中子—声波孔隙度重叠法、纵横波速度比及电阻率比值等方法，分析认为灯四段储层整体表现为上气下水分布特征，综合解释气层 3 层，气水同层 1 层，水层 3 层，干层 2 层，平均孔隙度 3.3%，储厚 86.6m，其中气层平均孔隙度 3.0%，储厚 15.8m。

2. 案例 2：蓬阳 × 井

如图 5-2-8 所示，蓬阳 × 井茅口组部分井段云化特征明显，电成像测井资料指示溶蚀孔洞局部较发育，阵列声波能量衰减明显，表明储层渗透性较好，储层有效性较好，电阻率较高，正差异也正明显，中子—声波孔隙度重叠法及氯离子指示法表明储层含气特征明显，共解释气层 4 层，差气层 2 层，储层厚度 22.7m，孔隙度范围为 2.0%~9.3%，经测试获日产 213.15×10⁴m³ 高产工业气流。

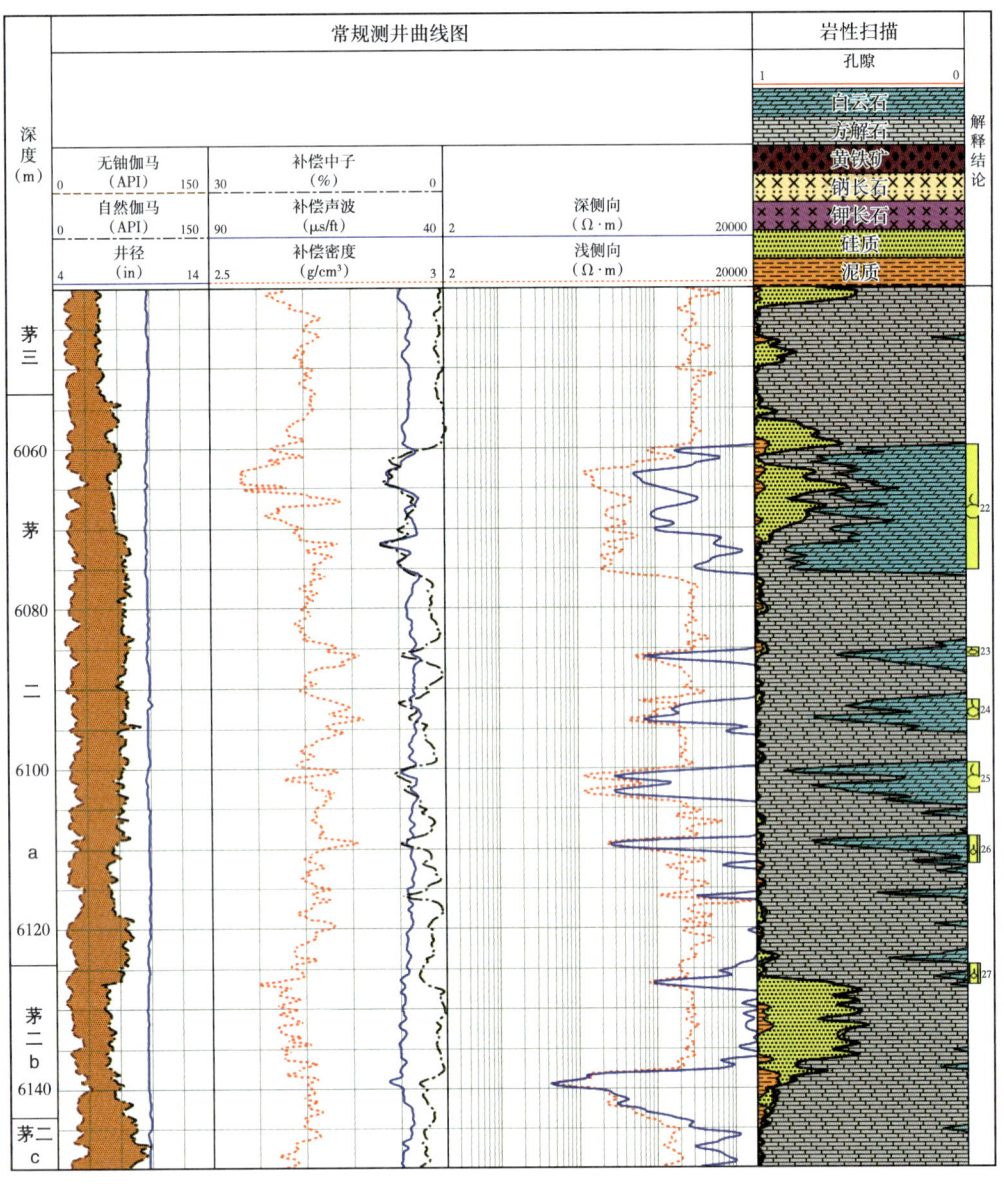

图 5-2-8　蓬阳 × 井测井解释成果图

第三节 岩性密度测井仪

岩性密度测井仪器属于伽马测井系列，采用同位素伽马源 ^{137}Cs，向地层发射 γ 射线并与地层物质发生相互作用，再利用与源相距一定距离的探测器来测量经过地层散射和吸收后的伽马射线，根据伽马射线强度求取地层光电吸收指数与地层密度，进而确定地层的岩性与孔隙度参数，特别适用于复杂岩性的储层勘探与评价。

一、总体描述

1. 仪器构成

岩性密度测井仪器由电子线路短节、推靠器短节和探头构成，如图 5-3-1 所示。电子线路短节包含电源电路、推靠控制电路、采集处理电路三部分，实现仪器的供电、推靠的控制、探测器信号的处理及遥传短节通信的建立。推靠器短节包含推靠和探测器两部分，其中探测器部分位于推靠器滑板，包含长短源距探测器、前置放大电路和高压控制电路。

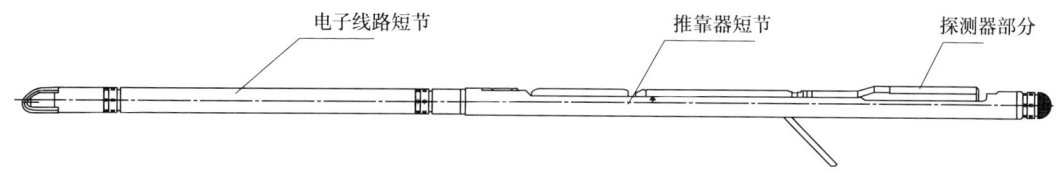

图 5-3-1 岩性密度测井仪结构示意图

2. 工作原理

1）密度测量

仪器使用 ^{137}Cs 源发射 0.662MeV 能量的伽马射线，此能级的伽马光子与地层物质主要发生康普顿效应，在康普顿效应中，伽马光子与原子的核外电子发生非弹性碰撞，一部分能量转移给电子，使它脱离原子成为反冲电子，而散射光子的能量和运动方向发生变化。

康普顿效应是 γ 光子与原子核外电子的相互作用，与物质的物理和化学性质无关，取决于其体积密度，介质体积密度的变化会在伽马射线能谱曲线上引起明显变化，如图 5-3-2 所示。

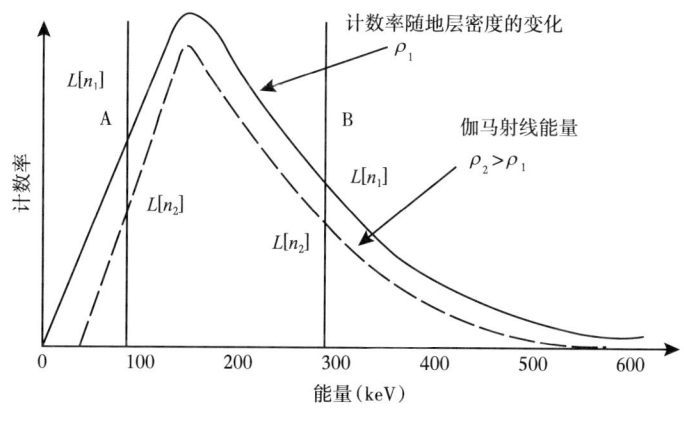

图 5-3-2 康普顿效应示意图

用伽马射线计数率 N 和视源距 $L_a=L-L_0$ 可以表示为：

$$N = N_0 \mathrm{e}^{-\mu_m L_a \rho_b} \tag{5-3-1}$$

即：

$$\ln N = \ln N_0 - \mu_m L_a \rho_b \tag{5-3-2}$$

式中：N_0 为零源距 L_0 时的计数率；N 为视源距 L_b 时的计数率；μ_m 为质量衰减系数，可视为一个固定的常数；ρ_b 为岩石体积密度；L_b 为视源距，$L_a=L-L_0$，L 为真源距。

从式（5-3-2）可知，伽马射线的计数率不仅与地层的密度有关，而且与源距有关。当源距很小时，地层岩石的体积密度越大，仪器的计数率越高；随着源距的增加，虽然地层岩石的体积密度不变，但仪器的计数率却有所下降；当源距增大到某一数值时，仪器的计数率与介质的电子密度无关，这一特殊的源距定义为零源距 L_0；当源距大于零源距时，随着地层岩石的体积密度的增大，仪器计数率会减少。但随着源距的增加，仪器分辨地层密度灵敏度提高了。仪器对地层密度的灵敏度可表示为：

$$M = \frac{\mathrm{d}\ln N}{\mathrm{d}\rho_b} = -\mu_m L_a \tag{5-3-3}$$

将 M 代入式（5-3-2），并令 $B=\ln N_0$ 后，可得：

$$\rho_b = \frac{1}{M}(\ln N - B) \tag{5-3-4}$$

计算地层体积密度时，在高能区 B 中设有长、短源距探测器窗口。由长源距探测的密度 ρ_L 和短源距探测的密度 ρ_S，便可以得到滤饼影响校正值，从而准确地求出地层体积密度。

如果地层中岩石骨架的密度为 ρ_{ma}，孔隙流体的密度为 ρ_f，孔隙度为 ϕ，孔隙中饱含流体，地层岩石的体积密度可表示为：

$$\rho_b = \phi \rho_f + (1-\phi) \rho_{ma} \tag{5-3-5}$$

即岩石的体积密度等于岩石中各成分的密度乘以各自的体积百分比的总和。不同的岩石其骨架密度不同，所以在井剖面中根据密度能够把不同岩性的地层区分开。尤其是其他地球物理方法难以区分的盐岩与硬石膏、硬石膏与致密灰岩、致密灰岩与白云岩、石膏与高孔隙度石灰岩等，根据密度的差别可将其区分开。

孔隙性岩石密度与岩石孔隙中所含的流体及其类型，在地层中的体积百分比（孔隙度）和在孔隙空间中的百分比（饱和度）有关。孔隙性地层相当于致密地层中岩石骨架的一部分被密度小的水、原油和天然气所代替，故其密度小于致密地层。孔隙度越大，地层的密度越小，所以密度测井资料可用来求地层的孔隙度。

2）岩性识别

当伽马光子逐渐减速至 0.1MeV 以下时，则主要发生电子对效应，在光电效应中，伽马光子会把全部能量转移给某个束缚电子，使之发射出去，而光子本身消失掉，发生光电效应的概率由光电吸收截面决定，与地层物质的原子序数密切相关，因此可进行岩性识别。

伽马射线光电吸收效应主要发生在低能区（能量低于 150keV 范围），图 5-3-3 岩性变化伽马射线能谱表示地层密度相同而岩性不同（Z 不同）造成的低能区计数率有较大的变化,且高能区计数率不变,中间区段是过渡带,它随着有效原子序数 Z_{eff} 的增加而加宽。

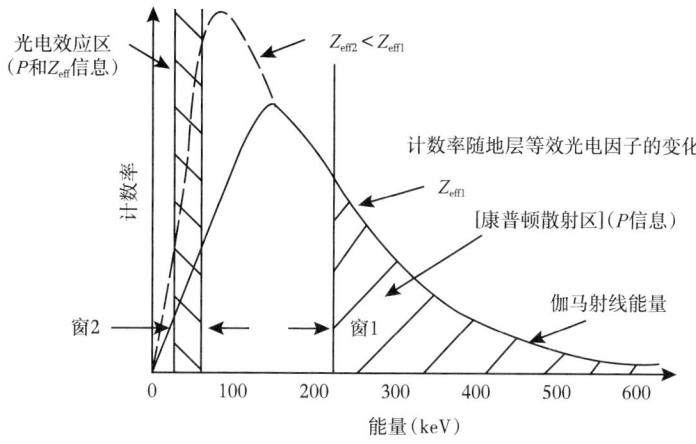

图 5-3-3 岩性变化伽马射线能谱示意图

在测定 P_e 值时,需用长源距低能窗(也称岩性窗)LITH(能量在 60~100keV)的计数率 N_{LITH} 和长源距高能窗 LS(能量在 200~549keV 之间)的计数率 N_{LS}。此两能窗计数率的比值 N_{LITH}/N_{LS} 与 P_e 之间存在着一定经验关系,见式(5-3-6),N_{LITH}/N_{LS} 与 P_e 的关系曲线如图 5-3-4 所示。

$$P_e = K/[N_{LITH}/N_{LS} - B] - C \tag{5-3-6}$$

式中:C 为常数;K 和 B 为系数,可由两点刻度获得。

3)仪器稳谱

由于测井仪器是综合性的测量系统并工作于温度等因素变化的环境中,探测器增益、高压发生器输出、放大等电路特性都会发生一定程度的变化,从而造成伽马能谱漂移,即同一能量的伽马射线在不同系统增益下测量时,能谱峰的位置发生变化,使得系统无法获得正确的自然伽马谱,给地层参数正确获取带来困难,因此需要进行稳谱处理以抑制能谱漂移。就测量系统而言,能谱的漂移可以看成是系统增益的变化,因此对系统增益进行适当调节,就可以使系统处于稳定状态。

(1)稳谱源的选取。

密度稳谱源选取 ^{137}Cs,与测井源相同,源强 1~3μCi,具体选择与探测器计数率相关,计数率大时,选择活度略大的稳谱源,计数率小时,选择稳谱源的活度也略小。由于统计涨落的原因,在保证仪器正常稳谱的情况下,稳谱源活度越小越好。

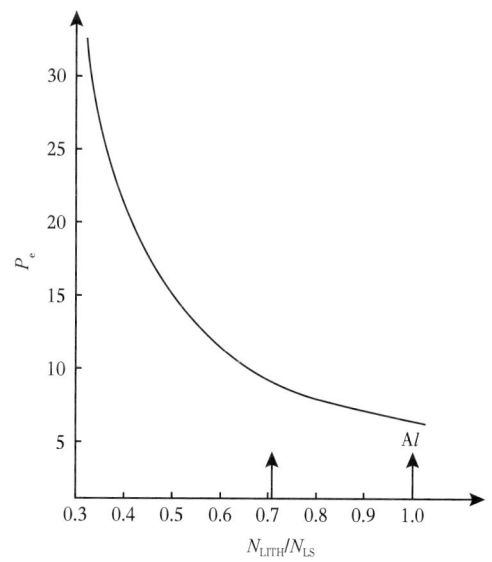

图 5-3-4 N_{LITH}/N_{LS} 与 P_e 关系曲线

（2）窗口的选择。

目前核仪器稳谱通常采用两种方式实现：寻峰法和窗口稳谱法。寻峰法主要是在一定道址内寻找计数率最大的方法，由于统计涨落的影响，以及噪声和通信的影响，最大值不一定为特征峰值，导致寻峰存在偏差。窗口稳谱法是在稳谱峰左右各开一个窗口宽度相等的 W_1 和 W_2，对应的计数率分别为 N_1 和 N_2，当 $N_1=N_2$ 时，表明能谱稳定。如果 $N_1>N_2$ 则说明能谱向左漂移，通过增加高压使稳谱峰回到原来的位置；反之则说明能谱向右漂移，通过减少高压使稳谱峰回到原来的位置。实际测量时，由于井壁不规则或者垮塌的影响，射线通过井液直接到达探测器，导致特征峰左侧抬起，谱峰两侧不对称，此时满足 $N_1=N_2$ 时形成假稳谱。为了解决两窗口的缺陷，提高稳谱可靠性，目前普遍使用四个窗口。左边两个记为 W_1、W_2，右边两个记为 W_3、W_4，其计数依次记为 N_1、N_2、N_3、N_4。对四窗口进行实际测试和几何计算，四能窗稳谱的稳谱因子 S_F：

$$S_F = \{[N_2-(N_1-N_4)/3]-N_3\}/\{[N_2-(N_1-N_4)/3]+N_3\} \quad (5\text{-}3\text{-}7)$$

S_F 也称为形状因子。稳谱的目的是如何使 S_F 最小。实际稳谱时，通常采用寻峰与能窗稳谱相结合的方式，当道差大于 10 时，采用寻峰方式，使稳谱峰值快速接近预定道；当道差小于 10 时，采用窗口稳谱方式。窗口宽度选择与能谱分辨率及形状有关。

（3）四窗口稳谱实现。

如图 5-3-5 所示，其中 C_1、C_2、C_3 为窗口计数判据常数，取决于所使用的稳谱源强度及稳谱各窗口本底的计数率大小；A_1、A_2 是循环次数，用于确保找到的是真实的稳谱窗口且已经稳定，其大小取决于延迟时间和稳谱调度周期；B_1 是已经稳定的最大稳谱因子，该值越小稳谱精度越高；VS_1、VS_2、VS_3、VS_4、VS_5 分别是稳谱过程中不同阶段的高压调整函数即步距，原则上越接近稳谱，步距越小。

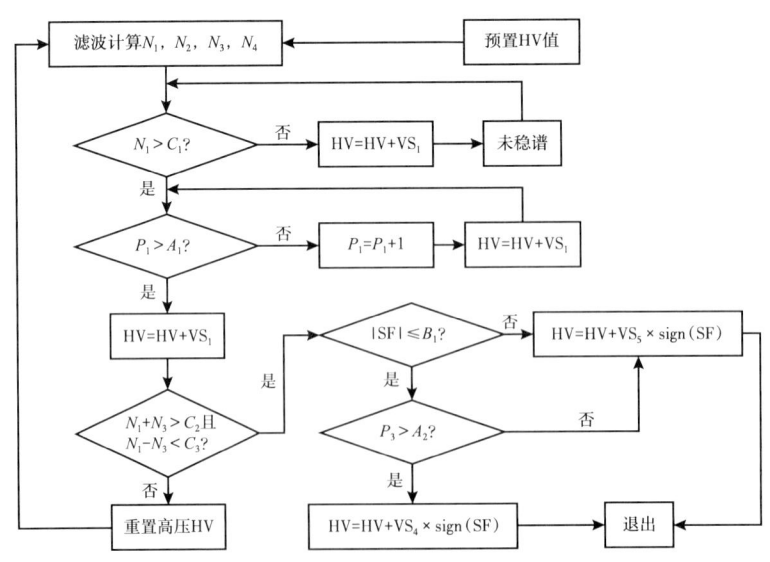

图 5-3-5　四能窗稳谱流程图

3．主要技术指标

几种岩性密度测井仪器的技术指标对比见表 5-3-1。

表 5-3-1 岩性密度测井仪器技术指标表

指标		中国石油	斯伦贝谢公司				哈里伯顿公司（LogIQ）				贝克休斯公司					
		LDLT	LDS	TLD	HLDS	QLDT	SDLT-I LOGIC	SDLT-D DITS	HSDL-A In-Line/Extendable	HDNT-M In-Line/Extendable/HTHP	2222	2223	2227	2229	2228/2231	Nautilus Ultra HTHP 2233
温度（℃）		175	177	150	260	260	177	177	260（6h）	260（6h）	177（0.5h）149（3h）	127	177（0.5h）149（3h）	177（0.5h）149（3h）	177（0.5h）149（3h）204（4h）	260（＜6h）
压力（MPa）		140	138	103	172	207	138	138	172	172.4/172.4/206.84	137.9	68.95	137.9	137.9	137.9	207
直径（cm）		12.38	11.43	12.11	8.89	7.62	12.4	11.4	6.99/8.99	6.99/8.99/10.16	12.38	9.53	12.38	9.208	12.38	10.6
精度	重复误差	0.025	0.014	0.025	0.014	0.02	0.015（1097m/h）0.01（5407m/h）	0.015（1097m/h）0.01 滤饼	0.015（1097m/h）0.012（5407m/h）	0.023（1097m/h）0.016（5407m/h）	0.015	0.015	—	0.015	0.015	0.025
	准确度	0.025	0.01	0.01（0in 滤饼）0.02（0.5in 滤饼）	0.01	0.015	0.01（0in 滤饼）0.015（＞2.8）	0.01（0in 滤饼）	0.01（0in 滤饼）	0.01（0in 滤饼）0.015（＞2.8）	0.025	0.025	—	0.025	0.025	0.025
测量范围（g/cm³）		1.3~3	1.3~3.05	1.04~3.3	2~3	1.3~3.05	1~3.1	1~3.1			1.3~3	1.3~3	1.3~3	1.3~3	1.3~3	1.3~3
垂直分辨率（cm）		36	38.1	45.72	38.1	38.1	46	84	84	46	48.26	48.26	48.26	48.26	48.26	48.26
探测深度（cm）							3.81	3.81	3.81	3.81	20.32	20.32		20.32	20.32	20.32
测速（m/h）		标准：540	标准：549 高分辨率：274 高速：1097	标准：1097 高分辨率：549	标准：549 高分辨率：274 高速：1097	标准：549	标准：549 高速：1097	标准：549 高速：1097	标准：549 高速：1097	标准：549 高速：1097	540	1097	540	540	540	540
井眼最小尺寸（mm）			139.7	152.4	114.3	98.4	140	140	89/114	114	152.4	121	152.4	107.9	152.4	131
井眼最大尺寸（mm）			533.4	558.8	457.2	228.6	470	560	310	311	558.8	311	558.8	355.6	558.8	444

二、主要功能模块

岩性密度测井仪电路包括信号探测、信号处理和推靠控制三部分。信号探测包括探测器、前放板和高压模块等，将伽马射线转换成电压信号；信号处理包括主放电路、采集电路和主控电路等，将信号进行放大、成形、并转换成数字信号，同时负责与系统通信；继电器板控制推靠器完成在井下的收拢、张开，保证探测器贴合井壁，同时输送井径状态监测数据给主控电路，如图 5-3-6 所示。

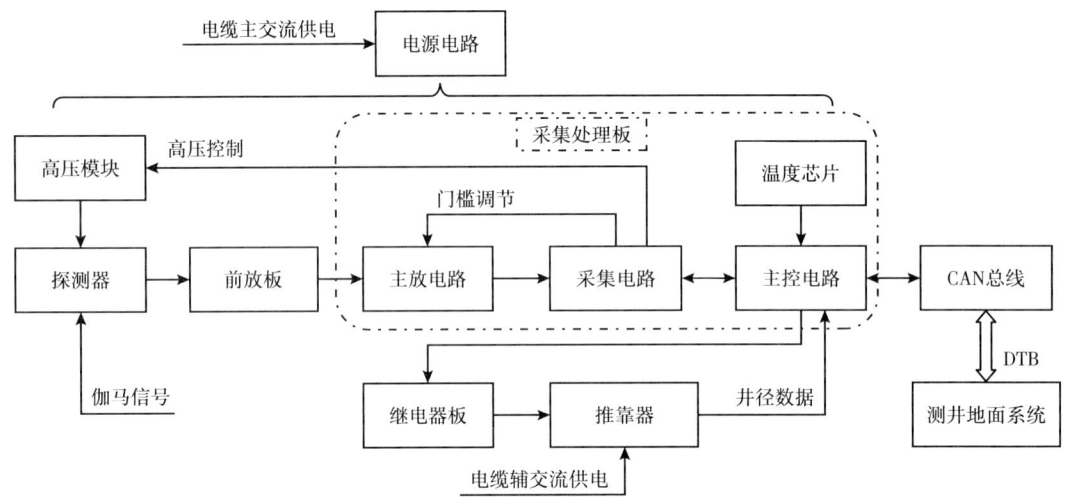

图 5-3-6 岩性密度测井仪电路示意图

1. 探测器结构

如图 5-3-7 所示，光电一体化探测器由含有激活剂铊的 NaI 晶体和光电倍增管（PMT）等组成。NaI 晶体和光电倍增管之间用硅脂作耦合剂，晶体四周除对准铍窗的一面没有包镉片外，其他部分用镉片包裹。稳谱源放于晶体尾部，中间由镉片隔离。

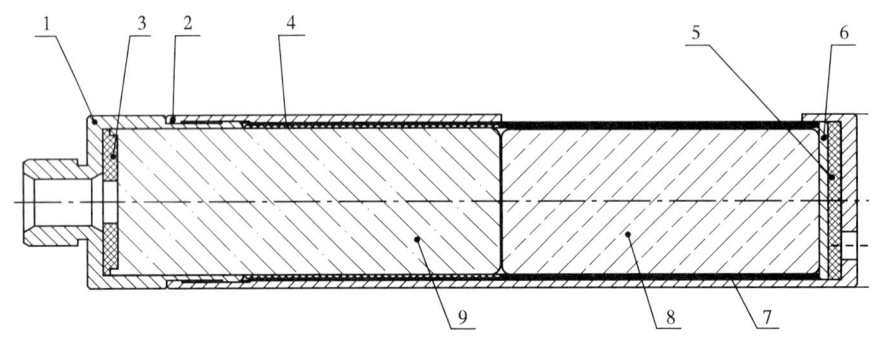

图 5-3-7 探测器结构示意图

1—光晶筒盖；2—光晶筒；3—绝缘垫；4—绝缘筒；5—橡胶垫；6—稳谱源盒；
7—镉片；8—NaI 晶体；9—光电倍增管

放射性 ^{137}Cs 源发射伽马射线到地层，在地层中经过多次衰减和吸收，其中一小部分射线被 NaI 晶体探测到，产生瞬间闪光，形成光脉冲。光电倍增管随后将光脉冲转换成电流脉冲。

1) 高压电源

负责光电倍增管的工作高压，同时由于稳谱的需要，可以很方便进行高压值的调整。

2) 前放板

如图 5-3-8 所示，前放电路主要对长、短源距光电倍增管脉冲幅度输出进行放大，其目的是把从探测器的弱信号经过采样、放大转换成电压信号。输出信号幅度和宽度通过调试电阻调节，长、短源距输出信号 LS_OUT、SS_OUT。

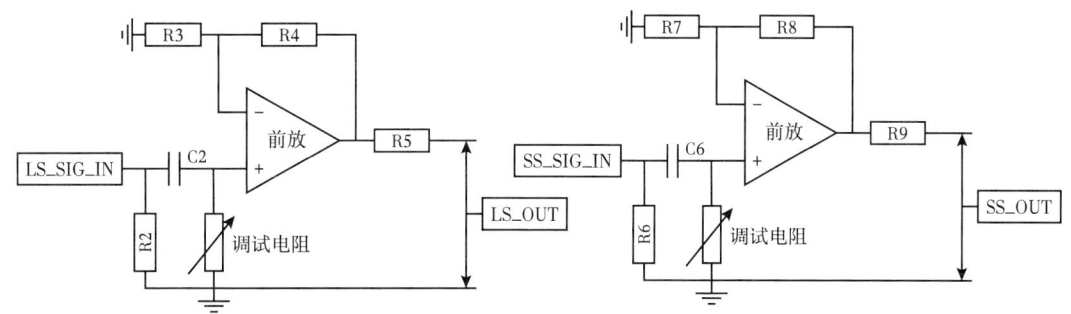

图 5-3-8　前放板电路示意图

2. 电路系统

1) 电源

低压电源由电源变压器、稳压模块、整流滤波板三部分组成，电源部分提供给整支仪器稳定的 ±12VDC、+24VDC、+5VDC、+3.3VDC 和 ISO+3.3VDC 的直流电压。

2) 继电器板

继电器板接收从采集处理板主控电路来的 ST1、ST2 控制信号，使得继电器两个线圈上有电流通过，继电器吸合使得马达电压到达相应的引脚，控制推靠器的张开和收拢。

3) 主放电路

如图 5-3-9 所示，主放电路中短源距脉冲放大器和长源距脉冲放大器是相同的。信号首先经过反相放大后，通过极零相消电路，消除放大器级间因微分引起的多余负尖脉冲。负尖峰将引起基线漂移，并影响测量数据的质量。基线恢复电路阻止基线的漂移，可以采取模拟或数字方法实现。模拟基线恢复电路在主放最后一级、ADC 模数转换芯片前实现；数字基线采集由采集电路完成。主放电路主要功能将探测器信号进一步放大、滤波、成形、展宽，便于 ADC 采集和处理。

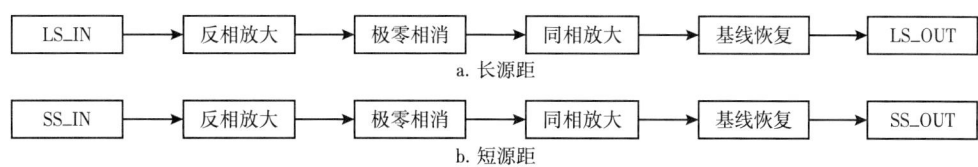

图 5-3-9　主放电路示意图

4) 采集电路

如图 5-3-10 所示，其中 FPGA 使用内部资源开设双缓冲区，从而实现测量数据和通信数据双缓冲，对计数脉冲进行采集和幅度分析，是仪器数据获取、累加、传输的核心。

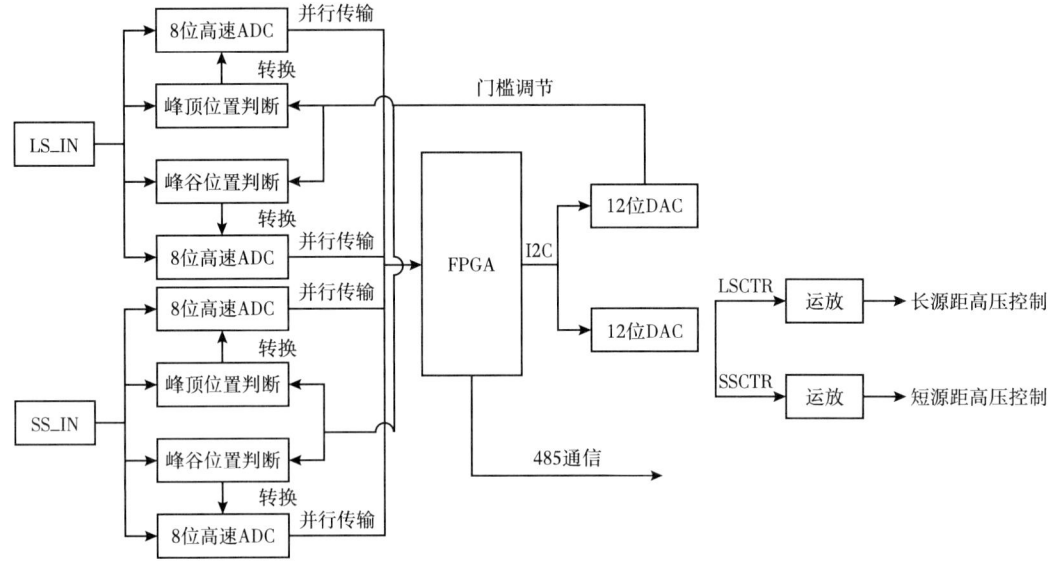

图 5-3-10 采集电路示意图

采谱电路通过 485 接口，按 1MB/s 的速率向主控电路串行传输数据，一帧数据包含 20b。

5）主控电路

如图 5-3-11 所示，主控电路主要负责仪器调度和控制，如接收和执行地面命令，实时调节高压，完成能谱的记录、完成与地面通信、调节高压实现实时稳谱等任务。

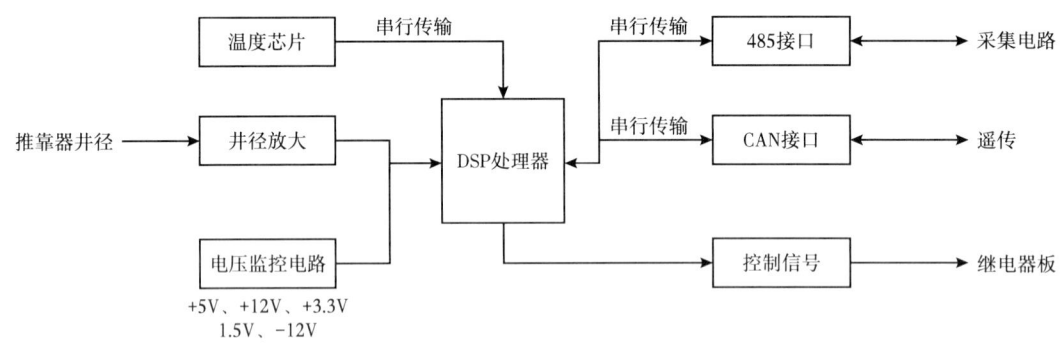

图 5-3-11 主控电路示意图

三、数据处理方法

岩性密度仪器采用长、短源距两个探测器，在井下仪器中对每个探测器都进行能谱分析。图 5-3-12 为在不同密度模块中仪器实际测量得到的长探测器伽马能谱。

地面采集软件对得到的两个能谱分析处理，得到地层体积密度 ρ_b 及其滤饼补偿值 $\Delta\rho$，同时由长、短源距探测器各得到一个光电吸收截面指数 P_e。当井内含重晶石（密度大）钻井液时，若重晶石含量高，同时井眼较大时，仪器需进行校正。

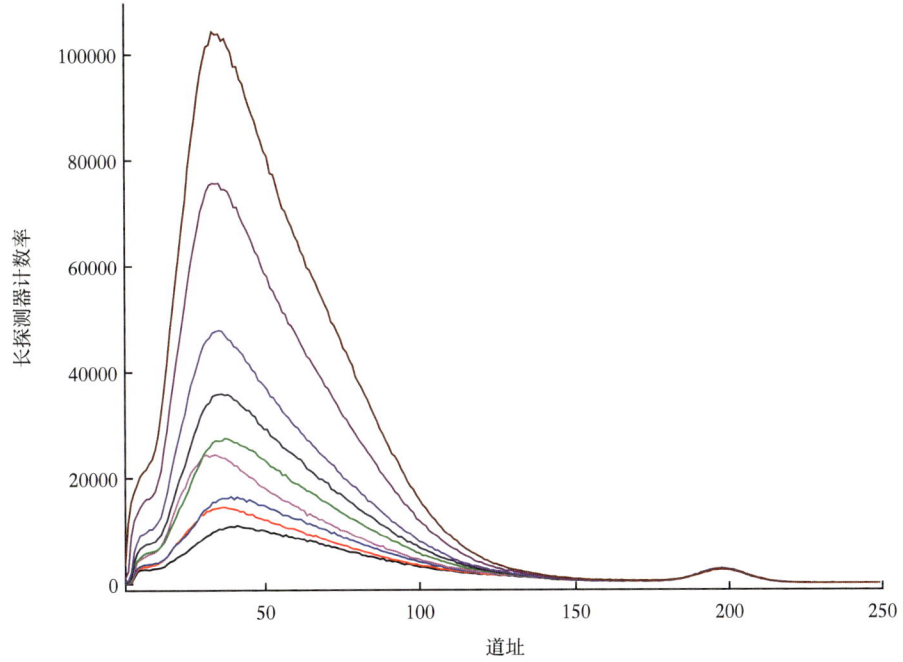

图 5-3-12　不同密度模块中测量得到的能谱图

1. 密度测量

密度测量反映伽马射线在地层中的康普顿散射，取决于能谱中的康普顿散射区（H 区或称密度窗），长、短源距密度值与能窗计数率的关系用式（5-3-8）加以描述。

$$\rho = A\ln N_S + B\ln N_L + C \tag{5-3-8}$$

式中：ρ 为补偿密度；N_S 为短源距探测器计数率；N_L 为长源距探测器计数率；A、B、C 为系数。

密度 ρ 与 $\Delta\rho$ 的关系为：

$$\Delta\rho = \rho - (D\ln N_S + E) \tag{5-3-9}$$

式中：$\Delta\rho$ 为密度校正值；D、E 为系数。

2. P_e 测量

P_e 测量反映伽马光子的光电效应，取决于能谱中的光电效应区（S 区或称岩性窗），P_e 与能窗计数率的关系为：

$$\frac{N_{\text{LITH}}}{N_S} = K\frac{1}{P_e + C} + d \tag{5-3-10}$$

式中：N_{LITH} 为 LITH 能窗计数率；N_S 为 LS 或 SS 能窗计数率；K、C、d 为系数。

仪器投入使用前需要进行标定，对 P_e 测量而言刻度就是在多个已知 P_e 的模块中进行测量，得到刻度系数 K、C、d，图 5-3-13 就是刻度得到的 $N_{\text{LITH}}/N_{\text{LS}}$ 与 P_e 关系曲线。

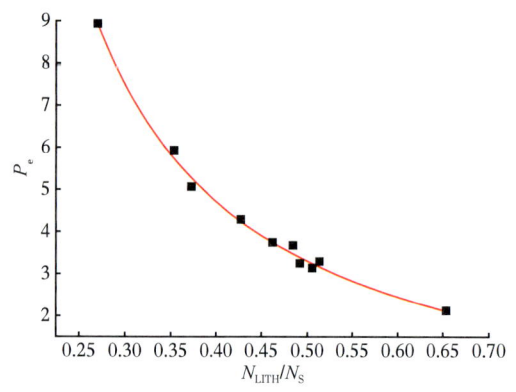

图 5-3-13 P_e 响应关系

四、仪器刻度

以仪器短源距测井计数率为横坐标，以仪器长源距测井计数率为纵坐标，在无滤饼、滑板贴靠井壁的理想情况下，仪器测井时得到各计数率点会自动形成一条直线，称为脊线。在实际测井过程中，由于滤饼等井眼环境因素的影响，长短测井计数率的点并不落在脊线上。因此引入了肋线的概念。脊线是没有滤饼影响时两者的响应关系，肋线为有滤饼时两者的响应关系。

各类岩性密度测井仪都有上述相似的脊肋线。所不同的是，不同型号的密度仪器具有不同的脊肋角。岩性密度测井仪的一级刻度主要的作用就是求出该仪器的脊肋角及相关系数，准确建立探测器计数率与地层密度值之间的函数关系。

1. 一级刻度

岩性密度测井仪一级刻度，就是在石油计量站一组已知密度的标准井中测量，得到脊肋图版，计算出响应系数。测井时，根据响应系数计算地层密度。

2. 二级刻度

为了补偿和校正仪器增益漂移，在岩性密度测井仪使用过程中，需要定期对其进行二级刻度。岩性密度测井仪二级刻度，至少每隔 1 个月在刻度器中进行一次刻度和基本校验。

二级刻度主要的步骤为：

（1）本底测量；

（2）Mg 刻度器测量，在脊线低密度和低 P_e 条件下，对仪器响应进行刻度；

（3）Mg 刻度器插入 Fe 片，在重肋线和高 P_e 条件下，对仪器响应进行刻度；

（4）Al 刻度器测量，在脊线高密度条件下，对仪器响应进行刻度；

（5）Al 刻度器插入 Mg 片，在轻肋线条件下，对仪器响应进行刻度。

3. 三级刻度

岩性密度测井仪三级刻度是指在测井现场进行的仪器校验，包括测前校验和测后校验，用以监视仪器状态，监控测井质量。测前校验和测后校验时，应按要求放置仪器和三级刻度器，保证仪器附近没有其他放射源，并保证仪器有足够的预热时间。测前校验和测后校验结果应予以保存，并打印测前、测后校验报告表以供检查。

五、典型案例

岩性密度测井仪主要用来判断岩性、划分储层、确定地层孔隙度。通常与补偿中子仪器曲线交会识别流体性质（区分气层）。

1. 案例 1：华探 × 井

如图 5-3-14 所示，华探 × 井雷一 1 储层岩性为泥质灰岩、云灰岩及白云岩，电成像测井资料指示储层以层状为主，裂缝，溶蚀孔洞欠发育。整体看该井储层被多套石膏层分隔，大体可以分为三套，储层品质自上向下逐渐变差，此外，根据中子—声波（声波速度？）交会及骨架电阻率—实测电阻率交会均指示储层具有一定含水特征。共解释储层3层，其中差气层2层、含气水层1层，平均孔隙度4.1%，储厚6.4m，不建议进行测试。

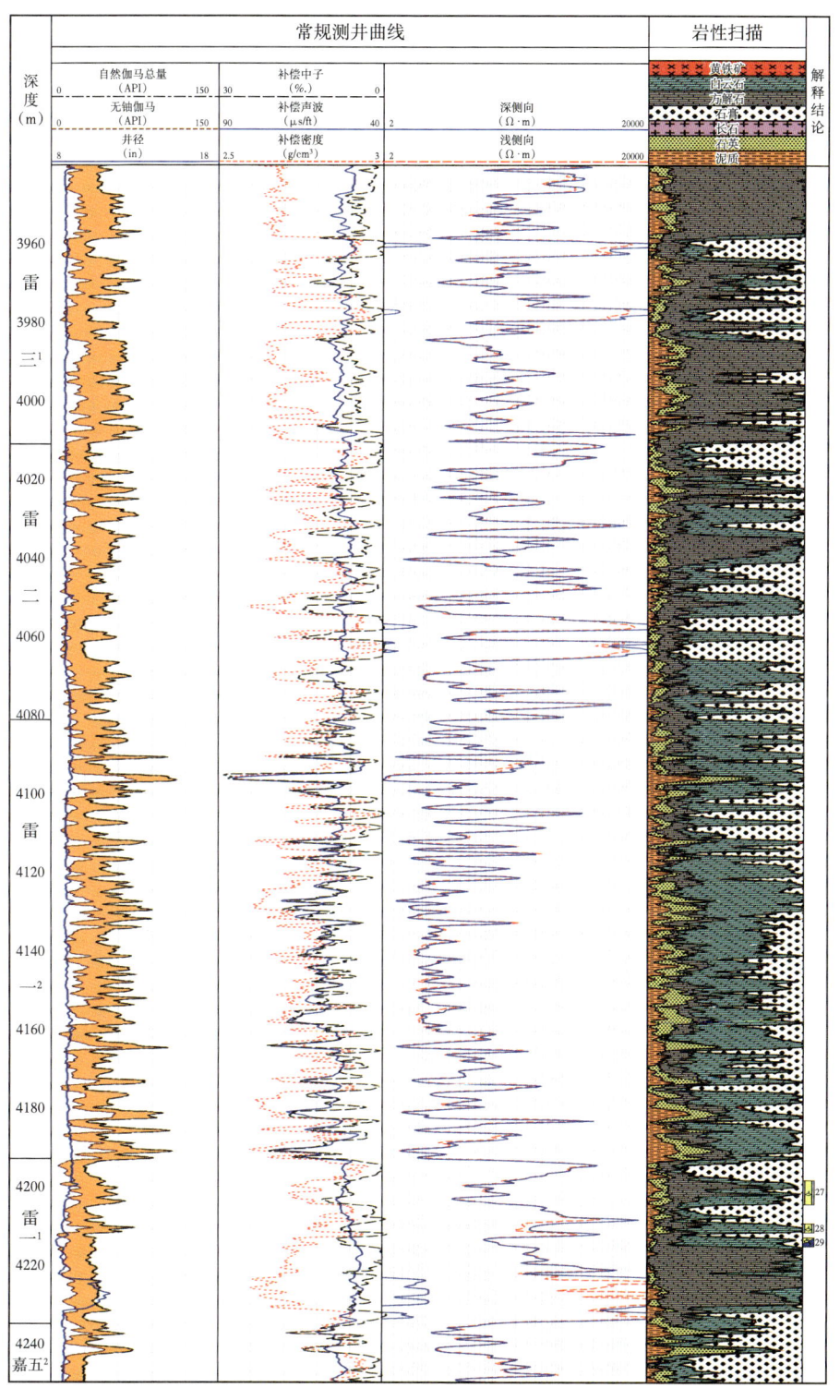

图 5-3-14　华探×井测井解释成果图

2. 案例 2：蓬深×井

如图 5-3-15 所示，蓬深×井龙王庙组岩性为白云岩，含少量硅质，储层顶部孔隙较发育，阵列声波能量略有衰减，成像测井资料指示溶蚀孔洞发育，发育一条溶蚀扩大缝，综合解释为裂缝性气层。储层中部厚度较薄，平均仅为 10m，孔隙相对欠发育，平均孔隙度 2.6%，阵列声波能量衰减不明显，成像测井资料指示溶蚀孔洞、裂缝欠发育。综合分析储层有效性较差，均解释为差气层。

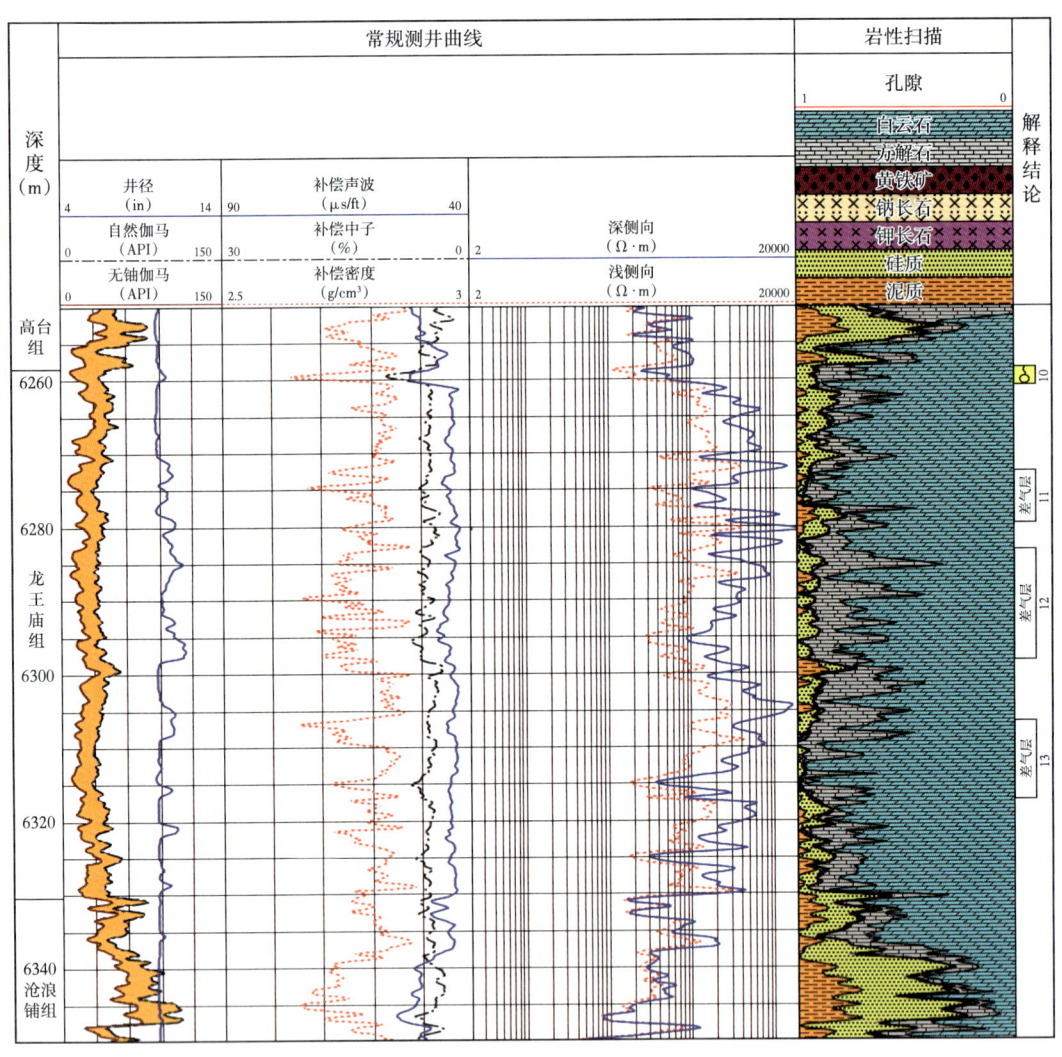

图 5-3-15　蓬深×井测井解释成果图

第四节　地层元素测井仪

地层元素测井是一种井下实时测量地层中主要元素含量的新型测井方法，对于复杂岩性储层的精细评价具有重要意义。它的主要地质应用是岩性识别，能够确定 Si、Ca、Fe、S、Ti、Gd、Mg、K、Mn、Al 等十余种元素的含量，进而通过矿物转换模型确定出该区的地层矿物含量，结合自然伽马能谱测井可以确定研究区的黏土类型及含量；结合常规测井曲线可以更好地确定岩性，改善孔隙度、饱和度、渗透率的评价，更精确地估算油气储量。此外，还可以利用地层元素测井资料研究沉积环境和烃源岩特性。

一、总体描述

1. 仪器构成

地层元素测井仪主要由电子线路、锗酸铋（BGO）晶体探测器、Am-Be 中子源三大部分组成，如图 5-4-1 所示。地层元素测井仪采用 CAN 总线通信，仪器留有贯通线，具有组合测井功能，可以在最高温度 175℃、最大地层压力 140MPa 的条件下使用。工作时，地层元素测井仪需要和遥传伽马短节连接，使用偏心弹簧或者电动偏心短节进行贴井壁测量。

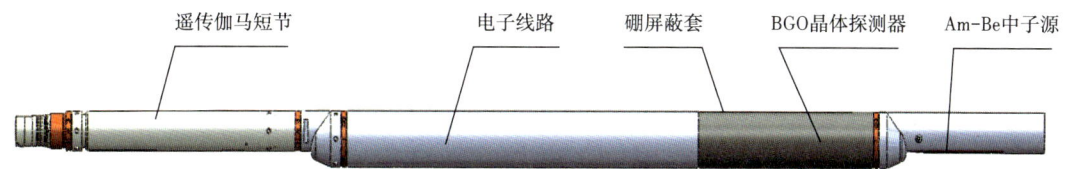

图 5-4-1 地层元素测井仪结构示意图

2. 工作原理

地层元素测井仪采用同位素 Am-Be 中子源，在测井时，由中子源发出约 4.5MeV 的快中子，快中子与井眼周围环境中不同元素的原子核发生非弹性散射并释放出伽马射线。快中子经过非弹性散射损失了其大部分的能量，其能量逐渐低于发生非弹性散射的阈能，于是中子进入了以弹性散射为主的作用阶段，弹性散射的过程并不释放伽马光子，其实只是中子减速过程。经过多次的弹性碰撞，中子能量逐渐减弱，直到中子与周围物质达到热平衡，此时中子的能量约为 0.025eV，称为热中子。此后，热中子在扩散过程中被周围的靶核俘获形成处于激发态的复合核，然后复合核释放一个或几个具有特定能量的伽马光子回到基态。这种反应叫作辐射俘获核反应。地层元素测井的核物理原理如图 5-4-2 所示。

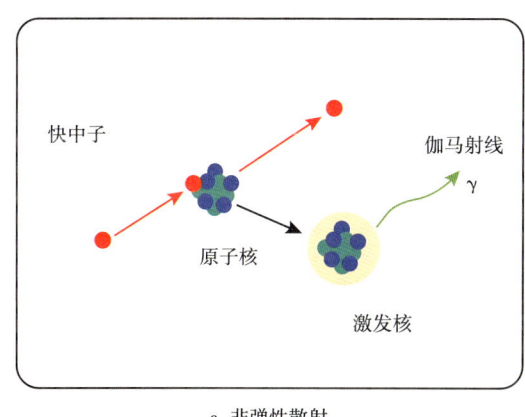

a. 非弹性散射　　　　　　　　　b. 中子俘获反应

图 5-4-2 地层元素测井的核物理原理示意图

3.主要技术指标

国内外各大测井公司的地层元素测井仪器的技术指标对比见表5-4-1。

表5-4-1 地层元素测井仪器技术指标表

指标	ECS	GEM	FLEX	FEM
最大外径（cm）	12.7	12.2	12.4	5
长度（m）	3.09	2.94	4.8	2.2
中子源	Am-Be中子源（16Ci）	Am-Be中子源（15Ci）	脉冲源（14MeV）	Am-Be中子源（20Ci）
探测器	BGO晶体	BGO晶体	BGO晶体	BGO晶体
耐温（℃）	177	177	177	175
耐压（MPa）	138	138	138	140
最小井眼（in）	6.5	6	6	6.5
最大井眼（in）	20	20	22	20
探测深度（cm）	22.86	15.24	21.6（非弹）53.3（俘获）	40
采集信息	主要利用俘获谱确定元素含量	主要利用俘获谱确定元素含量	俘获谱和非弹谱获得的元素含量	主要利用俘获谱确定元素含量
输出数据	元素产额和元素含量。WALK2模型主要有Si、Ca、Fe、S、Ti、Gd 6种元素含量，此外AlKNa模型有Al、K、Na三种元素含量，MgWALK模型有Mg元素的含量，根据不同地层岩性选择不同模型	元素产额和元素含量，主要有Si、Ca、Fe、S、Ti、Gd、Mg、Al、Mn、K等元素含量	元素产额和元素含量，主要有Si、Ca、Fe、Al、S、Na、Ti、Gd、C、Mg、K、Mn等元素含量	元素产额和元素含量，主要有Si、Ca、Fe、S、Ti、Gd、Mg、Al、Mn、K等元素含量
能量分辨率（%）	12			14
垂直分辨率（cm）	45.72	54		60
测量方式	偏心测量	偏心测量	偏心测量	偏心测量

二、主要功能模块

1.探测器结构

地层元素测井仪从机械结构分为外壳总成、电子线路总成和源室接头总成；外壳总成包括承压外壳体和硼屏蔽套。电子线路总成包含了外电路、保温瓶、内电路和BGO晶体探测器，由于BGO晶体的温度稳定性能较差，为了适应测井高温环境的要求，故将内电路和探测器放在保温瓶内；因探测器的尺寸较大，常规保温瓶不能满足要求，需要设计超大尺寸的保温瓶。

1）BGO 晶体探测器

地层元素测井仪主要对能谱进行测量。仪器需要在高伽马计数率的条件下进行伽马能谱探测，故对其时间分辨率、能量分辨率、探测效率、温度性能等有较高的要求。比较同类型的国内外仪器情况，可供选择的无机闪烁晶体有 NaI（Tl）、CsI（Tl）、BGO、GSO，见表 5-4-2。

表 5-4-2　常见的无机闪烁晶体性能比较

指标	NaI（Tl）	CsI（Tl）	BGO	GSO
密度（g/cm^3）	3.67	4.51	7.13	6.71
有效原子序数	51	54	74	59
发光率（photon/keV）	38		9	8
光谱峰	410		480	430
衰减时间（ns）	230	700	300	55（90%）
能量分辨率	6.5	9	9.3	8
环境温度（℃）	≤170		≤30	≤170
潮解	是		否	否

经过对比研究，地层元素测井仪选择 BGO 晶体探测器为伽马探测器。与传统仪器所用 NaI（Tl）晶体探测器相比较，BGO 具有很高的密度（7.13g/cm^3），平均原子序数较大，因此具有很高的伽马探测器效率，特别是对高能伽马射线，可以满足地层元素测井能谱测量的要求。但 BGO 晶体的温度稳定性较差，为适应测井高温环境的要求，地层元素测井仪需要把 BGO 晶体探测器放置在一个特制的高性能保温瓶之内。图 5-4-3 是地层元素测井仪在 175℃ 高温试验（恒温 6h）BGO 保温瓶内外温度的对比，仪器在 175℃ 高温保持 6h 后保温瓶内的温度仍保持在不超过 40℃ 的温度，保证了地层元素测井仪的 BGO 晶体探测器仍具有较好的能量分辨率。

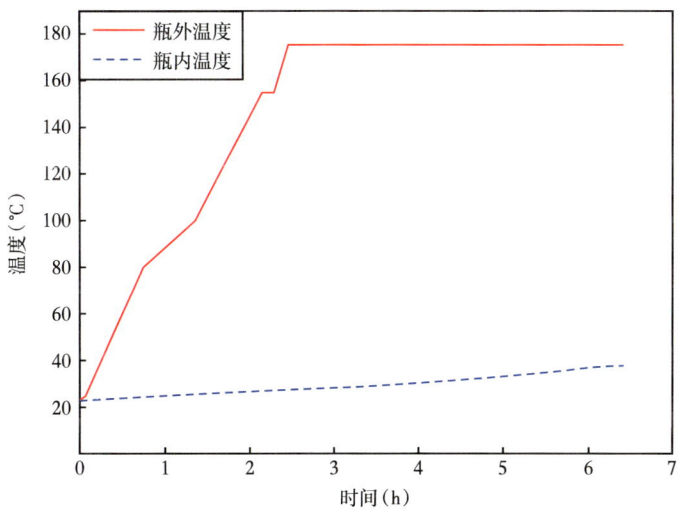

图 5-4-3　地层元素仪器高温试验保温瓶内外温度变化图

2）硼套

地层元素测井仪的承压外壳、伽马射线探测器等部件含有铁、铝、钛等元素，热中子穿过仪器会与测井仪本身材料发生辐射俘获反应，产生伽马本底。铁、铝、钛、等元素是地层元素测井测量的主要元素，所以这些元素产生伽马本底进入探测器会影响其对地层中这些元素的测量精度。

为了减少仪器自身材料产生的俘获伽马本底，通常在 BGO 晶体探测器附近的承压外壳加一层富含 ^{10}B 的硼基材料（硼套）来屏蔽仪器周围的热中子。^{10}B 和热中子发生的核反应见式（5-4-1），^{10}B 与热中子发生俘获反应放出伽马射线的能量只有 0.48MeV，不会对地层元素的测量产生不利影响。

$$^{10}B + n \longrightarrow {}^{4}He + {}^{7}Li + \gamma(0.48MeV) \tag{5-4-1}$$

硼套是为了防止仪器外部的热中子进入仪器与仪器材料发生反应影响探测结果而设置的。在硼套厚度一定时，将 ^{10}B 与氟橡胶按照不同质量比例进行混合，使硼的浓度分别为 0.3%、2.5%、10%、20%，得到的能谱曲线如图 5-4-4 所示。在无硼套到硼混合比例逐渐增大时，计数率逐渐降低，而且硼混合比例低时变化幅度大，硼混合比例高时变化幅度小。当硼混合比例达到 10% 之后随着硼混合比例增加，曲线变化幅度非常小，可以近似认为硼混合比例为 10% 时接近饱和程度，即再增加硼混合比例，计数率变化不大，铁峰也没有显著的变化。硼混合比例为 10% 的情况下，就可以较好地满足屏蔽仪器内部元素影响的效果。

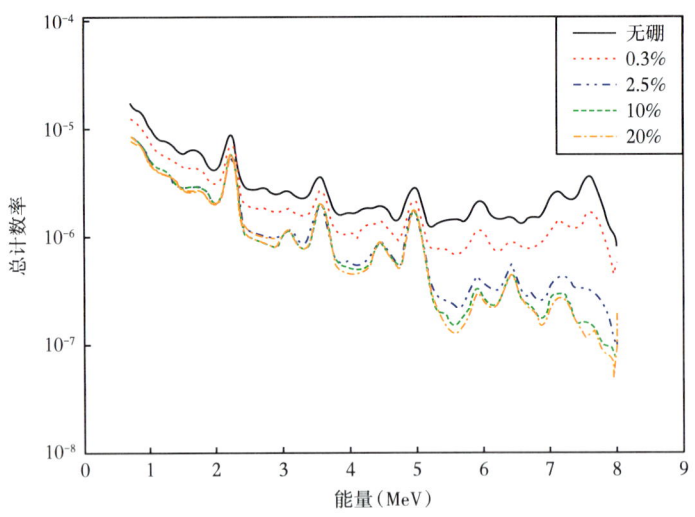

图 5-4-4　不同混合比例的硼套对探测计数率的影响

硼套置于承压外壳上，由屏蔽衬套、屏蔽层、屏蔽罩组成，如图 5-4-5 所示。热中子屏蔽套的核心部分是屏蔽层，屏蔽衬套和屏蔽罩起连接和保护作用，保证仪器在井下运动过程中热中子屏蔽套不会脱落，并减小井壁对热中子屏蔽套的磨损。

2.电路系统

地层元素电路系统的核心模块是主控采集电路，包括信号探测和信号处理两部分。信号探测包括探测器和前放、高压模块等部件，将伽马射线转换成电压信号；信号处理包括主放、20M 高速 ADC、通信控制等部分，将信号进行放大、成形、并转换成数字信号，同时经 CAN 总线实现与系统通信，完成高压控制。仪器电路如图 5-4-6 所示。

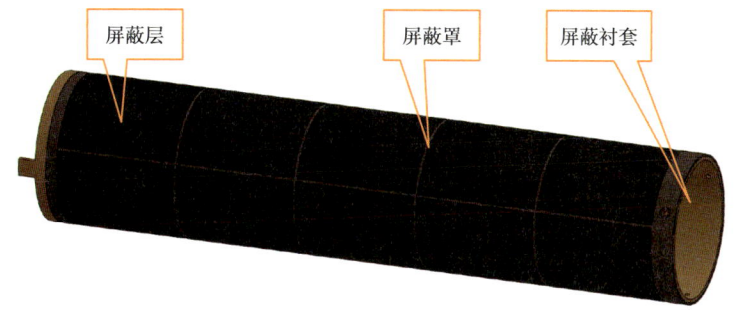

图 5-4-5 硼套结构示意图

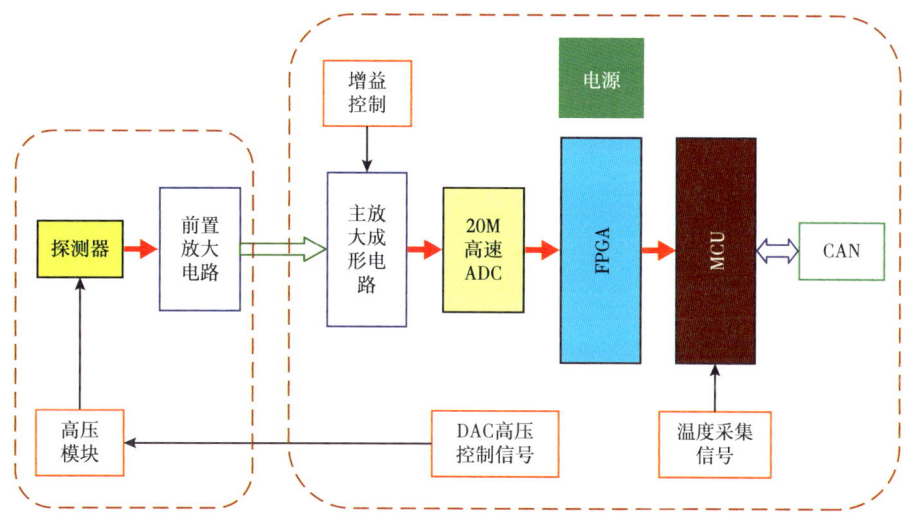

图 5-4-6 地层元素电路示意图

1）主控采集电路

主控采集电路可以分为模拟部分和数字部分。模拟部分主要包括前置放大电路、主放大成形电路，数字部分主要包括 ADC 采样电路、FPGA 处理电路和单片机控制电路。

脉冲信号经过前置放大电路放大后，通过隔直电容进入主放大成形电路。主放大成形电路为反相放大电路，将输入的负脉冲信号反相放大为正脉冲信号。主放大成形电路输出的脉冲信号传送给成形电路，通过高斯成形，输出信号提供给 ADC 采集。

数字电路部分包括 ADC 采样电路、FPGA 处理电路、单片机控制电路、增益控制电路、高压控制电路和 CAN 通信电路。完成对脉冲信号的采样、数字化处理、幅度分析、能谱处理和与地面系统进行通信，并且通过控制电路完成对高压的控制，实现实时稳谱功能。

ADC 采样电路由 12 位高速 ADC 器件及其外围电路组成，采样率可以达到 20MHz。该采样电路由 FPGA 处理电路为其提供 20MHz 时钟控制其进行模数转换，信号采样范围 0~2V，参考源由基准源提供。FPGA 处理电路端口电压为 3.3V，内核工作电压为 1.5V，使用外部 48MHz 晶振为其提供高速时钟。为 ADC 采样电路提供 20MHz 时钟控制其采样，获取到数字信号后，对数据进行幅度分析及能谱处理，将处理完成的数据通过串口发送给单片机。并且为单片机提供16MHz时钟。单片机控制电路实现电路的控制，实现与FPGA处理电路的串口通信功能；通过控制ADC采样电路，实现主放大成形电路放大倍数的控制；通过控制DAC高压控制电路，对高压进行控制，实现能谱的自动稳谱功能；通过内部CAN控制器，实现与地面系统之间的CAN通信，进行数据传输。

2）CAN通信和温度采集电路

地层元素测井仪除了井下采集能谱外，还有一些其他的模拟量，这些数据均要传送到地面来进行处理，地层元素测井采集的能谱和温度模拟量，通过CAN通信电路与遥传进行数据通信，通信速度为800kb/s。遥传采用远距离通信方式，传输的数据量较大，可达430kb/s，可以满足地层元素测井仪的大数据量传输，如图5-4-7所示。

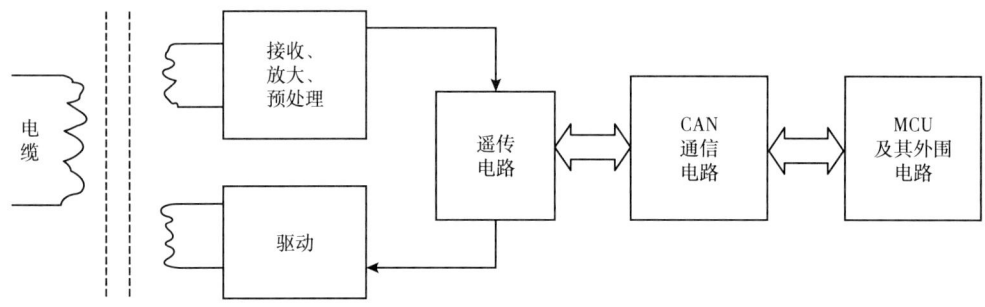

图5-4-7 地层元素测井通信示意图

CAN通信板主要实现地层元素测井仪器和遥传之间的CAN通信，单片机具有内置的CAN协议模块，从模块发出的CAN信号隔离、驱动后，发送到CAN总线，给遥传仪器接收。

温度采集电路用于采集井下温度信号，主要由仪表放大器构成，为精密稳压电源提供需要的10V电压，LM158和外围器件组成低通滤波电路，输出直流电平供单片机辅助通道采集。

三、数据处理方法

地层元素测井仪首先对测量得到的能谱数据进行预处理，包括自适应滤波（减小或消除统计涨落）、能谱的归一化、地层谱的漂移校正（消除测井过程中由于温度及仪器稳定性等因素引起的地层实测谱漂移）、标准谱的谱形校正等。

地层元素测井的数据处理过程主要包括以元素标准谱为基础，采用加权最小二乘法进行能谱分析求取各元素的产额；利用模型井进行刻度确定各元素的灵敏度因子；利用氧化物闭合模型确定标准化因子，进而确定各元素的含量。

1. 获得元素标准谱

地层元素测井仪实测谱的能谱分析是地层元素数据处理方法的重要环节。从数学角度，仪器实测谱可以看成是不同元素标准谱的线性组合，所以元素标准谱是进行能谱分析的基础。采用Monte Carlo数值模拟和实体模型试验相结合的技术制作标准谱。图5-4-8为地层元素测井仪的元素标准谱。

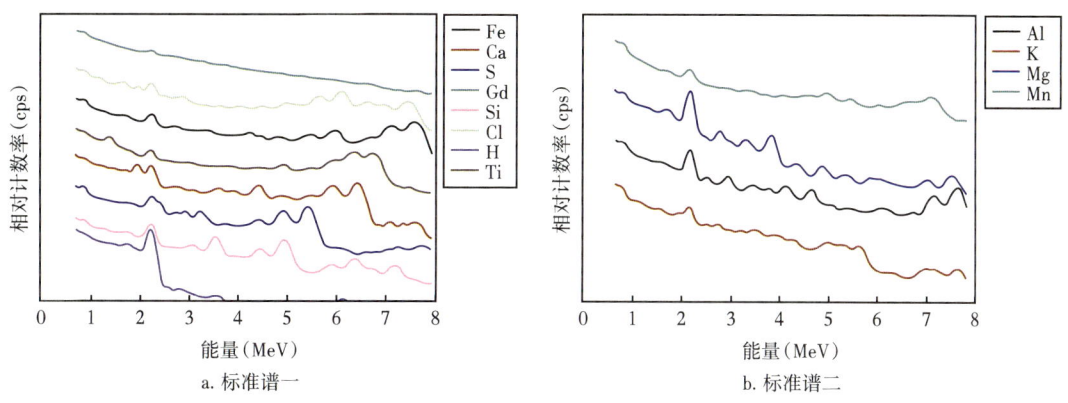

a. 标准谱一　　　　　　　b. 标准谱二

图 5-4-8　元素标准谱图

2. 计算产额

在测井过程中，地层元素测井仪所测的地层谱可以看作是不同元素标准谱的线性组合，通过加权最小二乘法可以得到各种元素的产额。

地层谱各道的计数率可以用线性统计模型表示：

$$c_i = \sum_{j=0}^{m} a_{ij} y_j + \varepsilon_i, \quad i=1,2,3,\cdots,n \tag{5-4-2}$$

式中：c_i 为仪器所测的地层谱的第 i 道计数；a_{ij} 为由元素的标准谱得到的 $n \times m$ 阶响应矩阵 $\boldsymbol{A}$ 的 (i,j) 元；y_j 为第 j 种元素的产额；ε_j 为误差；m 为元素总数；n 为总道数或道区数。

采用加权最小二乘法求解可以得到比较精确的元素产额的解。设：

$$R = \sum_{i=1}^{n} W_i \varepsilon_i^2 = \sum_{i=1}^{n} W_i \left(c_i - \sum_{j=1}^{3} a_{ij} y_j \right)^2 \tag{5-4-3}$$

当 $\partial R/\partial y_j = 0$ 时，R 最小，由此可以推导出正则方程：

$$\boldsymbol{A}^{\mathrm{T}} \boldsymbol{W} \boldsymbol{A} \boldsymbol{y} = \boldsymbol{A}^{\mathrm{T}} \boldsymbol{W} \boldsymbol{C} \tag{5-4-4}$$

则：

$$\boldsymbol{y} = \left(\boldsymbol{A}^{\mathrm{T}} \boldsymbol{W} \boldsymbol{A} \right)^{-1} \boldsymbol{A}^{\mathrm{T}} \boldsymbol{W} \boldsymbol{C} \tag{5-4-5}$$

其中：　　　　　$\boldsymbol{C} = (c_1, c_2, \cdots, c_n)^{\mathrm{T}}, \quad \boldsymbol{y} = (y_1, y_2, \cdots, y_m)^{\mathrm{T}}$

3. 氧化物闭合模型

元素的相对产额反映了元素对测量能谱的贡献，不能直接用来进行岩石物理评价，在实际测井中要使用氧化物闭合模型将元素的产额转化为元素的含量。

氧化物闭合模型的基本思想是所有元素的质量百分含量之和为1，同时，地层所有矿物都可以认为是由氧化物或碳酸盐组成，组成矿物的氧化物、碳酸盐含量百分数之和为1。该方法的核心就是用独立的方式对通过热中子辐射俘获核反应测得的每种元素的相对产额重新归一化，从而求得每种元素的百分含量。此模型的优点在于，克服了难以定量描述骨架中 C、O 两种元素的问题，能够直接计算岩石骨架主要元素含量。

氧化物闭合模型可以表示为：

$$F\left(\sum_j x_j \frac{y_j}{S_j}\right) = 1 \qquad (5\text{-}4\text{-}6)$$

式中：F 为随深度变化的归一化因子；x_j 为氧化物指数，表示元素 j 对应的氧化物或碳酸盐质量与元素 j 的质量比；y_j 为测量到的元素 j 的相对产额；S_j 为元素 j 的灵敏度因子。

元素 j 的含量 W_j 为：

$$W_j = F \frac{y_j}{S_j} \qquad (5\text{-}4\text{-}7)$$

四、仪器刻度

1. 刻度原理

地层元素测井仪能量刻度的目的是确定伽马全能峰与峰址的关系，从而可由已知能量的伽马峰确定出准确的峰址。

对于性能较好的仪器来说，典型的能量刻度曲线近似为一条直线，表示为：

$$E(i) = Gi + E_0 \qquad (5\text{-}4\text{-}8)$$

式中：i 为道址；$E(i)$ 为对应于道址 i 的特征伽马射线的能量，keV；G 为增益，表示直线的斜率，每道所对应的能量的间隔；E_0 为直线的截距，表示第 0 道所代表的能量，keV。

2. 刻度过程

（1）将仪器放置在距地面至少 1m 的木架上，周围不得有放射性物质。

（2）能量刻度：将测井源罐（20Ci 中子源）放在仪器探测器附近，记录探测器能谱，读出能谱中 H 和 C 能峰对应的道址，按照式（5-4-8）计算 G 和 E_0。

（3）给仪器装上测井源（20Ci 中子源），将仪器分别放置在单元素 Ca 井、Si 井、Fe 井、S 井、Ti 井、Gd 井、Mg 井、Mn 井、K 井、Al 井中，测量 180s，记录仪器测量数据，标定仪器在各井中元素的标准谱和能量分辨率。

（4）将仪器放置在地层元素标准混合井中，测量 180s，记录仪器测量数据，进行仪器检验。

（5）仪器二级刻度：给仪器装上测井源，将仪器放置在铁块中，测量 180s，记录仪器测量数据，得到 Fe 标准谱，用于标定仪器的能量分辨率。

五、典型案例

截至 2024 年 6 月，地层元素测井仪已在吉林、长庆、浙江、华北、青海、西南、吐哈、新疆、辽河等油田试验和应用 130 多口井，在复杂岩性和页岩油气等非常规油气藏的储层识别、矿物精细分析和工程参数评价等方面取得较好效果，其中，在浙江油田宜宾页岩气储层，有效提高了岩性和矿物解释模型的精度，助力寻找页岩气甜点，并由地层脆性指数指导压裂；在吉林重点探井查页×井青山口组青一段发现工业高产油流，对吉林松南页岩油储层的测井评价和增储上产起到了支撑性作用。

2021年8月，中油测井对陇×井进行了地层元素测井作业。一次测井就获取了FEM测井资料。测量段为：主测量井段3435~4060m，重复测量井段3447~4065m。

重复性对比图表明各元素曲线主复测重复性良好，重复性交会显示Si、Ca重复性误差小于3%，Al小于2%，Fe小于0.8%，主要元素重复性误差均在允许范围内。总体FEM仪器现场工作稳定，成功获取了元素含量测井资料（图5-4-9）。

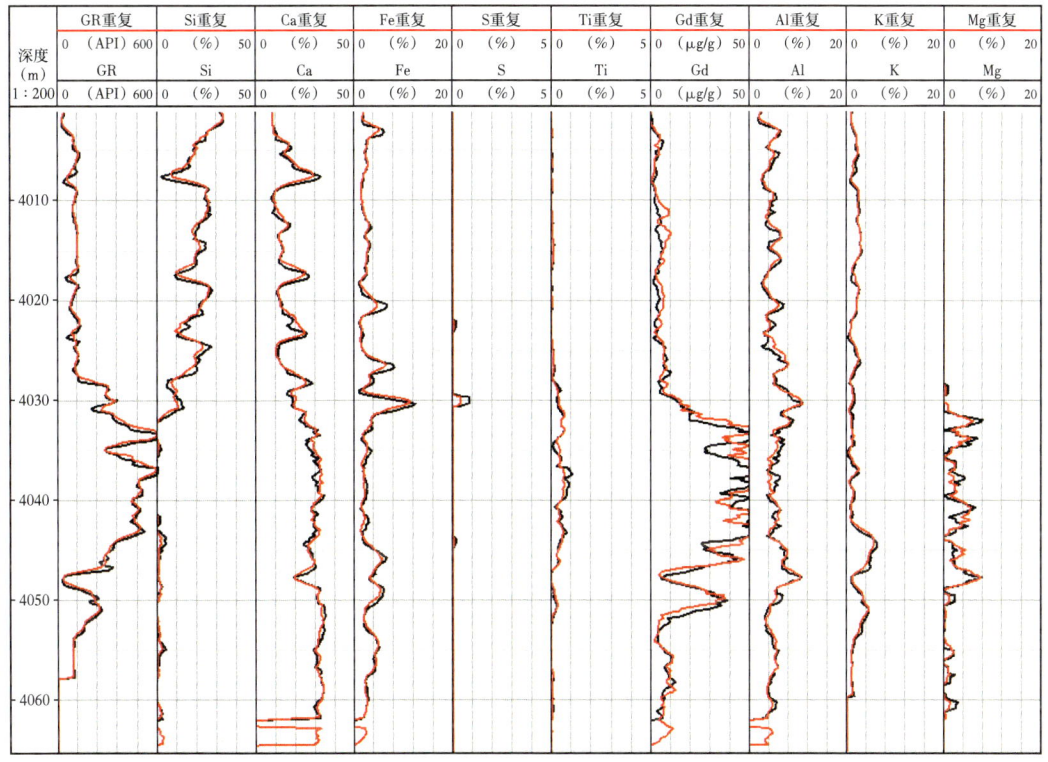

图5-4-9 陇×井FEM地层元素测井仪重复性对比图

处理过程中的主要输入曲线包括Si、Ca、Fe、Al、S、K等地层主要元素曲线，采用最优化算法进行元素测井矿物定量解释。得到的剖面如图5-4-10所示。从矿物处理解释可以看出，4010~4032m山西组以砂岩、泥质砂岩、泥岩、碳质泥岩、煤为主，矿物含量以石英为主，含少量钾长石和斜长石，碳酸盐岩以方解石为主、个别层位含白云石，4032~4053m太原组上段以硅质泥岩、泥岩煤夹铝土岩、铝土质泥岩为主，水铝石含量相对较低，含一定量的石英和少量方解石，中下段以铝土岩、泥岩、碳质泥岩为主，水铝石含量高，储层孔隙结构相对较好，含有较高的方解石，石英含量低。其中铝土岩和铝土质泥岩为主要储层，其元素响应为：铝土岩相对中高铝、低硅、高钙、高铁、高硫、低黏土，铝土质泥岩相对高铝、高硅、高铁、高黏土，可见元素测井有效识别铝土岩层非常规储层，并通过矿物定量解释识别优势储层段。与全岩分析对比，整体岩性剖面反映了铝土岩变化特征，水铝石含量趋势基本一致，含量有所偏低，黏土和钙质含量略偏高。

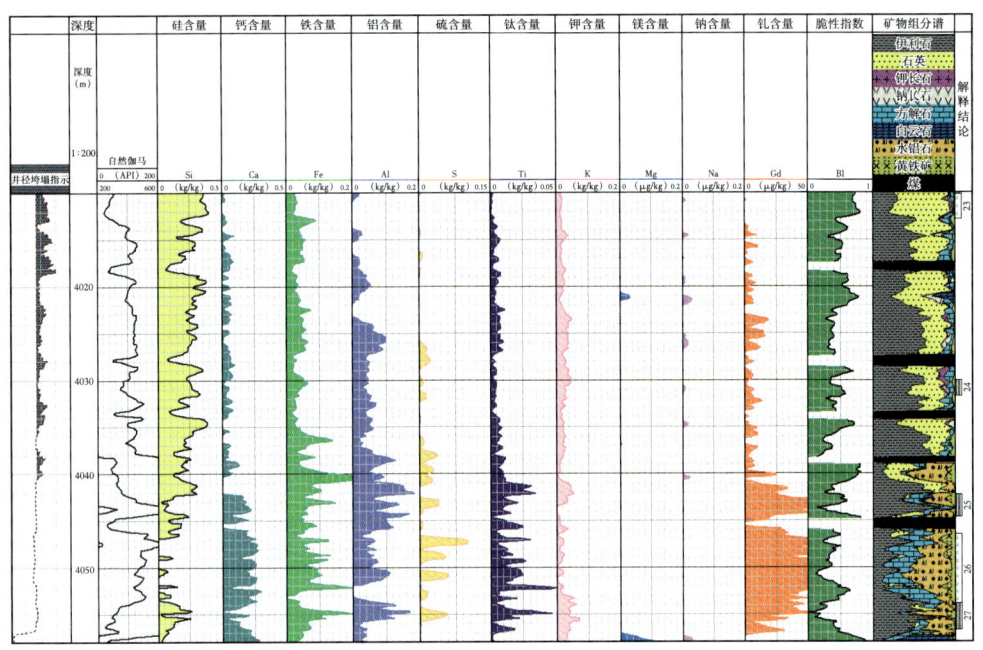

图 5-4-10 陇×井主要目的层位 FEM 元素测井处理成果图

第五节 可控源地层元素与孔隙度测井仪

可控源地层元素与孔隙度测井仪使用中子发生器替代同位素 Am-Be 中子源，通过一体化的探测器阵列，实现一支仪器同时测量元素含量、孔隙度和密度等多种地质参数，首次实现全系列绿色核测井。可控源地层元素与孔隙度测井仪可以测量地层 18 种元素，特别是可以测量地层中的碳元素，获得地层中的矿物含量和总有机碳含量（TOC），同时还可以获得中子孔隙度和体积密度，实现了多种测量功能的一体化，对于复杂岩性和非常规油气层的解释评价具有重要意义。

一、总体描述

可控源地层元素与孔隙度测井仪使用可控中子源和一体化探测器阵列，一体化探测器阵列包括 2 支溴化镧探测器和 5 支 ^{3}He 管。通过测量中子在地层中产生的非弹性散射和俘获伽马能谱分析获得地层 18 种元素含量，评价地层矿物组分与岩性；同时，组合热中子探测器和伽马探测器，通过测量次生伽马能谱和热中子计数实现地层孔隙度和密度"绿色"环保测量。

1. 仪器构成

可控源地层元素与孔隙度测井仪由探测器短节和发生器短节组成，如图 5-5-1 所示。探测器短节是测井仪核心部件，其由密封接头、外壳、芯子总成三部分组成，前两部分构成外壳总成；发生器短节由外壳和芯子总成构成。仪器外壳的设计保证满足仪器在温度 175℃、压力 140MPa 的井下工况条件下能正常工作，同时外壳材料满足测试方法的要求。

图 5-5-1 可控源地层元素与孔隙度测井仪结构示意图

外壳总成的偏心设计有利于仪器贴井壁工作。外壳总成中的外壳在设计时考虑满足硼套位置处进行缩径设计。中子发生器短节上端插接件采用16芯插座，采用连接螺套形式；下端采用通用密封堵头设计结构。

2. 主要技术指标

耐温耐压：175℃/140MPa；能谱测量范围：0.6~10MeV；测量元素：Si、Ca、Fe、S、Ti、Gd、Al、Mg、K、Na、Mn、Ni、Cu、Ba、C、Cl、H、O等；密度误差：0.04g/cm³；孔隙度误差：0.5pu（＜7pu）；±7%（≥7pu）。

二、主要功能模块

可控源地层元素与孔隙度测井仪由中子发生器和测量短节两部分组成，其中测量短节包括探测器阵列和采集处理电路两部分。该仪器主电源由交流220V供给，通过开关电源模块转换为低压电源；辅电源为直流电压，由地面供给中子发生器控制靶压值。

1. 探测器结构

基于可控中子源，在研究快中子在地层中慢化到被俘获的整个输运过程的基础上，提出基于可控中子源的一体化探测器阵列和多参数测量方法。通过测量分析次生伽马能谱获取地层元素含量，通过测量热中子通量计算中子孔隙度，利用非弹伽马计数与地层密度的相关性计算地层密度，并利用热中子与超热中子比值校正密度测量的环境影响。

可控源地层元素与孔隙度测井仪使用2支溴化镧探测器分别作为近源距伽马探测器和远源距伽马探测器，使用5支³He管分别作为近超热中子探测器（1支）、近热中子探测器（1支）、远热中子探测器（3支并联），可控源一体化探测器阵列设计方案如图5-5-2所示。与BGO晶体探测器相比，溴化镧晶体探测器的能量分辨率达到了6%或者更高，同时它的温度性能更好。

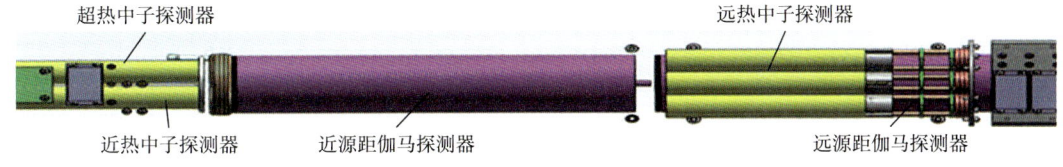

图 5-5-2 探测器结构示意图

基于可控中子源的多参数测量方法包括元素含量、密度、中子孔隙度计算方法和环境影响校正方法。可控源地层元素与孔隙度测井仪测量中子在地层中产生的非弹性散射能谱和俘获伽马能谱，分析获得地层18种元素含量，评价地层矿物组分与岩性；同时，通过超热中子探测器、热中子探测器和伽马探测器的组合使用测量次生伽马能谱和热中子计数，实现地层孔隙度和密度"绿色"环保测量。

2. 电路系统

电路系统包括伽马调理电路、中子调理电路、采集控制电路、辅助参数测量电路、中子发生器电路五部分组成，如图5-5-3所示。其中伽马调理电路包括近伽马调理电路、远伽马调理电路，实现对探测器信号采集、成形；中子调理电路包括近热、超热、远热前放、比较、分频、整形，中子方波脉冲输出包括比较、分频、整形三部分，输出方波信号供采集控制电路计数；采集控制电路包括ADC、信号采集、控制、通信等部分，核心功能通过AD+FPGA架构完成，采集执行地面命令，实现信号数字化存储、处理、信息交互、控制等功能；辅助参数测量电路包括低压电源、温度的监测及中子发生器的中子管靶压、阳极电流的监测，判断仪器工作状态；中子发生器包括中子管及其外围控制电路，通过氘氚反应产生14MeV脉冲中子，测量短节发送阳极脉冲信号给中子发生器，保证仪器工作在脉冲方式下，并且发射和测量同步。在脉冲工作模式下，测量电路获取仪器近远伽马总谱、俘获谱、时间谱，经过数据处理后，获取地层元素和孔隙度信息。

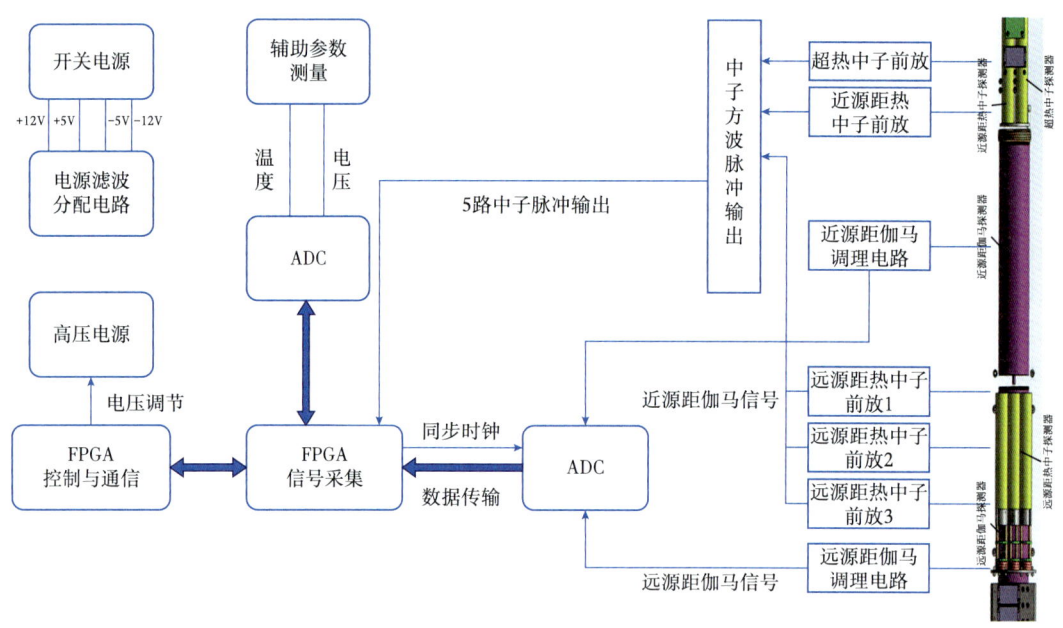

图 5-5-3 可控源地层元素与孔隙度测井探测器阵列测量示意图

三、数据处理方法

1. 基于加权直接解调法的可控源地层元素解谱方法

可控源地层元素测井元素含量计算是指从仪器实际测量的伽马能谱出发，通过一系列数据处理算法获得地层中主要元素质量百分含量的过程。首先，对测井数据进行预处理，主要包括数据滤波、能谱归一化、能量刻度、漂移校正和能量分辨率校正。数据预处理的目的是消除放射性统计涨落及外界环境因素造成的地层谱信息的失真，使测量谱尽可能地完全反映地层的真实信息。其次，使用加权直接解调法对测量的非弹谱和俘获谱进行解谱，得到元素的产额。最后，对于俘获能谱，通过氧化物闭合模型将元素的相对产额转化为元素含量；对于非弹谱，利用"架桥法"获得元素的含量（Radtke et al., 2012）。

1）能谱的预处理技术

仪器实测能谱的复杂性和多变性，使得仪器实测的伽马能谱不能直接用于伽马能谱的解析过程，在实测谱解析过程中要求对仪器的实测伽马能谱要进行一系列的处理，包括对实测伽马能谱的滤波处理、能量刻度、归一化处理、漂移校正及谱形校正等。这些处理在一定程度上可以减小环境变化所带来的误差。

在实际测井过程中，溴化镧探测器的能量分辨率会随温度升高而变差，导致峰形变宽。若用能量分辨率不同的标准能谱去拟合测井获得的地层混合元素俘获谱（简称混合俘获能谱），会带来很大的误差。因此，在解谱之前，需要对模拟的伽马能谱进行高斯展宽。

2）获得元素标准谱

元素标准谱是地层中单一关键元素的原子核与中子发生非弹性散射或辐射俘获形成的伽马能谱，包括俘获元素标准谱和非弹元素标准谱。每一种核素都会产生一个或者若干个具有特定能量的伽马，如 H 为 2.23MeV，O 为 6.13MeV，由于闪烁伽马探测器有限的能量分辨率和统计涨落，每种元素标准谱都有一个或者多个展宽的能峰。这些能峰的形状近似以未展宽的伽马能量为中心，以仪器闪烁晶体的能量分辨率展宽的宽度对元素的特征能量按高斯分布展宽形成全能峰，类似地形成第一、第二逃逸峰。元素标准谱反映了元素各特征能量对应的伽马计数，是通过解谱反演元素相对产额的基础。

元素标准谱常可以通过实验室测量和蒙特卡罗数值模拟方法获得，实验室测量需建立大量的模型井，不但耗资巨大，而且需要通过复杂的数据处理剔除测量中其他元素的影响。通过蒙特卡罗方法数值模拟可以获得元素非弹标准谱和俘获标准谱，如图5-5-4所示。

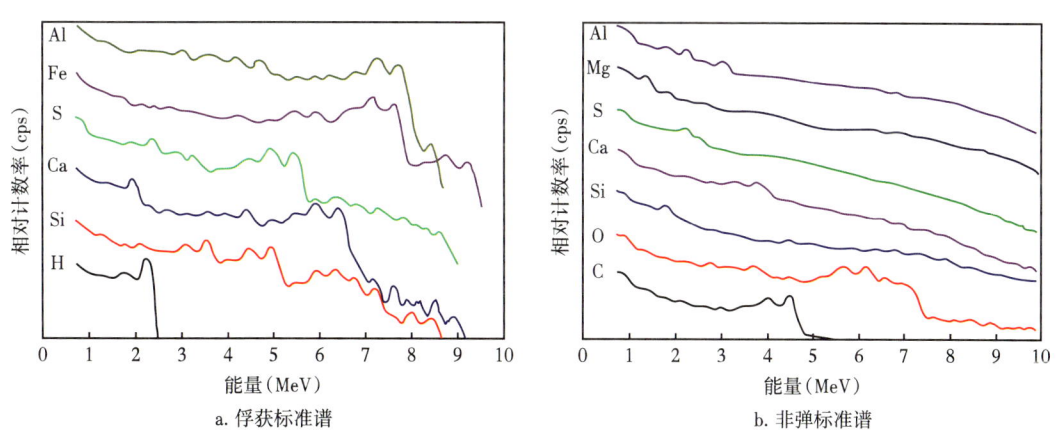

a. 俘获标准谱　　　　　　　　　b. 非弹标准谱

图5-5-4　可控源地层元素与孔隙度测井标准谱图

通过蒙特卡罗数值模拟获取标准非弹谱相对简单，采用的是单质地层、无井眼情形，同时密度统一为 2.4g/cm³。经模拟研究发现，非弹谱能谱形状在地层密度处于一定范围内（2~3g/cm³）基本不受地层密度的影响，但受到仪器本底影响较大，主要是仪器外壳 Fe 元素的影响，其带来的仪器本底占非弹总能谱的 40%~60%。

与非弹元素标准谱的获取相比，俘获谱的获取需要考虑的因素较多，在地层设置上要保证地层密度基本一致和中子慢化长度近似相等。从放射源测井标准谱的获取经验来看，可控源测井的主要区别在于中子能量的变化，其直接影响了中子在地层中的慢化长度。该问题在核物理上表现为中子能量不同对应的元素微观截面的变化。因此，微观截面的等效计算便成为关键因素。

3）基于加权直接解调法的解谱方法

可控源地层元素与孔隙度测井仪用来进行能谱解析的谱主要有净俘获谱和净非弹谱。这两种谱可以看作是不同元素标准谱的线性组合，使用矩阵的表达形式为：

$$\boldsymbol{d} = \boldsymbol{P}\boldsymbol{X} + \boldsymbol{E} \tag{5-5-1}$$

式中：$\boldsymbol{d}$ 为能谱计数率组成的向量；$\boldsymbol{P}$ 为由元素的标准谱组成的矩阵；$\boldsymbol{X}$ 为元素产额组成的向量；$\boldsymbol{E}$ 为误差向量。

在最小二乘的意义下，$\boldsymbol{E}$ 的 l_2 范数 $\|\boldsymbol{d} - \boldsymbol{P}\boldsymbol{X}\|_2$ 最小：

$$Q(\boldsymbol{X}) = \|\boldsymbol{d} - \boldsymbol{P}\boldsymbol{X}\|_2 = \boldsymbol{X}^{\mathrm{T}}\boldsymbol{P}^{\mathrm{T}}\boldsymbol{P}\boldsymbol{X} - 2\boldsymbol{d}^{\mathrm{T}}\boldsymbol{P}\boldsymbol{X} + \boldsymbol{d}^{\mathrm{T}}\boldsymbol{d} \tag{5-5-2}$$

在式（5-5-2）中，对 $\boldsymbol{X}$ 求偏导数，可以得到式（5-5-2）的正则方程：

$$\boldsymbol{P}^{\mathrm{T}}\boldsymbol{P}\boldsymbol{X} = \boldsymbol{P}^{\mathrm{T}}\boldsymbol{d} \tag{5-5-3}$$

用直接解调法得到式（5-5-3）的第 l 次迭代的近似解：

$$X^{(l)}(i) = \frac{\omega}{P_l(i,i)}\left[c(i) - \sum_{j=1}^{i-1}P_l(i,j)X^{(l)}(j) - \sum_{j=i+1}^{N}P_l(i,j)X^{(l-1)}(j)\right] + (1-\omega)X^{(l-1)}c(i) \tag{5-5-4}$$

其中：
$$\boldsymbol{P}_l = \boldsymbol{P}^{\mathrm{T}}\boldsymbol{P}, \quad \boldsymbol{c} = \boldsymbol{P}^{\mathrm{T}}\boldsymbol{d}$$

式中：$X^{(l)}(i)$ 为求解时第 l 次迭代得到的解向量第 i 个元素，$P_l(i,j)$ 为系数矩阵 $\boldsymbol{P}_l$ 中第 i 行、第 j 列元素；$c(i)$ 为常数矩阵 $\boldsymbol{c}$ 的第 i 个元素；ω 为松弛因子。

直接解调法实质上是对式（5-5-3）使用逐次超松弛迭代法（Successive Over Relaxation Method，简称 SOR 方法），逐次超松弛迭代法是高斯—塞德尔方法的一种加速方法，是解大型稀疏矩阵方程组的有效方法，具有计算公式简单、占用计算机内存少等优点，但需要选择好的加速因子。

4）可控源元素联合解谱方法

基本方法同第五章第四节"氧化物闭合模型"。

在计算 C、O 等非弹谱元素含量时，使用"伪俘获谱"或者"架桥法"。由于非弹谱中的元素总数比较少，所以不能构成闭合模型。利用既有俘获反应也发生非弹性散射的 Si、Ca、Fe、S 等元素，假定这些元素通过俘获反应和非弹性散射得到元素百分含量是相等的。于是，有：

$$W_{\mathrm{IE}} = W_{\mathrm{Z}} \times (S_{\mathrm{IZ}}/Y_{\mathrm{IZ}}) \times (Y_{\mathrm{IE}}/S_{\mathrm{IE}}) \tag{5-5-5}$$

式中：W、Y、S 分别表示元素的含量、产额和相对灵敏度；第一个下标 I 表示对应的是非弹性散射或俘获反应的值；第二个下标 Z 表示那些既能发生非弹性散射又能发生辐射俘获反应的元素，如 Si、Ca、Fe、S、Mg、Al、Ba 等；第二个下标 E 表示那些只发生非弹性散射的元素，如 C 和 O。于是由式（5-5-5），C、O 等元素的含量可以用 Si、Ca 等元素作为桥梁，通过这些元素的含量、非弹谱产额和非弹灵敏度，以及该元素的非弹产额和非弹灵敏度获得。

可控源地层元素的解谱使用了加权直接解调法，同时加入一系列优化算法提高元素含量的解谱精度。加权直接解调法适用于解决实际中大维数线性代数方程组的求解问题，其解谱精度较高。加权直接解调法是多种算法结合的产物，包括超松弛迭代法（SOR）、多重拟合法及加权系数的引入。通过使用加权直接法获得元素的产额，然后通过氧化物闭合模型和"架桥法"将元素的相对产额转化为元素含量。

使用加权直接解调法的可控源地层元素解谱方法提高了元素的解谱精度，比如 Si、Ca 两种元素在同位素地层元素测井仪中测量精度约为 2.5%，但使用了本方法后的可控源地层元素与孔隙度测井仪中，这两种元素的解谱精度达到了 1.5%，解谱精度提升了40%，其他元素的测量精度都有较大的提升。

2. 基于多组耦合场理论的可控源密度高精度计算方法

非弹性散射伽马射线在从产生到被探测器所记录的整个过程中，很大程度上受三个方面的影响：（1）脉冲中子的输出和中子输运过程——其中地层快中子的通量分布取决于中子源的强度和快中子的减速长度；（2）非弹性伽马射线的产生过程——非弹性伽马射线的强度和能量分布主要取决于地层快中子分布、原子核密度和微观非弹性散射截面；（3）非弹性伽马射线的输运过程——伽马射线的衰减与地层电子密度相关。因此，探测器记录的非弹性伽马通量首先受中子从脉冲中子源产生到非弹性伽马射线产生前中子输运的影响，其次受非弹性伽马射线的产生截面的影响，最后受非弹性伽马射线从产生到被探测器记录过程中伽马输运的影响。

探测器的非弹性伽马计数响应与中子输运和伽马输运都相关。在中子输运过程中，非弹性伽马计数随着密度的增加而增加。在伽马输运过程中，和传统伽马—伽马测井一样，非弹性伽马计数随着密度的增加而降低。当源距一定时，在低密度地层伽马探测器计数率随密度的增加而降低，说明在此地层伽马输运的影响占主导地位；在高密度地层伽马探测器计数率随密度的增加而增加，说明在此地层中子输运的影响占主导地位。因此，可控源密度测井的复杂程度要高于常规密度测井。可控源密度测井不仅仅是一个康普顿原理测量问题，实际上是与中子输运相耦合，包含有许多中子孔隙度测量相关的问题。在正确得到地层体积密度之前，必须对测量得到的伽马射线进行相应的中子输运补偿校正。

利用多组耦合场理论和电子对效应补偿原理，通过理论推导的方法，得到非弹伽马计数率比值与地层体积密度的响应关系，从而提出与地层岩性、孔隙流体等无关的地层密度计算方法，解决了可控源密度高精度计算问题，如图 5-5-5 所示。

不同以往脉冲中子地层密度理论和公开的计算方法，非弹伽马射线响应与地层含氢指数和体积密度相关，中子输运和伽马输运两个过程是相互独立的。新的地层密度计算方法表明，非弹伽马射线响应与中子输运和体积密度相关，中子输运和伽马输运的是相互联系的。该新方法校正了中子输运和电子对效应的影响，使得到的地层密度与常规化学源密度仪器一样，与地层岩性和流体属性无关，地层密度准确度可以达到 0.025g/cm^3。

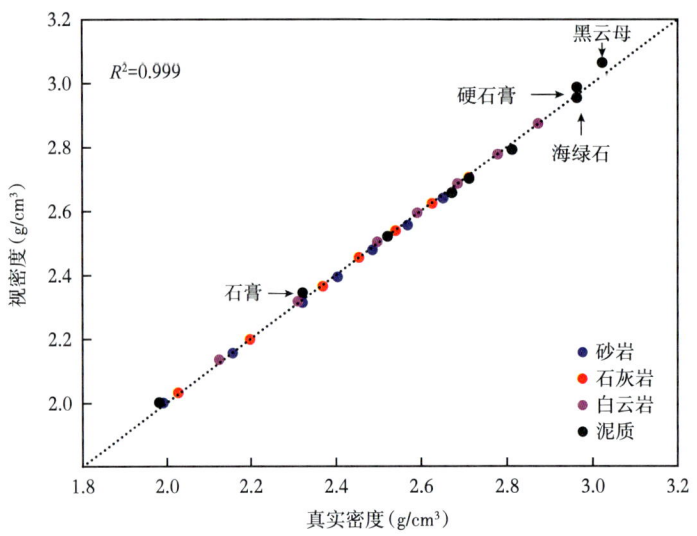

图 5-5-5　视密度与真实密度对比图

四、仪器刻度

可控源地层元素与孔隙度测井仪的主要功能是实现了元素、孔隙度和密度的多功能测量，但是由于可控源密度的测量主要使用了次生的非弹伽马计数，并且它的影响因素多，测量精度在 0.04g/cm³ 左右，不满足密度的高精度测量要求，故其提供的密度值主要用来作为参考。本部分主要介绍元素及孔隙度的刻度方法。

1. 可控源地层元素刻度方法

在可控源地层元素处理方法中，首先要根据仪器的中子发生器的工作时序及采集方案中时间门的设置获得净非弹谱和净俘获谱。根据中子发生器脉冲工作周期的设置，可控源地层元素测井与孔隙度测井仪在"发射门"测得的总谱是非弹谱、俘获谱及中子活化形成的本底谱的叠加，而"俘获门"测得的俘获谱是俘获谱和本底谱贡献的叠加。因此净非弹谱可以由"发射门"得到的总谱减去"俘获门"得到的俘获谱乘以一个系数：

$$\text{NetInelastic}_i = \text{Tol}_i - \alpha \text{Cap}_i, \quad i=1,2,\cdots,512 \quad (5\text{-}5\text{-}6)$$

式中：Tol_i 为可控源地层元素与孔隙度测井仪在"发射门"得到的第 i 道的计数；α 为净谱系数，净谱系数确定方法常用的有固定系数法和减氢峰法；Cap_i 为可控源地层元素与孔隙度测井仪在"俘获门"得到的第 i 道计数。

仪器在"俘获门"测得的俘获谱是俘获谱和中子活化形成的本底谱的叠加，所以净俘获谱等于俘获门中得到的俘获谱减去本底谱：

$$\text{NetCapture} = \text{Cap}_i - \text{BKG}_i, \quad i=1,2,\cdots,512 \quad (5\text{-}5\text{-}7)$$

式中：BKG_i 为仪器在"本底门"得到的第 i 道的计数。

可控源地层元素与孔隙度测井仪在石油测井计量站的地层元素刻度模型井群进行了方法试验，在石灰岩、砂岩、白云岩、水井、铁井、铝井、镁井、碳井等进行了实测谱的测量。

2. 可控源孔隙度刻度方法

可控源孔隙度测量主要使用了近远热中子探测器获得的计数率的比值，获取地层含氢指数，确定地层孔隙度。根据一组在标准井眼和地层条件下建立的刻度井，建立计算孔隙度的响应关系公式，即孔隙度与两个不同源距的 ^{3}He 探测器计数率比值的响应关系式。使用两个探测器计数比值而不是单探测器计数可以消除源强的影响，也可以有效补偿井眼环境的影响。

通常采用多项式拟合孔隙度—比值响应关系，即：

$$\phi = a_0 + a_1 R + a_2 R^2 + a_3 R^3 + a_4 R^4 \quad (5\text{-}5\text{-}8)$$

式中：ϕ 为孔隙度；R 为近远计数率比值；a_i（$i=0, 1, 2, 3, 4$）为刻度系数，它们由刻度井测量结果拟合得到。测井时，根据测得的计数率比值由式（5-5-19）计算得到孔隙度。

在可控源孔隙度数据处理中，要想获得较准确的孔隙度值需要进行死时间校正和密度校正。全域元素测井仪使用的是中子管，中子管放射的中子能量较高，非弹性散射在中子减速的过程中发挥的作用较大，所以地层密度对测量结果影响不可忽略。此外，井眼尺寸、钻井液及地层密度和矿化度、仪器间隙等环境因素等对孔隙度测量均有影响，需要进行相关的环境校正。

五、典型案例

可控源地层元素与孔隙度测井仪于 2020 年 7 月在吉林油田松原井进行了现场试验。如图 5-5-6 所示，密度、中子孔隙度和元素含量曲线重复性较好，与常规密度、中子及 FEM 元素曲线对比形态基本一致，层位特征准确，符合地层响应规律。

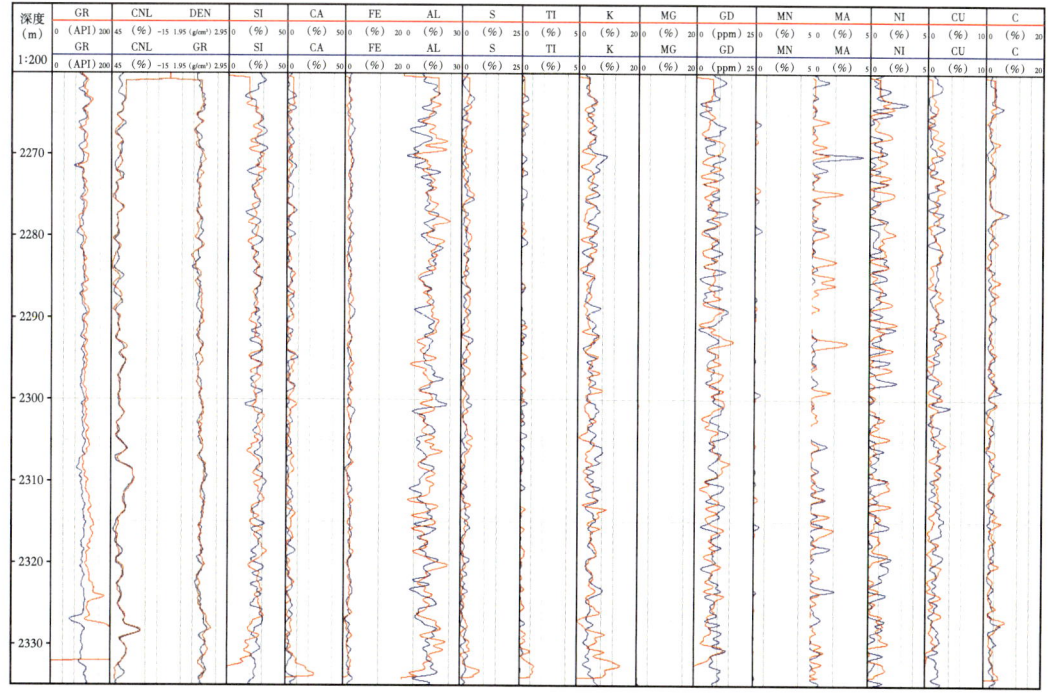

图 5-5-6 原×井测井曲线重复性对比图

基于元素含量特征，进行了目的层段地层岩性精细解释，通过最优化算法完成矿物组分精细及总有机碳定量解释，如图 5-5-7 所示。地层特征以砂泥岩为主，矿物组分主要包括伊利石、石英、钾长石、钠长石、方解石、铁白云石、黄铁矿。以泥岩夹泥质粉砂岩为主，泥质含量平均为 41%，石英含量平均为 26%，长石类型以钾长石为主，含少量斜长石，方解石含量为 5%~10%，个别层段含铁白云石和黄铁矿，总有机碳含量平均为 1.2%~3.2%；元素含量处理得到的矿物组分含量与区域地质特征相吻合，准确反映地层岩性变化规律，总有机碳含量有助于进行有机质甜点识别，对于提高综合储层评价效果有重要意义。

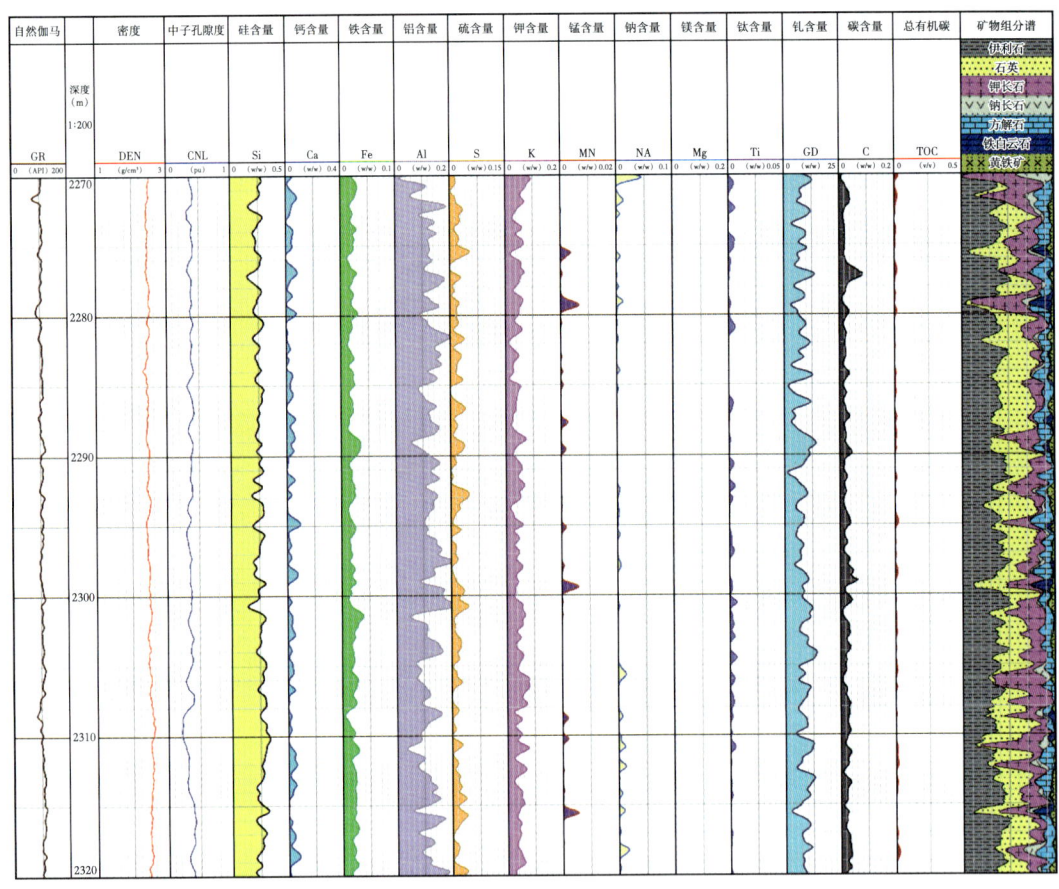

图 5-5-7 松原×井元素含量与矿物剖面解释成果图

第六章 核磁共振测井仪器

核磁共振（Nuclear Magnetic Resonance，NMR）作为一种物理现象，最初是由Bloch和Purcell于1946年发现的，从而揭开了核磁共振研究和应用的序幕。核磁共振测井仪器的理论基础是：来自氢核的核磁共振信号与样品中的氢原子数成正比，信号弛豫速率与流体的黏度成正比。因此，人们很自然就会想到利用这些NMR的性质来进行石油地质勘探。

随着核磁共振测井方法和仪器的发展，井下核磁共振测井技术从依赖地磁场到"Inside out"模式通过永磁体产生一个人工磁场，如今已成熟形成居中型和偏心型核磁共振测井仪。

第一节 居中型核磁共振测井仪

居中型核磁共振测井仪主要探测距井筒一定距离，周向范围内某一厚度的地层流体信息，主要代表的仪器有中油测井MRT核磁共振测井仪和哈里伯顿公司MRIL-P型核磁共振测井仪。该仪器具有高信噪比、测量重复性好及受井眼不规则影响程度小等优点。

一、总体描述

1. 仪器构成

如图6-1-1所示，居中型核磁共振测井仪由探头短节、电子线路短节和电容储能短节三部分组成。探头主要由强铁氧体磁体（主磁体）、两个磁性更强的地层预极化钐钴永久磁体、一个天线压力平衡系统等组成，主磁体安装在玻璃钢外壳内部，用于产生静磁场B_0，钐钴永久磁铁用于对地层氢原子预极化，天线既用于发射射频脉冲，又用于接收核磁共振回波信号。电子线路短节主要由发射电路、接收电路、通信电路、供电电路等部分组成，电路模块都各自独立地装在一个金属屏蔽盒内，各个金属屏蔽盒安装在线路支架上，模块间通过导线束连接，每个模块构成各自的子系统并能互相协调地工作，实现信号控制、信号处理、射频脉冲发射、高低压供电等功能；电容储能短节提供仪器工作附加能量。

1）探头短节

探头短节是核磁共振测井仪关键部件之一，由磁体、天线及相关机械部件构成，其主要功能是：在被测地层形成均匀的静磁场B_0，用来极化地层流体氢核；发射射频脉冲，激发被静磁场B_0极化的氢核，产生核磁共振信号；接收核磁共振信号，并将核磁共振信号传输到前置放大器。探头是核磁共振信号产生、接收及放大的源头，探头整体性能直接影响到核磁共振信号优劣，即探头的原始信噪比。

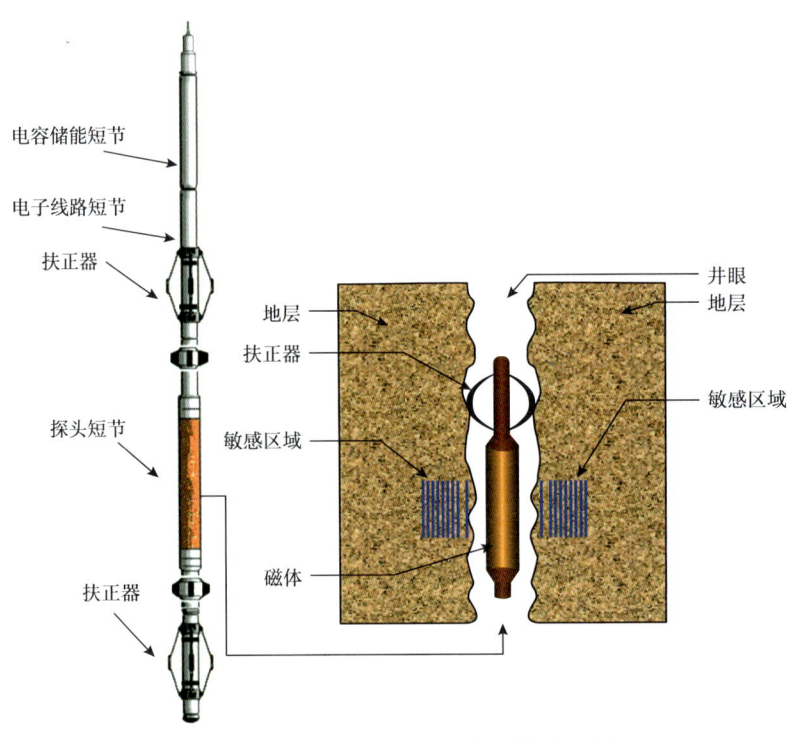

图 6-1-1　居中型核磁共振测井仪结构示意图

2）电子线路设计与研制

电子线路是核磁共振测井仪器的关键组成部分，用来完成脉冲序列的时序生成、射频脉冲的发射和回波信号的检测、放大与采集，以及实现与地面系统的通信等。设计难点包括：纳秒级控制时序的精准设计，实现多回波间隔（T_E）、多等待时间（T_W）的CPMG脉冲序列；高温环境下瞬时输出功率大于20kW的功率放大电路；纳伏级回波信号进行低噪声放大的接收电路。

3）电容储能短节

电容储能短节主要是为仪器工作时提供附加的能量供给，由电容模块组成。发射电路在发射射频脉冲期间，由于电缆电阻的限制，不可能在短时间内提供发射所需的能量，在仪器发射期间，电容储能短节进行充电，所存储的能量就为发射电路直接提供足够的能量补充。

2. 工作原理

居中型核磁共振测井的基本原理是基于氢核的NMR信号与样品中的氢原子数成正比，信号弛豫速率与流体的黏度成正比。利用这些NMR的性质来进行石油勘探。岩石中水的核磁共振弛豫速率比自由水的弛豫速率要快得多。这种弛豫速率的增加，主要是由表面弛豫强度所引起的，而且和孔隙的表面积与体积之比有关。这表明了孔隙介质的NMR性质与渗透率有关（梅忠武等，1998）。

利用探头磁体对地层孔隙中的氢原子进行极化，再借助天线探测弛豫信号，通过电子线路短节的微弱信号检测和分析处理能力，探测、存储井下测量数据，通过遥传短节将测量数据传输至地面系统再进行处理分析。

3. 主要技术指标

中油测井 MRT 核磁共振测井仪和哈里伯顿公司 MRIL-P 型核磁共振测井仪均为居中型核磁共振测井仪，其核心参数如下所示。

MRT 核磁共振测井仪参数指标如下。

（1）温度压力：175℃/140MPa；
（2）最小回波间隔：0.6ms；
（3）磁体材料：永磁铁氧体磁体；
（4）磁场类型：梯度磁场。

MRIL-P 型公司核磁共振测井仪器参数指标如下。

（1）温度压力：175℃/140MPa；
（2）最小回波间隔：0.6ms；
（3）磁体材料：永磁铁氧体磁体；
（4）磁场类型：梯度磁场。

二、主要功能模块

1. 探头设计与制作

1）探头功能与设计

居中型核磁共振测井仪探头由磁体、天线、骨架和外壳等组成。磁体产生静磁场对仪器周围地层中的质子进行极化，形成可以观测的宏观磁化量。为了在特定区域形成所需要的磁场分布，探头磁体基本上都是由多个磁体组合而成。为了在井下形成测井所需要的磁场强度和磁场分布范围，探头永磁体通常由多个磁体组合构成，通过对磁体结构的优化设计，使得具有特殊排列组合的磁体在地层中一个预先设定的区域产生符合要求的静磁场 B_0，这个设定的区域一般远离磁体一定的距离，而处在这个设定区域的样品最终将会成为被观测的对象（胡海涛，2009）。

探头天线具有两个功能，一是激发地层流体被极化的氢核，二是接收来自地层流体的核磁共振信号。天线在向地层中发射射频脉冲时，把射频功率转换为用来扳转宏观磁化矢量的射频场 B_1。这种把射频功率转换为射频场 B_1 的过程，要求尽可能是高效率的，即要求以最小的功率损耗产生最大的射频场 B_1。天线在接收核磁共振信号时，它和低噪声前置放大器相连接，把来自地层流体的核磁共振信号转换为适于后期处理的电压信号或电流信号。而在这一转换过程中则要求尽可能地减少信号本征信噪比。设计完善、结构良好的天线，无论是在发射射频脉冲还是在接收核磁共振信号，其效率都应该是高效的。核磁共振测井仪在发射射频脉冲时，仪器功率高达上千瓦，这就要求天线能够承受发射射频脉冲时的高电压和大电流。

骨架主要为探头提供机械支撑，承受仪器工作时的拉力或剪切力，保护探头内部磁体和天线不受应力的损坏，这就需要骨架材料具有足够的机械强度；同时，由于静磁场 B_0 的强度和方向是经过特殊设计而得到的，这就要求骨架的材料对静磁场的影响最小。

居中型核磁共振测井仪探头结构设计复杂，仪器在井下工作时处于运动状态，仪器的长度，磁体的长度，以及天线的长度与仪器的运动速度、回波个数 N_E、回波间隔 T_E、等待时间 T_W 等参数相互制约，因此仪器关键参数的设计需要充分考虑仪器的工作状态。

核磁共振测井仪可采用均匀磁场或梯度磁场,居中测量或贴井壁测量。此外,为了获取更多的地层信息,核磁共振测井仪可采用多天线结构设计,使得仪器一次下井可以采得多组不同参数的数据进行一维和多维分析。

2)探头研制与测试

首先,根据总体设计提出的技术指标及测井方式确定磁体基本机械尺寸、磁场分布形态及为达到测量要求所需最低信噪比时所对应的磁场强度。

然后利用商业化有限元软件进行磁体数值仿真模拟,并根据计算结果对磁场分布形态及磁场强度进行分析,同时利用磁场分析的结果数据对磁体结构及磁性材料极化方向进行调整,并进行下一次的磁场计算分析,直到计算分析结果达到设计要求为止(这里的磁体包括主磁体及探头上下两端的预极化磁体)。

最后根据计算结果完成磁体机械图纸绘制及各部分磁块在磁体中相应位置的极化方向的标定。

(1)磁体设计。

当磁体采用单一极化方向(二极矩)时,可以比较直观看出,其等势面分布具有明显的二极矩磁场分布特征,是以椭圆形分布的。

从上述分析不难发现采用单一极化方向的磁体,其磁场分布达不到设计要求。通过对磁体不同截面磁力线分布的分析,采用单一极化的磁体,在磁体两个磁化极方向上的磁场值要远远高于与极化方向相差 90° 方向。这也就是磁场等势面出现椭圆形的主要原因。针对磁体两极磁场值较高的问题,可以运用磁体削顶的技术手段对磁体分布进行调整。

采用削顶的方式,将磁体极化方向的圆弧面削去后,对于等势面上的四个点,A_1、A_2、B_1、B_2 进行观察,不难发现磁体极化方向的两点 A_1、A_2 距离磁体表面比 B_1、B_2 两点的距离增加(图 6-1-2)。由于磁场强度与距离之间的变化接近指数变化关系,通过数值模拟,可以确定磁体削去的量,因此通过削顶的方式可以对磁场的分布进行一部分调

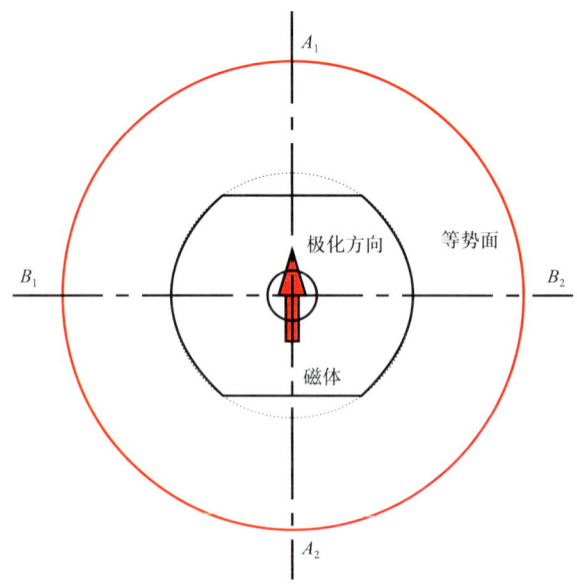

图 6-1-2 磁体削顶示意图

整。但是考虑磁体总的磁场分布，削顶的这种磁场调整还存在一定的局限性，还需要对磁体极化方向进行排布及调整。

极化方向的改变对磁场分布的影响过程仍然是调整探测区等势面的形状。经研究发现，通过调整磁体中心区域的极化方向，可以有效控制磁体两个极方向上的磁场值的大小。经过削顶及改变磁块的极化方向这两个技术手段可以有效控制探测区内的磁场形状，使得其径向 B_0 磁场的等势面接近于圆形，这样 B_0 与 B_1 的匹配程度更好，对提升探头原始信噪比效果显著。

（2）磁体制作。

在 175℃、140MPa 高温高压环境下，最理想的磁体结构是一个整体，不存在任何粘接结构，最为稳固，受环境影响较小。但是受到加工工艺的限制，永磁铁氧体的极化度、均匀性，以及一致性都无法保证，所以磁块尺寸大小对磁体性能影响较大。

为了保证实际制作出来的磁体的性能更加接近理论计算的结果，磁片选择上有以下两个要求：

①极化度的要求。永磁材料制作过程在湿粉经过压机压制成型的同时，经过电磁铁的定向取向，因此电磁铁的磁场均匀性对永磁材料的极化度影响较大。对每个批次的磁性材料进行抽检，利用 X 光衍射实验来检验磁片的极化度。其检测标准为磁片的极化度不得超过 ±15°。

②磁片一致性的要求。在加工过程中，每个磁片的磁性能难免会出现差异。这种差异只要控制在标准范围内，对磁体性能影响不大。但是有些磁片中间会夹杂各种渣滓，这对磁体能的影响巨大。为了避免这种情况发生，需要对每个磁片进行挑选，主要是利用磁通计和亥姆霍兹线圈进行磁片的磁性能筛选。

在主磁体内部存在两种极化方向。一种是单一完成极化方向。这类磁片的充磁可以直接放到充磁线圈内完成。另一种是在磁体同一层内存在两种相反的充磁方向。对于这一种极化方向，最简单的办法是将中间区域与两侧区域的磁片分开充磁，如图 6-1-3a 所示，采用粘接的办法将三个磁片粘接到一起。但是由于中间区域内的磁片采用同一尺寸，不存在搭接情况，是导致磁体的整体强度将显著降低，在高温高压条件下，两侧的磁体很容易从主磁体上脱落，造成磁体破坏。

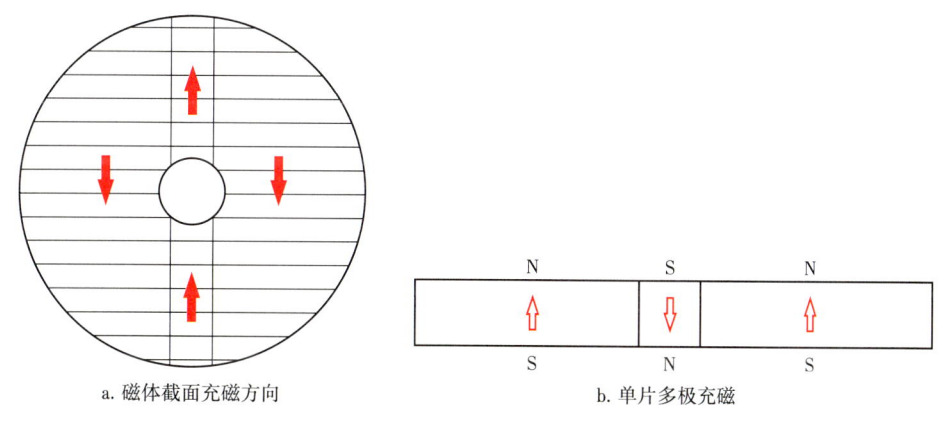

a. 磁体截面充磁方向　　　　　　b. 单片多极充磁

图 6-1-3　磁体同一层内存在两种相反的充磁方向

针对上述问题,为了保证磁体的磁性能和整体的稳固性,将多极充磁技术应用到多频核磁共振测井仪磁体制作中,如图 6-1-3b 所示。多极充磁就是在同一磁片上充出两个以上的磁极。这种充磁方式需要采用精密充磁夹具才能达到多极充磁的要求。因为在同一磁片上的多极充磁,任何相邻两个磁极之间存在一个过渡区域,这个区域的磁场为零。这就要求这个区域的宽度最大不能超过 1mm,否则将对探测区内的磁场产生影响。

(3) 天线设计。

任何核磁共振测井仪器都必须满足实际条件下的物理测量和所使用场地的要求。核磁共振测井仪可进行物理测量的基本要求是包括一个均匀变化的梯度磁场,以及一个与磁场方向严格正交的射频场。天线产生射频脉冲,以共振频率辐射至岩层,并接收来自岩层所感应的核磁共振信号。该信号将被传送到 2 级的放大器进行放大,输出送至 ADC,进行数字处理。天线周边电路还包括以下三部分。

①天线主电路:用于发射射频信号和接收核磁共振回波信号;

②调谐电路:用于将天线的谐振频率调谐至核磁共振频率;

③调频继电器电路:用于调节天线工作于多个频率。

(4) 探头测试。

探头磁体完成整体粘接后,按照递进关系分别进行 5 种状态下的装配和振铃测试:裸磁体、涂刷屏蔽层、磁体减振防护处理、探头注油和加温条件下的测试。当某一步骤振铃测试没有达到指标要求时,则终止下一步测试,需对磁体进行返工处理。每步测试前,将探头与电子线路短节硬连接,电容储能短节与电子线路短节进行硬连接;使用地面系统,配接模拟电缆盒后形成多频核磁共振测井仪器工作环境,对探头进行扫频测试,频率应在参考值范围内。若频率不合适,应调节电容大小,使每个频带频率在参考范围之内。

扫频结果中每个频带的增益应在增益参考值范围之内,若增益不合适,可以对 B1 线圈电阻进行调节来改变增益大小。

探头扫频正常后,进行扫振铃测试,直接进入采集软件 MRT 测井窗口,进行 D9TWA 模式测井。裸磁体状态下探头测试:除频率 Band4 外,其他频率振铃幅度应小于 8000。

2. 电子线路设计

电子线路的设计是以探头特性为基础。天线所需的射频激励电压主要由天线本身的谐振阻抗、天线的品质因数和仪器的探测深度决定;天线接收到的回波信号幅度主要由磁体的磁场强度、梯度、天线的开角大小和天线的长度决定。

电子线路短节主要包括以下几部分:发射电路、接收电路、通信电路、供电电路。模块都各自独立地装在一个金属屏蔽盒内,各个金属屏蔽盒安装在线路支架上,模块间通过导线束连接,每个模块构成各自的子系统并能互相协调地工作。

电子线路设计难点包括:高温环境下瞬时输出功率达 20kW 的功率放大电路;纳伏级核磁共振回波信号的低噪声放大电路;纳秒级控制时序的精准设计,以实现多回波间隔(T_E)、多等待时间(T_W)的 CPMG 脉冲序列。

1) 线路设计

(1) 总体框架设计。

由于仪器在地下数千米深的高温高压环境工作，且体积受到严格限制，因此器件选择受到一定限制，所选器件要能够耐高温，电路板布局和布线也受到限制。为同时满足高温环境下仪器散热和天线激励电压的需求，功率放大电路采用D类放大结构，同时需要专门的功率放大电路驱动满足高温环境下场效应功率管对驱动电流的需求；在射频脉冲发射期间，为克服由于供电电缆电阻的限制而无法短时间内提供发射所需的能量，需要电容储能短节；由于发射和接收采用同一个天线，为不影响回波信号的接收，需要泄放电路在发射完大功率射频脉冲后快速泄放在天线中储存的能量；天线和接收回路之间的接口电路在脉冲发射和能量泄放期间对接收回路进行保护；由低噪声前置放大电路对回波信号进行高增益放大；为提高测井效率和测井速度，需要继电器驱动电路来频繁切换天线谐振频率以完成多频测量；辅助测量电路实时测量各短节环境温度和电压，方便地面监测仪器状态；主控电路要具有一定的可扩展性以满足新型脉冲序列对时序的要求。电子线路系统如图6-1-4所示。

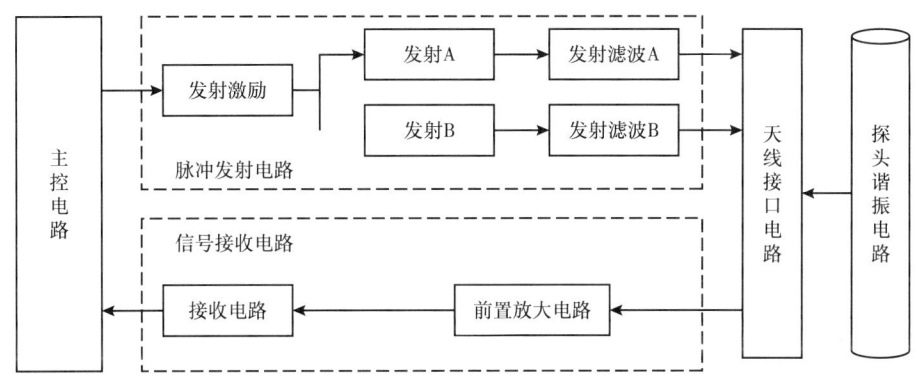

图 6-1-4　电子线路系统示意图

井下仪器接收地面系统下发的测量模式参数信息和控制命令信息，由主控电路产生各模块工作所需的控制信号。主控电路产生SIN和COS两路正交控制信号，以及幅度控制信号AM发送至激励电路，激励电路根据这三路控制信号产生相应的发射控制信号，激励电路同时受到发射门控信号的输出使能控制。发射接口电路对主控电路产生的发射门控信号和能量泄放控制信号进行处理，对发射状态进行监测，在仪器异常时停止发射脉冲。激励电路对脉冲发射波形进行控制，其产生的两路控制信号分别传输至两个完全相同的发射电路，产生高压方波并由发射滤波电路滤除谐波成分，最后经天线接口电路中变压器进行功率合成后传输给天线，用于激励地层中的氢核产生核磁共振现象。天线接口电路在脉冲发射期间对前置放大电路进行保护，在脉冲发射完成后泄放在天线储存的能量。天线接收到的回波信号，由前置放大电路进行低噪声放大。放大的回波信号由接收电路进一步放大后，经抗混叠滤波器滤除高频噪声后进行模数转换，在主控电路DSP中实现回波信号的提取和数字滤波等数字化处理。在天线发射射频脉冲时，由天线附近的B1线圈监测天线的发射过程，经积分放大后送给辅助测量电路用于仪器的发射功率校正。仪器在扫频和增益测量时，首先由主控电路产生刻度信号发送给刻度电路，通过B1线圈发射耦合给天线，天线接收此信号并经过和回波信号相同的路径，由主控电路进行采集处理，用于仪器的扫频和增益校正。

（2）主控电路。

由于回波信号极其微弱，并且被比其强度大许多的干扰信号所淹没，使用由模拟电路构成的信号检测方法不能够获取回波信息，因此数字信号处理平台是必需的。

主控电路的各项功能需求如下：

①控制时序包括接收、门控、清空、门锁、继电器控制信号、刻度模块衰减逻辑控制信号、刻度/B1选择信号；

② RF 激励信号的控制与回波信号的采集；

③回波信号的提取算法；

④实现与遥传短节的通信；

⑤与辅助测量板通信及监测信号的采集；

⑥实现各类观测模式（对应于不同的发射脉冲序列）。

主控电路采用 DSP+FPGA 的控制模式，DSP 主要负责 CAN 通信、数据采集、信号处理等功能，以 FPGA 为主体的电路用以产生控制逻辑，负责提供片选、中断、互锁保护电路的控制，采集数据缓存及测量脉冲序列的输出也由它一并管理（图6-1-5）。

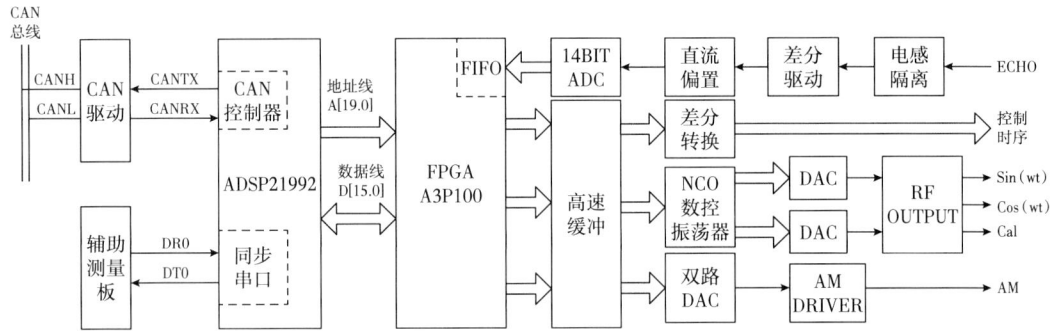

图 6-1-5　主控系统示意图

主控电路简要的工作流程为，地面软件通过 CAN 总线将控制命令字下载到井下 DSP 中，然后 DSP 根据设置与 FPGA 一起控制其他模块协同工作进行测井，再由14位 ADC 转换器对经过隔离放大处理之后的回波信号进行采集，存储进 FPGA 里的 FIFO 中，等到 DSP 空闲时取出采集数据进行数字滤波处理，处理好的数据再由 DSP 的 CAN 模块上传至地面。

（3）探头谐振电路。

核磁共振测井仪在测井时，探头外部的天线将某一特定频率的射频信号以交变磁场的方式发射到地层之中，然后天线又接收氢原子核产生的核磁共振回波信号。由于仪器在井下的时候，地层、井眼钻井液等负载的影响，探头的 Q 值会降低，尤其居中式的设计，需要较大的射频功率和标准的钻井液环境，在接收核磁共振回波信号时，钻井液产生的干扰信号会影响信噪比，因此天线制作时，要有足够高的 Q 值，保证能量能有效地发射。

（4）脉冲发射电路。

有效地激发核磁共振回波信号是核磁共振测井方法的基础，通常使用一系列频率、强度、持续时间和间隔时间符合一定要求的射频脉冲激励来产生回波信号。其中，射频磁场频率受静磁场强度约束，频率 $v=\gamma B_0$（γ 为氢原子核旋磁比，B_0 为静磁场强度）；偏转角 $\theta=\gamma B_1 \tau$（B_1 为激励磁场强度，τ 为 B_1 磁场的持续时间）。根据理论计算，在井下环境如若要产生自旋回波信号，则射频激励信号的功率为千瓦级。

脉冲发射电路至少应满足以下要求：

①由于功率信号经过后级的滤波网络后将以基频正弦信号送至天线模块，因此要求产生的功率脉冲信号的主要能量在基波上；

②产生的功率信号在其工作时序部分的瞬时功率达到 20~30kW；

③功率信号产生脉冲电压大于 1500V；

④电路在高电压大电流的环境下能稳定工作。

（5）信号接收电路。

信号接收电路由前置放大电路和接收放大电路组成。信号接收电路的设计遵循"首个放大环节重要性"原则。该原则指出：在级联放大电路中，当首个环节增益远大于后级时，级联系统的噪声性能仅由首个环节决定，此时，提高首个环节的噪声性能将直接提高级联系统的噪声性能。另外，采集系统所允许的输入电压范围决定了前级接收放大电路的增益水平，而差分输出主要是减少传输环节的噪声影响。对于前置放大电路而言，噪声系数、增益和频率特性是重要的性能指标。

仪器处于回波信号接收模式时，系统通过设置天线接口模块，将接收信号直接送达前置放大器模块进行放大，滤波后，输出到 DSP 处理器板。当仪器处于测量仪器增益（Gain）时，主控系统产生一个精准的参考信号，此参考信号为射频 RF 正弦波，其频率与将要进行的核磁共振测量的频率相同，幅度大约为 4V。该信号经过天线耦合后，被天线感应的信号约为 2μV，然后送至前置放大电路。

（6）天线接口电路。

核磁共振测井仪器需要对地层发射大功率射频信号，用来激发地层的氢元素产生核磁共振信号，射频信号的发射和核磁共振回波信号的接收都是由同一个天线来完成的，核磁共振信号必须在射频信号发射后的极短时间内接收，否则核磁共振信号很难被检测到，然而射频信号高至千伏级，核磁共振信号小到纳伏级，因此两路信号的发射接收的无缝连接就显得十分必要，天线接口的作用就在于此，它作为高速切换电路使核磁共振信号的采集能够顺利进行。

天线接口电路包括以下两部分：

①天线接口高压射频发射电路：用于发射高压射频信号；

②天线接口低噪声接收电路：用于传输天线接收的核磁共振信号。

低噪声开关电路。低噪声开关电路采用本底噪声极低的开关 MOS 管作为开关电路，尽量降低接收回路的噪声，而 TR8 和 TR6 都采用高频率、高 Q 值、高磁导率的磁环作为变压器磁芯，有助于提高信号的质量，同时降低噪声。

2）联调与测试

（1）测试环境与装置。

刻度水箱的内部水仓有两个阀门：低位的输入阀和高位的排出阀。通过输入阀将水抽入内部水仓中，打开排出阀保证内部水仓里没有残留的空气。将内部水仓排空时，反过来操作。水泵连接如图 6-1-6 所示。

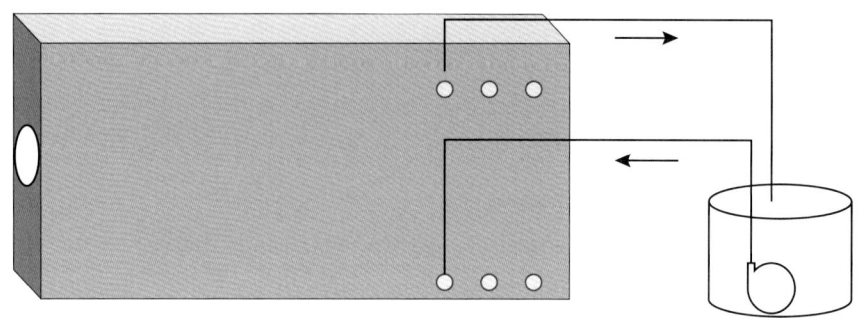

图 6-1-6 水泵连接示意图

在刻度水箱刻度期间，需确定的参数有：

①B_1必须能够产生最大的A_0，其中A_0是回波串在零时刻的幅度（90°脉冲和180°脉冲具有相同的幅度，但宽度不同）；

②确定B_1和A_0的关系，进行功率校正；

③由回波激励效应对回波1和回波2进行校正。

A_0和孔隙度之间的关系表现为：刻度水箱中，最大的A_0倍刻度为100%孔隙度。

（2）仪器系统联调测试。

将探头短节放置在刻度水箱中，依次连接探头短节、模拟负载、电子线路短节、电容储能短节、遥传、模拟电缆、地面测试系统，要求仪器硬连接。

通过地面系统给井下仪器供交流电，要求地面系统加电电压参考值：300V±30V，要求井下缆头电压参考值：220V±22V，要求地面系统加电电流参考值：300mA±25mA。

①回波信号检测。

给核磁共振测井仪器供电，保证仪器供电与通信正常。寻找仪器的工作频率，在谐振频率点工作时处于最佳工作状态。在600V高压下，运行测试程序，通过示波器观测回波信号，验证仪器性能。

对于仪器的噪声，噪声越小回波的特性越好，仪器的噪声在100mV左右，即认为仪器进入正常工作状态回波探测时，要求仪器的噪声越低越好，仪器的噪声与前置放大器本身的噪声系数有关，也与系统的地系统的合理布局有关。

②常温检测。

仪器供电正常后，分别置模拟负载到300Ω和OPEN挡位，应用地面软件中的扫频模块进行仪器扫频。

仪器扫频正常后加高压，在加高压过程中，通过监控界面观察B_1值随高压的变化关系。

应用扫频结果，置模拟负载到OPEN挡位，置直流高压电源为NORMAL挡位，并加高压HV=300V，在核磁共振地面软件中应用扫振铃功能模块，分别应用Ring12和Ring06观测模式来检测探头振铃。Ring12的扫振铃结果小于30%，Ring06的扫振铃结果小于50%。

仪器刻度检测。置模拟负载到300Ω挡位，置直流高压电源为MRIL挡位，仪器运行PR06模式，加高压HV=600V，预热30min后，应用刻度模块开始仪器刻度。

仪器刻度完成后进行水箱统计检测，模拟负载设置 OPEN 挡。在核磁共振地面软件中应用水箱统计功能模块。

③高温检测。

高温测试时，将仪器电子线路放置在加温箱中，从常温升温到 175℃，并在 175℃ 恒温 2h。加温时注意观察各个监测量不应超过误差要求。

三、数据处理方法

一个完整的核磁共振测井作业链主要包括两个阶段：数据采集和数据处理。首先为了获取仪器测井数据，将传感器置于井下，通过地面系统向井下仪器发送命令，仪器按照指令进行数据采集，并将采集到的数据发送到地面系统并进行存储；其次是将采集到的数据进行处理分析，求取诸如孔隙度、孔径分布、束缚水饱和度和渗透率等岩石物理信息。在数据处理解释方面，先后发展出了基于横向弛豫时间 T_2 分布的岩石物理参数计算方法和基于流体不同属性（如纵向弛豫时间 T_1、固有横向弛豫时间 $T_{2\text{int}}$、扩散系数 D 等）差异的流体识别方法，如 TDA（Time Domain Analyse）、MRF（Magnetic Resonance Fluid）、$T_{2\text{int}}$-D、T_1-T_2、T_1-$T_{2\text{int}}$-D 等方法。通过改变采集模式，利用原有核磁共振测井仪器采集不同参数数据，可以满足不同分析方法需要。

1. **数据采集方法**

1）横向弛豫时间 T_2 的测量

横向弛豫的过程通常采用 CPMG 脉冲序列进行测量，该序列是在 90° 脉冲之后连续施加一系列的间隔相同的偶数个 180° 脉冲。该 CPMG 脉冲消除了磁场不均匀性对 T_2 测量的影响。如果回波间隔取得非常小，可以排除扩散对 T_2 测量的干扰。低孔多介质的 NMR-T_2 测量使用的序列类似于 CPMG 自旋回波脉冲序列，通过观测到的自旋回波串的衰减过程来确定横向弛豫，该方法称为单点采样 CPMG 脉冲序列。被观测到的横向弛豫服从单指数衰减，这样测得的回波串幅度将按照 $1/T_2$ 的速率衰减，如下：

$$M(T_E) = M(0) e^{-T_E N_E / T_2} \quad (6\text{-}1\text{-}1)$$

式中：$M(T_E)$ 为 T_E 时刻测得的回波信号幅度；T_E 为回波间隔；N_E 为回波个数；$M(0)$ 为 0 时刻的回波幅度。当被观测的横向弛豫包含多个单指数衰减时，CPMG 回波串的幅度将是多个指数的和，可以分解出多种不同的指数成分。

2）纵向弛豫时间 T_1 的测量

针对纵向弛豫时间的测量主要有两种方式：反转恢复法和饱和恢复法。

反转恢复法的优点是不仅能够测量 T_1，还能够消除 T_2 的影响。脉冲序列如图 6-1-7 所示。通常情况下，在 $0.01T_1$~$5T_1$ 之间选择一组 t 值进行测量。具体实验时 t 任意分布，采用式（6-1-2）进行数据拟合，得到 T_1 值。当被观测的纵向弛豫过程服从多指数分布规律时，测得的 $M_Z(t)$ 的观测值可以分解出多指数函数的形式及其对观测磁化矢量的贡献。

$$M_Z(t) = M(0)\left(1 - 2e^{-\tau/T_1}\right) \quad (6\text{-}1\text{-}2)$$

采用反转恢复法测定 T_1 的优点是动态范围比较大，准确性相应较高。

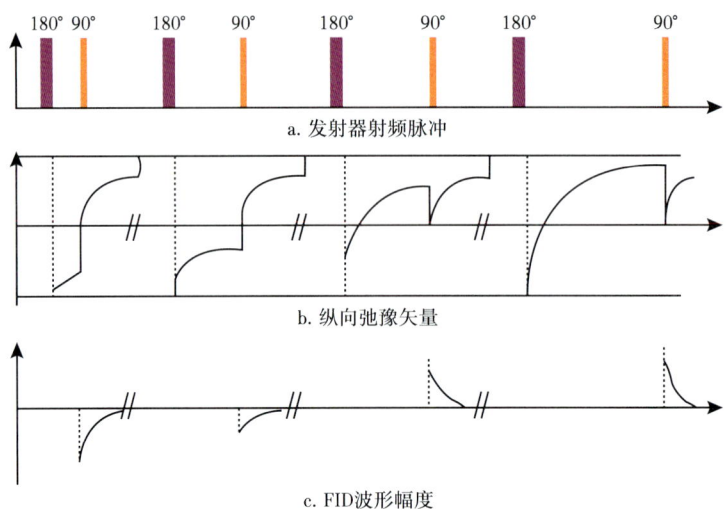

图 6-1-7 纵向弛豫时间测量

饱和恢复法的脉冲序列采用一个 90° 脉冲后面跟着一个 90° 的读数脉冲。饱和恢复法序列的脉冲强度可以表示为：

$$M_Z(\tau) = M(0)\left(1 - e^{-\tau/T_1}\right) \qquad (6-1-3)$$

通常情况下，饱和恢复法没有反转恢复法常用。因为饱和恢复法磁化强度的动态变化范围相对较小，为 $M(0)$，而反转恢复法动态监测范围为 $2M(0)$。

3）测前设计

核磁共振测井与其他测井方法最大的不同就是需要进行测前设计。测前设计的好坏直接影响到测井解释的成败。测井之前较少进行测前设计，或者进行测前设计的步骤较为粗糙，不符合要求，从而导致实际测井中选用的测井方式达不到测量目的。对于核磁共振测井来说，测前设计不仅需要详细了解地层的含油气性质、储层物性等方面，还应准确考虑测井施工效率，如测量的时间不能太长等。

2. 数据处理方法

1）预处理

预处理是核磁共振测井资料处理的重要环节之一，回波预处理主要是采用回波校正、回波叠加、回波去噪等技术手段，保证原始资料的正确性，提高资料信噪比。

2）数据处理

数据处理包括回波反演技术、储层参数计算方法及流体识别方法。

（1）回波反演。

回波反演是得到 T_2 谱的关键步骤，根据测井仪器和观测模式不同，可进行一维反演和二维反演。

①一维反演。

多指数反演算法是数据处理最重要的环节，处理结果直接影响测井解释对储层物性参数的计算和油气层的识别。目前多频核磁共振测井仪器主要测量的是横向弛豫时间

（T_2，单位 ms），常用于一维反演的算法包括基于模平滑方法的 BRD 算法、反复进行整体迭代的多指数反演 SIRT 算法、奇异值分解法的 SVD 算法、基于 BG 线性评价理论的反演方法。

在经过多种处理算法调研后，在满足 T_2 谱分辨率精度和快速反演实时性要求下，多频核磁共振仪选用了 SVD 奇异值分解法进行数据的实时反演。

②二维反演。

二维核磁共振测井数据中包含大量信息，需要从采集数据中提取出反映样品不同组分的弛豫特征及扩散系数，这个过程就称为二维核磁共振反演。二维核磁共振测井采集到的数据信噪比较低，且数据量大，对数据的处理具有较大难度。目前采用 TSVD 方法进行二维反演。

（2）时域分析。

核磁共振时域分析方法是应用长短等待时间采集到的核磁共振回波信号进行储层流体识别和孔隙度的校正。

核磁共振仪器测井数据通常包括双等待时间测井数据和双回波间隔测井数据。核磁共振测井解释也是基于这两种数据，其中移谱法是采用双回波间隔数据，而差谱法和时域分析方法（TDA）则是对双等待时间测井数据进行处理解释。利用流体的极化特性的差异，可以采用长等待时间（通常为 13s）信号采集使油气水完全极化，采用短等待时间（根据实际情况而定）使水信号完全极化进行信号采集。长短回波串信号相减，就能消除水信号，剩下油气信号，从而达到油气层识别的目的。

通过差谱反演的结果直接得到含烃孔隙度。由于气的 T_2 值较油的 T_2 值小，一般处于 T_2 分布的左侧。通过差谱的 T_2 分布即可确定其含油气孔隙度，这是时域分析的理论基础。

（3）标准 T_2 谱分析。

核磁共振测井采集到的回波信号在零时刻的信号幅度通过仪器刻度可以转化成岩石孔隙度。不同孔径大小和流体特性具有不同的弛豫时间。

根据回波反演，并对反演得到的 T_2 谱进行拼接，就得到完整的 T_2 谱。通过 T_2 截止值进行孔隙度划分称为 BVI 截止值方法。T_2 截止值的准确选取很关键，需要通过岩心实验给出该地区的 T_2 截止值。在解释处理的时候进行分层设定。

（4）优化处理。

为了将核磁共振测井作用发挥得更加充分，在进行核磁共振测井解释和分析时通常会结合常规测井资料。尤其在油气定量评价时，仅使用核磁共振测井资料尚存在局限性，因此需要将常规资料结合在一起，更大限度地发挥资料的作用。优化处理包括总孔隙度优化和束缚水饱和度优化两个部分（王才志等，2002）。

总孔隙度优化的总体思路是根据三孔隙度测井和核磁共振测井分别计算出地层的总孔隙度。测井解释人员根据地区经验优选合适的孔隙度曲线作为地层总孔隙度。其中孔隙度计算主要涉及中子孔隙度、声波孔隙度、密度孔隙度、中子—密度交会孔隙度和中子—声波孔隙度等。

束缚水饱和度优化的总体思路是利用常规曲线及核磁共振曲线计算束缚水饱和度，对所得的饱和度进行优选，得到适应地层的饱和度。

（5）综合油气评价。

综合油气评价主要涉及渗透率的计算和含烃饱和度计算两个方面。

进行含水饱和度计算涉及的参数较多，参数的精确度是保证准确计算的前提。地层水电导率需要根据地表实验测量结果换算成地层条件的电导率。模型中束缚水饱和度值除了可以根据核磁共振测量结果得到之外，还可以综合常规资料进行束缚水饱和度优化。采用经过时域分析进行校正后的孔隙度能够提高解释精度。

（6）孔隙结构分析。

储层的孔隙结构是指岩石孔隙和喉道的几何形状、大小、分布，以及相互连通的方式。孔隙和喉道是砂岩储层结构的重要组成部分。对储层孔隙结构的掌握对于指导油田开发实践、保证开发效果具有重要意义。

通过实验室岩心实验获取毛细管压力曲线是评价岩石孔隙结构的传统方法，但存在相应的局限性，且耗时长，经济效果差。核磁共振 T_2 谱分布与孔隙结构具有相关性，通过核磁共振 T_2 谱进行毛细管压力曲线转换，从而得到岩石孔隙结构，这种方法称作孔隙结构分析。

3）流体识别

地层孔隙中同时存在多相流体时，油气水在 T_2 分布上往往重叠在一起，无法通过一组 T_2 分布来实现地层孔隙中不同流体的区分。

随着核磁共振测井仪器数据采集能力的提升，一次下井可以实现多组不同参数的回波串数据的采集，发展出了多种基于不同孔隙流体在扩散系数 D、横向弛豫时间 T_2，以及纵向弛豫时间 T_1 等属性差异的核磁共振流体识别方法。在不同时期，由于受到核磁共振测井仪器回波串采集能力、反演方法等技术条件的限制，所发展的流体识别方法能够利用的流体属性差异的种数不同，每种方法的适用范围也不同（王志宾等，2009）。

到目前为止，核磁共振测井流体识别方法的发展大致可以分为三个阶段，分别是：基于1种流体属性的差异实现流体识别，如 DSM、TDA 和 SSM 等；基于1.5种流体属性的差异实现流体识别，如 MRF、SIMET 和 GIFT 等；基于2~3种流体属性的差异实现流体识别，如 T_1-T_2、T_{2int}-D 和 T_1-T_{2int}-D 等。

3. 软件实现

核磁共振测井数据采集处理一体化软件功能完备，能够满足居中型核磁共振测井资料处理解释的需求。核磁共振测井测前设计是根据地层特性和流体性质进行仪器测井作业采集模式设计。核磁共振测井实时预处理对仪器采集信号进行功率校正、受激回波校正、温度校正、增益校正预处理等，形成有效回波信号。T_2 谱反演对预处理得到的有效回波信号进行反演，获取 T_2 谱及地层孔隙度。为了精细处理，T_2 谱分析则根据不同层位 T_2 截止值计算总孔隙度、有效孔隙度、毛细管束缚水孔隙度和渗透率，通过时域分析进行含烃校正等。优化处理模块是将核磁共振测井资料与常规测井资料结合，优化求取孔隙度和束缚水饱和度。储层参数计算则是计算孔隙度、渗透率、饱和度等储层参数。孔隙结构分析通过 T_2 分布计算毛细管压力曲线，从而达到评价岩石孔隙结构的目的。

1）测前设计软件

测前设计软件主要功能是实现测前观测模式设计及优选，处理流程如图6-1-8所示。

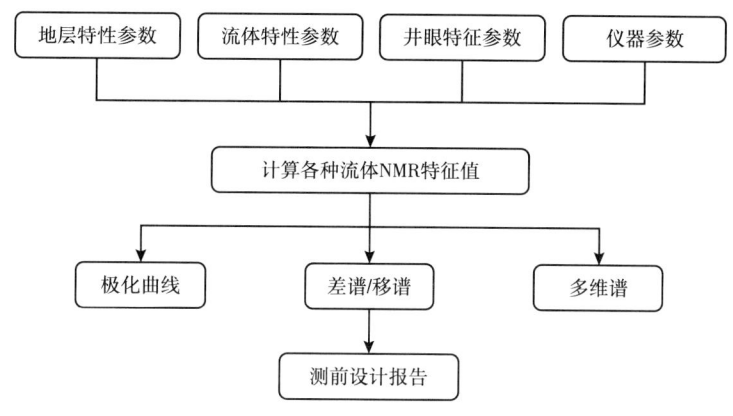

图 6-1-8 软件处理流程图

2）实时采集软件

实时采集软件实现了 74 个质量参数的实时监控和报警、井下发射功率快速确定、分频段的精细刻度、回波信号的快速实时反演。

3）处理解释软件

核磁共振精细分析系统是核磁共振测井与岩心资料配套处理解释软件，系统结构如图 6-1-9 所示，提供了质量分析、回波反演、时域分析、T_2 谱分析、储层参数计算、流体识别、储层评价功能。支持 MRT、MRIL-P 型核磁共振测井仪，以及全直径核磁共振岩心分析仪资料处理。

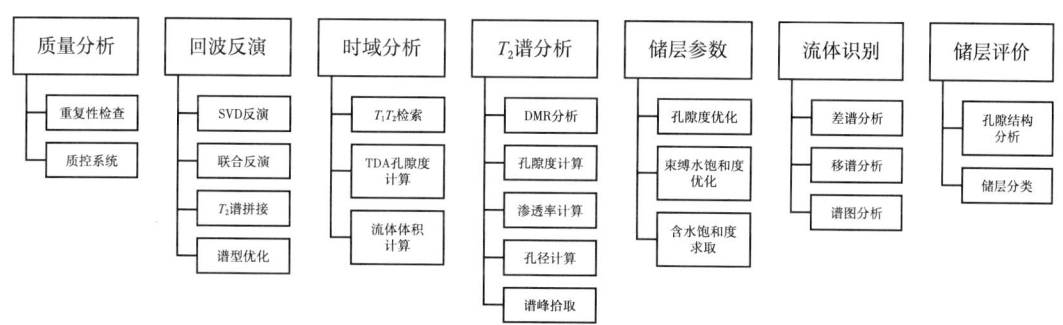

图 6-1-9 核磁共振精细分析系统示意图

（1）反演处理。

采用软件对核磁共振测井数据进行回波反演，对软件反演处理结果进行误差分析，3 种核磁共振孔隙度误差分布均在 10% 以内，且在 0 附近呈正态分布，反演效果基本达到一致。

（2）储层参数计算。

用本系统采用相同处理参数对同一资料进行处理解释，对两种软件处理结果进行对比分析，孔隙度的误差分布在 -8%~8% 之间，4 种孔隙度误差以 0 为轴呈正态分布，渗透率交会计算结果在 1 个数量级以内，饱和度交会处理结果沿 $Y = X$ 进行分布。

（3）时域分析和 DMR 校正。

融合时域分析和 DMR 孔隙度校正技术，基于岩心实验拓展了渗透率计算模型，实现孔隙度、渗透率、饱和度等储层参数准确求取，以及孔隙结构精细评价。

（4）二维核磁共振流体识别。

二维核磁共振测井技术能在满足一维核磁共振测井储层参数计算及流体识别的同时，提供储层流体二维核磁共振谱，对照二维核磁共振理论图谱，进行储层流体识别。

四、仪器刻度

居中型核磁共振测井仪的刻度流程和刻度目的，主要是对扫描中心频率和主刻度、水箱统计检查等关键刻度步骤进行了详细探讨，以及这些刻度措施在多频核磁共振仪器实际应用中的效果，最后讨论了在多频核磁共振测井中的质量控制参数和应用。

1. 刻度流程

刻度模块的主要目的，包括确定天线谐振频率；确定产生回波幅度的 A_0 信号与 B_1 磁场强度的关系；完成功率校正因子和 Echo1、Echo2 校正（受激回波校正）因子的计算及孔隙度的归一化（图6-1-10）。

2. 中心频率扫描

中心频率扫描是为了找到仪器的谐振频率，以这个频率工作时仪器的工作效率最高。如果发射和接收电路未调谐到相同频率，仪器就会过热且不能正常工作；接收电路的效率在以天线共振频率为中心极窄的频带外将会快速降低。如果选择一个不合适的操作频率，就会人为地减小回波

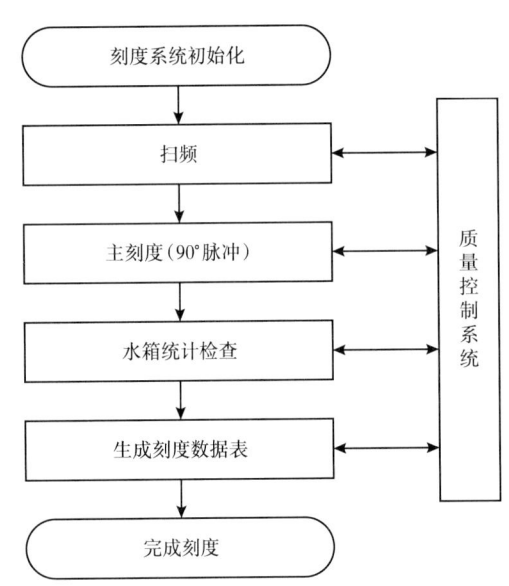

图6-1-10 多频核磁共振测井仪刻度流程图

幅度，降低信噪比。扫频时，软件在每个频带设定范围内逐步改变测试线圈的发射频率，同时测量射频天线处的增益，可以找到一个产生最大增益的频率。5个频带对应5个中心频率，在实际测井的过程中为了提高测井纵向分辨率，一般采用9频测量。9频测量时以中心频率为中点，左右偏移6kHz进行测井。由于前4个频带分别是用软脉冲发射，为了保证所切割的地层切片不相互交叉，必须保证各个中心频率之间有24kHz的间隔。通过对扫频产生的离散数据点进行拟合，可以得到抛物线上对应于增益最大处的频率值。

3. 主刻度

（1）确定90°脉冲幅度。

确定90°脉冲有两种方法，固定脉冲宽度改变幅度和固定脉冲幅度改变宽度。多频核磁共振仪器采用的是确定脉冲宽度改变其幅度。在做主刻度时，逐次改变脉冲幅度，以零时刻回波串的幅度大小 A_0 与 B_1 作图。拟合曲线 A_0 最大时对应的射频幅度即是90°脉冲的高度。

（2）功率校正因子。

由于仪器在测井过程中随着井眼环境和地层的变化，仪器发射功率也会发生变化，

必须进行功率刻度，以保证仪器在测井过程中的功率变化不会对测量结果带来误差。对 B_1 和 A_0 做交会并进行曲线拟合，在测井时，实时根据 B_1 值对 A_0 幅度进行校正。

（3）孔隙度归一化。

从核磁共振的测量物理基础可知，回波零时刻的幅度 A_0 和孔隙度是线性关系。在主刻度时执行一点刻度，水箱最佳 90° 脉冲强度发射，测得回波信号的幅度为 100% 满刻度。

（4）回波激励校正因子。

确定回波 1 和回波 2 的校正因子，以作受激回波校正。对 CPMG 测量得到的回波串进行分析，发现 CPMG 回波串和理论的指数衰减响应曲线会有所差异，其回波 1 幅度大约比期望幅度值低 15%，回波 2 幅度值大约比期望幅度值高出 4%。在测井过程中，为了消除回波 1 和回波 2 对指数拟合的干扰，需要对回波 1 和回波 2 作受激回波校正。刻度时从回波 3 开始拟合一条指数衰减曲线，理论上测量的所有回波幅度都应该落在这条曲线上。

4. 刻度水箱统计检查

刻度水箱统计检查主要是检验仪器在孔隙度 100% 的水箱中长时间工作稳定性和精确性。进行检查时仪器要放在刻度水箱内，采用扫频的中心频率和主刻度的刻度系数运行测井流程。在刻度水箱中连续测量的 3 个小时的孔隙度平均值误差应在 100pu 的 2% 以内，即可认为合格。在测井作业完成之后，仪器应放在刻度水箱中进行测后检查。要检查仪器的一致性，还应该对仪器当前刻度数据和以往的刻度数据进行比较。

5. 测井质量控制

多频核磁共振测井实时资料质量的好坏，主要是通过在测井前后及测井过程中对下面介绍的质量控制参数的计算和控制来评价的。

（1）增益（Gain）。

增益是天线接收刻度信号衰减后的幅度与发射时幅度的比值。由于井眼流体的电阻率变化平稳，在井眼没有垮塌的情况下，增益变化应该平缓。测井时如果增益太小，说明仪器负载过大不能正常工作，如果增益急剧变化或跳变，说明仪器有故障，需要检查维修。

（2）B_1 和 $B_{1\text{mod}}$。

B_1 是脉冲天线发射磁场在地层中的表示。B_1 值随着地层电导率的变化而变化，其与增益的变化成正向关系。通常使用 $B_{1\text{mod}}$ 参数来对仪器进行监控，要求测井时 $B_{1\text{mod}}$ 值只能在 B_1 刻度值 5% 以内变化。如果超出了这个范围，氢原子可能欠扳转或过扳转，从而导致仪器信号降低。$B_{1\text{mod}}$ 突然变化表明仪器存在故障，应该及时进行检修。

（3）CHI。

CHI 是测井期间记录的关键质量指标之一。测井时，CHI 值一般应小于 2 个孔隙度，但在低增益情况下，有可能会超过 2 个孔隙度。在井眼垮塌或泥岩段，CHI 值一般也会偏大。如果 CHI 值突然发生变化，表明仪器存在故障，要进行检查。

（4）噪声参数。

核磁共振回波信号主要由四个噪声测量来描述：偏置（OFFSET）、噪声（NOISE）、振铃（RINGING）和回波间噪声（IENoise）。当增益变大时噪声和回波间噪声应该变小，增益变小时噪声和回波间噪声应该变大。振铃主要和回波间隔相关，短等待时间比长等待时间测量时的振铃要强得多。

（5）电压监测指示。

低压监测指示主要是用于实时检测仪器的各个电子短节是否正常工作。高压监测指示主要是用于监测发射时的高压，其必须大于400V，否则发射波形会畸变。

（6）温度监测指示。

核磁共振仪器受温度的影响非常大，测井时仪器电子线路短节温度（Temp1），其最大值不能超过175℃；发射模块温度（Temp2），其最大值也不能超过175℃；核磁共振仪器主磁体温度（Temp3），必须在接近测量段井眼温度时开始测量，否则会影响数据采集质量。

五、典型案例

1. 案例1：MRT核磁共振测井仪在×1井油气混储储层中的应用

区域概况：×1井为纵向叠置的多断块复杂构造油气藏。发育两套含油层系：N_2^2、N_2^1，区内逆断层发育，纵向含油气井段长，油气混储，油气水系统多。

储层概况：储层整体以细砂岩、粉砂岩、泥质粉砂岩为主；成分成熟度中等、结构成熟度中等；储层含油性各级别都有，以油浸最多，粉砂岩的含油性最好；属于中孔隙、中渗透储层。

流体分析：地面油样分析，平均密度0.839g/cm³，黏度1.53~38.57mPa·s，属于轻质中黏常规油。天然气样分析，平均密度0.6353g/cm³，平均甲烷含量89.09%，平均乙烷含量3.60%，平均丙烷含量1.58%，属于湿气。

如图6-1-11所示，三个储层电性特征类似，均为高电阻、高声波、低伽马、低中子、低密度的特征，同时油气特性近似，使用常规测井资料可以识别储层中是否含水，也认

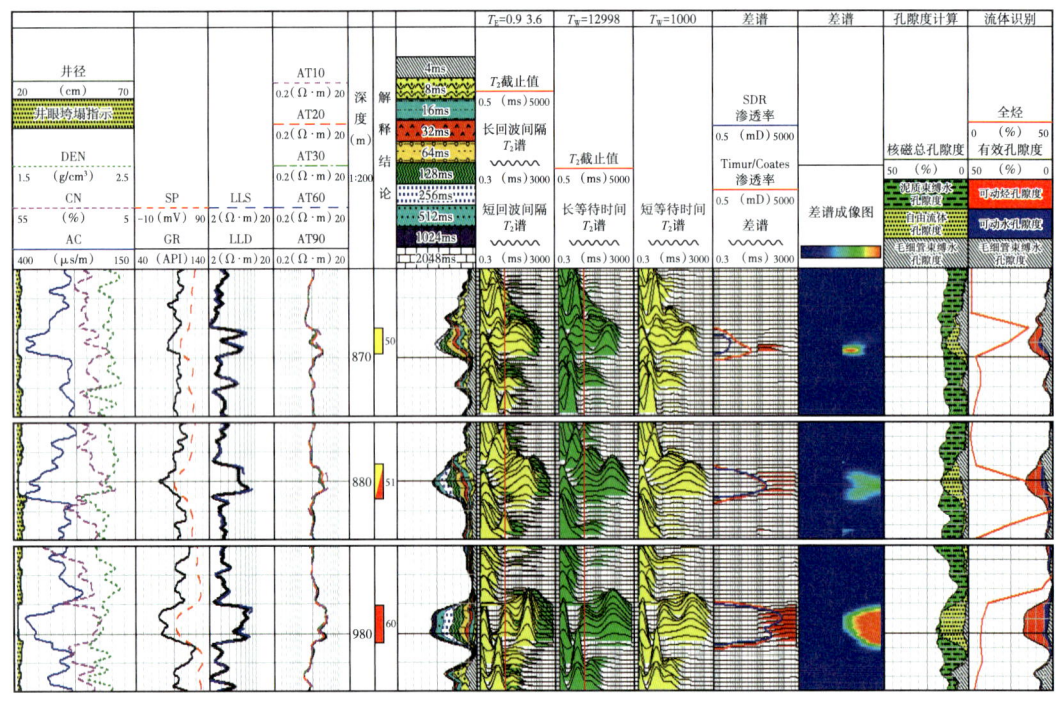

图6-1-11 ×1井综合测井解释成果图

为三个储层中含有油气，但无法判别储层中是油还是天然气。×1 井选用居中型核磁共振测井仪进行测井，测井模式为 D9TWE3。根据差谱信号可以证实上述关于这三个层含油气的论断。从 50 号层、51 号层到 60 号层，差谱信号逐渐后移，因为气的 T_2 弛豫时间短于轻质油，也就是说在 T_2 谱上气的信号靠前，轻质油的信号靠后，由此可以判断 50 号层为气层，60 号层为油层，51 号层为油气同层。

2. 案例 2：核磁共振测井仪在 ×2 井中低孔渗储层中的应用

区域概况：该地区是受潜西断层控制的早期隆起的局部高部位，高部位局部缺失中生界，向北以单斜形态向山前剥蚀减薄。浅层 E_3^2 整体表现为一自东北山前向西南方向倾伏的大型鼻状构造。

储层概况：该地区 E_3 储层以三角洲平原分流河道的细砂岩、含砾砂岩为主，该套储层在横向上分布变化较大，沿物源方向，砂体连通性较好；沿横切物源方向，砂体连通性差，岩性突变快。该套储层在纵向上层数多，累计厚度大。邻井岩心分析资料表明，平均孔隙度 14.1%，平均渗透率 16.7mD，储集空间以粒间孔为主，其次为粒内溶孔和裂缝。

图 6-1-12 所示，层段存在以下问题。

（1）储层划分难：地层水矿化度低，物性较差，自然电位幅度小。

（2）储层流体识别难：储层物性较差，地层水矿化度低，常规三孔隙测井资料更多反映地层岩性。

×2 井选用 MRT 核磁共振测井仪进行测井，测井模式为 D9TWE3。两个层位的 T_2 谱展布很宽，具有明显的差谱信号，而且从孔隙结构参数看，孔隙半径较大，储层物性较好，判断为油层。

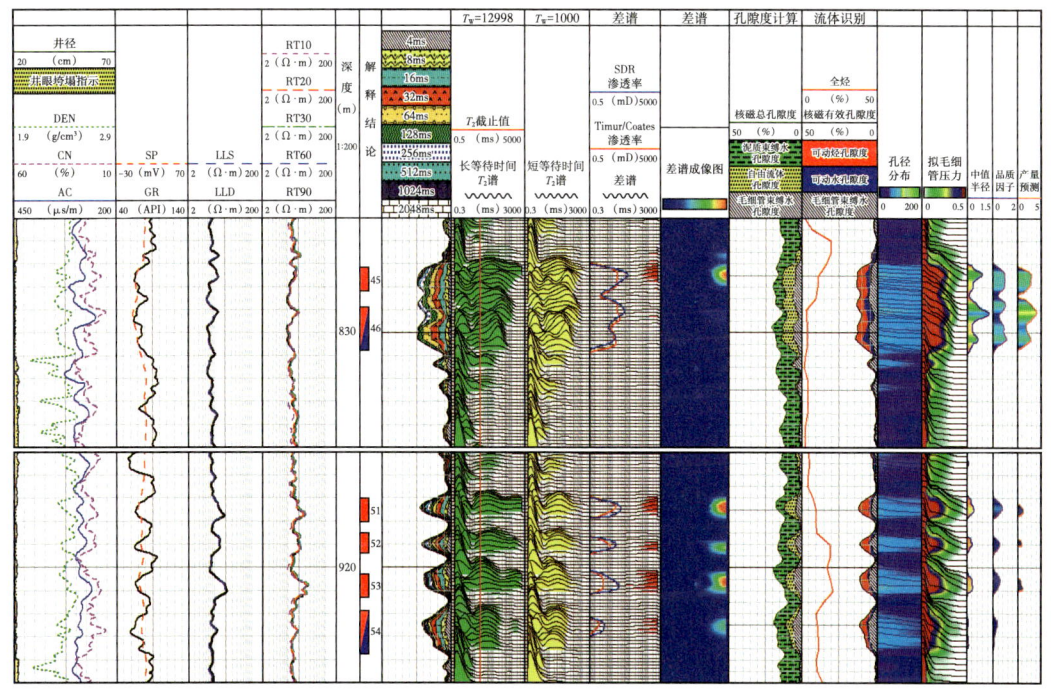

图 6-1-12 ×2 井综合测井解释成果图

- 279 -

第二节 偏心型核磁共振测井仪

偏心型核磁共振测井仪主要依靠推靠器将仪器探头置于紧贴井壁位置,测量的是距井壁一定距离、一定开角范围内某一厚度的地层信息。这类仪器主要代表是中油测井 iMRT、中海油田服务有限公司 EMRT、阿特拉斯公司 MREx、斯伦贝谢公司 CMR-Plus 和 MR Scanner 仪器,以及哈里伯顿公司 MRIL-XL 测井仪。偏心型核磁共振测井仪具有井眼环境(井径、井斜和钻井液电阻率)适应性强、回波间隔较短及测速快等特点。

一、总体描述

1. 仪器构成

核磁共振测井系统主要由核磁共振测井仪器和辅助测量系统组成。偏心型核磁共振测井仪器由电容储能、电子线路和探头三个短节组成,结构如图 6-2-1 所示。辅助测量系统由地面系统、遥传仪器和辅助装置组成。探头主要由强铁氧体磁体(主磁体)、两个磁性更强的地层预极化钐钴永久磁体、一个天线压力平衡系统等组成,主磁体安装在玻璃钢外壳内部,用于产生静磁场 B_0,钐钴永久磁铁用于对地层氢原子预极化,天线既用于发射射频脉冲又用于接收核磁共振回波信号。电子线路短节主要由发射电路、接收电路、通信电路、供电电路等部分组成,电路模块都各自独立地装在一个金属屏蔽盒内,各个金属屏蔽盒安装在线路支架上,模块间通过导线束连接,每个模块构成各自的子系统并能互相协调地工作,实现信号控制、信号处理、射频脉冲发射、高低压供电等功能;电容储能短节提供仪器工作附加能量。

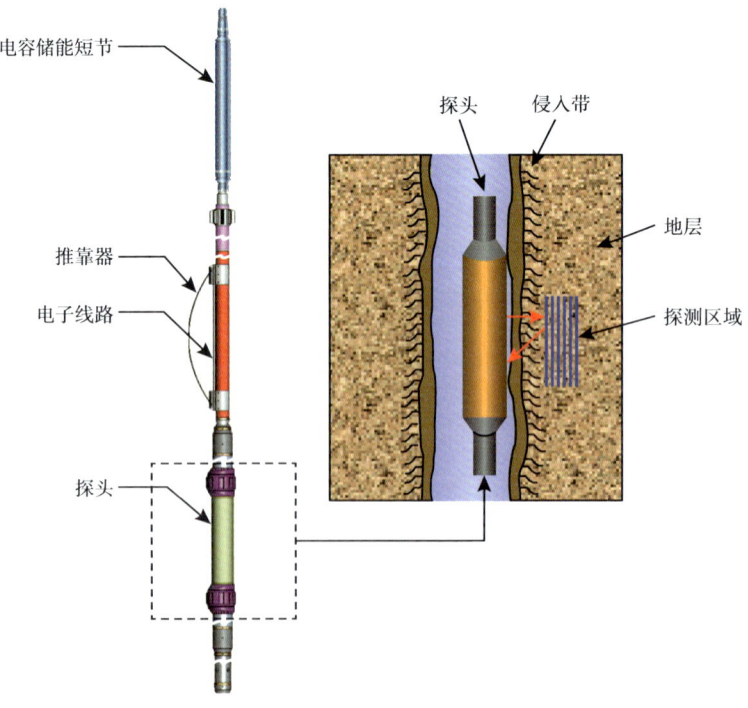

图 6-2-1 偏心型核磁共振测井仪结构示意图

2. 工作原理

偏心型核磁共振测井仪共振原理与居中型核磁共振测井仪相同，详见本章第二节。

3. 主要技术指标

iMRT 偏心型核磁共振测井仪参数指标如下。

（1）温度压力：175℃/140MPa；
（2）最小回波间隔：0.3ms；
（3）磁体材料：钐钴磁体；
（4）磁场类型：梯度磁场。

EMRT 偏心型核磁共振测井仪参数指标如下。

（1）温度压力：175℃/140MPa；
（2）最小回波间隔：0.4ms；
（3）磁体材料：钐钴磁体；
（4）磁场类型：梯度磁场。

CMR 偏心型核磁共振测井仪参数指标如下。

（1）温度压力：175℃/140MPa；
（2）最小回波间隔：0.2ms；
（3）磁体材料：钐钴磁体；
（4）磁场类型：均匀磁场。

MREx 偏心型核磁共振测井仪参数指标如下。

（1）温度压力：175℃/140MPa；
（2）最小回波间隔：0.3ms；
（3）磁体材料：钐钴磁体；
（4）磁场类型：梯度磁场。

二、主要功能模块

1. 探头设计与制作

1）偏心型核磁共振测井仪探头磁体设计制作

偏心型核磁共振测井仪要确保仪器具有良好的探测特性，使得仪器能够探测到足够大的样品体积，但敏感区域的开角不能太小，应在 60°~120° 之间。仪器的探测深度由两个关键因素所决定：一是磁体的结构设计和材料属性使得静磁场的分布满足设计要求；二是在考虑仪器电子线路所能提供的功率条件下，天线的结构设计和性能使得射频场分布能够达到扳转磁化矢量并接收信号的水平，这两点都需要通过数值模拟计算来详细考察。均匀磁场核磁共振测井仪只有一个工作频率，要实现多个操作频率，则探头磁场应设计成梯度磁场分布。按照以上设计要求，同时与数据处理方法相结合，通过实验测试来逐步确定仪器的各种观测模式，优化仪器的性能（胡海涛和肖立志，2010）。

（1）磁体设计。

在给定材料属性的情况下，磁体体积越大，磁体所能产生的磁场强度越大。然而，由于核磁共振测井仪在井底条件下工作，为了方便仪器下井，仪器的尺寸不能大于井眼尺寸，因此核磁共振测井仪探头外形尺寸应考虑一般情况的井眼尺寸。

偏心型核磁共振测井仪探头包含三大部分：磁体、天线和骨架。对于贴井壁型核磁共振测井仪探头，其磁体和天线部件在探头内部位于探头的两侧，磁体的结构设计有圆柱形、长方体形，以及其他不规则的结构；而天线部件结构一般为半圆柱形、弧形，以及其他不规则的结构；而骨架一般在探头中根据磁体部件和天线部件结构而定。因此在设计磁体结构和天线结构时既要考虑在井底条件下实现核磁共振的磁场正交匹配关系，增大仪器探测区域范围，同时还要兼顾考虑探头的整体机械结构与装配。

为了能顺利探测目标区域，则需要在特定的探测区域形成所需要的静磁场分布。这就需要考虑特定的磁体结构或磁体组合。考虑到磁体的加工、装配和所产生磁场的均匀度，核磁共振测井仪器的探头通常使用单磁体结构，或者根据不同的探测要求使用不同的磁体阵列，从而产生符合探测需求的目标静磁场。贴井壁磁共振测井仪器则需要较高的温度稳定性和强磁性能磁体，通常选择钐钴作为磁体材料。

偏心型核磁共振测井仪探头磁体部件和天线部件分别设计为两个半圆形，如图 6-2-2 所示，图中磁体和天线结构分别位于两侧，中间留出空间用于骨架及贯通孔。仪器在井下工作时，B 侧贴靠在井壁。

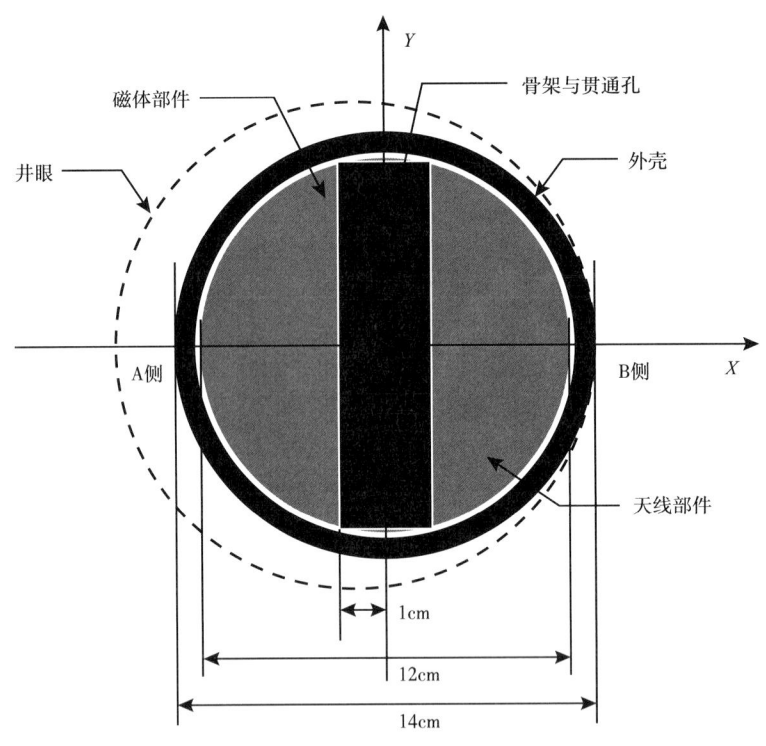

图 6-2-2　探头结构初步方案

对于磁体材料属性，主要考虑两个参数，矫顽力 H_{cb} 和相对磁导率 μ_m，其中磁体材料和矫顽力范围需要经过数值模拟计算与优化设计才能确定。由于核磁共振测井仪需要向地层中发射射频脉冲激发质子，选用没有电磁屏蔽的非金属材料；外壳材料还要能承受高温高压环境，最终，外壳材料选用玻璃钢外壳。在探头的右侧，磁力线射入地层并向两边分开穿过地层回到磁体的另一极，该磁场分布关于 X 轴对称。

核磁共振测井仪磁体为三段结构，其中包括一组中间的主磁铁和两侧的两组附加磁铁。中间部分是主磁铁。预极化磁铁位于主磁铁的两端。两个预极化磁铁是相同的。它由两种磁铁块和一块铁组成。磁铁 A 和 B 具有相同的磁性但比主磁铁强。磁铁组件的详细结构如图 6-2-3 所示。

主磁体对应于测量区域，类似于原型但具有更短的长度，用于产生目标 B_0 场。如主磁体两侧添加了附加磁体为预极化磁体，预极化磁体用于调节磁场的均匀性和使样品预极化。预极化磁体由两块磁体和中间的铁基组成，总长度为 300mm。磁体为径向充磁。

（2）磁体制作。

在经过前期的模拟设计之后，后期的主要任务是进行磁体整体安装、磁场测试、天线制作和探头联合调试。磁体主要通过特殊的工装装置实现粘接，实现了由块状磁体转变为长型磁体。

磁体设计主要是磁场形状和磁场强度设计，二者与磁体的机械结构及磁块的排列方式相关联。在进行磁体设计时还需要考虑核磁共振测井仪所采用的测井方式，因为选用不同的测井方式，其磁场的形状是不同的。其中，居中型的测井仪方式，磁场形状一般是采用圆环柱形；偏心型核磁共振测井仪的测井方式一般是选用碟形柱或者扇形柱。

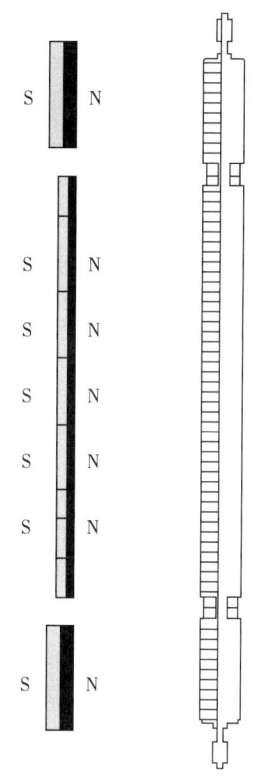

图 6-2-3 磁体结构示意图

偏心核磁共振测井仪器是采用多频的测井仪方式，所以探测区内的磁场是以梯度磁场方式分布的。因此在磁体设计时需要寻找到一种磁体机械结构及磁块排列方式同时满足以上两个条件，即圆环形磁场分布和梯度磁场。

探头磁体的实测磁场分布表明，实测径向磁场强度分布与模拟值吻合，说明磁体加工达到预期标准。从实测的纵向磁场强度分布来看，纵向磁场强度变化量在不同测量距离上皆在 5Gauss 以内，磁场均匀度好。

（3）偏心核磁共振天线设计。

对天线射频场数值模拟计算需要考虑的参数包括天线材料的电阻率 ρ_a、磁导率 μ_a，磁芯材料的电阻率 ρ_c、磁导率 μ_c，骨架材料的电阻率 ρ_{fra}、磁导率 μ_{fra}，场源设定为 800kHz 的交流电源。

对天线进一步的改进，将初始的单条带天线改进为双条带的结构，通过改变两根条带天线之间的角度来考察射频场的变化趋势。

图 6-2-4 为改进后的天线部件横截面结构图，在改进后的天线结构中，条带天线 A 和条带天线 B 通相同方向的电流，它们产生的射频场在探头的右侧区域叠加，这样就增强了探测区域范围内的射频场能量。天线回路 A 和天线回路 B 则为条带天线 A 和条带天线 B 提供连接回路。

当射频场有效分量最大时，天线的最优夹角应在 60°~70° 之间。然而，天线夹角并不是越大越好，而是要兼顾射频磁场等值云图的形态和射频磁场强度。因此，取一个折中的优化结果，最终选定天线夹角 $\alpha=30°$。

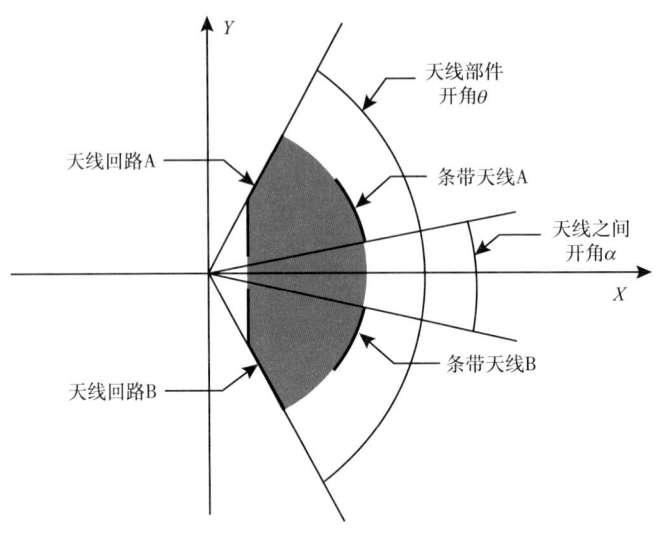

图 6-2-4 双条带天线横截面结构示意图

核磁共振测井仪天线电路结构采用的是简单的 RLC 谐振电路。天线的基本电性参数包括天线的谐振阻抗 Z，天线的内阻 r，天线的电感 L，以及天线的品质因子 Q。天线的阻抗 Z 需要与电子仪进行匹配，从而使得电子仪达到最佳的工作状态；天线内阻 r 决定了天线的自损耗；Q 决定了射频能量的发射效率。远程调谐谐振电路包括串联、并联和混联三种结构。串联结构主要用于电压放大，谐振电路阻抗很小，在井下不适用；并联谐振电路用于电流放大，谐振点阻抗很大，其阻抗跟天线的 Q、内阻 r 有关；混联结构用于调整串联结构与并联结构的谐振阻抗，通过改变电容 C_1 和 C_2 之间的比值来进行阻抗的调整，主要用于增阻和降阻。通常在井下，天线电路采用最简单的并联谐振电路进行制作。由于环境因素的影响，天线井下谐振电路结构多采用简单的混联结构，通过继电器开关控制来达到调谐和调频的目的。

（4）探头测试。

通过与电子线路进行联调测试，对偏心核磁共振探头在水箱内进行了测试，通过扫频确定了工作频率，并在示波器中，顺利采集到了回波信号。从联调测试结果中可以得到以下信息：探头的工作频率由磁体产生的静磁场决定；阻抗匹配会增加天线的能量发射效率，降低脉宽；居中型探头探测的信号来源于 360° 全方位区域，而偏心型探头的实际测量信号幅度大于居中型探头探测信号的 1/3，由此验证了探头在模拟计算与制作过程中的合理性，即工程样机的设计可以进行偏心探测且探测敏感区域方位角度约为 120° 的情况下，探测效率更高。

2）偏心核磁共振测井仪探头振铃消除方法研究

由于核磁共振测井仪信号十分微弱，在实验室对核磁共振测井仪探头进行测试时可发现外部电磁环境对核磁共振信噪比有很大的干扰，在测试的过程中采用了具有良好电磁屏蔽功能的水箱。对核磁共振测井仪信号产生干扰的不仅有来自外部环境的噪声源，还有核磁共振测井仪器本身所产生的噪声，而振铃就是其中一个重要的噪声来源。因此研究核磁共振测井仪振铃噪声消除方法，对优化仪器性能、提高核磁共振测井仪信噪比具有重要意义。

振铃噪声对核磁共振信号有显著影响，在核磁共振仪器设计和数据处理中都无法避免，因而受到广泛关注。Fukushima 在 1979 年指出天线发射射频脉冲时，在核磁共振仪器的金属部件中产生的超声驻波可以在天线中引起振铃噪声；而天线在发射射频脉冲时产生的持续减弱的振荡声波也会引起磁声振铃；不同的金属材料对降低振铃噪声具有不同的效果，良好的天线结构能够有效抑制振铃噪声。Patt 在 1984 年提出相位循环脉冲序列方法，其核心是通过改变脉冲的相位来抑制振铃噪声。Kleinberg 和 Sezginer 分别在 1991 年、1997 年提出 PAPs 脉冲序列用于消除核磁共振测井中的振铃噪声并得到广泛应用。此后，从脉冲序列的角度，研究人员又提出多种振铃噪声的消除方法，但这些方法主要用于消除 180° 脉冲振铃，而不能消除 90° 脉冲振铃。

核磁共振测井仪测量过程中的振铃噪声都来源于仪器本身，因此从仪器方面来研究降低振铃噪声的方法需要针对具体的核磁共振测井仪而言。发展一种新的脉冲序列来降低振铃噪声，达到同时消除 90° 脉冲和 180° 脉冲所产生的振铃，并使仪器的工作效率得到提高。

2. 电子线路设计

电子线路是偏心型核磁共振测井仪的关键组成部分，用来完成脉冲序列的时序生成、射频脉冲发射和回波信号检测、放大与采集，以及实现与地面系统的通信等。设计难点包括以下三部分：

（1）纳秒级控制时序的精准设计，实现多回波间隔（T_E）、多等待时间（T_W）的 CPMG 脉冲序列；

（2）高温环境下瞬时输出功率大于 20kW 的功率放大电路；

（3）纳伏级回波信号进行低噪声放大的接收电路。

1）线路设计

电子线路主要包括以下几部分：发射电路、接收电路、通信电路、供电电路。模块都各自独立地装在一个金属屏蔽盒内，各个金属屏蔽盒安装在线路支架上，模块间通过导线束连接，每个模块构成各自的子系统并能互相协调地工作，如图 6-2-5 所示。

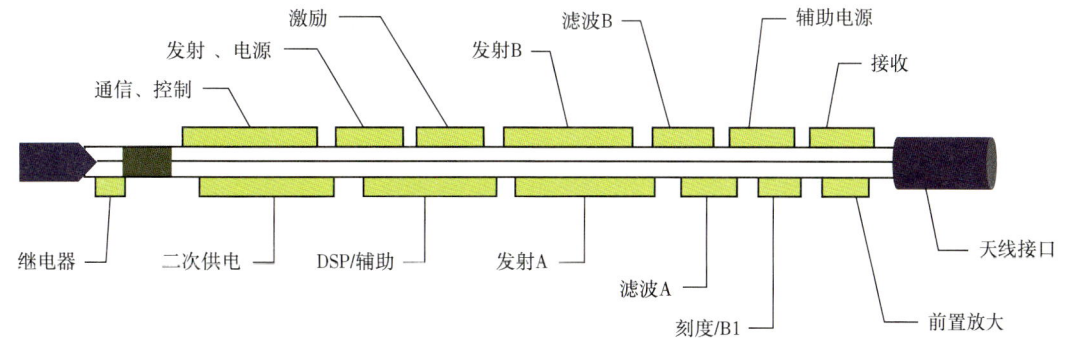

图 6-2-5 电子线路电路布局示意图

2）工作原理

如图 6-2-6 所示，井下仪在接收到地面命令后，DSP 模块按地面命令产生仪器各模块工作所需的工作频率及它们所需的不同控制信号，产生 SIN 和 COS 及幅度控制信号 AM 和一些相关的控制信号，其中 SIN、COS 和 AM 信号送到激励模块，产生探头发射所需的频率相位控制,它的输出受天线接口模块的控制。天线接口模块对 DSP 产生的清空、接收信号及传感器给的电压、电流信号进行处理,产生的门信号用于在仪器不正常时对激励模块进行控制,阻止仪器的发射。激励模块对仪器的发射功率进行控制,它产生的两路信号分别发送给两个发射器。发射器模块由发射接口模块中经放大的接收信号控制,在发射期间将高压输至两路滤波模块进行滤波后送天线接口模块的 A1 板,经变压器耦合输出至探头天线,用于向地层中发射射频。并且天线接口模块在 DSP 接收信号的控制下,在发射期间阻断信号从而阻断接收各模块的工作。发射期间仪器所需的大功率电压由天线接口模块和辅助模块提供,以便减轻对地面设备的功率需求。

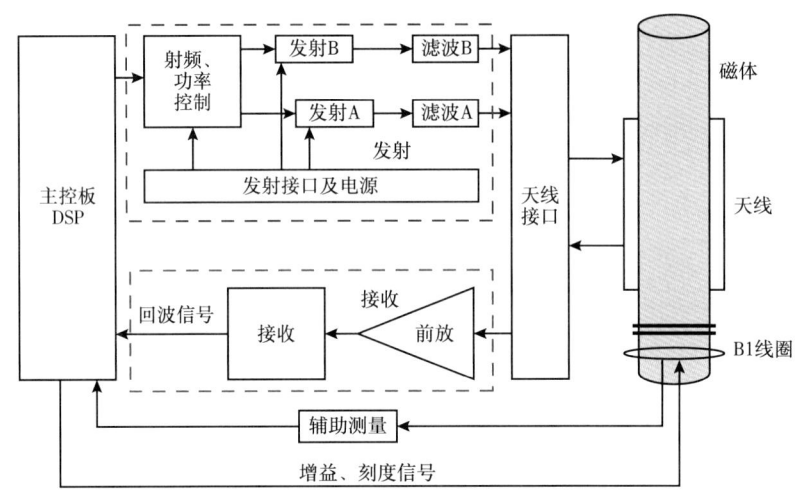

图 6-2-6 测量线路系统示意图

三、数据处理方法

偏心型核磁共振测井仪数据处理方法与居中型核磁共振测井仪一致,详见第六章第一节第三部分"数据处理方法"。

四、仪器刻度

偏心型核磁共振测井仪刻度方法及流程与居中型核磁共振测井仪一致,详见第六章第一节第四部分"仪器刻度"。

五、典型案例

1. 案例 1:偏心型核磁共振测井仪助力 × 油田新发现的应用

在 × 油田 ×3 井,钻井液电阻率 0.08Ω·m,超出居中型核磁共振测井仪作业范围,需替浆作业,而 iMRT 偏心型核磁共振测井仪对盐水钻井液的适应性更好,无须替浆作业,故选择 iMRT 偏心型核磁共振测井仪进行测井。

如图 6-2-7 所示,40 号层根据常规测井无明显流体特征。钻井过程中有钻井液漏失,岩屑失返,录井显示不明显,气测无异常。iMRT 偏心型核磁共振测井显示该层总孔隙度为 11.3%,有效孔隙度 8.6%,可动流体孔隙度 4.9%,计算的渗透率为 12.9mD。T_2 谱分布较宽,峰值信号在 100~300ms,且有差谱显示,根据测井解释为油层,射孔试油后,自喷,日产油 26.24m^3。

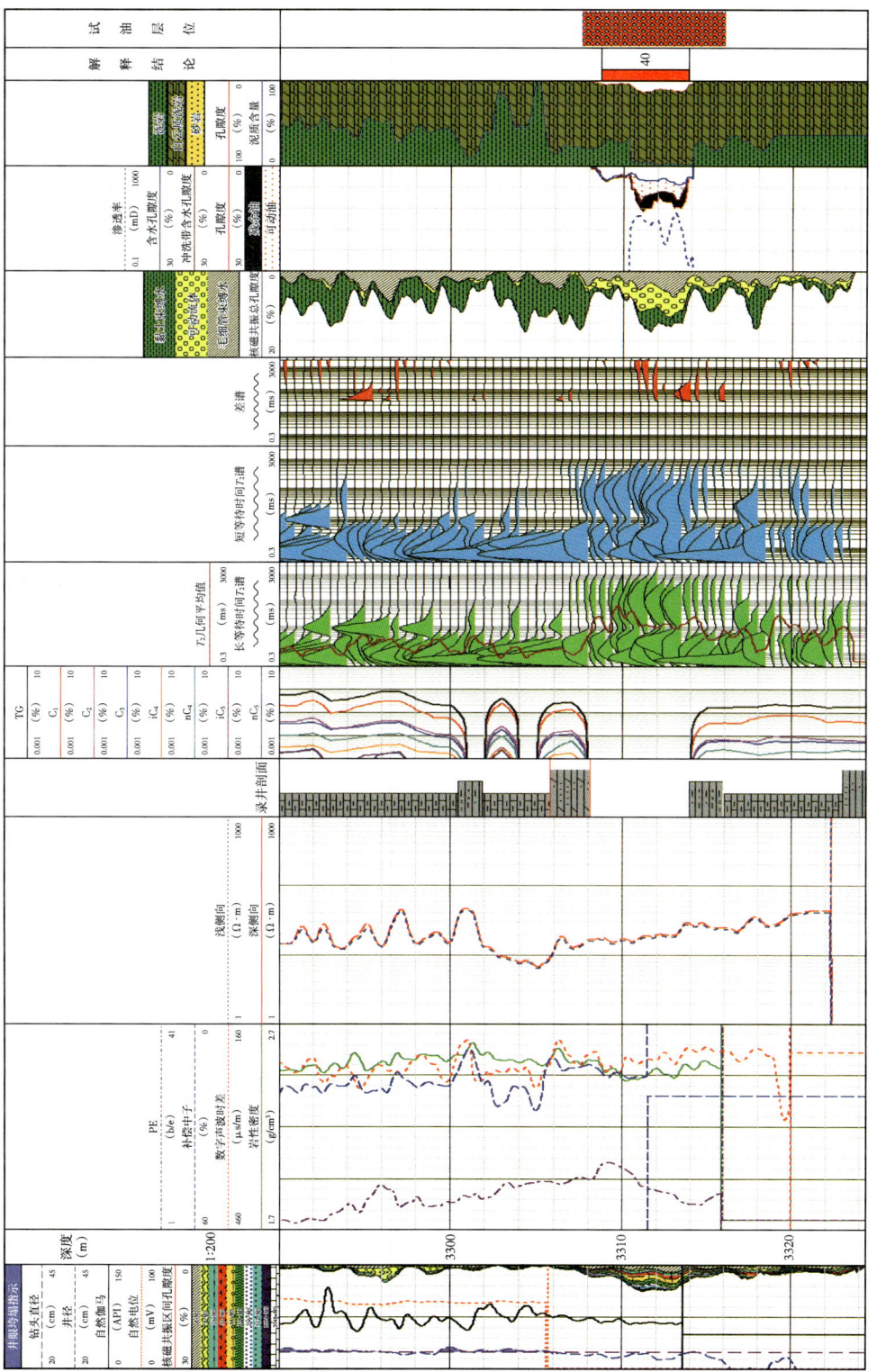

图 6-2-7 ×3 井综合测井解释成果图

偏心型核磁共振测井对该高产油层发现起到关键作用，助力阜康断裂带东段吉南凹陷井井子沟组新层系发现，落实圈闭面积 33.90km²，预测储量 1380×10⁴t。

2. 案例2：二维核磁共振测井准确识别流体

×4 井选用偏心型核磁共振测井仪进行测井，测井模式为 T_1—T_2 二维模式，二维核磁共振测井反演结果准确判断高水淹层，如图 6-2-8 所示，试油显示日产液 19.2m³、日产油 0.3m³、含水率为 98.5%，为高含水层。实际试油结果与二维核磁共振测井反演的解释结论一致，验证了 T_1—T_2 二维模式对流体识别的正确性，大大提高了油气开发过程中流体识别效率，降低开发成本。

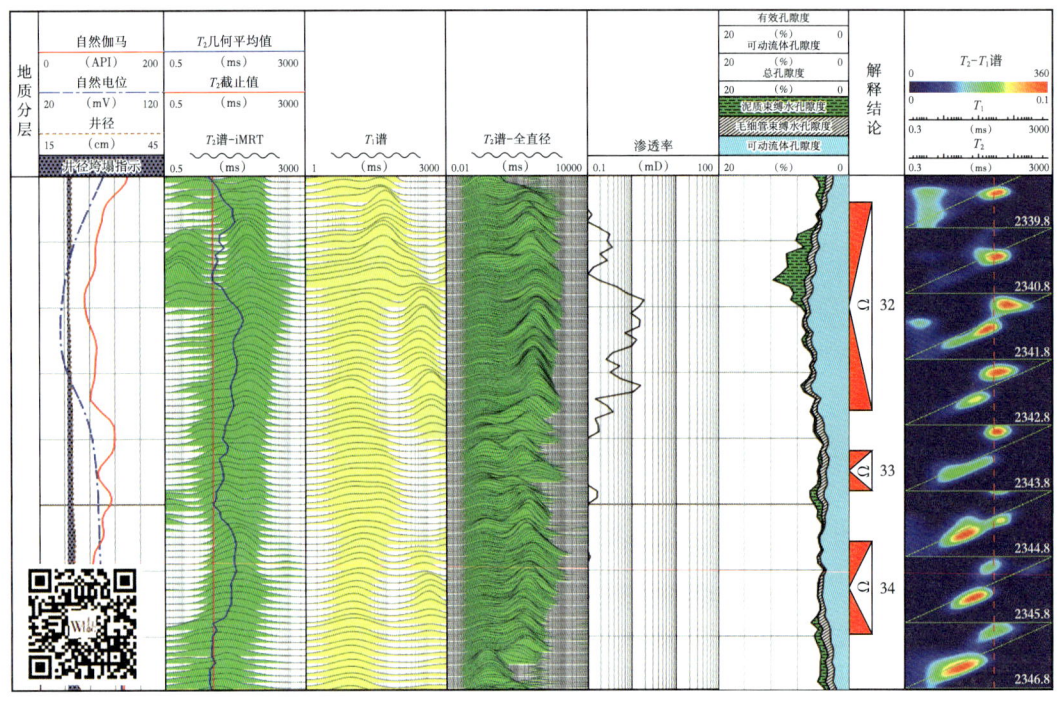

图 6-2-8　×4 井二维核磁共振测井反演成果图

第七章 地层测试器与井壁取心仪

地层测试与井壁取心均是通过分析地层样品而获取地层信息的测井方法。地层测试的研究对象是地层流体，可以确定流体分界面、解释渗透率、评价流体性质和油藏。井壁取心的研究对象是地层岩石，可以确定地层的物性、含油性、孔隙度及渗透率等参数。

与其他测井方法相比，地层测试与井壁取心均不通过电磁波或者声波等方法来间接判断地层性质，而是将地层样品采集到地面后由实验室进行精确分析，或者直接在井下实时分析地层样品，它们的测量结果均属于第一性测井资料。

与常规电缆测井仪器相比，地层测试器与井壁取心仪的结构更复杂，加工成本更高，施工作业要求更高，维护保养难度更大。但它们在国际测井服务市场中有着广泛需求，因此国内外各大油服公司均在不断研发升级相关仪器。目前斯伦贝谢公司 MDT（Modular Formation Dynamics Tester）地层测试器、XL-Rock 井壁取心器，哈里伯顿公司 RDT（Reservoir Description Tool）地层测试器、HRSCT（Hostile Rotary Sidewall Coring Tool）井壁取心器等在世界范围内应用规模较广。

国内在"十二五""十三五"国家油气重大专项和各集团公司级科技项目的支持下，经过 10 余年的持续攻关，陆续形成一系列地层测试器与井壁取心仪，如中国石油的 FDT（Formation Dynamics Tester）地层测试器、HRCT（High Temperature Rotary Coring Tool）井壁取心仪，中国海油的 EFDT（Enhanced Formation Dynamics Tester）、EFDT-eXceed 地层测试器、IRFT（Integrated Rapid Formation Tester）集成式快速地层压力测试器、MRCT（Maximum Rotary Sidewall Coring Tool）井壁取心器等，陆续完成了测试试验和推广应用，标志着国产化实现重大突破。

本章选取典型仪器，介绍地层测试器和旋转式井壁取心器的工作原理、系统组成、数据处理、仪器刻度和典型案例。

第一节 地层测试器

地层测试器主要用于地层压力测量，对地层流体进行实时分析并获取流体样品。该仪器具有测量地层压力、获取地层流体样品、计算地层渗透率、分析流体性质、确定油水分界面、求取储层产能等作用，是目前唯一能将测井地层评价提升至油藏评价的仪器。地层测试器在陆上海上及国际油田中广泛应用，属于国际测井招标项目中的常见必备条件。

一、总体描述

地层测试器的主要功能是测压、取样和井下流体分析。由于仪器功能多、结构复杂，且国际测井市场需求旺盛，国内外各大测井公司均持续投入力量进行研发（冯永仁等，2019）。

1955年，斯伦贝谢公司推出第一代地层测试器FT（Formation Tester），每次测井可获得一个地层流体样品。后来又在FT的基础上，推出FIT（Formation Interval Tester），每次测井可获得两个地层流体样品。

1975年，斯伦贝谢公司推出第二代地层测试器RFT（Repeat Formation Tester），在取样前先进行地层压力测试，即预测试。1981年，RFT增加了石英压力计，进一步提高了地层压力测试精度。但RFT仍存在一些不足，一是RFT预测试时只能采用固定的抽吸体积和速率；二是RFT每次测井只能获得2个地层流体样品；三是RFT取样时无法监测地层流体样品性质；四是RFT缺少泵抽排短节，难以适应低渗透地层，也无法取得低污染的地层流体样品。

1987年，斯伦贝谢公司推出第三代地层测试器MDT，该仪器采用模块化结构，可根据现场需求组合搭配各个功能短节。MDT与RFT相比，增加了光谱分析功能、PVT取样功能，能够搭配多种探测器及双封隔器。MDT的功能非常全面，在国内外市场应用最广，属于斯伦贝谢公司成熟的明星产品。

2019年，斯伦贝谢公司推出第四代地层测试器Ora，将新型数字化硬件和云原生协作软件相结合，新的体系架构和计算处理技术提高了仪器性能，在储层动态描述技术领域取得了重大突破，能够在任何条件下实现油藏动态特征描述。

此外，斯伦贝谢公司还推出了用于地层压力测试的XPT（PressureXpress Tester）快速地层测试器，用于套管井的CHDT（Cased Hole Dynamics Tester）地层测试器，以及用于高温环境的MDT-Forte地层测试器。

哈里伯顿公司研制了RDT、RDxT（Reservoir Description eXploration Tool）系列地层测试器，贝克休斯公司研制了RCX（Reservoir Characterization eXplorer）、IFX（In-situ Fluids eXplorer）、FTeX（Formation Test eXplorer）系列地层测试器，阿特拉斯公司研制了RCI（Reservoir Characterization Instrument）、FMT（Formation Multi-Tester）系列地层测试器，中国海油研制了FET（Formation Evaluation Tool）地层测试评价仪、EFDT、EFDT-eXceed系列地层测试器，以及集成式快速地层压力测试器（IRFT），中国石油研制了FDT地层测试器。

与大部分测井仪器不同，地层测试器需要采用定点测量方式，井下作业时间较长，测压过程需要几分钟甚至数小时，取样过程需要数小时甚至数十小时，电缆容易吸附井壁造成电缆吸附卡，仪器容易吸附井壁造成仪器吸附卡。电缆方式地层测试过程中应定期活动电缆，降低电缆吸附卡风险。针对仪器吸附卡，中国海油首创异向推靠解卡装置IPSRD（Incongruous Pushing Sticking Releasing Device）（秦小飞等，2014，2016），解决了地层测试器仪器吸附卡的难题。另外，地层测试器的测量效果与井况密切相关，如果井况较差，会直接导致作业失败，因此需要进行测前分析。

1. 仪器构成

中国海油于2003年研制出了FET地层测试评价仪。该仪器具有模块式地层测试器的基本功能。2006年，中国海油推出了钻井中途油气层测试仪FCT（Formation Characterization Tool），包括电子线路短节、液压动力短节、双探针短节、循环泵抽短节等模块，具有压力测试和取样功能。经过多年的不断实践和改进，钻井中途油气层测试仪性能得到大幅提升，改名为EFDT，它是中国海油独立研发的具有自主知识产权的模块化电缆式地层测试器。之后，中国海油又研制了2种模块式电缆地层测试器：增强型电缆钻井中途油气层测试仪（EFDT-eXceed），以及集成式快速地层压力测试器（IRFT），拓展了地层测试作业范围。EFDT-eXceed在推靠坐封技术方面，开发了不同大小吸口面积的圆形探针、椭圆探针、超大吸口探针、大极板探针、聚焦探针及双封隔器。在流体识别和分析技术方面，开发了光谱流体识别和分析、电阻率、密度和黏度测量技术。研制了单相地层流体取样筒，通过采用预充氮气压力补偿技术，消除因温度降低引起的样品压力减小，使样品压力保持在泡点压力之上，避免发生相变，从而获得高质量的单相地层流体样品。为满足地层测试作业一次下井获得多个地层流体样品的需求，研制了多压力—体积—温度（Pressure-Volume-Temperature，PVT）取样筒短节，每个模块可携带6个单相地层流体取样筒，一次下井可挂接8个多PVT取样筒短节，最多可获取48个流体样品。采用了单相地层流体取样筒和低冲击取样技术，能够获得高纯度单相地层流体样品。为解决仪器吸附卡难题和避免耗时长、成本高的穿心打捞解卡问题，研制了拥有自主知识产权的异向推靠解卡装置。EFDT-eXceed达到了最新一代地层测试器的水平，目前已产业化生产40余套仪器，完成作业400余井次，广泛应用于国内外油气勘探开发市场。

EFDT-eXceed主要有四种组合模式，如图7-1-1所示。基本型组合模式由8个短节组成，满足一般地层条件测压取样作业要求。多探针组合模式，一次下井可挂接2个双探针短节，也可再挂接三维探针短节，3个探针短节同时下井，最多可搭载8种不同

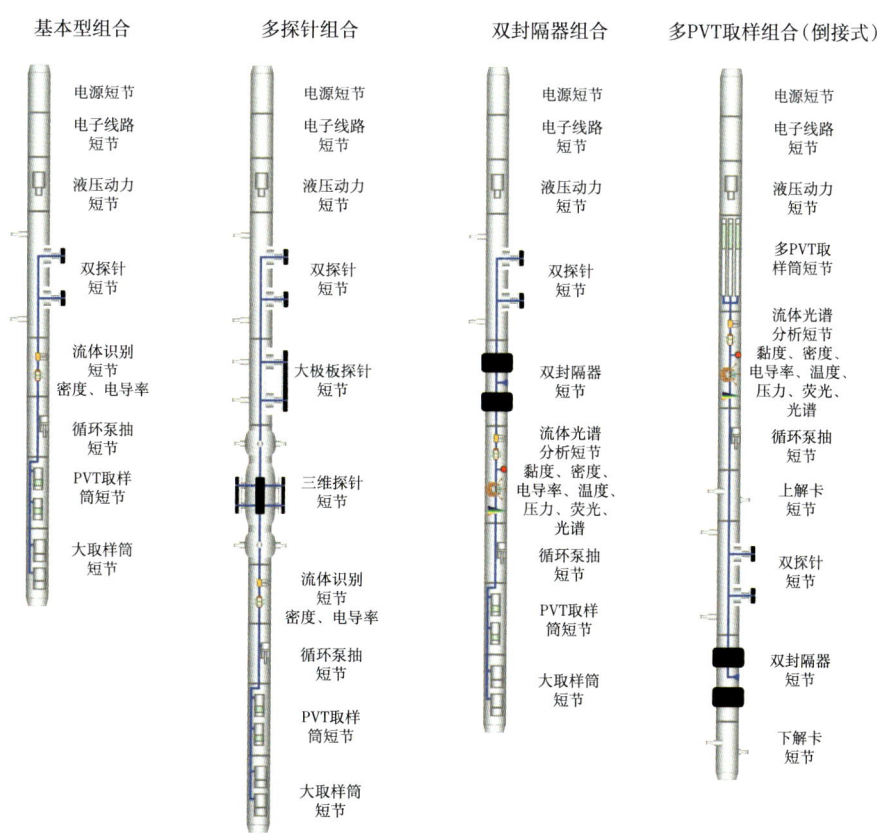

图 7-1-1 EFDT-eXceed 组合示例

吸口面积探针，满足不同岩性、不同渗透率地层测压取样作业需求。双封隔器组合模式主要用于低孔隙低渗透、非均质性强及裂缝性地层取样作业，还可进行产能预测，部分替代试油作业，大幅节省油气勘探成本。多 PVT 取样组合模式，一次下井最多可获取 48 个单相地层流体样品，同时可采用倒接方式，仪器坐封位置尽可能靠近井底。各种组合模式均可挂接异向推靠解卡短节，提高仪器井下作业安全性。

EFDT-eXceed 采用模块化、总线式设计，具有统一的机械、电路、液压及流体接口（秦小飞等，2015；冯永仁等，2012）。按照功能划分设计成不同短节，可以根据井况及作业要求，灵活选择仪器组合方式。该仪器主要有 13 个功能短节，各短节功能介绍如下。

1）电源短节

电源短节是仪器测控系统的"能量"来源，在功能上分为变压器电路和 AC-DC 电源转换电路两部分，为井下测控系统提供低压直流电源，并实现高压直流电源取电滤波输出功能，为高压直流电动机提供电源。

2）电子线路短节

电子线路短节内部电路系统采用"一主多从"的总线式、模块化结构设计，实现仪器数据快速上下行通信和控制功能，包括电磁阀控制、电动机控制、各种传感器数据采集、传输和处理、仪器各模块的信息传递和协调配合等功能。

3）液压动力短节

液压动力短节是仪器的"心脏"，由液压平衡腔及液压动力单元两部分组成，为仪器液压系统提供液压动力。液压平衡腔用于平衡井筒压力，使仪器液压系统在井下不同深度环境中，实现回油压力平衡。液压动力单元主要由电动机、液压泵、溢流阀、压力传感器等组成，为仪器液压系统提供动力源。

4）双探针短节

双探针短节主要由双探针、支撑臂、电磁阀集成阀座及流体阀组成，具有支撑仪器和坐封地层的功能。双探针短节样品管线安装有石英压力传感器，用来测量地层压力，探针张开、收回管线安装有压力计传感器，监测探针张开、收回压力。仪器液压动力系统为双探针及支撑臂提供推力，使双探针及支撑臂紧紧推靠井壁，安装在探针上的橡胶探头与井壁紧密贴合形成密封，将井筒压力与地层压力隔离，探针吸管刺破滤饼，连通地层，启动仪器泵抽系统抽吸地层流体样品，进行测压或取样。当探针需要解封时，液压动力系统收回双探针及支撑臂。液压系统设计有蓄能器，当仪器发生故障或掉电等紧急情况时，蓄能器收回探针和支撑臂，自动解除坐封。

5）三维探针短节

三维探针短节在周向均匀分布三个方向的大面积吸口探针，采用机械推靠的方式将 3 个大面积探针推靠井壁形成坐封，表面吸口面积高达 78in^2。在三维探针推靠过程中，采用了柔性扶正技术，通过传感器控制液压推靠，使三维探针短节在井筒中保持居中，提高仪器在大斜度井和水平井中的坐封成功率（周明高等，2022）。

6）双封隔器短节

双封隔器短节主要用于低孔隙低渗透、非均质性强及裂缝性地层取样，由安装在芯轴上的两个膨胀式封隔器胶筒及相应控制模块组成。胶筒通过充压膨胀，接触井壁形成坐封。双封隔器地层测试通过隔离一段井筒，提供一个大面积的坐封区域，坐封面积达常规探针数千倍。双封隔器地层测试也可向隔离段井筒进行充压,实现微型压裂功能。

7)异向推靠解卡短节

EFDT-eXceed 拥有业内首创的异向推靠解卡装置,有效解决了地层测试器井下仪器吸附卡难题。该装置由上、下两个解卡短节组成,分别安装在双探针短节的上方和下方。每个解卡短节设计了正、反两个方向的解卡臂,由液压系统驱动,实现解卡臂的伸出、收回功能。解卡臂伸出方向与探针伸出方向成 90° 夹角,以产生最大解卡力矩。当仪器发生故障或掉电等紧急情况,解卡装置蓄能器能自动收回解卡臂,避免造成二次遇卡事故。

8)流体识别短节

流体识别短节为地层测试器提供了常规流体识别手段,主要由密度传感器、电导率传感及采集、控制电路组成,为提高耐温性能,电路安装到保温瓶内。仪器井下地层流体取样时,实时监测地层流体的密度、电导率参数,为仪器井下地层流体取样提供决策依据。

9)流体光谱分析短节

流体光谱分析短节提供样品污染的实时监测和取样指导,实现一系列井下流体性质的测量,包括黏度、密度、电导率、温度、压力等参数。井下荧光测量不受乳化和出砂影响,可对井下流体进行反凝析检测和流相检测,并分辨乳液中油的种类。井下光谱分析利用流体的光吸收性及其他不同物质的光散射性来确定井下流体的成分(C_1—C_{6+}、CO_2)含量及油水比、气油比等数据,为井下地层流体取样提供决策依据。

10)循环泵抽短节

循环泵抽短节主要由可精确计量流体泵、电磁阀集成阀座及流体阀组成,用于精确控制地层流体抽吸量和抽吸速度,实现地层压力测量,同时具备循环抽吸功能,实现地层流体取样。循环泵抽短节还具有地层流体泡点压力测试功能,实现地层流体过压取样,获取单相地层流体。流体泵为流液混合双向泵,通过液压系统驱动、换向来实现循环泵抽功能。

11)PVT 取样筒短节

PVT 取样筒短节可在井下获取地层流体样品。取样筒从井下上提至地面、从地面转移至实验室过程中,取样筒内地层流体样品压力始终保持在泡点压力之上,确保样品不发生相态变化。PVT 取样筒短节包含 2 个 PVT 取样筒,每次下井能获取 2 个 450mL 的原状地层流体样品。

12)多 PVT 取样筒短节

多 PVT 取样筒短节可获取 6 个单相地层流体样品。该短节采用了基于 ID 控制可重复组合技术,一次下井最多可携带 48 个单相地层流体取样筒(8 个多 PVT 取样筒短节)。多 PVT 取样筒短节采用了自平衡单相地层流体取样筒和低冲击取样技术,能够获取高纯度单相地层流体样品。自平衡单相地层流体取样筒体积为 960mL(也可携带容积为 1200mL 的常规取样筒)。

13)大取样筒短节

大取样筒短节用于获取常规地层流体样品。短节上取样筒容积为 1.6L,下取样筒容积为 1.85L。根据作业需要,还设计了容积高达 10L 的常规取样筒,实现井下超大体积地层流体样品取样。

2. 工作原理

电缆地层测试器包括两部分：地面系统和井下仪器。地面系统主要作用是给井下仪器供电、控制井下仪器工作，以及对井下测井信号进行传输和处理。井下仪器包括常规仪器（张力、遥测传输、伽马能谱等）和地层测试器，如图 7-1-2 所示。当地层测试器下放到井下指定测试点时，通过地面系统对仪器的液压系统进行控制，使仪器实现推靠坐封、精密抽吸等动作，进而实现地层压力测量、流体取样功能。地层测试器内置传感器采集的信号通过电缆传输到地面系统进行处理，为仪器现场作业提供决策依据。

1）地层测试器测压工作原理

为了精确测量地层压力，将电缆地层测试器下放到测试点后，通过液压动力系统，把探针上的橡胶探头推靠坐封在井壁上，探针吸管刺破井壁滤饼并与地层接触，探针与地层建立连接通道，如图 7-1-3 所示。移动预测试室的活塞，使地层流体进入预测试室，并通过石英压力传感器记录压力的变化，通过流体泵位移传感器的位置变化计算吸入地层流体体积的变化量、记录抽吸流体的流速和相应的时间，形成压力变化曲线（压力降落过程）；停止移动预测试室活塞，等待流体管线内的压力恢复，记录压力随时间变化，直至出现微小的压力变化为止（压力恢复过程），即结束一个压力降落和压力恢复过程。根据地层特征，使地面系统对流体压力预测试室的体积、流速和压力降落进行优化控制和调整，进行下一个压力降落和压力恢复过程。每个测压点可进行多个压力降落和压力恢复，以获得最佳地层压力测量效果，最终获得地层压力和近井筒流度参数。利用压力降落曲线，可以计算出流度。利用压力恢复曲线，可以绘制双对数测压曲线，可计算出球形流度、径向流度及外推压力。如果知道流体黏度，则可得到近井筒地层球形流渗透率。

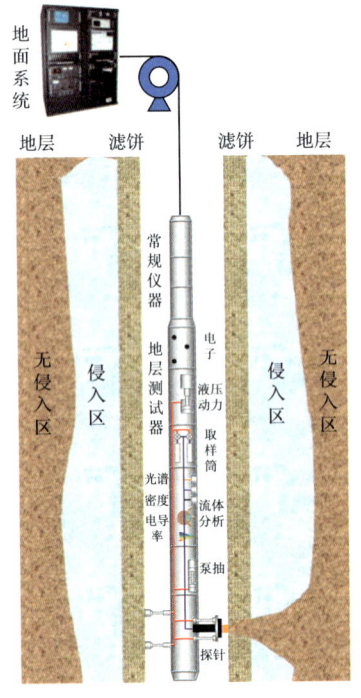

图 7-1-2 地层测试器工作原理示意图

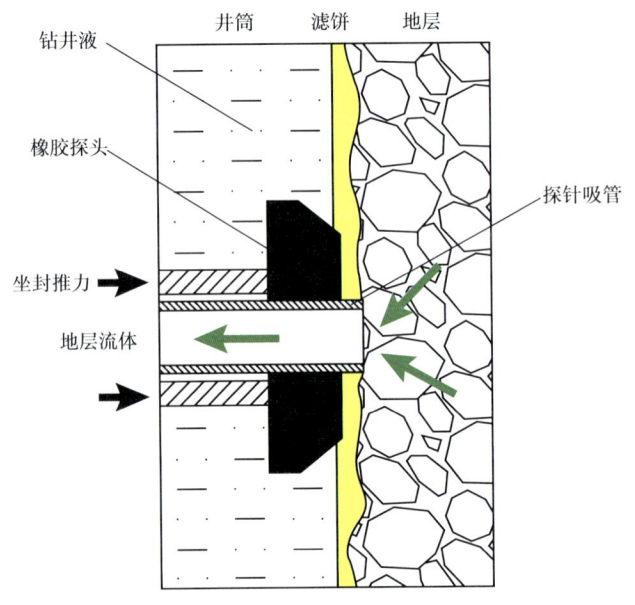

图 7-1-3 地层测试探针坐封示意图

坐封状况及地层情况不同，测得的压力曲线也有所不同。单个预测试压力恢复稳定（60s 内压力变化值在 0.05psi 以内），最后 2 次预测试的恢复压力差小于 0.05psi。该类测压点为有效点，可用于回归流体密度和计算地层流度。压力恢复值接近于井筒压力或明显高于邻井相同深度有效点压力，该类测压点为超压点，不能用于回归流体密度，但能用来估算地层流度。压力降落开始后，压力值降至极低，甚至出现零或负值，几乎没有压力恢复（压力恢复小于全部压降 10%），该类测压点为干点，不能用于回归流体密度和评价地层流度。压力恢复过程缓慢，压力值恢复不到正常地层压力值，该类测压点为致密点，不能用于回归流体密度和评价地层流度。压力测试期间无压降或压降微弱，或者测压数据压力值保持为井筒压力值，该类测压点为坐封失败点，不能用于回归流体密度和评价地层流度。

2）地层测试器取样工作原理

井下地层流体取样之前，一般先进行一次地层压力测量，成功测压后，再进行取样。将电缆地层测试器放到取样点，建立探针（或封隔器）与地层之间的连接通道，如图 7-1-4 所示。启动循环泵抽短节，将被钻井液污染的流体抽吸到地层测试器的流体管线中（图 7-1-4 中蓝色管线），通过流体管线中的流体分析短节（电导率、密度传感器和光谱分析传感器）实时监测管线中流体的性质，传输到地面形成流体性质随泵抽时间或泵抽体积的变化曲线。基于这些曲线计算流体的钻井液污染率，并与用户的需求进行

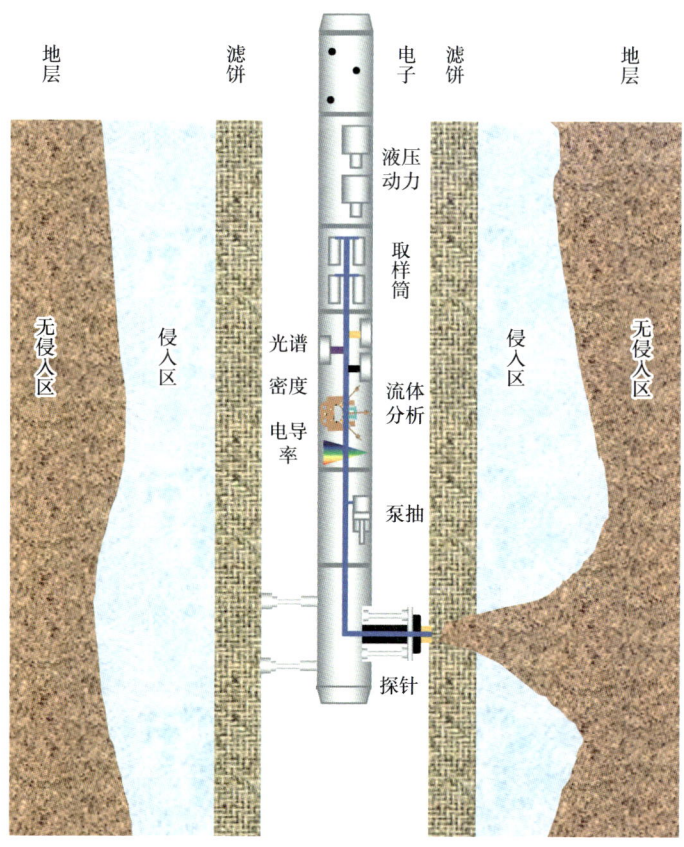

图 7-1-4　地层流体取样工作原理示意图

实时比较判断。当污染率下降到用户可接受水平后,打开取样筒短节中的流体控制阀,将合格的地层流体样品灌入取样筒中。根据用户需求,可在同一取样点的不同时间段进行多个样品取样(不同纯度的流体样品),也可在污染率下降到用户可接受的水平后进行多个样品取样(相同纯度流体样品)。

3. 主要技术指标

斯伦贝谢公司、贝克休斯公司、中国海油及中国石油四家公司的电缆地层测试器主要技术指标见表7-1-1。

表7-1-1 主流地层测试器主要技术指标对比

指标	斯伦贝谢公司 MDT	贝克休斯公司 RCI	哈里伯顿公司 RDT	中国海油 EFDT	中国石油 FDT
耐温(℃)	177	177	177	177	177
耐压(MPa)	138	138	138	138	138
井眼范围(mm)	152~482	150~571	152~457	140~559	152~482
封隔器直径(mm)	127.0	120.6	120.6	120.6	127.0
石英压力计精度	±0.02% FS	±0.02% FS	±0.02% FS	±0.02% FS	±0.02% FS
石英压力计分辨率(psi)	0.01	0.01	0.01	0.01	0.01
压力测量范围(MPa)	110	110	117~140	110	100
液压系统泵排量(cm^3/min)	2270 @5.51MPa	500 @11.58MPa	3785 @4.13MPa	1100 @21~28MPa	510 @21MPa
取样筒个数	6	6	6	6	6
压力计耐压(MPa)	103~140	172	140	140	140
PVT取样筒容量(cm^3/个)	450	600	1000	450/960	500
重复性(kPa)	6.9	≤0.01%FS	6.9	6.9	6.9
光谱流体识别与分析	有	有	有	有	有
泵抽流量(cm^3/s)	0.1~31.6	0.1~40.0	0.2~90.0	0.1~40.0	0.2~25.0

二、主要功能模块

地层测试技术集机械、液压、电子、通信、光学等多专业为一体,经过二十余年的技术研发与积累,EFDT-eXceed形成了地层测试坐封技术、地层压力测量技术、井下流体识别技术、地层流体取样技术、井下作业安全技术与仪器测控数据处理六大技术平台,开发了相关功能模块。中国海油在地层测试六大技术平台上持续开展科研攻关,不断提升仪器技术水平,增强技术竞争力。

1. 地层测试坐封技术与主要功能模块

地层测试推靠坐封功能至关重要,是地层测试器测压、取样的前提。地层测试坐封技术包括液压动力系统、双探针推靠坐封系统与探针系列、双封隔器坐封系统等技术。

1）液压动力系统与短节

液压动力系统为仪器提供液压动力，驱动推靠坐封装置、泵抽缸和流体控制阀的机构运动，实现仪器坐封、循环抽吸及流体管路通断控制功能。液压动力系统如图7-1-5所示。液压动力系统的系统工作压力设计为24MPa，高压溢流阀为液压动力系统的安全阀，确定了仪器系统工作压力（冯永仁等，2008）。为减小电动机的启动冲击，增加其使用寿命，液压动力系统设计了低负载启动模式。即液压系统启动前，将常闭电磁阀换向，接通低压溢流阀，其工作压力为1.5MPa。以低负载启动电动机，运行稳定后再切换电磁阀，液压动力系统输出高压系统工作压力。液压平衡腔采用弹簧连接活塞，液压动力系统的外部环境压力为井筒压力，液压平衡腔实现液压动力系统回油腔与外部井筒压力平衡，保证液压系统各个液压元件正常工作。单向阀连接液压系统高压管线与回油腔，避免回油压力大于高压管线压力，实现液压系统启动前压力油管路、回油管路压力平衡。压力传感器实时监测液压系统压力，快速接头提供液压动力系统接口，实现液压动力系统模块化连接。

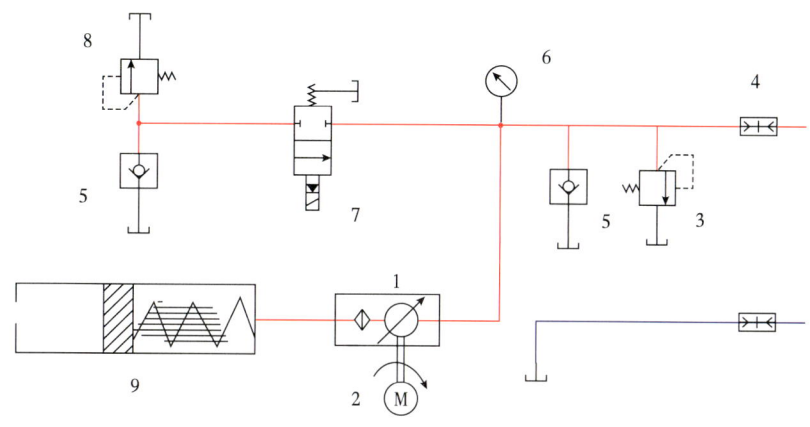

图7-1-5 液压动力系统液压原理示意图

1—液压泵；2—电动机；3—高压溢流阀；4—快速接头；5—单向阀；6—压力传感器；
7—电磁阀；8—低压溢流阀；9—液压平衡腔

2）双探针短节与系列探针

EFDT-eXceed双探针短节具有推靠坐封功能，主要由石英压力传感器、电磁阀、溢流阀、单向阀、地层流体隔离阀、探针、支撑臂等组成。仪器液压动力系统给双探针和支撑臂提供液压推力，将双探针和支撑臂从仪器基体中伸出紧紧推靠井壁形成坐封。探针由活塞杆及安装在活塞杆顶端的橡胶探头组成。当双探针推靠井壁后，橡胶探头变形并紧密贴住井壁，将橡胶探头中间的吸管与钻井液分隔开并形成密封，探头正向液压推力达24MPa。在静摩擦作用下，整套测试仪器可在不受电缆张力情况下固定在井中，同时可放松活动电缆，减小了电缆吸附卡风险。地层测试作业完成后，液压系统将双探针和支撑臂收回，进行下一个点作业或上提仪器。当仪器发生故障或掉电等紧急情况时，双探针短节通过释放蓄能器压力，能自动紧急解除坐封，全部或部分收回双探针和支撑臂，便于安全上提仪器。

为拓展 EFDT-eXceed 作业能力，增强仪器在不同岩性、不同渗透率储层的坐封能力，研制了系列探头，如图 7-1-6 所示。系列探头具有不同的吸口形状和吸口面积。探头安装到探针顶部，再集成到双探针短节上，仪器可同时搭载两支双探针短节，实现多探头组合下井作业，提高一次下井地层测试作业成功率。

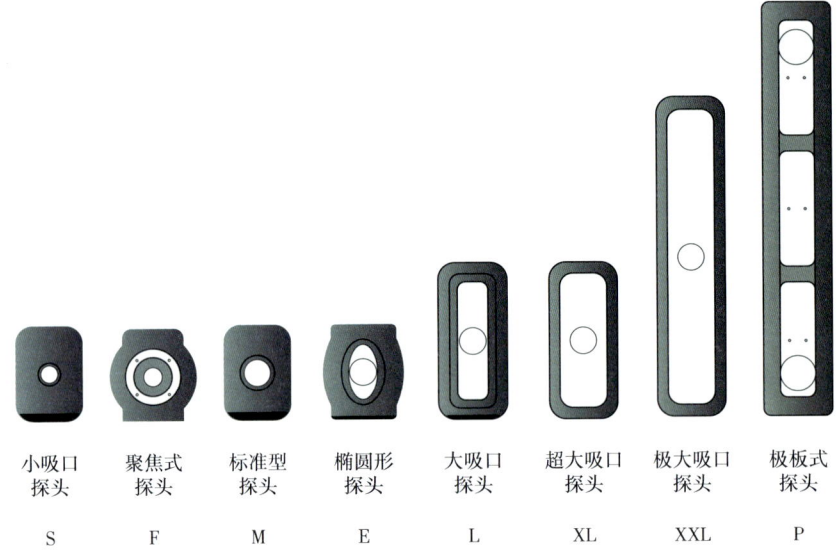

图 7-1-6　EFDT-eXceed 系列探头结构示意图

3）双封隔器坐封技术与短节

随着低孔隙低渗透、非均质性强及裂缝性等复杂储层越来越多，油气勘探难度加大，探针式地层测试在这些储层中具有局限性，表现为泵效差、作业成功率低。双封隔器地层测试坐封面积达常规探针数千倍，可有效解决复杂储层测压取样难题。同时双封隔器地层测试类似于试油测试工作原理，其测试结果可用于单井产能预测，因此又称为 mini-DST 测试。

EFDT-eXceed 双封隔器坐封原理如图 7-1-7 所示，仪器芯轴上设置两个封隔器胶筒，封隔器胶筒之间设置带过滤网的流体吸口，通过测压管道连通仪器流体总管线，仪器内部充压管路连通两个封隔器胶筒，同时充压膨胀或卸压恢复。地层测试器在目标层位，通过泵入过滤后的钻井液将封隔器胶筒

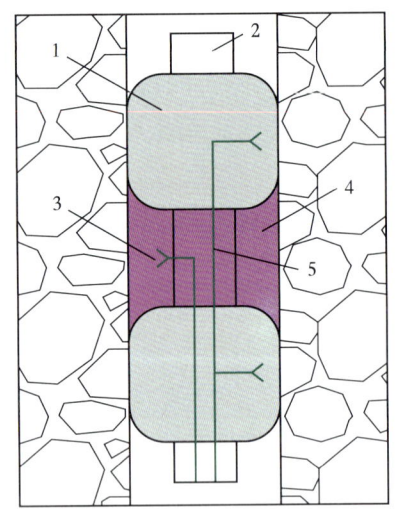

图 7-1-7　双封隔器坐封示意图
1—封隔器胶筒；2—芯轴；3—流体吸口；
4—封隔井段；5—充压管路

充压膨胀，接触井壁并达到一定的膨胀压力，形成坐封并封隔井段。然后连通泵抽和流体吸口，连续抽排两个封隔器胶筒之间封隔的地层流体，进行地层压力测量和流体取样（秦小飞等，2015）。

EFDT-eXceed 双封隔器短节液压原理如图 7-1-8 所示，液控控制短节（HCSS）包含 3 个双向液控流体阀（DPV）和 1 个常开流体阀（NOV）。这 4 个流体阀由 7 个电磁阀

(SOL)控制。7个电磁阀集成设计到3个集成阀座(HMB)中,实现了液压系统集成设计,增强了液压系统的可靠性和稳定性。液控控制短节还包含封隔器胶筒膨胀压力监测传感器(DPT),实时监测封隔器胶筒的膨胀压力。地层压力由石英压力传感器(QPG)实时测量。

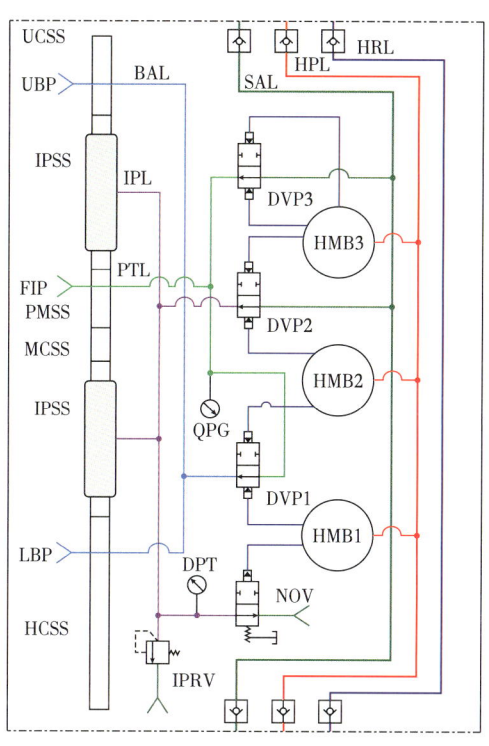

图 7-1-8　双封隔器短节液压原理示意图

为提高仪器井下作业安全性,设计了双封隔器紧急解除坐封功能,由常开流体阀NOV控制,集成阀座HMB1内电磁阀SOL1通电控制常开流体阀关闭,可进行封隔器胶筒膨胀坐封。在SOL1掉电情况下,常开流体阀自动打开,封隔器胶筒膨胀压力泄压,封隔器胶筒在内置钢带弹性力作用下解除坐封并恢复原状。集成阀座HMB3内电磁阀SOL6和SOL7控制双向液控流体阀DPV3,DPV3连通地层流体入口(FIP)和样品总管线(SAL),当DPV3打开、DPV1和DPV2关闭时,可向坐封隔离段井段泵入或泵出流体,实现地层压力测量和流体取样。集成阀座HMB2和HMB3内电磁阀SOL4和SOL5控制样品隔离阀DPV2,DPV2连通样品总管线(SAL)和封隔器胶筒膨胀管线(IPL),可将过滤后的钻井液泵入封隔器胶筒使其膨胀,封隔器胶筒膨胀管线(IPL)上设置了压力传感器(DPT),实时监测封隔器胶筒膨胀压力。设置了溢流阀(IPRV),当封隔器胶筒膨胀压力达到设定值时泄压,避免封隔器胶筒过度膨胀导致损坏。封隔器胶筒膨胀时常开流体阀NOV和双向液控流体阀DPV3均处于关闭状态。在封隔器胶筒膨胀和恢复阶段,双向液控流体阀DPV1需保持开启状态,连通隔离地层段和平衡流体管路(BAL),以消除封隔器胶筒之间的压差。平衡流体管路(BAL)通过上平衡口(UBP)和下平衡口(LBP)连通双封隔器上方和下方的钻井液,当封隔器胶筒膨胀坐封时,平衡管路平衡封隔器井段上、下井筒内压力,避免封隔井段上、下井筒产生压差作用力，进而推动仪器损坏封隔器胶筒。集成阀座 HMB1 和 HMB2 内电磁阀 SOL2 和 SOL3 控制样品隔离阀 DPV1 的连通和关闭。液控控制短节设置了液压高压油总管线（HPL）、液压回油总管线（HRL）及样品总管线（SAL），实现与 EFDT-eXceed 液压系统模块化连接。

2. 地层压力测量技术与测前设计软件

为提高地层压力测量效果，采用可精确计量流体泵技术与测前作业制度设计技术，在给定探针参数条件下，优化设计出不同渗透率地层的测压抽吸量和抽吸速度，指导井下作业，通过精确控制抽吸量和抽吸速度，获取最佳地层压力响应曲线。

1）可精确计量流体泵技术

如图 7-1-9 所示，可精确计量流体泵主要包括液压缸前腔、液压缸后腔、流体缸前腔、流体缸后腔、液压缸活塞、流体缸活塞、活塞杆及高精度线性位移传感器。当液压系统向液压缸后腔注油时，液压缸活塞带动活塞杆及流体缸活塞向前运动，流体从吸孔吸入流体缸后腔，而流体缸前腔中的流体被排出，反之亦然。精确控制抽吸体积对地层压力测试非常重要。在低渗透储层，抽吸流量过大，在探头处会产生过大压力降，当测试压力低于泡点压力，流体会出现脱气现象；抽吸流量过小，预测试、测试压力恢复及流体取样的作业时间过长，增加了仪器吸附卡风险。在高渗透储层，抽吸流量过小，测试过程中产生的压力降过小，无法确定储层参数；抽吸流量过大，储层容易出砂，导致作业失败。为控制抽吸体积精度，采用井下闭环液压伺服控制技术，在泵抽活塞上安装高精度线性位移传感器，通过位移传感器监测活塞移动的速度和行程，将该信号传输到电子控制线路短节，与设定的活塞速度和位置进行比较，再输出信号控制电磁阀开关，通过控制液压流量变化，达到控制活塞位置，进而实现精确控制抽吸体积的目的。

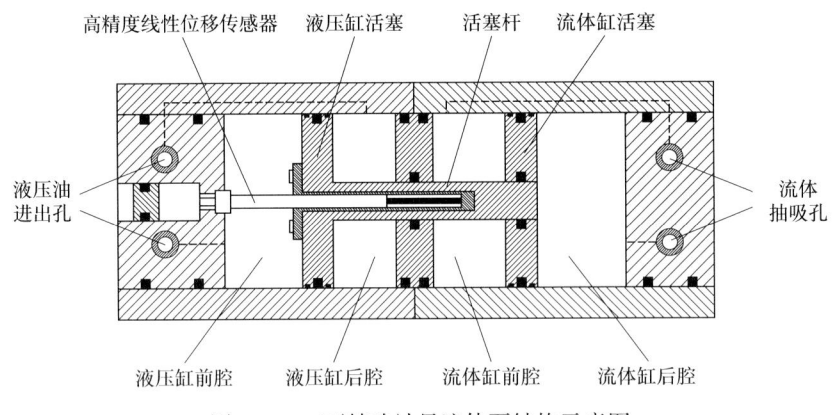

图 7-1-9 可精确计量流体泵结构示意图

2）探针系数标定系统

EFDT-eXceed 建立了一套探针系数标定系统，通过该系统校正仪器探针系数，修正解释模型，用于指导现场作业。通过标定系统测试，调整作业参数，控制流体抽吸量及抽吸时间，获取探头现场作业参数，节约现场测试时间，提高测试成功率。刻度装置通过液压伺服控制系统控制井筒钻井液系统和地层系统，模拟地层岩心承受的围压、地层压力和环空压力环境，并通过井壁推靠系统模拟地层压力测试过程中的探头推靠坐封环境，用地层测试器抽吸系统实现测试过程中的抽吸功能。装置各个部分均可同时或独立控制（手动或自动）且均保持较高的控制精度，从而实现探针系数标定和作业参数优选。

3）测前作业制度设计软件

地层测试测前作业制度设计是通过给定地层渗透率等参数来计算压力响应曲线的一种分析方法。通过设定不同地层流体抽吸量和抽吸速度，计算在不同渗透率下压力响应曲线，拟合出一组符合该响应规律的地层参数。结合常规测井资料，模拟测压作业过程并评估模拟效果，确定合理的测试参数，提升地层测压作业效率，提高测压质量。开发了EFDT-eXceed测前作业制度设计软件，用于实现测前参数优选，软件界面由三部分组成，分别为流体和地层参数、仪器属性参数、泵抽设计参数输入窗口。通过设定流体参数、地层参数、仪器参数及抽吸参数，软件计算得到地层压力曲线（Lu et al.，2021）。不同的抽吸参数，模拟地层压力变化响应曲线，优选作业制度，指导现场作业。

3. 井下流体识别技术与主要功能模块

地层流体性质影响整个油气藏的勘探、开发和生产，因此采集具有代表性的地层流体样品，在地面实验室准确测量地层流体性质至关重要。地层测试器井下取样时，通过循环泵抽清除入侵的钻井液滤液，同时在线定量监测泵抽流体中滤液污染度，判断地层流体性质，为取样提供决策依据。地层流体识别传感器主要有地层流体密度传感器、电导率传感器、光谱分析传感器及荧光分析传感器。

1）常规流体识别技术与短节

EFDT-eXceed地层流体识别短节集成了密度传感器和电导率传感器，地层流体密度测量采用双"U"形管振动式密度传感器。该传感器采用反馈谐振式测量方法。将"U"形管作为振子，依靠反馈环路维持"U"形管的谐振状态，通过测量谐振周期获得管内介质密度。振动管密度测量的基本原理来源于弹性力学悬臂梁振动理论，振动体谐振周期与其系统质量相关（余强等，2011）。

若忽略单"U"形振动管顶端弯曲影响，可以用直管近似求解。依据弹性力学理论，当直管的形状和材料固定时，振动体的固有振动周期与系统质量存在如下关系：

$$T_n = 2\pi\sqrt{\frac{M_t + \rho_f V_f}{K}} \tag{7-1-1}$$

式中：T_n为物体振动的n阶固有周期，s；K为仪器常数，与振动管的形状和材料有关；M_t为振动管质量，g；ρ_f为管内流体密度，g/cm³；V_f为管内流体体积，cm³。

由式（7-1-1）可得所测流体密度：

$$\rho_f = \frac{1}{V_f}\left(\frac{K}{4\pi^2}T_n^2 - M_t\right) \tag{7-1-2}$$

在振动管形状、容积、材料一定的情况下，除ρ_f和T_n之外，其余参数皆可看作常数，因此ρ_f和T_n呈二次函数关系，可简化为式（7-1-3）计算流体密度。如需达到较高的测量精度（不小于0.1%），还需要对测量结果作温度和流度校正：

$$\rho_f = K_1 T_n^2 + K_0 \tag{7-1-3}$$

式中：K_1 为传感器二阶系数，g/(cm³·s²)；K_0 为传感器常系数，g/cm³。

地层流体电导率测量采用电导率传感器，如图 7-1-10 所示。该传感器采用电磁感应原理来测量流体电导率。将发射线圈和接收线圈并列安装在同一轴线上，发射线圈磁环中通入交变电流，当待监测流体从发射线圈和接收线圈中间通过时，在发射线圈和接收线圈之间形成流体通道，此时待测流体会产生交变电流，该交变电流同时产生交变磁场，交变磁场使接收线圈感应出交变电势，交变电势信号经过电路处理后，测出流体电导率（尤国平等，2011）。

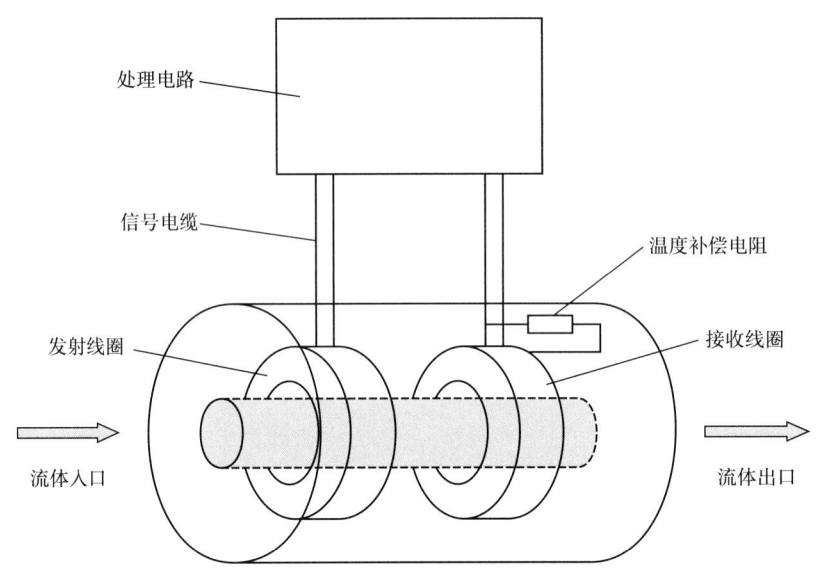

图 7-1-10 电导率传感器结构示意图

对于管内流体，一般流体电导率的定义为：

$$\gamma = \frac{L}{A} G \quad (7-1-4)$$

式中：γ 为流体电导率，S/m；L 为管长，m；A 为管内流体截面积，m²；G 为管内流体总电导，S。

2）流体光谱分析技术与短节

地层测试流体光谱分析传感器主要用于井下流体实时光谱测量，利用流体中不同物质的光吸收性及光散射性来确定流体的成分性质及成分含量，为地层流体取样提供决策依据。通过光谱分析技术还可以测量原油颜色。原油颜色通常随冲洗地层的钻井液变化。可用该评价方法判断流体样品的品质，确定不同深度的流体变化性质。这些测量结果对作业者调整地层测试器井下作业时的分析程序至关重要，可使其达到最佳测量效果。通过收集不同油气样品，对照实验室测定的油气组分，建立样品光谱数据库，通过机器学习训练出最佳模型，即可用于预测流体样品性质。每个地区的油气样品性质不同，如果与标准模型存在较大偏差，应针对该地区的油气样品进行进一步训练。

国外现有的井下光谱组成分析仪只有几个到几十个光谱通道，在全方位获取流体信息方面受到限制。为克服这种限制，EFDT-eXceed 新型光谱仪采用了具有 256 通道的近红外光栅光谱仪（左有祥等，2021）。新型光栅光谱仪的工作原理如图 7-1-11 所示。卤素光源产生的光束通过光栅单色器，形成波长为 λ 的近红外光束。强度为 $I_0(\lambda)$ 的入射光束穿过流动管线上的第 1 个蓝宝石窗口，再通过几毫米厚（L）的受测流体；受测流体吸收部分光束，剩余的光束从第 2 个蓝宝石窗口射出，通过光谱检测仪，测量其透射光的强度 $I(\lambda)$。检测仪对不同波长的光束具有选择性，可产生离散、半连续或连续的光谱。

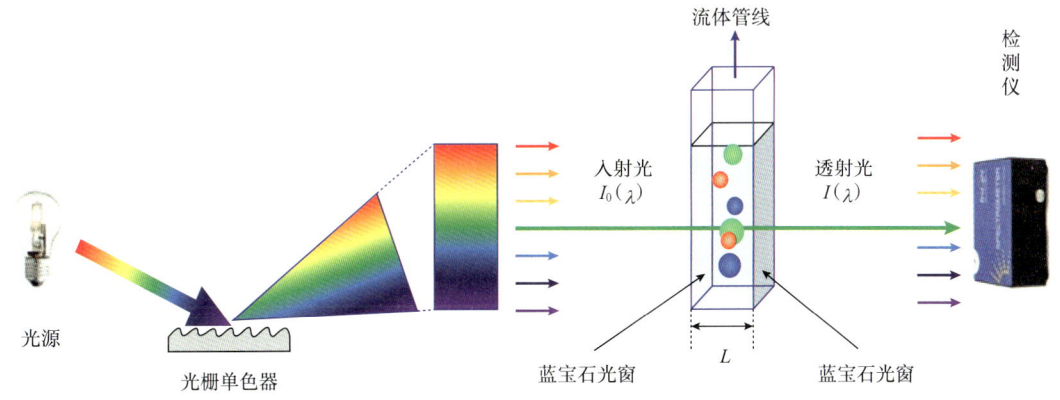

图 7-1-11　光谱仪工作原理示意图

检测仪在波长为 λ 处的吸光度 $A(\lambda)$ 定义为：

$$A(\lambda) = -\lg \frac{I(\lambda)}{I_0(\lambda)} \qquad (7\text{-}1\text{-}5)$$

式中：$A(\lambda)$ 为吸光度；$I_0(\lambda)$ 为入射光强，W/m^2；$I(\lambda)$ 为透射光强，W/m^2。

流体吸光度的大小与受测流体的质量吸光系数和厚度成正比，如所有的光都透过流体进行传输，则透光率为 100%，吸光度为 0。如 1/10 的光透过流体（即 90% 的光被流体吸收），则吸光度为 1。同样，如果 1/100 的光透过流体（99% 的光被流体吸收），则吸光度为 2。大多数井下流体分析仪测量的吸光度范围为 0~5。由于透光信号变弱，而测量噪声基本保持不变，信噪比随吸光度的增大而减小，吸光度的测量精度为 0.005~0.010。

不同物质具有不同的光谱特性（特征峰），即在不同波长时的吸光度不同，因此可通过机器学习方法进行数学建模，从而获得流体的组分组成和性质。新型井下流体光谱仪建模方法流程如图 7-1-12 所示。先对不同的合成碳氢混合物和天然油气流体进行一级闪蒸，并用气相色谱分别分析闪蒸气体和液体组成，得到地层流体的组成、气油比和 API 重度，并在不同温度和压力条件下对其进行 PVT 性质和光谱数据测量。建立流体组成、PVT 性质和光谱数据库，将数据库中的数据进行预处理和标准化，并分类成训练、测试和验证的数据集合，用于机器学习。开发了内部机器学习软件包（包括线性和非线性回归、逻辑回归、主成分分析、偏最小二乘、支持向量机、随机森林、决策树、深层神经网络等），对不同的数学模型进行训练、测试和验证，选出最佳模型用于新型井下流体光谱仪实时测量。

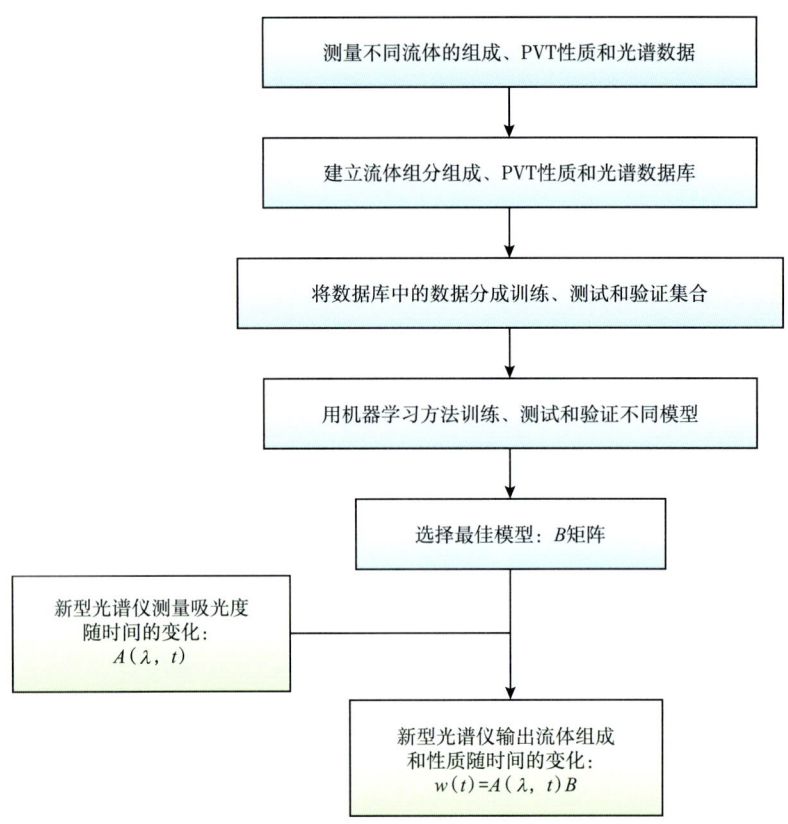

图 7-1-12　井下流体光谱仪建模方法流程图

如图 7-1-13 所示，基于井下流体光谱仪开发了 EFDT-eXceed 流体光谱分析短节。除具有光谱分析传感器外，该短节还集成了吸光度、荧光强度、温度、压力、电导率、密度和黏度传感器。多参数测量地层流体性质，根据多参数综合分析判断，为井下地层流体取样提供决策依据。

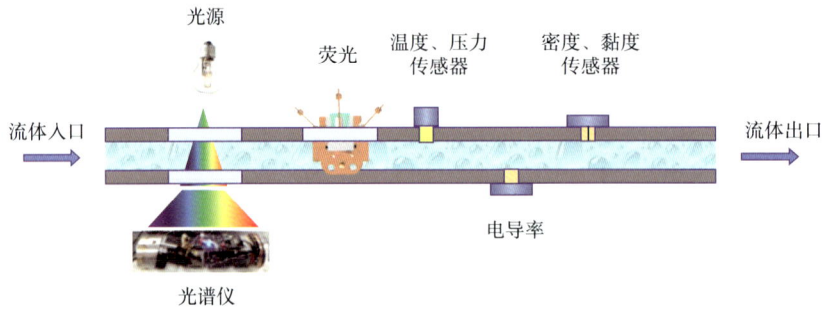

图 7-1-13　流体光谱分析短节结构示意图

4. 地层流体取样技术与主要功能模块

地层流体取样技术包括循环泵抽技术和地层流体存储技术，地层测试器井下取样时，通过循环泵抽清除入侵地层的钻井液滤液，同时在线定量监测泵抽流体中钻井液污染度。当地层流体达到取样纯度后，将地层流体泵入取样筒，由取样筒携带至地面进行转样，或将取样筒运输至实验室进行地层流体样品分析。

1）循环泵抽技术与短节

循环泵抽短节是电缆地层测试器的核心模块之一，利用循环泵抽可实现在一次坐封过程中往复从地层抽取流体、将流体排放到井筒，有利于排除侵入带的影响，从而获取原状地层流体。通过控制泵抽的速度和活塞位置，记录压力恢复曲线，从而分析解释获得地层流度信息。还可对地层流体做泡点测试，以分辨油基钻井液和含油地层流体（电导率传感器无法区分这两种流体类型），并能合理规划抽吸速度和计算流体过压数值。为保持所取地层流体样品真实物性（电缆地层测试器提升至地面过程中，由于温度和压力降低，地层流体样品会产生油气分离，导致样品无法准确反映取样位置的真实流体特性），可利用泵抽产生的压差对取样筒中的样品进行过压保护。

循环泵抽短节主要由可精确计量流体泵、电磁阀、石英压力传感器及切换装置组成，如图 7-1-14 所示，可实现泵抽前进抽吸、后退抽吸、关闭出口准备取样等功能（尤国平等，2013）。泵抽前进抽吸和后退抽吸都是从探针吸口吸入地层流体，从出口排出流体，是地层压力测试、排出钻井液滤液和流体取样所需的吸排状态。常规地层测试器组合中，循环泵抽短节在双探针短节下部。当需要测试井底地层时，需要将探针短节置于仪器底部，循环泵抽短节置其上，这时需要进行切换。在流体泵上设置了切换装置，只需调整一个密封堵的安装位置即能进行模式切换。

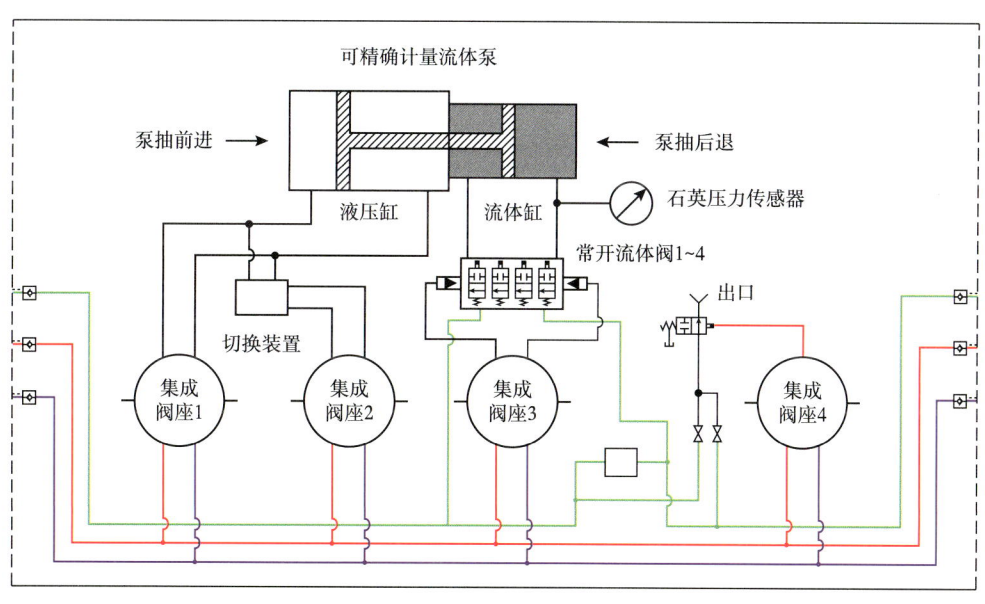

图 7-1-14　循环泵抽短节液压原理示意图

2）多 PVT 取样技术与短节

在地面对所取到的地层流体样品做 PVT 分析，可描述储层流体及其特性，为油田勘探开发提供重要参数。地层测试作业中需一次下井获得尽可能多的地层流体样品。EFDT-eXceed 采用了多 PVT 取样技术，攻克了单次下井获取不同容量、不同数量的单相原状地层样品的难题，并形成 PVT 取样技术系列。采用补偿保压、自动寻址、低冲击取样等技术，提高了仪器取样能力。单相地层流体取样筒通过了美国交通运输部（DOT）认证，保证样品运输安全性。EFDT-eXceed 大容量多 PVT 取样筒短节可携带 6

个容积为960mL的单相地层流体取样筒（也可携带容积为1200mL的常规取样筒）。采用了基于ID控制可重复组合技术，一次下井可携带8个多PVT取样筒短节，即可获取48个地层流体样品。此外，多PVT取样筒短节采用了低冲击取样技术和自平衡单相地层流体取样技术，能够获得高纯度的单相地层流体样品。

多PVT取样筒短节搭载自平衡单相地层流体取样筒，取样筒采用双活塞结构，如图7-1-15所示，分别为自平衡活塞和充氮活塞。两活塞内部预充高压氮气，可补偿取样筒由井下返回地面后由于温度降低导致降低的压力，避免产生油气分离，进而获得保持地层特性的高质量PVT样品（尤国平等，2013）。为消除RGD（气体快速泄压）现象（气体快速泄压时，气体分子进入密封圈导致其膨胀损坏）和有效隔绝样品与氮气，两个活塞都采用自平衡设计。在硅脂的平衡和隔离作用下，可有效延长密封圈的使用寿命。

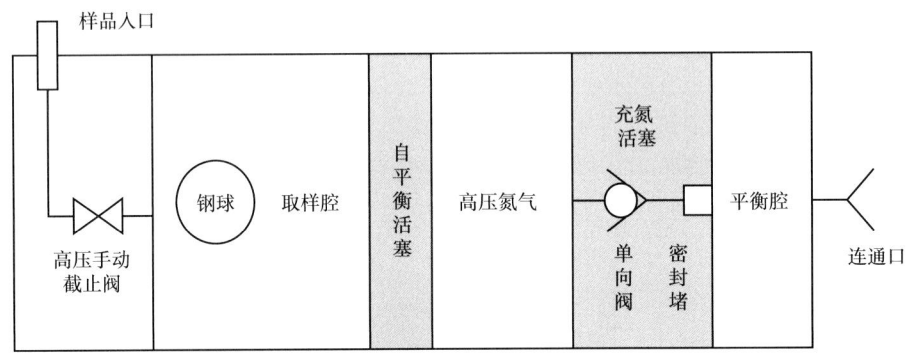

图7-1-15 自平衡单相地层流体取样筒结构示意图

为确保取样筒内压力能够保证样品处于单相状态（即始终高于泡点压力），需计算下井前预充氮气的压力值。以理想气体状态方程为基础，综合考虑温度降低对流体样品体积影响和氮气压力对流体样品体积的影响，以流体样品返回地面后取样筒内压力大于或等于井下取样处地层压力值为目标，得出如下方程：

$$p_i = p_e \frac{(\gamma \Delta T + C_f p_e) T_e (p_e + p_p)}{T_e (p_e + p_p) - T_w p_e + (\gamma \Delta T + C_f p_e) T_w p_e} \quad (7\text{-}1\text{-}6)$$

式中：γ为地层流体膨胀系数；C_f为地层流体压缩系数；p_e为取样点地层压力，psi；p_i为取样筒充氮气压力，psi；ΔT为取样点井筒温度与地面温度差，℃；T_w为取样点井筒温度，℃；T_e为地面温度，℃；p_p为流体泵最大压差，psi。

由式（7-1-6）绘制出充氮压力图版，如图7-1-16所示，便于作业前按实际需求给PVT取样筒预充高压氮气，确保所取得的井下地层流体样品不发生相变。

多PVT取样筒短节采用了低冲击取样技术，在短节底部增加一个可控出口。可控出口设计有一个流体出口单向阀，确保流体泵循环泵抽过程中换向时，避免外部钻井液在压差作用下进入仪器样品管线污染地层流体样品。在取样筒灌样前，打开该出口，流体泵抽排一定时间后，打开取样筒入口控制阀，将管线预充满流体样品，继续泵排一定时间后关闭出口，开始取样。低冲击取样技术可有效排净钻井液，同时可防止取样时突然打开取样筒入口流体阀造成压力陡降，确保流体样品不发生相变，从而获取原状地层流体样品。

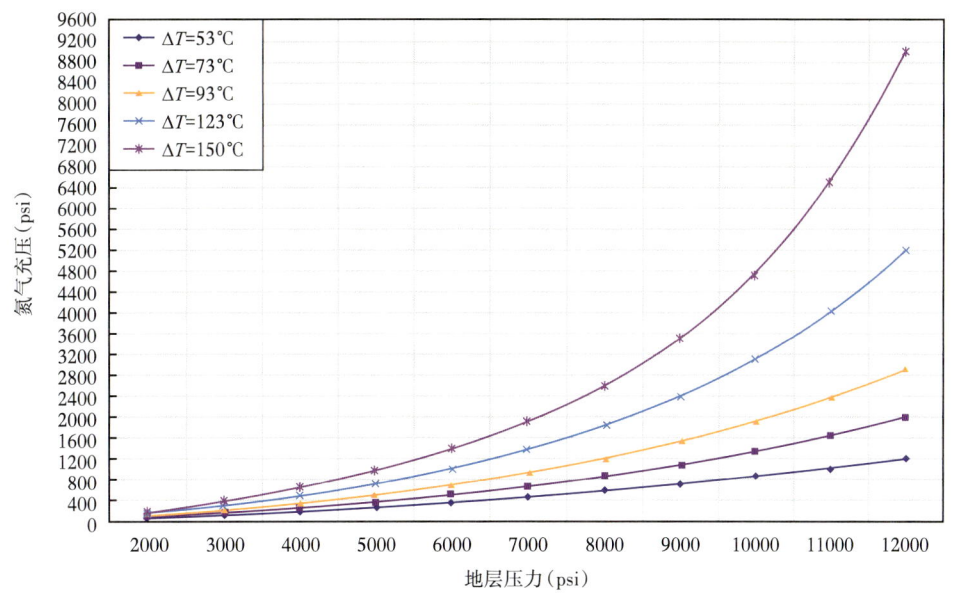

图 7-1-16 充氮压力图版

5. 井下作业安全技术与推靠解卡短节

电缆式地层测试器在井下进行测压取样时，定点作业时间较长，特别是进行地层流体取样，作业时长达数小时，甚至数十小时，因此地层测试器作业中遇卡的风险比其他测井仪器更大。在测井作业中遇卡后，需分析是仪器吸附卡还是电缆吸附卡，正确判断遇卡类型，制定相应的解卡方案。地层测试器遇卡后，须中断作业进行解卡，可采用多次过提电缆张力解卡，如解卡不成功需进行穿心打捞，加大了工程作业风险，增加了平台占用时间和作业成本，影响了地层测试作业。针对地层测试器井下作业遇卡的难题，中国海油自主研发了两项特色技术：一是地层测试作业安全保障特色预警系统，有效降低电缆吸附卡风险；二是异向推靠解卡技术，有效解决了地层测试器仪器吸附卡难题。

1）电缆吸附卡解卡技术与风险预警软件

EFDT-eXceed 地层测试作业安全保障特色预警系统，通过测前风险预测、测中风险预警，最大限度降低电缆地层测试作业电缆吸附卡风险。预警系统通过测前预测，指导优化测井方案，张力可视化显示并实时报警，有效降低作业风险。预警系统为高风险井下复杂情况电缆吸附卡提供直观的风险预测结果，为作业者提前做好风险防控与应对措施提供参考依据。

2）仪器吸附卡解卡技术与推靠解卡短节

EFDT-eXceed 首创的异向推靠解卡装置由上、下两个解卡短节组成，采用液压推靠方式，有效解决了仪器吸附卡的业内难题，避免穿心打捞，大幅降低海上油气勘探成本（秦小飞等，2014；秦小飞等，2016）。

异向推靠解卡装置单个解卡臂解卡力可达 19kN，2 个解卡臂共产生解卡力 38kN。当解卡力与仪器吸附力成正反方向时，有效解卡力为 38kN。当解卡力与吸附力成一定

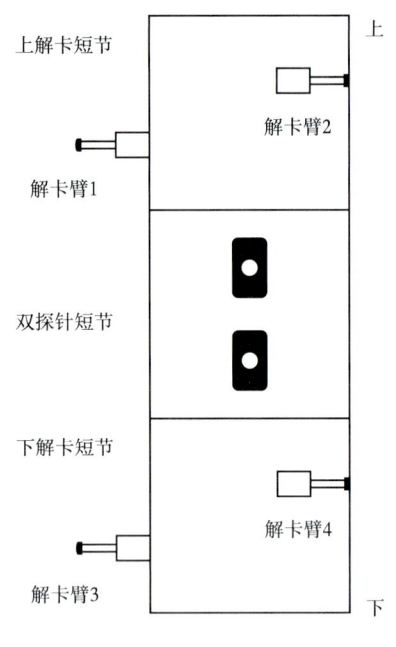

图 7-1-17　异向推靠解卡装置解卡结构示意图

夹角时，通过转矩方式解卡，解卡效果更好。结合现场穿心打捞数据分析，推靠解卡方式能有效解除仪器吸附卡。

异向推靠解卡装置由 2 个功能相同的解卡短节组成，如图 7-1-17 所示。2 个解卡短节分别位于地层测试器双探针短节的上方和下方，在仪器吸附卡时，解卡臂伸出将仪器解卡。异向推靠解卡短节由两个方向相反的解卡臂组成，可从正、反两个方向进行推靠解卡。两个解卡臂可单独伸出，解卡时上下解卡短节控制同一侧的解卡臂伸出，成功推靠解卡后，收回解卡臂，活动仪器。如未能解卡（当地层测试器在井下不居中时有可能发生，即解卡臂伸出最大距离后，仍未接触井壁，未形成有效推靠解卡力），则同时伸出另一侧解卡臂，从反方向推靠解卡，解卡成功后再活动仪器。

异向推靠解卡上解卡短节液压系统主要由 5 个电磁阀、2 个解卡臂、1 个蓄能器组成，如图 7-1-18 所示。解卡臂 1 和解卡臂 2 的收回腔（有杆腔）通过常开电磁阀 SOL3 连通蓄能器蓄能腔，再通过单向阀和常闭电磁阀 SOL5 连接到液压系统压力油总线，蓄能器蓄能腔管线上设置有压力传感器 CLS1，实时监测蓄能器压力。解卡臂 1 的伸出腔（无杆腔）通过常闭电磁阀 SOL1 连通液压系统压力油总线，解卡臂 2 的伸出腔（无杆腔）通过电磁阀 SOL2 连通液压系统压力油总线，分别控制两个解卡臂伸出。电磁阀 SOL4 可对蓄能器进行泄压，拆卸解卡臂和蓄能器时，必须对蓄能器进行泄压，保证操作安全。下解卡短节的液压原理和上解卡短节相同。解卡臂 1 和解卡臂 3 处于同一侧，解卡臂 2 和解卡臂 4 处于另一侧，井下解卡时伸出同一侧解卡臂进行推靠解卡。

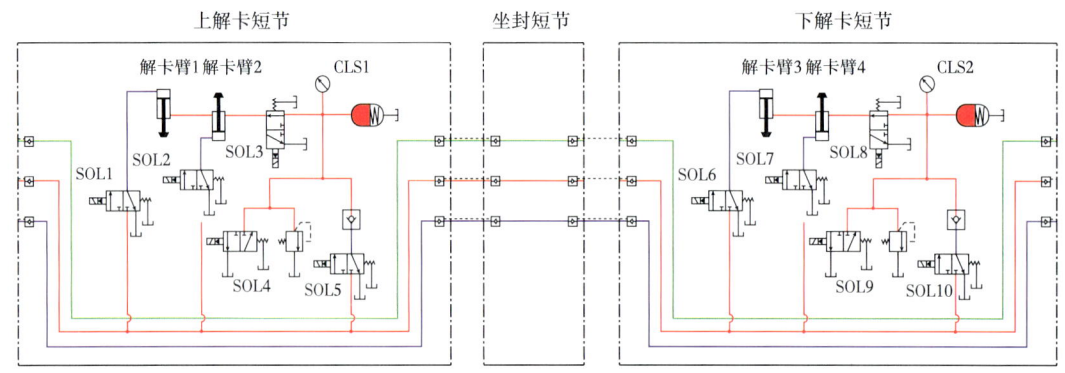

图 7-1-18　异向推靠解卡装置液压结构示意图

6. 仪器测控数据处理与软件平台

地层测试现场作业难度高，需要专家远程技术支持。通过远程实时监控，专家实时获取作业现场数据。实时监控解释技术包括现场实时测压取样监控系统、实时远程监控系统（Realtime Support Center，RTC）、实时远程数据解释系统（Extended Formation Analysis Professional，EFAPro）、井下流体实时监控系统。

1）现场实时测压取样监控系统

现场实时测压取样监控系统基于 FormView 架构及动态链接库 DLL 开发，通过与海洋石油测井成像系统 ELIS（Enhanced Logging Imaging System）之间交互信息，实现 EFDT-eXceed 仪器井下作业控制。监控系统共设计了 7 个独立控制模块，各模块之间数据共享，实现测压取样关键参数实时监测

2）实时远程监控系统

实时远程监控系统将仪器作业现场上传的实时数据通过卫星网络上传至云端，技术专家可以通过 web 端及移动端对作业数据实时查看，远程监控现场作业情况。通过 RTC 能获取现场作业最新数据，及时解决现场作业工程师遇到的问题，提高地层测试作业效率和成功率。

对于单个取样点，该系统可显示各测量参数曲线随泵抽时间或体积的变化，用户可根据需要增加各种实时监测曲线，远程支持专家通过监测曲线分析测压取样过程，协助现场作业工程师做决策，保证地层测试作业成功率。

RTC 可显示指定时间范围内的三维光谱图，远程支持专家和现场作业工程师可通过三维光谱图，直观判断仪器样品管线中流动的流体类型（油、气、水、钻井液及其含量占比）。图 7-1-19 显示了取样范围内的三维光谱图，光谱图显示了清晰的油峰，与标准油谱图基本一致，从而判断流体性质为油。

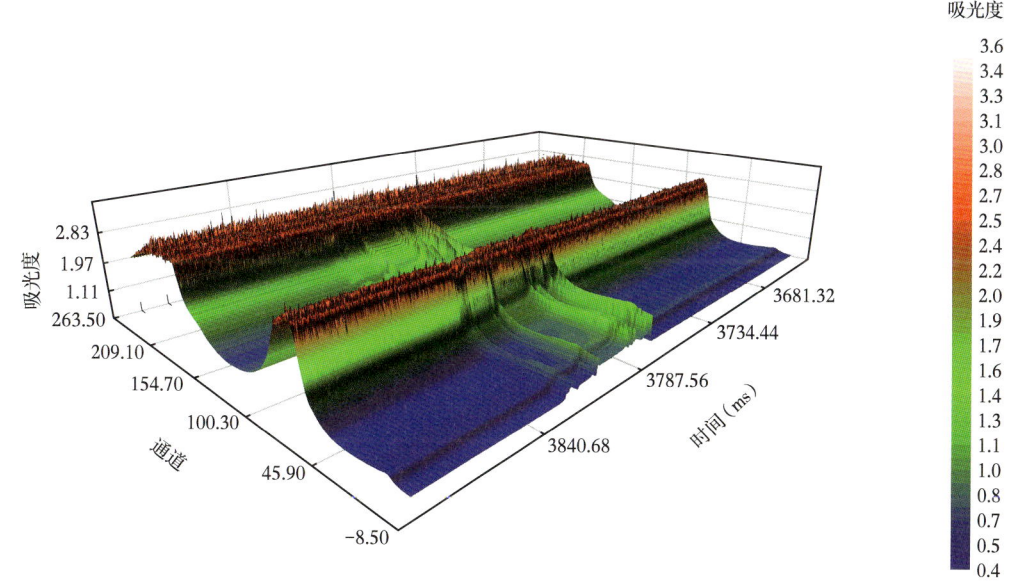

图 7-1-19　实时远程监控系统三维光谱图

3）实时远程数据解释系统

实时远程数据解释系统除了具有与 RTC 相同的远程实时监测功能以外，还可以远程实时解释测压取样数据。由远程支持专家进行实时解释处理，进行必要的人工干预，判断最佳取样时机（如远程实时分析钻井液滤液污染率），协助现场作业工程师作业，

保证地层取样质量。该系统可用于远程实时解释,还可用于作业测前设计和测后数据处理。

4）井下流体实时监控系统

井下流体实时监控系统采用 UI 界面设计技术,将流体性质特征变化情况用丰富多样的曲线及动态图形展示出来,可实时在线监测流体黏度、密度、电导率、气油比、油水分率、API 重度、组分含量、荧光特征通道、近红外全谱图和荧光全谱图等参数。此外,还基于各传感器工作原理设计了实景管线显示模块,实时显示泵抽取样过程中样品管线内流体性质的变化。在现场作业过程中,该系统可以全面展示流体相关特征参数曲线和油气水分布等关键信息,为现场作业工程师提供了直观的显示界面。

三、数据处理方法

地层测试器数据处理包括基于压力降落和压力恢复数据的地层渗透率分析,光谱组分、密度和电导率参数的井下流体识别分析,流体密度和流体界面分析,储层动用情况分析,层间连通性分析及储层产能预测等内容,需要使用专业软件进行处理和分析。为将电缆地层测试资料应用于储层评价中,将测试获取的地层压力资料用来评价地层渗透率等储层参数。目前常用的地层测试资料分析方法有拟稳态压降法、球形流压恢法、柱形流压恢法、地层流量分析和自动拟合分析等。拟稳态压降法、球形流压恢法和柱形流压恢法是用来评价地层渗透率最常用的方法。

1. 地层压力测量

在预测试的压降阶段之后,预测试室充满地层流体,进入探针的地层流体停止流动。这时,探针流体管线内的压力逐渐升高,即探针周围的地层流体压力开始恢复,通过扩散最终与地层压力平衡。可根据恢复时长和压力变化情况,判别是否选取压恢结束压力为测点的地层压力。对于进行多次预测试的测点,可以分析对比每个预测试的压恢结束压力,选取最为合理的压恢结束压力为该点的地层压力。对于压力恢复时间不够长的预测试,压恢结束压力不能够真实反映地层压力,可以应用压力恢复分析法,进行球形流和径向流判别分析,通过压力外推得到地层压力。在现场压力测试过程中,一般进行三次压力预测试。

2. 地层渗透率评价

地层测压并不能直接测量储层渗透率,在压力测试期间通过抽取地层流体测量得到流量和压降,根据达西定律计算压降流度。通常测压期间抽取的是钻井液滤液,可通过钻井液滤液黏度转化为渗透率,该渗透率可看作是钻井液相有效渗透率。

由于探头半径相对于储层来说比较小,可以看作一个点源,测试时,如果储层很厚,则压力波将会以球面波动形式向外传播,传播不能到达储层边界,因此可以建立球形流渗流模型。如果储层比较薄,则压力波很快到达边界,波动方式将会由球形流形式转化为柱形流传播方式,则应建立柱形渗流模型,也就是径向流渗流模型。首先提出地层测试渗流模型的是斯伦贝谢公司的工程师（Moran 等,1962）。他们对地层测试渗流模型研究提出了基本理论,制定了划分流型的原则,且涉及各向异性问题的解决方法,得出如下结论。

（1）对于各向同性均质的厚地层,采用球形流模型,由球形流模型可以得地层压力：

$$p(t) = p_i - \frac{\mu}{4\pi K}\sqrt{\frac{\alpha}{\pi}}\frac{V}{T}\left(\frac{1}{\sqrt{\Delta t}} - \frac{1}{\sqrt{T+\Delta t}}\right) \qquad (7\text{-}1\text{-}7)$$

式中：p_i 为地层压力，psi；$p(t)$ 为压力恢复起始点压力，psi；V 为压力降落期间累计体积，cm³；μ 为地层流体黏度，mPa·s；T 为预测试流动时间，s；α 为探针形状因子；K 为水平渗透率，mD；Δt 为压力恢复时间增量，s。

（2）对于薄地层，由于边界的影响流型转变为径向流动，径向流模型压力恢复方程为：

$$p(t) = p_i - \frac{\mu}{4\pi Kh}\frac{V}{T}[\ln(T+\Delta t) - \ln(\Delta t)] \qquad (7\text{-}1\text{-}8)$$

式中：h 为薄层的厚度，m。

如地层渗透率存在各向异性，对压力恢复的影响应纳入建模考虑的范围。对于较厚的地层，定义有效渗透率 K_{eff}，单位 mD。K_{eff} 介于水平渗透率和垂直渗透率之间，对于薄地层，K_{eff} 等于水平渗透率，水平渗透率可由压力恢复分析得到。

3. 压力剖面分析

储量研究中流体界面的确定十分重要，对于一些未钻遇流体界面的油气层，以及常规测井资料难以准确确定流体界面的疑难层，利用电缆式地层测压资料确定流体界面效果较好。基于对地层测压资料分析，选取地层测试压力资料中的有效点，用于储层流体密度回归及流体性质识别、储层流体界面确定，对储层后续勘探开发具有重要指导意义。

利用测点测压资料可以得到一口井不同深度对应的地层压力值，利用这些分析结果，可以得到地层压力随深度的变化关系。将钻井液压力、地层压力等参数绘制在深度索引图上，得到地层压力剖面图。分析整口井的测量数据，可以得到压力剖面图，包括钻井液压力与深度关系、地层压力与深度关系，还可得到流度剖面图，即测点压降流度与深度关系。

四、仪器刻度

地层测试器采用高精度宽量程石英压力传感器测量地层压力，宽温度范围（20~235℃）制约着石英压力传感器的精度，高温要求石英压力传感器标定模型对温度进行补偿。

中国海油研制了一套石英压力传感器自动标定装置，实现石英压力传感器刻度（支宏旭等，2019；薛永增等，2023）。石英压力传感器自动标定装置由压力加载模块（包括氮气瓶、减压阀、砝码自动加载装置等）、恒温箱和上位机软件等组成，如图7-1-20所示。压力加载装置通过15MPa标准压力氮气瓶经减压阀产生0.7MPa氮气源给砝码自动加载装置供气，上位机软件经过USB总线—集线器—BUS-Ⅰ总线与压力源FPG7302通信，后者控制FLUKE砝码自动加载装置AMH-100，压力源FPG7302综合AMH-100、气压计和自身测量到的压力值，通过补偿算法获取最终加载到传感器上的真实压力值，加载压力值范围14.5psi（大气压）至20000psi，典型测量不确定度为±0.0024psi，远远小于石英压力传感器±3.2psi的测量不确定度。砝码自动加载装置AMH-100加载的压力流体经过分流阀可同时加载 4 路石英压力传感器，液压系统采用硅油传递压力。上位机 PC 通过集线器、四路传感器采集卡与恒温箱中的石英压力传感器通信，可实时读取传感器压力值、温度值、刻度校准系数、传感器编号等参数。上位机 PC 通过集线器、BUS-Ⅱ与温箱通信，控制后者提供 20~235℃ 的恒温环境，恒温箱内的温度稳定性小于 0.25℃，满足标定技术要求。

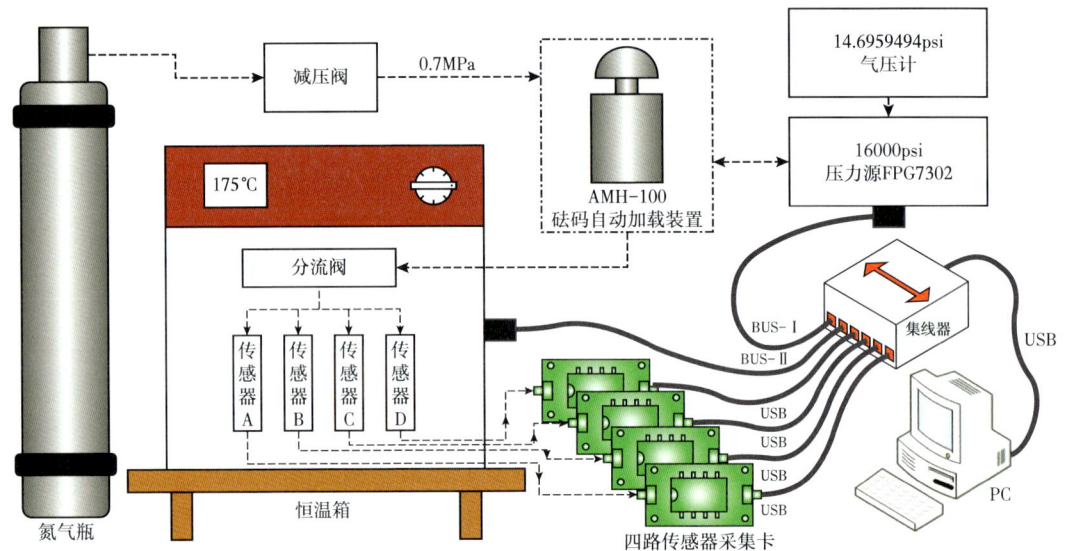

图 7-1-20　石英压力传感器标定装置结构示意图

石英压力传感器标定过程、标定参数的设计，直接影响校准结果的准确性。行业标准 SY/T 5692—2016《电缆式地层测试器作业技术规范》对电缆式地层测试器的应变式压力计车间刻度作出了规范，结合传感器原厂刻度指南和实测数据，设计了石英压力传感器标定流程及其参数。采用该刻度装置，对某一型号石英压力传感器进行标定，误差曲线如图 7-1-21 所示，标定前该传感器在 14.5psi/175℃ 点误差为 −0.0222%FS，超出了传感器不确定度 ±0.02%FS。将标定前数据带入刻度公式计算出新的校准系数，写入

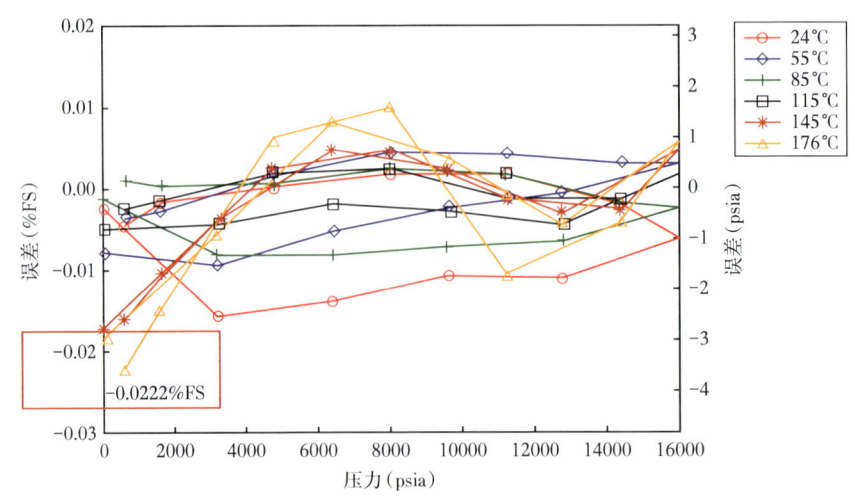

图 7-1-21　标定前的压力测量误差曲线

传感器电路，重新标定，该传感器最大误差为 0.0087%FS，如图 7-1-22 所示，小于传感器不确定度 ±0.02%FS，达到了石英压力传感器的精度要求。

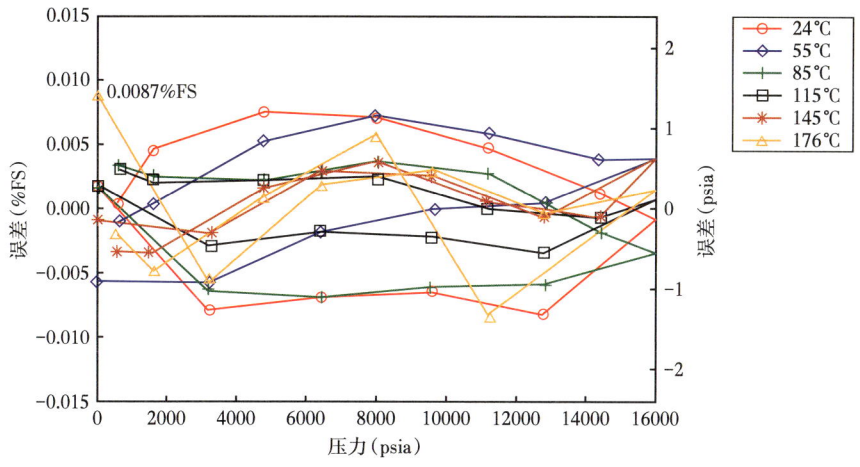

图 7-1-22　标定后的压力测量误差曲线

五、典型案例

1. EFDT-eXceed 测压案例

EFDT-eXceed 在南海东部某井进行测压作业，从常规测井曲线看，地层孔隙度为 3%~12%，渗透率为 1mD 以下，储层物性较差，如图 7-1-23 所示。在井深 2135.1m

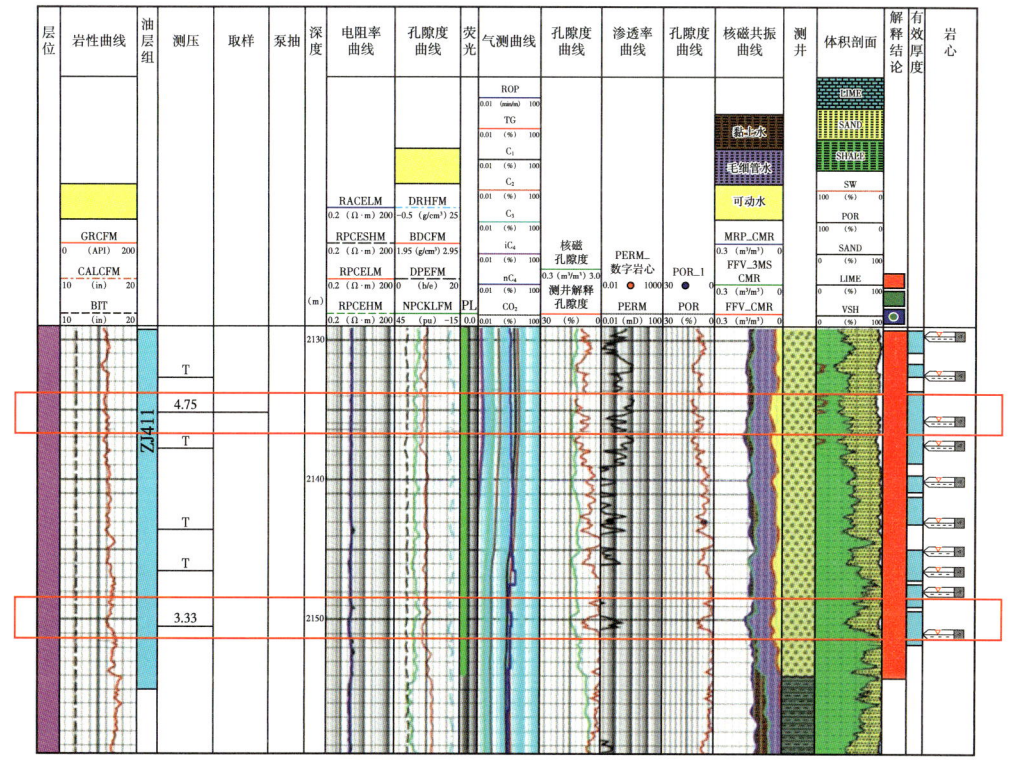

图 7-1-23　常规测井曲线

- 313 -

和2150.5m处进行地层压力测量，测量结果为有效点，得到有效地层流度分别为4.5mD/(mPa·s)和3.3mD/(mPa·s)，地层压力分别为3077.95psi和3097.83psi。

2. EFDT-eXceed探针取样案例

EFDT-eXceed在某井深X692.9m处取得气样，如图7-1-24所示。测试点附近的自然伽马值较低（约45gAPI）、电阻率高（60~90Ω·m）、中子和密度曲线交错、气测C_1、C_2和C_3值升高，并有微量C_4，表现出典型的气藏特征。该测点使用椭圆探头进行作业，循环泵抽前预测试获得地层流度为138.7mD/(mPa·s)。

泵抽速率、泵抽累计体积和压力随时间的变化如图7-1-25所示。在230s时开始泵抽，泵抽速率控制在3~6cm³/s。累计泵抽时间约为3320s，共泵出流体12000cm³。光谱仪测量的气体分率、组成、气油比和密度如图7-1-26所示。由于钻井时使用油基钻井液且该测点无水存在，光谱仪未测到水的踪迹，与常规测井解释一致，光谱仪测得的气体分率是1，与实际情况相符（李剑浩等，2023）。泵抽前光谱仪测量的流体性质是上一个取样点残留在取样管线中的流体，具有稳定的组分组成。开始泵抽后，气体突破很快，C_{6+}组成下降，C_1组成和气油比上升。当参数基本稳定后开始取样，测量的气体密度约为0.28g/cm³，气油比约为6255m³/m³。

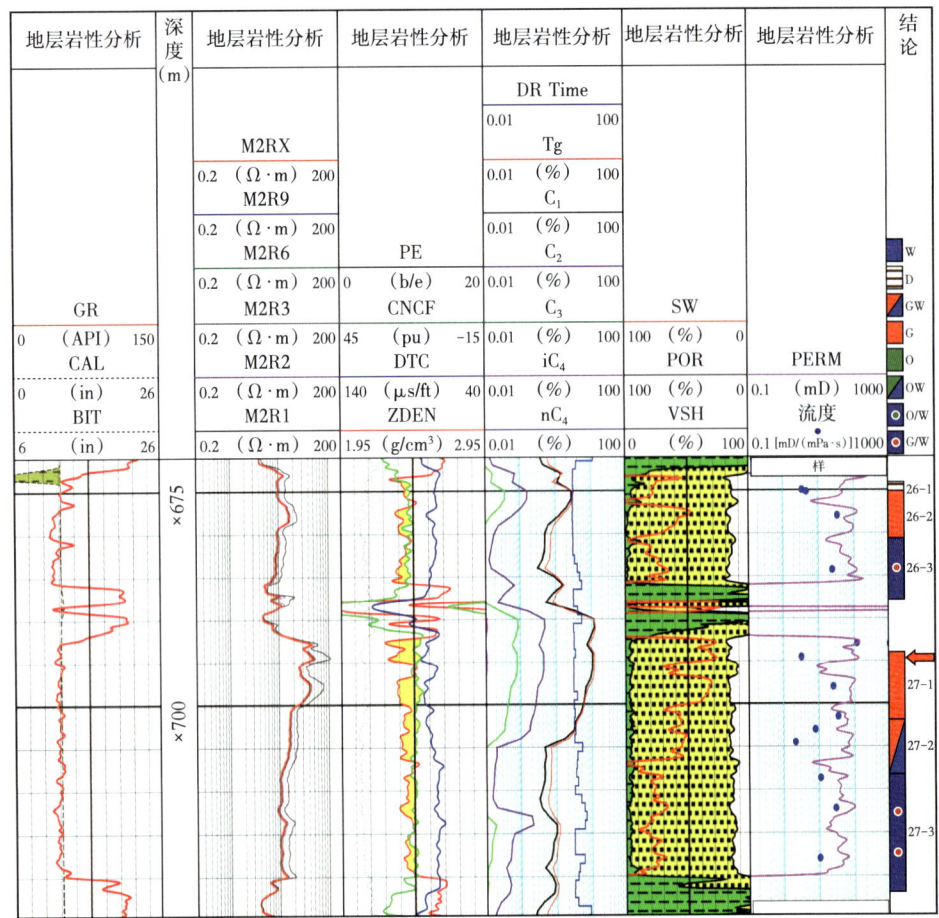

图7-1-24 X692.9m测点常规测井成果图

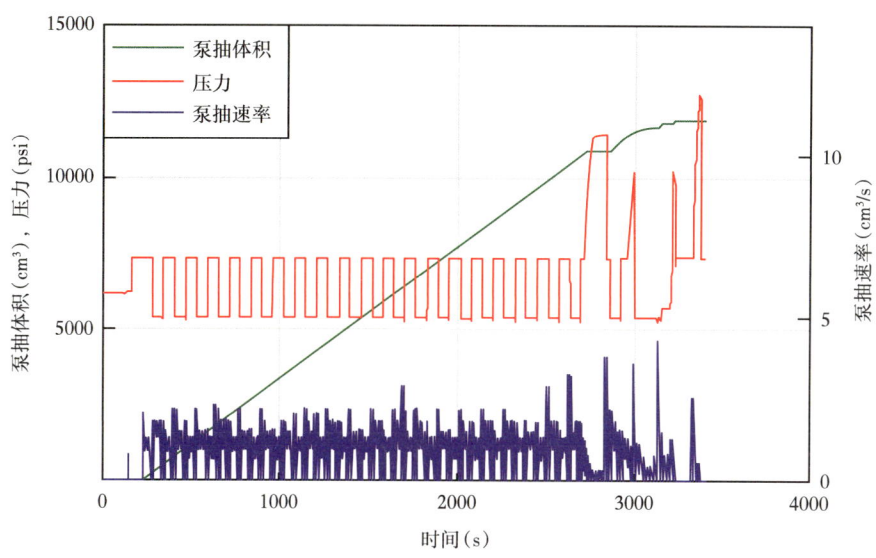

图 7-1-25　X692.9m 测点泵抽速率、泵抽累计体积和压力曲线

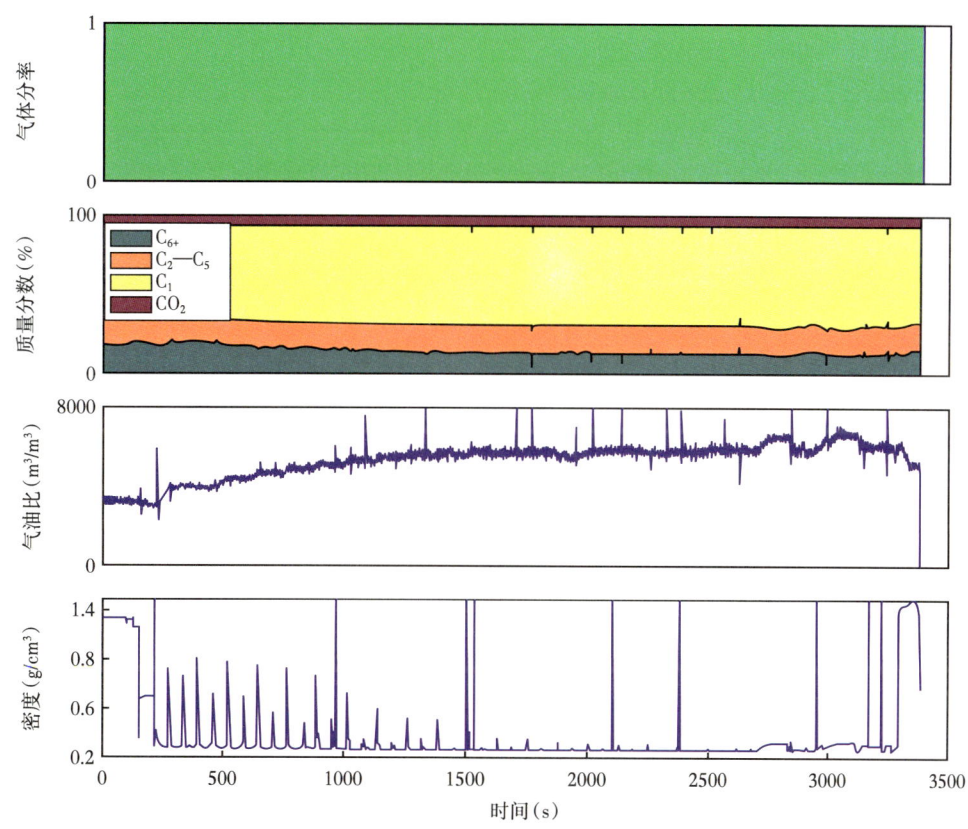

图 7-1-26　X692.9m 测点流体光谱分析性质变化图

X692.9m 测点在 3200s 时井下样品光谱图与纯甲烷和纯二氧化碳的光谱图进行了比较，如图 7-1-27 所示。气体中含有大量的甲烷、一定量的二氧化碳及其他组分。

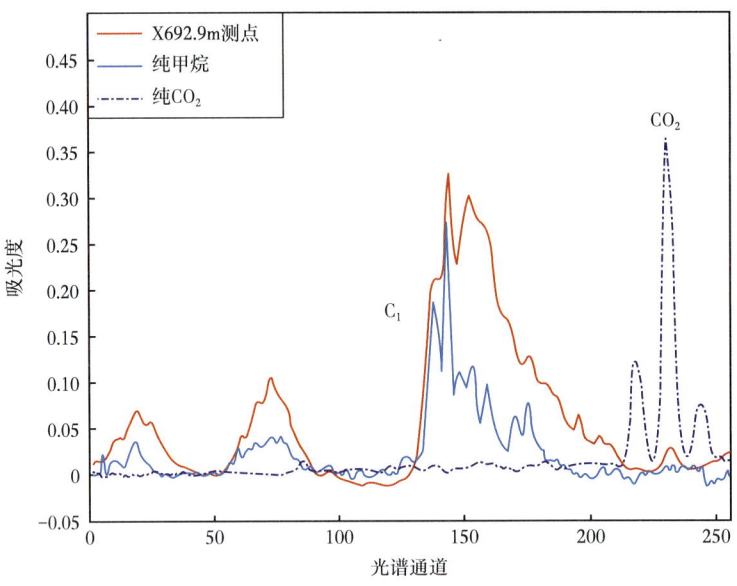

图 7-1-27　X692.9m 测点 3200s 光谱对比曲线

光谱仪井下测量值与现场样品测量值进行了对比，二氧化碳和甲烷比例非常接近，验证了光谱流体分析传感器的准确性。

3. EFDT-eXceed 双封隔器取样案例

EFDT-eXceed 在渤海某井双封隔器取样，坐封井段长 2m，电成像测井曲线显示坐封井段有裂缝发育（低角度半开启裂缝），预测试得到流度为 0.88mD/（mPa·s），属于低渗透地层。泵抽时间 400min，泵抽 96L 流体，成功获取稠油样品。2019 年 9 月，EFDT-eXceed 在南海西部首次双封隔器地层测试作业成功并取得地层水样品，同年 12 月在渤海成功取得地层水样品，2022 年 5 月在渤海潜山双孔介质地层首次取得纯油样品。EFDT-eXceed 双封隔器地层测试技术在花岗岩、变质岩、碳酸盐岩、致密砂岩地层均成功作业，解决了各类复杂储层有效性和流体性质评价的难题，验证了双封隔器地层测试技术可靠性及地层适应性广的特点，标志着我国自主研制的电缆式双封隔器地层测试技术全面应用成功（王荣飞等，2024）。

4. EFDT-eXceed 仪器吸附卡解卡案例

2015 年 5 月，异向推靠解卡装置挂接 EFDT-eXceed 在渤海 BZ 某井作业。该井最大井斜 10.64°，取样深度 1664.11m。取样深度井斜 10°，钻井液密度 1.19g/cm^3，取样时间 60min，泵排了 19L 后取样。取样作业结束后上提仪器，电缆总张力比正常张力过提了 1360.8kgf（3000lbf），仪器仍未移动，分析判断为仪器吸附卡。现场尝试两次电缆过提解卡，均未成功。启动异向推靠解卡装置解卡，在电缆过提 453.6kgf（1000lbf）张力的情况下，打开解卡装置同一侧解卡臂，给仪器施加侧向推力。解卡臂伸出的过程中，电缆过提张力瞬间归零，表明仪器解卡成功，收回解卡装置解卡臂，顺利提活仪器。这是异向推靠解卡装置首次实井成功应用，相比穿心打捞耗时数十小时，异向推靠解卡装置解卡仅需几十秒，大幅减少了平台占井时间，大大降低了工程作业风险（秦小飞等，2016）。

异向推靠解卡装置随 EFDT-eXceed 下井作业 177 井次，累计解卡 34 次。针对仪器吸附卡，解卡成功率 100%，为海上油气勘探节省钻井船 78 船天，节省勘探成本逾亿元。异向推靠解卡装置的成功研制与应用，有效解决了井下仪器吸附卡业内难题，开辟了井下仪器"主动式"推靠解卡技术领域，使得 EFDT-eXceed 在仪器吸附卡解卡方面，领先于国外同类仪器，增强了技术竞争力，有效降低了油气勘探成本。

第二节　钻进式井壁取心仪

钻进式井壁取心仪是一种井下岩层采集取样设备，能够根据工作需要，完成井下不同深度、不同环境的岩层钻取采样工作，自动进行样品的收集并带回地面，以供科研分析，为测井工作提供真实、直观、准确的数据依据。钻进式取心仪可以取出高质量的岩心样品，克服了爆炸式取心仪和钻井取心的局限性，具有施工灵活和成本低的优点。

一、总体描述

钻进式井壁取心仪中主要包括大颗粒和小颗粒两种钻进式井壁取心器。原理上不同于多数测井仪器的静态结构，井壁取心仪结构复杂，涉及动力系统、液压系统、运动机构及电气控制系统的协同工作，从而实现取心目的，是一种在井下高温高压环境下工作的机电一体化仪器。

钻进式井壁取心仪在功能上相对于钻井取心与火药撞击式取心仪器，钻进式井壁取心所取岩心颗粒规整，可直观进行岩性、含油性观察，也可以直接进行岩性、电性、物性和含油性分析化验，求取饱和度、孔隙度、渗透率等储层参数。因此钻进式井壁取心仪具备较强的技术优势，具有较广阔的应用前景。

2011 年哈里伯顿公司推出了 HRSCT 仪器，在 2012 年斯伦贝谢公司推出了 XL-Rock 仪器，贝克休斯公司推出了 MaxCOR 仪器，这些仪器的共同特点在于可以取得体积更大、品质更高的岩心，岩心尺寸增加到 1.5in×2.5in，体积增加了 2 倍，有助于提高实验室岩心分析测试的准确性，为复杂储层评价提供更详细的参考数据。同时通过对小颗粒取心仪器的改进，仪器的稳定性也有提升，仪器的耐温耐压也提高到 204℃ 和 173MPa 左右，见表 7-2-1。

表 7-2-1　各公司井壁取心仪器指标对比

仪器名称	推出公司	岩心尺寸（in×in）	岩心容量（个）	仪器直径（mm）	适应井径（mm）
XL-Rock	斯伦贝谢公司	1.5×2.5	50	165	190.5~495.3
MaxCOR	贝克休斯公司	1.5×2.5	60	159	190.5~495.3
HRSCT	哈里伯顿公司	1.5×2.5	50	152	174.0~495.3
HRCT	中国石油	1.5×2.5	50	138	163.0~495.3
MRCT	中国海油	1.5×2.5	30/80	155	190.5~444.5

1. 仪器构成

钻进式井壁取心仪主要包括：地面系统、电子线路、取心探头三部分，分别实现地面控制和供电井下仪器控制和取心执行功能。

中国石油 HRCT 井壁取心仪钻心部分采用了直流无刷电机驱动，提高了系统供电效率，降低了地面供电压力。井下液压系统采用集成化设计，提高了仪器的可靠性，使仪器的操作简便，维修方便。该仪器结构如图 7-2-1 所示。

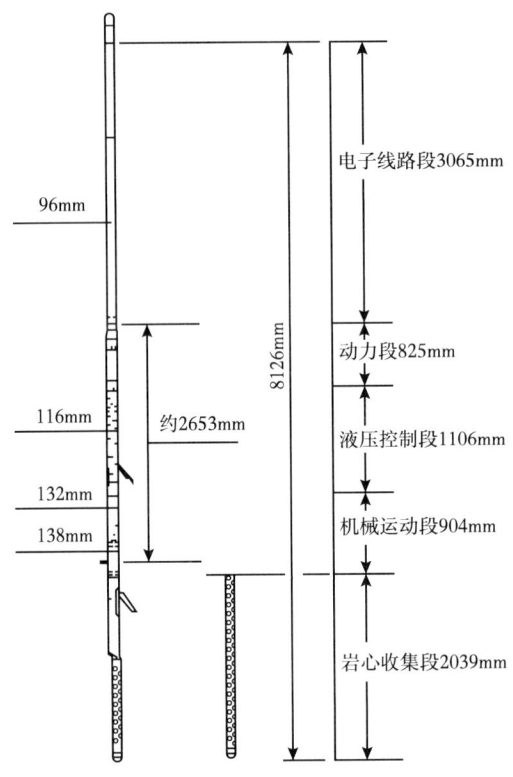

图 7-2-1　HRCT 井壁取心仪结构示意图

1）电子线路

电子线路按电路按功能分为以下几部分：电源模块、MCCU 通信及主控模块、主参数测量模块、电磁阀控制模块、直流无刷电机控制模块、直流无刷电机功率驱动模块和自然伽马测量模块。

2）取心探头

取心探头主要包括动力段、液压控制段、机械运动段和岩心收集段四部分。动力段由电机、液压泵等组成，主要提供液压系统所需动力；液压控制段包括多种电磁阀、流量控制阀、控制阀等液压原件，主要对液压系统动作进行控制；机械运动段主要包括齿轮组、钻头和动作控制板等零件，是切割岩心的执行机构；岩心收集段包括推杆、储心桶、保护桶等零件，负责储存切割后的岩心。

3）地面系统

地面系统主要由通信数据采集机箱、钻心电机供电电源机箱、安装有 Windows7 操作系统及取心测井软件的笔记本电脑组成。

2. 工作原理

钻进式井壁取心仪是通过取心电机或液压马达使钻头以高转速钻进地层,并实时调节钻压和钻速,通过钻进、折心、钻退,推心杆伸出和收回等动作取得圆柱形岩心。仪器内通常装有伽马探头,用来确定岩心点的深度,并可通过地面系统实时监测井下仪器的姿态及作业状态;在岩心取出后,通常会在不同岩心之间插入隔片,以准确区分岩心层位;可以根据地层情况,实时调节取心钻头的钻进速度与钻头旋转速度,以适应不同地层的作业需求。

3. 主要技术指标

HRCT 井壁取心仪总体技术指标见表 7-2-2。

表 7-2-2 HRCT 井壁取心仪总体技术指标

指标	数值
最高温度	200℃(347°F)
最高压力	140MPa(20000psi)
最大井斜	35°
适合井眼尺寸	178~483mm(7~19in)
仪器外径	电子线路:120mm(4.72in) 取心探头最粗部分:138mm(5.43in)
仪器组装长度	电子线路:306cm;取心探头:455cm
仪器运输长度	电子线路:355cm;取心探头:487cm
质量	电子线路:90kg;取心探头:180kg
耐冲击	C 级:100g(11ms,三维)
抗振动	C 级:7.5g(10~60Hz,三维)
最大测井速度	伽马测量时 10m/min;取心时静止
岩心指标	直径:38.1mm(1.5in),长度:63.5mm(2.5in)
单次下井取样数	30 颗或 50 颗
地面电源	液压电机:400VAC/1A;取心电机:600VDC/1800W
推靠时间(空载)	推开:50s;收拢:50s

二、主要功能模块

1. 电子线路

电子电路按功能分为电源模块 MOPS、自然伽马测量模块 GR、主控通信板 MCCU、主参数测量板 MPMU、电磁阀控制板 SVCU、取心电机控制板 MCDU、取心电机功率板 MPDU 和液压电机移相电容板 EPSC,如图 7-2-2 所示。其中,电源模块 MOPS 由电源变压器、线性电源、电磁阀变压器组成,自然伽马测量模块 GR 由 GR 高压、GR 晶体、GR 前放板组成。

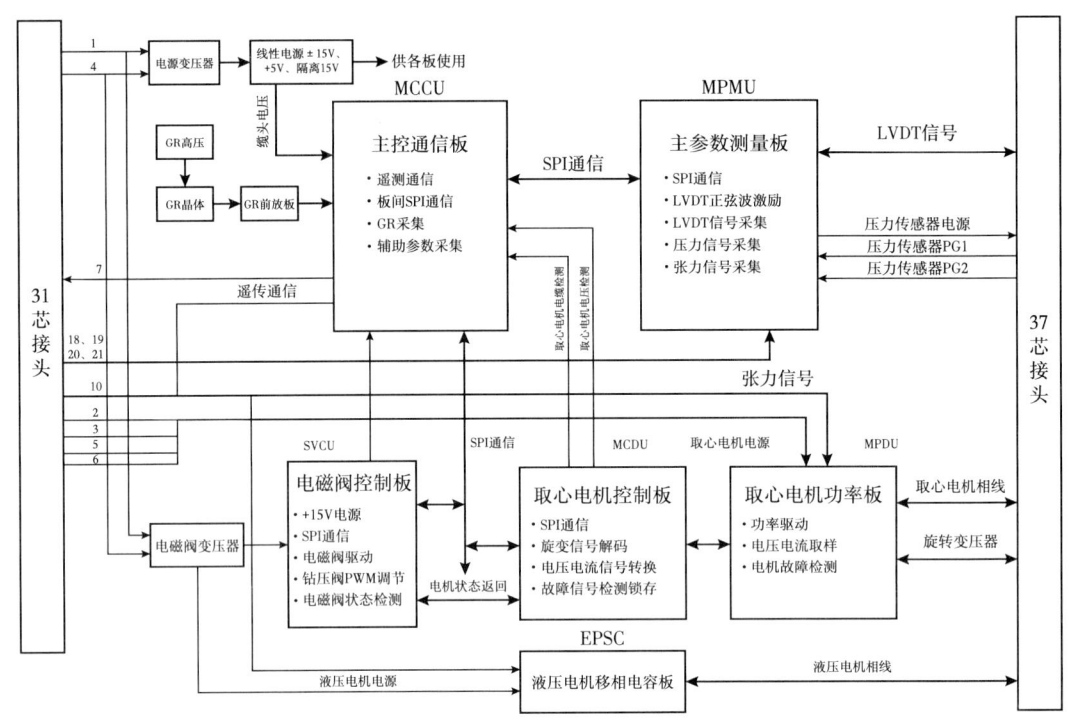

图 7-2-2 HRCT 井下电子线路示意图

2.取心探头

机械运动段由电机驱动变速齿轮箱和钻头机构，完成旋转切割岩心动作。取心电机为大功率直流无刷电机，通过电子线路内的控制驱动电路实现了对电机的控制，通过传动齿轮直接将动力输出到取心钻头上。

液压控制段钻压控制采用电磁阀，通过地面系统调节电磁阀的占空比，实现了对取心钻压的实时全范围调节，仪器对各种硬度的地层适应性大为增强。

动力段通过液压系统驱动六个活塞，由活塞带动相应的机械结构完成钻进、翻转、钻退动作，它的特点是高压低排量，工作压力设计在 2600~3500psi 之间。液压系统包括液压电机、液压泵、各种阀体等分别控制四个活塞的运动。

三、数据处理方法

取心数据处理软件包括状态监测、取心控制、输出量、岩心记录和卡钻处理五大部分。通过操作界面可完成所有取心操作步骤；记录所有必要的过程数据，实现数据回放与分析；汇总取心点层位信息，用于岩心校对。

四、仪器刻度

井壁取心仪的刻度主要包括 GR 测前刻度、张力测前刻度。

将井壁取心仪置于支架上，离地面大于 30cm。将伽马包布拿开远离仪器 10m 外，保证附近也无其他放射性源。将伽马包布包裹仪器 GR 测量点（滚花位置在包布中心点），点击"GRPlus"进行正刻，由刻度器 Jig Value 测量记录。

在井口用卡盘卡住电子线路，电缆控制合适，使井下张力仪器不受力处于"零张力"状态后进行零刻，在井口用卡盘卡住仪器串张力仪器，电缆拉直使井下张力仪器受力处于"仪器悬重"状态进行正刻。

五、典型案例

案例1：2022年9月，HRCT井壁取心仪在内蒙古进行测井，取心18颗，取心成功率100%。所取岩心通过荧光分析并与录井资料对比，符合设计要求。

案例2：2024年1月，HRCT井壁取心仪在印度尼西亚作业区SRMD区块测井，成功取得易裂岩心和内部含硬颗粒岩心。岩心为中等硬度至坚硬，局部坚硬；亚板状至板状，局部亚块状，亚易裂至易裂，如图7-2-3所示。岩心为中等硬度至坚硬，局部非常坚硬，部分易碎，部分为再结晶方解石矿物，如图7-2-4所示。这说明HRCT井壁取心仪器具备坚硬、易裂和非均质地层的取心能力。

图7-2-3　易裂岩心

图7-2-4　坚硬非匀质岩心

参考文献

陈章龙, 陈涛, 高波, 等, 2017. 阵列感应测井仪预处理电路小型化设计与实现 [J]. 测井技术, 41（2）: 189-193.

陈章龙, 陈涛, 刘泉, 2014. 阵列感应测井仪器两种组合线圈的对比与应用 [J]. 测井技术, 38（5）: 605-610.

程建国, 刘星普, 李俊舫, 等, 2005. 存储式测井技术在油田开发中的应用 [J]. 断块油气田, 12（5）: 84-85.

楚泽涵, 1987. 声波测井原理 [M]. 北京: 石油工业出版社.

楚泽涵, 高杰, 黄隆基, 等, 2007. 地球物理测井方法与原理 [M]. 北京: 石油工业出版社.

樊方方, 王水航, 童茂松, 等, 2024. 高温高压直推存储式测井系统研究 [C]// 第二届中国深层超深层油气勘探开发关键技术与装备交流会论文集, 219-228.

冯永仁, 秦小飞, 2012. ERCT 地层测试器液压系统集成设计 [J]. 测井技术, 36（5）: 3.

冯永仁, 秦小飞, 徐凤阳, 2008. 测井仪器液压动力系统高温高压试验装置的设计 [J]. 液压气动与密封, 28（1）: 3.

冯永仁, 左有祥, 王健, 等, 2019. 地层测试技术及其应用的进展与挑战 [J]. 测井技术, 43（3）, 11.

侯亮, 2020. 2020 国外测井技术进展与趋势 [J]. 世界石油工业, 27（6）: 49-54.

侯亮, 杨虹, 尹成芳, 等, 2021. 2021 国外测井技术现状与发展趋势 [J]. 世界石油工业, 28（6）: 53-57.

胡海涛, 肖立志, 2010. 电缆核磁共振测井仪探测特性研究 [J]. 波谱学杂志, 27（4）: 572-583.

胡海涛, 2009. 核磁共振测井仪探头优化设计与验证 [D]. 北京: 中国石油大学（北京）.

金鼎, 王敬农, 张辛耘, 等, 2007. 中国石油测井技术态势及科技发展方向 [J]. 测井技术, 31（2）: 95-98.

鞠晓东, 2001. 我国石油测井装备研发现状及发展的思考 [J]. 石油仪器, 15（4）: 1-4, 11.

李国欣, 朱如凯, 2020. 中国石油非常规油气发展现状、挑战与关注问题 [J]. 中国石油勘探, 25（2）: 1-13.

李剑浩, 胡启月, 汤天知, 等, 2023. 成像测井仪关键技术及 CPLog 成套装备 [M]. 北京: 石油工业出版社.

李明慧, 顾鹏程, 2019. 存储模块在过钻具测井中应用 [J]. 国外测井技术, 40（6）: 76-79.

李新, 肖立志, 刘化冰, 2011. 随钻核磁共振测井的特殊问题与应用实例 [J]. 测井技术, 35（3）: 200-205.

廖广志, 肖立志, 谢然红, 等, 2007. 孔隙介质核磁共振弛豫测量多指数反演影响因素研究 [J]. 地球物理学报, （3）: 932-938.

刘春艳, 董双波, 闫方平, 等, 2011. 石油测井技术现状及发展趋势 [J]. 承德石油高专科学学报, 13（2）: 12-15.

刘国强, 2021. 非常规油气时代的测井采集技术挑战与对策 [J]. 中国石油勘探, 26（5）: 24-37.

倪小威, 邰志鹏, 吴寒, 等, 2022. 高温高压直推存储式测井工艺在富满油田超深井中的应用优势 [R]. 西安: 2022 油气田勘探与开发国际会议.

秦小飞, 冯永仁, 2014. 电缆式地层测试器推靠坐封装置安全性设计 [J]. 机械工程师, (3): 140-143.

秦小飞, 冯永仁, 张国强, 等, 2016. 电缆式地层测试器异向推靠解卡装置的研制 [J]. 测井技术, 40 (3): 327-330.

秦小飞, 冯永仁, 周明高, 2015. 电缆式测井仪器液压系统设计及应用 [J]. 液压气动与密封, 35 (2): 81-84.

秦小飞, 冯永仁, 周明高, 等, 2015. 低孔低渗双封隔器地层测试器的研制 [R]. 北京: 中国石油和化工自动化第十四届年会.

汤天知, 陈鹏, 陈文辉, 等, 2014.EILog 快速与成像测井系统 [M]. 北京: 石油工业出版社.

汤天知, 李宁, 陈文辉, 2018. 石油地球物理测井技术进展 [M]. 北京: 石油工业出版社.

唐晓明, 郑传汉, 2004. 定量测井声学 [M]. 北京: 石油工业出版社.

童茂松, 曹宇欣, 孙旭光, 等, 2020. 多模式过钻杆测井系统设计与现场应用 [J]. 测井技术, 44 (5): 453-456.

王虎, 2019. 脉冲中子源中子伽马密度测井方法研究 [D]. 北京: 中国石油大学 (北京).

王冠贵, 1988. 声波测井理论及其应用 [M]. 北京: 石油工业出版社.

王荣飞, 张国强, 郭明宇, 等, 2024. 国产双封隔器取样仪在渤海油田的应用浅析 [J]. 中国石油和化工标准与质量, 44 (3): 42-44.

王易安, 刘建成, 贾向东, 等, 2011-04-20. 单发五收声系虚拟双发五收声系的方法 [P]. 中国专利 CN101196113B.

魏周拓, 陈雪莲, 范宜仁, 等, 2010. 井旁裂缝的声场模拟及反射波提取方法 [J]. 石油地球物理勘探, (5): 9.

肖立志, 1998. 核磁共振成像测井与岩石核磁共振及应用 [M]. 北京: 科学出版社.

薛永增, 支宏旭, 张彩虹, 等, 2023. 地层压力动态响应的精确测量 [J]. 测井技术, 47 (2): 224-229.

燕菲, 2014. 偶极横波远探测声波测井资料处理方法的应用研究 [D]. 青岛: 中国石油大学 (华东).

尹成芳, 侯亮, 郭晓霞, 等, 2022. 2022 国外测井技术发展现状与趋势 [J]. 世界石油工业, 27 (6): 54-62.

尤国平, 冯永仁, 2013. 单相地层流体取样筒的研制与应用 [J]. 测井技术, 37 (3): 4.

尤国平, 冯永仁, 王辉, 等, 2013. 地层流体双泵抽技术研究及应用 [J]. 测井技术, 37 (6): 5.

尤国平, 王辉, 2024-09-02. 一种电导率传感器 [P]. 中国专利 CN201110358989.X.

余强, 尤国平, 庞希顺, 等, 2011. 双 U 型管式高温高压流体密度传感器 [J]. 测井技术, 35 (5): 4.

臧德福, 2014. 湿接头和无电缆存储式测井在页岩井中的应用 [J]. 测井技术, 38 (2): 216-219.

张炳军, 宋宇, 马正江, 等, 2022. 测井工艺技术的发展与探析 [J]. 测井技术, 46 (6): 651-655.

张正玉, 田太华, 李阳兵, 等, 2020. 高温高压高强度直推式测井仪器研制及应用 [J]. 石油钻探技术, (5): 5.

支宏旭, 余强, 薛永增, 等, 2019. 石英压力传感器自动标定技术研究 [J]. 测井技术, 43 (1): 97-100.

《中国石油测井简史》编委会, 2022. 中国石油测井简史 [M]. 北京: 石油工业出版社.

周明高, 左有祥, 薛永增, 2022. 新型三维推靠自适应坐封取样系统的研发与应用 [J]. 地球物理学进展, 37 (2): 7.

左有祥, 冯永仁, 卢涛, 等, 2021-05-11. 一种测定地层流体组成和性质的方法和系统 [P]. 中国专利 CN110056348B.

左有祥，冯永仁，鲁法伟，等，2021. 新型井下流体光谱组成分析技术 [J]. 测井技术，45（2）：128-133.

Akkurt R, Kersey D G, Zainalabedin K, 2006. Challenges for everyday NMR: an operator's perspective[C]. The 2006 SPE Annual Technical Conference and Exhibition held in San Antonio, Texas, U.S.A., SPE 102247.

Akkurt R, Marsala A F, Seifert D, et al., 2009. Collaborative development of a slim LWD NMR tool from concept to field testing[C]. The 2009 SPE Saudi Arabia Section Technical Symposium and Exhibition held in AlKhobar, Saudi Arabia, SPE 126041.

Akkurt R, Seifert D, Al-Harbi A, et al., 2008. Real-time detection of tar in carbonates using LWD triple combo, NMR and formation tester in highly-deviated wells[C]. SPWLA 49th Annual Logging Symposium held in Edinburgh, Scotland.

Alsop D C, 1997. The sensitivity of low flip angle RARE imaging[J]. Magnetic Resonance in Medicine, 37: 176-184.

Alvarado R J, Damgaard A P, Hansen P M, et al., 2003. Nuclear magnetic resonance logging while drilling[J]. Oilfield Review, 15（2）: 40-51.

Andradea F D, Nettob A M, Colnago L A, et al., 2011. Qualitative analysis by online nuclear magnetic resonance using Carr-Purcel-Meiboom-Gill sequence with low refocusing flip angles[J]. Talanta, 84: 84-88.

Bittner R, Komarek F, Thern H F, et al., 2006. Magnetic resonance while drilling-a quantum leap in everyday petrophysics[C]. SPE Europec/EAGE Annual Conference and Exhibition held in Vienna, Austria, SPE 100336.

Bonnie R J M, Akkurt R, Al-Waheed H, et al., 2003. Wireline T1 logging[C]. SPE Annual Technical Conference and Exhibition held in Denver, Colorado, U.S.A., SPE 84483.

Borghi M, Porrera F, Lyne A, et al., 2005. Magnetic resonance while drilling streamlines reservoir evaluation[C]. SPWLA 46th Annual Logging Symposium.

Carr H Y, Purcell E M, 1954. Effects of diffusion on free precession in nuclear magnetic resonance experiments[J]. Physical Review, 94: 630-638.

Chen S H, Beard M, Gillen M, et al., 2003. MR Explorer log acquisition methods: petrophysical-objective-oriented approaches[C]. SPWLA 44th Annual Logging Symposium.

Coates G, Xiao L Z, Prammer M, 1999. NMR logging principles & applications [M]. Houston: Halliburton Energy Services Publication.

Collett T S, Lee M W, Goldberg D S, et al., 2002. Data report: nuclear magnetic resonance logging while drilling, ODP Leg 204 [C]// Tréhu A M, Bohrmann G, Torres M E et al. Proceedings of the Ocean Drilling Program Scientific Results Volume 204.

Cuddy S, Daniels G, Lindsay C, et al., 2004. The application of novel formation evaluation techiques to a complex tight gas reservoir[C]. SPWLA 45th Annual Logging Symposium.

De Pavia L, Heaton N, Ayers D, et al., 2003. A next generation wireline NMR logging tool[C]. The SPE Annual Technical Conference and Exhibition held in Denver, Colorado, U.S.A., SPE 84482.

Drack E D, Prammer M G, Zannoni S, et al., 2001. Advances in LWD nuclear magnetic resonance[C]. The 2001 SPE Annual Technical Conference and Exhibition held in New Orleans, Louisiana, SPE 71730.

Fletcher J, Eaton G, Greig R, 2008. The use of LWD magnetic resonance and image logs for reservoir characterization and geosteering in deepwater west of Shetland[C]. SPWLA 49th Annual Logging Symposium held in Edinburgh, Scotland.

Heidler R, Morriss C, Hoshun R, 2003. Design and implementation of a new magnetic resonance tool for the while drilling environment[C]. SPWLA 44th Annual Logging Symposium.

Hennig J, 1988. Multiecho imaging sequences with low refocusing flipangles[J]. Journal of Magnetic Resonance, 78: 397-407.

Horkowitz J, Crary S, Ganesan K, et al., 2002. Applications of a new magnetic resonance logging-while-drilling tool in a Gulf of Mexico deepwater development project[C]. SPWLA 43rd Annual Logging Symposium.

Hürlimann M D, Venkataramanan L, 2002. Quantitative measurement of two-dimensional distribution functions of diffusion and relaxation in grossly inhomogeneous fields[J]. Journal of Magnetic Resonance, 157: 31-42.

Kruspe T, Thern H F, Kurz G, et al., 2009. Slimhole application of magnetic resonance while drilling[C]. SPWLA 50th Annual Logging Symposium held in The Woodlands, Texas, United States.

Lu T, Qin X F, Feng Y R, et al., 2021. Supercharge, Invasion and Mudcake Growth in Downhole Applications[M]. USA: Scrivener Publishing LLC.

Meiboom S, Gill D, 1958. Modified spin-echo method for measuring nuclear relaxation time[J]. The Review of Scientific Instruments, 29 (8): 688-691.

Minh C C, Bordon E, Hürlimann M, et al., 2005. Field test results of the new combinable magnetic resonance autotune logging tool[C]. The 2005 SPE Annual Technical Conference and Exhibition held in Dallas, Texas, U.S.A., SPE 96759.

Moran J H, Finklea E E, 1962. Theoretical Analysis of Pressure Phenomena Associated with the Wireline Formation Tester[J]. Journal of Petroleum Technology, 14 (8): 899-908.

Morley J, Heidler R, Horkowitz J, et al., 2002. Field testing of a new nuclear magnetic resonance logging-while-drilling tool[C]. SPE Annual Technical Conference and Exhibition held in San Antonio, Texas, SPE 77477.

Prammer M G, 2001. NMR logging-while-drilling (1995-2000) [J]. Concepts in Magnetic Resonance, 13 (6): 409-411.

Prammer M G, Akkurt R, Cherry R, et al., 2002. A new direction in wireline and LWD NMR[C]. SPWLA 43rd Annual Logging Symposium.

Prammer M G, Drack E D, Goodman G D, et al., 2000. The magnetic resonance while-drilling tool: theory and operation[C]. The 2000 SPE Annual Technical Conference and Exhibition held in Dallas, Texas, SPE 62981.

Prammer M G, Goodman G D, Menger S K, et al., 2000. Field test of an experimental NMR LWD device[C]. SPWLA 41st Annual Logging Symposium.

Reiderman A, Itskovich G, Krugliak Z, et al., 2001. Optimum excitation and detection of NMR signal in static magnetic field gradient[J]. Abstracts/Magnetic Resonance Imaging, 19: 569-589.

Romulo Carmona, Eric Decoster, Jim Hemingwag, 等. 2011. 介电测井新技术及应用. 油田测井新技术,

23(1): 36-46.

Thorson A K, Eiane T, Thern H, et al., 2008. Magnetic resonance in chalk horizontal well logged with LWD[C]. SPE Annual Technical Conference and Exhibition held in Denver, Colorado, SPE 115699.

Turco K, Brenneke J, Jebutu S, et al., 2007. Permeability and saturation evaluation in deepwater turbidite utilizing logging-while-drilling low-gradient magnetic resonance[C]. SPE Annual Technical Conference and Exhibition held in Anaheim, California, SPE 109646.

《地球物理测井学》

编辑出版组

总 策 划：雷　平　庞奇伟
组　　长：庞奇伟
副 组 长：李　中　金平阳　潘玉全
责任编辑：葛智军　林庆咸　沈瞳瞳　刘俊妍　钟思源
　　　　　张　贺　王长会　王鹤楠　王　瑞　陈子丹
　　　　　孙　宇　邹杨格　王金凤　何丽萍　冉毅凤
　　　　　常泽军　张旭东　吴英敏　马晓萱　张　瑞
　　　　　崔　悦　白云雪　饶　远　陈　荟